建筑与装饰工程计量计价技术导则

实训案例与统筹 e 算

（2017 版）

主　编　殷耀静　郑冀东
副主编　姜兆巅　王　璐　关永冰　赵庆辉
主　审　常　城　王怀海

中国建筑工业出版社

图书在版编目（CIP）数据

建筑与装饰工程计量计价技术导则实训案例与统筹
e算（2017版）/殷耀静，郑冀东主编. —北京：中国
建筑工业出版社，2018.1
ISBN 978-7-112-21543-0

Ⅰ.①建… Ⅱ.①殷… ②郑… Ⅲ.①建筑工程-工
程造价②建筑装饰-工程造价 Ⅳ.①TU723.32

中国版本图书馆CIP数据核字（2017）第288917号

　　本书按照2016版山东省建筑工程消耗量定额，通过1层砖混结构收发室、2层框架住宅和13层框剪住宅三个案例来详细讲授如何进行建筑与装饰工程计量、计价（编制招标控制价）的教材。它与国内现有教材的区别是：用电算来替代手算；用图算（BIM）来验证统筹e算的结果；并给出全工程详细计算式和完整计价结果。

　　本书要求学生用笔记本电脑上课，授课时间不低于240学时。本书可作为大专院校建筑与装饰工程造价管理专业的教材；可供广大工程造价人员学习和参考，用于解决10人算10个样的难题。

责任编辑：张　磊
责任校对：张　颖

建筑与装饰工程计量计价技术导则
实训案例与统筹e算（2017版）
主　编　殷耀静　郑冀东
副主编　姜兆巅　王　璐　关永冰　赵庆辉
主　审　常　城　王怀海

*

中国建筑工业出版社出版、发行（北京海淀三里河路9号）
各地新华书店、建筑书店经销
霸州市顺浩图文科技发展有限公司制版
北京市密东印刷有限公司印刷

*

开本：880×1230毫米　1/16　印张：21½　字数：666千字
2018年4月第一版　　2018年4月第一次印刷
定价：**59.00元**
ISBN 978-7-112-21543-0
（31207）

前　　言

社会主义核心价值观的基本内容是：

富强、民主、文明、和谐——国家层面的价值目标。

自由、平等、公正、法治——社会层面的价值取向。

爱国、敬业、诚信、友善——公民个人层面的价值准则。

工程造价工匠精神指的是**讲科学、树诚信、做智者**。

讲科学符合爱国、敬业；树诚信符合诚信、友善；做智者符合道德经理念：天下大事必做于细；天下难事必做于易。

本书的基本要求是：以工程造价工匠精神为指导思想，贯穿到三个实际工程的计量计价实例中，将大学生培养成一个出校门可立即胜任工作的工程造价人员。

一、讲科学

讲科学指的是将工程计量实现统筹科学四化（电算化、规范化、简约化、模板化），改变目前 10 人算 10 个样的局面，力求达到 10 人算 1 个样的标准。

工程量计算的定义不再简单地称为"工程量计算活动"，而是"转化、校核、公开"6 个字。尤其是公开，有很多人是反对的。

大学教材里不应再讲述小学生的手算方法，应采用电算化教学，并由现在学一个手算案例的教材改为学 5 个电算案例的电算教材，由 80 学时改为 400 学时。彻底改变学生毕业后，看不懂图纸、不能立即胜任工作的现状。

1. 讲科学含义之一：统一计算顺序

（1）教材上的计算顺序：按施工顺序列项计算；按《计价规则》或《定额》顺序计算；按照顺时针方向计算；按"先横后竖、先上后下、先左后右"计算；按构件的分类和编号顺序计算；按"先独立后整体、先结构后建筑"计算等。现改为按导则六大表（门窗过梁、基数、构件、项目模板、钢筋、计算书）顺序计量。

（2）统一计算方法：结合心算，大扣小。

（3）统一按模板顺序套清单、定额。

2. 讲科学含义之二：校核

科学要经过验证，也就是说计算结果要经过校对这一关。但是我们现在的大学教材中，没有"校核"这个提法。

以传统的统筹法为例，要计算三线一面，即外墙长、外墙中、内墙净长和外围面积。如果其中一个数算错了，怎么办，是不是一错到底？

（1）基数校核：1990 年中国建筑工业出版社出版的《微电脑用于编制预算》一书中提出了将房间净面积列为基数和基数校核的概念。

L_{ij}——各类墙体长度（外墙中，内墙净长）；

B_{ij}——各类墙体宽度；

S_{0i}——各层房间净面积；

S_i——各层外围面积。

基数校核公式：$S_i - S_{0i} - \sum(L_{ij} \times B_{ij}) \approx 0$

基数中除每层的三线三面外，尚有基础基数和构件基数。

（2）门窗面积校核

计算书面积（各类门窗面积＋洞口面积）－门窗表面积＝0

（3）楼地面面积校核

楼面积 R_i －第 i 层各房间面积$\approx$0

（4）门窗扣减面积校核

外门（$M<W>$）－扣门量＝0　（$M<W>$表示外墙门之和）

外窗（$C<W>$）－扣窗量＝0　（$C<W>$表示外墙窗之和）

（5）抹灰面校核

各类抹灰面之和－实物量表中抹灰总面积＝0

（6）抹灰脚手架面校核

各类抹灰脚手面积之和－实物量表中抹灰脚手架总面积＝0

3. 讲科学含义之三：电算代替笔和纸

现在的计量计价教材中都是小学生算法，连提取公因式和合并同类项等最基本的运算方法都没有，计算式机械罗列如同流水账。现在普遍采用的电算（图形算量）并没有与手算的结果结合，各类算量大赛，要分手算和电算，实际上在大学里，用CAD电算是个别选手的事，并不是全体学生都能参加的。

计算工具要像设计人员甩图版那样甩掉笔和纸，完全用电脑计算（BIM计量）已经是发展趋势之一。但是BIM的准确性如何验证尚未被提及；大学教材中应以电算为主，掌握原始计算原理，知道对错；BIM算量为副，BIM算量就是掌握方法，学会应用。应当用BIM技术来校对统筹e算的结果，这才是真正的工匠精神。

二、树诚信

诚信体现了一个人、一个社会、一个民族的精神。

诚信文化建设应从学校开始，从教材入手，不但教学生如何去"做"；而且要教学生如何能"做对"，要证明自己做的正确和完整；进一步再教学生如何去"做好"，达到规范、简约和统一的要求。

一般做事（以工程计量为例）有三个标准：

（1）做出——给别人做（混事）占时20%，这是目前工程计量的现状。

（2）做对——凭良心做正确占时50%（通过自己验证或另一种算法来保证正确），只有到了结算时，才有人这样去做。

（3）做好——占时30%，完整、规范、简约、美观、大方。目前还没有人对"工程计量"提出这样的要求（10人算10个样被视为正常现象）。

过去我们提出"守诚信"，现在改为"树诚信"。理由如下：

诚信可分为三段："做出"是一段，"做对"是二段，"做好"是三段。守诚信是维持原状，树诚信是树新风，以高标准的工匠精神作为诚信。只有"做好"的诚信，才能称为工匠精神。

三、做智者

天下难事必做于易、天下大事必做于细。

1. 做智者之一：将学者软件表示法改为智者软件表示法（表1）

一般软件的做法是让不懂造价的计算机人员根据定额本的多级标题罗列（学者名称或广式名称）；而智者名称（英特名称）是根据造价人员的实践经验，抓住要点进行简化描述。

定额名称描述对比表　　表1

定额编号	智者（英特）名称	学者（广式）名称
1-1-11	铲运机铲运普通土100m内	铲运机铲运土方,运距<100m,普通土,单独土方

2. 对定额强度等级换算的处理（表2）

一般软件采用的学者描述方法是：在定额号后面加上原配比编号和新配比编号，自动形成换算名称

（名称 30 个字符）。智者描述方法是：直接用带小数的定额号调用（名称 14 个字符）。

强度等级换算对比表 表 2

类别	定额编号	项目名称
学者描述	5-1-7 G80210025,G80210019	混凝土满堂基础,有梁式,C30 现浇混凝土碎石＜40mm（换为 C25 现浇混凝土碎石＜40mm）
智者描述	5-1-7.19	C254 现浇混凝土有梁式满堂基础

3. 对定额说明换算的处理（表 3）

例如：定额说明中提到，垫层定额按地面垫层编制，若为条形基础垫层时人工、机械分别乘以系数 1.05。一般软件采用的学者表示方法是：在定额号后面加 hs 表示换算，软件自动弹出人机对话窗口，选择输入换算内容，自动形成换算名称（名称 44 个字符）。有软件采用的智者表示方法是：将定额中的说明，做成换算定额，与原定额号一样直接调用。既省去了软件编程的处理，又避免了人机会话的麻烦（名称 15 个字符）。

定额名称换算表示 表 3

学者表示	2-1-28hs	C154 现浇混凝土碎石＜40mm/C154 现浇无筋混凝土垫层（条基）（人工×1.05,机械×1.05）
智者表示	2-1-28-1	C154 现浇无筋混凝土垫层（条基）

4. 对清单名称与特征描述的处理（表 4）

清单名称与特征描述的两种方法 表 4

项目编码	学者名称		智者名称
	项目名称	项目特征描述	项目名称
010402001001	矩形柱	1. 柱高度：7.60m 2. 柱截面尺寸：300mm×400mm 3. 混凝土强度等级：C25 4. 混凝土拌合料要求：现场集中搅拌制作	矩形柱；C25

5. BIM 技术应当与统筹 e 算相结合，互相验证计算结果

现在的图算软件都在向 BIM 发展。BIM 计算结果的正确性和完整性必须经过验证。起码要经过多个案例的验证。图算软件计算式的表示方法都太繁琐，普遍的是加不必要的汉字注释（表 5）；不按净长而按中线计算需要扣减（所谓自动扣减功能，但无计算式）等。

计算式描述的两种方法 表 5

软件名	工程量	计算式	字符数
图算软件	1.68	0.3{截面宽}×0.5{截面净高}×4.9{跨长}{1 跨} +0.3{截面宽}×0.5{截面净高}×4{跨长}{2 跨} +0.3{截面宽}×0.54{截面净高}×2.1{跨长}{3 跨}	92
统筹 e 算	1.68	(2.1×0.54＋8.9×0.5)×0.3	19

BIM 的计算式若参照表 5 统筹 e 算的列式方法，将有利于工程量的核对。

6. 关于清单列项

一个挖土方按基础编号等与价格无关的内容列出了 12 项清单，每项清单均套 2 项相同的定额。这也是一类既不讲效率又不讲节约的典型，应当引起重视。

四、用统筹将 100 个计算式化为 2 个计算式的方法

传统统筹法 32 字定义：统筹程序、合理安排、一次算出、多次应用、利用基数、连续计算、结合实际、灵活机动。40 年没有发展。

统筹 e 算 16 字定义：电算基数、一算多用、统一顺序、校核结果。

（1）电算基数——是对传统手算统筹法的更新。**电算**实现了由算数到代数的转变；**基数**的应用是提取公因式、简化计算式，便于校对。

（2）一算多用——唯有电算才能实现其功能；图算应用统筹法，其计算结果的输出将事半功倍。

（3）统一顺序——是统筹程序合理安排，采用项目模板的工程量计算顺序，统一计算方法。

（4）校核结果——是必要的工作。过去的教材里不讲校核是一个重大的缺失。

五、工匠精神的推广应用

在《建筑与装饰工程计量计价技术导则》一书的序言中，中价协秘书长吴佐民写道："它是规范指导工程计量计价的重要参考文献，也可以说是我国 2013 工程量清单计价规范和工程量技术规范的补充，其以专著形式发布在我国尚属首例。该导则偏重于用统筹法原理和电算方法来解决整体工程的计算流程和计算方法问题，并力求规范有序，很有意义。"

本导则提出了"统筹 e 算为主、图算为辅、两算结合、相互验证，确保计算准确和完整（不漏项）的计量方法和要求，提出了统一计量、计价方法，规范计量、计价流程，公开六大计算表格的有关内容，并遵循准确、完整、精简、低碳原则和遵循闭合原则对计算结果进行校核等一系列措施来避免重复劳动，使计算结果一传到底，彻底打破了算量信息孤岛。可以设想：如果在大学教材中写入该导则的内容，则毕业的学生直接适应工程实践将有重要的促进作用。"

该导则作为提倡工匠精神的重要参考文献很有意义。由于目前在社会上推广尚有一定难度，目前选择了两所职业学院（济南工程职业技术学院和山东城建职业学院）进行实验教学，三年来得到了老师和学生的好评。

综上所述：

（1）统筹 e 算强调用电算代替手算，甩掉笔和纸。凡是不能用图算的地方（例如：安装、市政、园林、修缮和建筑装饰中的零星工程），都可以完全用统筹 e 算来解决。

（2）校核是不可或缺的重要手段。

（3）用项目模板一次调入代替每项工程量单独套清单定额。

（4）计量、计价一体化——修改工程量只能在计量模块修改，保留根据。不允许在计价中随意改工程量。

本书可供全国大专院校土木工程、工程管理、造价管理等专业学生作为教材和造价从业人员的学习和参考书，也可用于算量和造价软件的学习以及与同类软件的结果进行比对。

本书由青岛英特软件有限公司殷耀静、郑冀东主编，姜兆巅、王璐、济南工程职业技术学院关永冰和山东城市建设职业技术学院赵庆辉担任副主编，郝婧文参与了编写工作。

本书由山东省 2016 新定额首席参编常城和首席审查专家王怀海主审。

本书的三个案例是按照山东省 2016 新定额计算给出了标准计算流程、科学计算方法和标准答案，力求达到 10 人算 1 个样的目的。

由于编者水平和能力有限，书中错误和不妥之处在所难免。欢迎各位专家、造价和软件业界同行以及广大师生批评指正，以便于再版时补充和更正。让我们共同为造价事业的发展和教学改革而努力奉献。

王在生

2017 年 8 月 17 日

目　录

上篇　实训案例

下篇　论统筹 e 算

上篇　实训案例

1　工程计量计价概述

1.1　计量顺序与计量计价工作流程

1.1.1　传统工程计量顺序

一般教材上介绍了六种工程量计算顺序：

（1）按施工顺序列项计算；

（2）按《计价规则》或《定额》顺序计算；

（3）按照顺时针方向计算；

（4）按"先横后竖、先上后下、先左后右"计算；

（5）按构件的分类和编号顺序计算；

（6）按"先独立后整体、先结构后建筑"计算。

以上六种顺序，只是将每人的计算方法进行罗列，毫无科学性。其结果是 10 人算 10 个样，1 人算 10 遍也是 10 个样。这种现状不应再继续下去了。我们呼吁专家、教授们注意这个问题。

1.1.2　导则中规定的工作流程

《建筑与装饰工程计量计价技术导则》在一般规定中提出了以下具体的方法和工作流程。

（1）工程计量的方法和要求："统筹 e 算"为主、图算为辅、两算结合、相互验证，确保计算准确和完整（不漏项）。

（2）工程计量应提供计算依据，应遵循提取公因式、合并同类项和应用变量的代数原理以及公开计算式的原则，公开六大表。

（3）在熟悉施工图过程中，应进行碰撞检查，做出计量备忘录。

（4）工程量清单和招标控制价宜由同一单位、同时编制。

（5）工程量清单和招标控制价中的项目特征描述宜采用简约式；定额名称应统一；宜采用换算库和统一换算方法来代替人机会话式的定额换算。

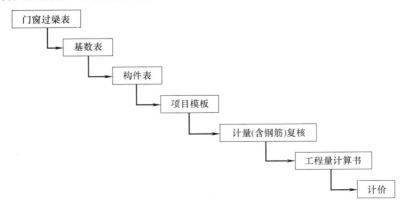

图 1-1　计量、计价流程图

（6）宜采用统一法计算综合单价分析表。

（7）在招投标过程中宜采用全费用计价表作为纸面文档，其他计价表格均提供电子文档（必要时提供打开该文档的软件）以利于环保和低碳。

（8）计量、计价工作流程如图 1-1 所示。

1.2　项目特征的描述和分列

1.2.1　项目名称简约描述

项目特征描述的目的是为了确定综合单价，因此，与单价无关的内容不需要描述。2013 清单在项目名称和特征描述上有以下改进：

（1）名称可以改动：如小电器可以直接输入插座或开关等，这样一来，连特征描述也可以省略。

（2）提倡简化式描述，并认为书本上的问答式描述是应用软件造成的。

（3）随着项目模板的推广应用，统一清单项目特征描述的艰难任务一定会顺利完成。

下面列举一个在建筑工程中矩形柱的例子。

项目特征描述对比表　　　　　　　　　　　　　　　　　表 1-1

项目编码	项目名称		
	问答式		简化式
010402001001	矩形柱	①柱高度：7.60m ②柱截面尺寸：300mm×400mm ③混凝土强度等级：C25 ④混凝土拌合料要求：现场集中搅拌制作	矩形柱；C25

此例引自 2003 规范宣贯教材，说明当时已经出现了项目特征描述的简化模式。

问答式是由软件提出 4 个问题，逐项回答，不论是否与单价有关，均照本列出，也可以不回答而以"："（冒号）结束；这是软件自动套用清单所致；简化式可以直接写出与单价有关的内容，关于混凝土拌合料要求可在说明中列出，不必每项都列出。项目模板适用于简化模式。

1.2.2　项目名称与特征描述的分列与合并

从表 1-1 可以看出：问答式将项目名称和特征描述分列，简化式合为一列。

关于分列与合并一列的争议源自 2008 规范，2013 规范仍坚持 2 列。但山东省 2011 的清单计价规则又明确提出了恢复 1 列的做法。下面我们来作一个比较：

（1）2 列不利于节约。

（2）2 列没有必要。如：名称为小电器，特征为插座。既然可以将名称改为插座，那么第 2 列就没有必要了。

（3）2013 计价规范的表-09 中只给出了项目名称的位置，没有给出第 2 列特征描述的空间。

例 1 摘自规范辅导 P168，见表 1-2。

例 1：　　　　　　　　　　　综合单价分析表　　　　　　　　　　　　表 1-2

项目编码	011407001001	项目名称	外墙乳胶漆	计量单位	m²	工程量	4050
清单综合单价组成明细							

定额编号	定额名称	定额单位	数量	单价				合价			
				人工费	材料费	机械费	管理费和利润	人工费	材料费	机械费	管理费和利润

（4）2013 计价规范辅导的清单工程量计算表中也没有给出特征描述的空间。例 2 摘自规范辅导 P277，见表 1-3。

例 1：
清单工程量计算表
表 1-3

序号	清单项目编码	清单项目名称	计算式	工程量合计	计量单位
1	010402001001	平整场地	S＝首层建筑面积＝40.92	40.92	m²

经过比较：本书的案例均采用了项目名称与特征描述合为一列，统称清单项目名称。

1.3　统一定额名称

定额名称的描述应避免按定额本的大小标题机械叠加，采用简化式描述。最好经有经验的老预算员审定，由主管部门统一各造价软件的名称。

山东省定额站于 2016 年 4 月发布的价目表名称，采用了简约的描述方式，相信不久的将来，会改变各软件公司自行制定定额项目名称的混乱局面。

定额名称描述对比表
表 1-4

定额编号	智者名称	学者名称
1-1-11	铲运机铲运普通土 100m 内	铲运机铲运土方，运距≤100m，普通土，单独土石方

1.4　换算库与统一换算方法

（1）换算定额库

一切按定额说明或解释而增加的项目均应做成换算定额与原定额一样调用。

（2）强度等级换算方法应统一（表 1-5）。

强度等级换算对比表
表 1-5

类别	定额编号	项 目 名 称
学者描述	5-1-7 G81019	C30 现浇混凝土碎石＜40 混凝土满堂基础有梁式（换为 C25 现浇混凝土碎石＜40）
智者描述	5-1-7.19	C254 现浇混凝土有梁式满堂基础

以上两种换算方法对比：上面一种换算号和换算名称均较复杂，编码处需人机对话，将定额中的混凝土强度等级 C304 的材料编号改为 C254 的材料编号 81019；下面的定额号不需人机对话，直接输入定额号＋.配比材料序号即可，项目名称也做了简化处理。

（3）倍数换算：如厚度、运距、遍数等，表示一种增减性额度关系。用定额号带 "＊" 号乘倍数表示。

1.5　统一法综合单价分析表

在《2003 规范辅导》中，最早提出两种计算综合单价的方法：

在建筑案例中采用的是求出单位清单的定额量来，直接得出综合单价，称为 "正算"；在安装案例中采用的是按实际定额用量来计算出总价后，再被清单量相除反求出综合单价，称为 "反算"。

《2013 计价规范》中的综合单价分析表（表-09）仍沿用了 2008 计价规范的模式；10 多年来各地在

应用时大都采用了正算；但由于正算不精确，有时也采用反算，计算总价后反求出综合单价。

山东省则采用了一种集正算与反算优点于一身的统一模式，现介绍如下：

统一综合单价计算方法的格式 表 1-6

| 序号 | 项目编码 | 项目名称 | 单位 | 工程量 | 综合单价组成（元） | | | | | 综合单价（元） |
					人工费	材料费	机械费	计费基础	管理费利润	
1	010505001001	有梁板；C30	m³	32.06	73.95	449.32	0.65	73.95	30.03	553.95
	5-1-31	C302 现浇混凝土有梁板	10m³	3.206	56.05	417.16	0.54	56.05	22.76	
	18-1-92	有梁板复合木模钢支撑	10m²	2.771	17.9	32.16	0.11	17.9	7.27	

（1）工程量采用了反算数据，保留了原清单量和定额量（此点非常重要）。

（2）综合单价的每项组成数据保持了与正算表的数据一致。其方法是每项被清单量相除得出，而不是得出总价来再被清单量相除。

（3）按现行的山东省取费规定，管理费和利润的计费基础是省定额人工费。本案例的人工费与定额人工费一致，其计费基础相同，否则不会一致。

（4）原表-09 下面的材料费明细部分另由材料汇总表来替代。原表-09 的格式更适合于项目很少的大型水利或公路工程，一般建筑安装工程单位工程的分部分项都达到了上百项，将材料汇总表列出是必要的，该表可替代原表-09 的材料费明细部分（如工程需要时亦可选择将材料费明细输出），见表 1-6。

1.6 全费用计价表

对现行综合单价，《2013 规范辅导》作了如下解释：该定义仍是一种狭义上的综合单价，规费和税金并不包括在项目单价中。国际上的所谓综合单价，一般是指包括全部费用的综合单价，在我国目前建筑市场存在过度竞争的情况下，保障税金和规费等不可竞争的费用仍是很有必要的。

我们知道，在任何国家和任何情况下，税金（规费）都是不可竞争的，无须采取单列的措施来保障。故此理由不成立。

全费价的好处是显而易见的，符合节能和低碳要求，既节省大量表格又利于结算，而且我国一些专业定额已经采取了全费单价。这说明现行的综合单价符合中国国情的理由也不成立。

《2013 规范辅导》又解释：随着我国社会主义市场经济体制的进一步完善，社会保障机制的进一步健全，实行全费用的综合单价也将只是时间问题。

此外，实行全费综合单价并没有任何障碍和困难，仅仅是增加一张全费价表作为纸面文档，而仍保留原 26 张表作为电子文档。故依据时间问题为由来拒绝全费用单价的推行也不是正当理由。

下面通过一个具体案例来说明。

全费计价表（表 1-7）只需要 1 张表，合计价 15853 元；原计价表至少需要以下 3 张表：分部分项清单计价表（表 1-8）、措施项目计价表（表 1-9）和单位工程汇总表（表 1-10），合计价相同。

也就是说：结算时如果改 1 项工程量，应用全费计价表，只需改 1 张表的有关行数据与合计；否则要改变 3 张表的多项数据。全费计价表对结算的好处是显而易见的。

全费计价表 表 1-7

序号	项目编码	项目名称	单位	工程量	全费单价（元）	合价（元）
1	010505001001	有梁板；C20	m³	16.03	988.98	15853
		小计				15853

分部分项清单计价表

表 1-8

序号	项目编码	项目名称 项目特征	单位	工程量	金 额（元）		
					综合单价	合价	其中:暂估价
1	010505001001	有梁板;C20	m³	16.03	876.90	14057	3579
		小计				14057	3579

措施项目计价表

表 1-9

序号	项 目 名 称	计费基础	费率（%）	金 额（元）
1	夜间施工费	定额人工费	2.55	3636
2	二次搬运费	定额人工费	2.18	3108
3	冬雨季施工增加费	定额人工费	2.91	4149
4	已完工程及设备保护费	定额基价	0.15	615
	合计			11508

说明：按山东省计价规定，措施费中分按定额计取和按费率计取两种。建筑工程按费率计取的计算基础是省价人工费，已完工程及设备保护费的计费基础为省价人材机之和，依据《2013 计价规范》规定，有梁板与其模板合为一个清单项目计算，模板不再单列到按定额计取的措施项目清单中。

单位工程汇总表

表 1-10

序号	项目名称	计费基础	费率（%）	金额（元）
1	分部分项工程费			139033
2	措施项目费			6984
3	其他项目费			13903
4	清单计价合计	分部分项＋措施项目＋其他项目		159920
5	其中人工费 R			45284
6	规费			9499
7	安全文明施工费			5917
8	安全施工费	分部分项＋措施项目＋其他项目	2.34	3742
9	环境保护费	分部分项＋措施项目＋其他项目	0.11	176
10	文明施工费	分部分项＋措施项目＋其他项目	0.54	864
11	临时设施费	分部分项＋措施项目＋其他项目	0.71	1135
12	社会保险费	分部分项＋措施项目＋其他项目	1.52	2431
13	住房公积金	分部分项＋措施项目＋其他项目	0.21	336
14	工程排污费	分部分项＋措施项目＋其他项目	0.27	432
15	建设项目工伤保险	分部分项＋措施项目＋其他项目	0.24	384
16	设备费			
17	增值税	分部分项＋措施项目＋其他项目＋规费	11	18636
18	工程费用合计	分部分项＋措施项目＋其他项目＋规费＋税金		188055

1.7　招标控制价

1.7.1　招标控制价的有关规定

《2013 计价规范》中对招标控制价作了以下规定：

4.1.2 招标工程量清单必须作为招标文件的组成部分，其准确性和完整性应由招标人负责。

5.1.1 国有资金投资的建设工程招标，招标人必须编制招标控制价。

6.1.3 投标报价不得低于工程成本。

6.1.5 投标人的投标报价高于招标控制价的应予废标。

7.1.3 实行工程量清单计价的工程，应采用单价合同。

8.2.1 工程量必须以承包人完成合同工程应予计量的工程量确定。

1.7.2 招标控制价的作用

以上规定解决了三个问题：

（1）工程量清单的准确性和完整性由招标方负责，竣工时按应予计量的工程量进行结算。这是落实"量价分离"的政策。投标方只是报价，不需要对工程量负责，故不需要计算工程量。

（2）投标方在投标时，低于成本价或高于招标控制价都是不允许的。这是强调"招标控制价"的作用。招标控制价的执行，等于制止了不平衡报价行为。

有人说投标方计算工程量是为了采用不平衡报价的策略，实际上这种策略是无效的，只能欺骗一些外行。

网上有一个讨论不平衡报价的例子：

某工程投标时，投标方认为天棚抹灰可能因现行在混凝土的天棚面上直接刮腻子喷浆的工艺而被取消，故采用不平衡报价策略每平方米只报价1元而中标。问结算时甲方如何处理。

网友的回答分三种情况，均否定了不平衡报价的可行性。

1）按招标控制价要求，明显低于成本价，在投标时就应当被废标。

2）如果侥幸中标，在单价合同情况下，按每平方米1元扣除，投标方没有得到任何好处。

3）在总价合同情况下，聪明的甲方不会按1元的单价（不执行合同单价）来扣除，而是执行按定额价每平方米20元扣除，投标方也没有达到目的。

（3）招标控制价是对单价的控制，而不是对总价控制。

关于此问题，争论较大。笔者认为：

1）根据"量价分离"和应采用单价合同的原则，总价包括量和价。总价合同等于将量的风险转嫁给投标方，这是不合理的。

2）招标控制价的单价有标准，总价则无标准，故对不合理的总价无法进行投诉和控制。

1.8 校核结果与树立高标准诚信

本书将校核结果列为一个重要步骤，必须认真执行。

以工程计量为例，关于诚信有三个标准：

（1）低标准：做出——给别人做（混事）占时20%，这是目前工程计量的现状。

（2）中标准：做对——凭良心做正确占时50%（通过自己验证或另一种算法来保证正确），目前只有到了结算时，才有人这样去做。

（3）高标准：做好——占时30%，完整、规范、简约、美观、大方，目前还没有人对"工程计量"提出这样的要求（1人算10个样被视为正常现象）。

如果，树立高标准的诚信，就不会产生算10遍10个样的问题了。

为了校核结果，本书在计量案例中均采用了图算软件对工程量计算结果进行核对，并将结果列入工程量计算书中。当计算结果相差1%以上时，必须说明理由。

1.9 考试无纸化

考试无纸化指的是对学生掌握知识的测试手段应符合时代要求，用计算机来实现，甩掉笔和纸。一般考试包括4个题型即：填空、选择、判断和计算题。表1-11展示了无纸化试卷的样本。

考试无纸化试卷 　　　　　　　　　　　　　　　　　　　　　表 1-11

姓名：　　　　　　　学号：

第一次测试		总分:18		得分:15
	题号	题干		扣分填负
1	填空题	人工挖土方普通土大于( )米开始放坡,放坡系数是( )。		3
答	1	(1.2)		
	2	(0.5)		
2	选择题	混凝土阳台(含板式和挑梁式)子目,按阳台板厚( )编制。混凝土雨篷子目,按板式雨篷、板厚( )编制。 A. 100　　B. 60　　C.80　　D.150		4
答	1	A		
	2	C		
3	判断题	机械土方定额项目是按土壤天然含水率编制的。开挖地下常水位以下的土方时,采取降水措施后定额人工、机械乘以系数(1.15)。		3
答	1	对		—3
4	计算题	请给下列各等式加上算数数学符号(不能加数字)。 2 2 2 ＝ 6 3 3 3 ＝ 6 4 4 4 ＝ 6 5 5 5 ＝ 6 6 6 6 ＝ 6 7 7 7 ＝ 6 8 8 8 ＝ 6 9 9 9 ＝ 6		8
答	1	$2+2+2$	6	
	2	$3×3-3$	6	
	3	$4+4-\sqrt{4}$	6	
	4	$5+5/5$	6	
	5	$6+6-6$	6	
	6	$7-7/7$	6	
	7	$8-\sqrt{(8+8)}$	6	
	8	$\sqrt{9}×\sqrt{9}-\sqrt{9}$	6	

复习思考题

1. 试述统一计量顺序的必要性和可行性。
2. 试谈清单项目特征描述由问答式改为简约式的意义。
3. 试述统一定额名称的必要性。

4. 试述统一换算方法代替人机会话进行换算的必要性。

5. 试谈用统一算法替代正算、反算的必要性和可行性。

6. 试谈采用全费综合单价的意义和可行性。

7. 讨论招标控制价是对总价控制还是对单价控制。

8. 试述校核结果的必要性。

9. 简述实现考试无纸化的意义。

2 收发室工程计量

2.1 工程计量文件结构与说明

2.1.1 工程文件结构

（1）本工程依据 2013 规范和山东省现行计价办法计算。分建筑和装饰 2 个单位工程：项目均按省价人工费作为计费基础，来计取管理费和利润以及措施费用。

（2）本案例考虑了采用商品混凝土。否则需在每个混凝土清单项目中增加定额项目内混凝土的搅拌（5-3-1～5-3-5）和运输（5-3-6～5-3-8）费用。

（3）依据 2013 清单计价规范要求，将模板项目从措施费中转列入混凝土清单项目中。

（4）由于招标控制价的执行，清单与定额是不可分离的，故不再分别计算清单和定额，而是按照项目模板将清单与定额工程量同时计算。

2.1.2 计量说明

1. 基础工程

（1）应了解定额中挖土方与挖基坑（沟槽）工作内容的区别是挖坑槽中含基底夯实，故不能再套原土夯实定额。如果在没有夯实的地面上直接做垫层时，应增加一遍原土夯实定额。

（2）本案例土方按现场堆放计算，故不需考虑土方外运。但由于该工程回填土不足，需外运土来补充，故增加了挖土方项目，由于不足 5000m³ 的条件，故不能直接套 1-1-1 单独土石方定额，而应按定额说明借用其他土石方定额乘以系数 0.9 计算（本案例套用 1-2-1H 人工挖地上普通土）。

（3）垫层按 2013 规范规定：混凝土垫层按附录 E 中编码 010501001 列项，其他垫层按附录 D 中 010404001 列项。

2. 主体工程

（1）有梁板按梁板体积之和计算（不执行梁与板整体现浇时，梁高算至板底的梁和板分别计算的规定）。内外梁均按全高（不扣板厚）算至柱侧；板按梁间净面积计算，均不扣柱的板头，符合 2013 规范计算规则要求。

（2）屋面根据 2013 规范的要求将清单项目细化。

屋面中套了 4 项清单：改性沥青防水卷材、珍珠岩板保温、水泥石灰炉渣找坡、屋面泄水管。

（3）按规范要求：框架柱与填充（砌体）墙间拉结筋按植筋方式 2φ6@500 考虑锚固连接。

3. 装修工程

地面中的垫层、地面防水和外墙保温部分均列入建筑。

2.2 门窗过梁表、基数表、构件表

2.2.1 门窗过梁表

门窗过梁表中含门窗表、门窗统计表和过梁表三种表格。

1. 门窗表（表2-1）

该表根据设计总说明中门窗统计表和建筑平面图，经过加工添加楼层和过梁的信息而生成。

工程名称：收发室　　　　　　　　　　　　　　　　　门窗表　　　　　　　　　　　　　　　　　　表2-1

门窗号	图纸编号	洞口尺寸	面积	数量	24W墙	24N墙	洞口过梁号
M1	M-1	0.9×2.1	1.89	3		3	YGL1
M2	M-2	1×2.4	2.4	1	1		GL1
C1	LC-1	1.8×1.8	3.24	2	2		YGL2
C2	LC-2	1.5×1.8	2.7	2	2		YGL3
			数量	8	5	3	
			面积	19.95	14.28	5.67	

2. 过梁表（表2-2）

该表由门窗表自动生成，在过梁表界面和表格输出中体现。

工程名称：收发室　　　　　　　　　　　　　　　　　过梁表　　　　　　　　　　　　　　　　　　表2-2

过梁号	图纸编号	$L \times B \times H$	体积	数量	24W墙	24N墙	洞口门窗号
GL1	GL1	2.16×0.24×0.24	0.124	1	1		M2
YGL1	YGL1	1.4×0.24×0.18	0.06	3		3	M1
YGL2	YGL2	2.3×0.24×0.18	0.099	2	2		C1
YGL3	YGL3	2×0.24×0.18	0.086	2	2		C2
			数量	8	5	3	
			体积	0.67	0.49	0.18	

2.2.2　基数表（表2-3）

工程名称：收发室　　　　　　　　　　　　　　　　　基数表　　　　　　　　　　　　　　　　　　表2-3

序号	基数	名称	计　算　式	基数值
1	S	外围面积	13.44×7.14	95.962
2	W	外墙长	2×(13.44+7.14)	41.16
3	L	外墙中	$W-0.96$	40.2
4	N	内墙长	6.66×2	13.32
5	N12	12内墙长	4.56	4.56
6	Q	墙体面积	$(L+N)\times 0.24+N12\times 0.12$	13.392
7	R	室内面积	5.76×6.66+2.16×6.66+4.56×2.52+4.56×4.02	82.57
8		校核	$S-Q-R=0$	
9	J	基础垫层长	$L-0.83\times 8-1.45\times 4+2\times(6.9-0.78\times 2)$	38.44
10	JL	基础梁长	$L-0.43\times 8-0.65\times 4+2\times(6.9-0.38\times 2)$	46.44
11	JT	建筑体积	$S\times 3.6$	345.463
12	TH	屋面找坡厚度	0.03+(6.72×0.02+3.57×0.02)/2	0.133
13	WL	外梁长	$L-0.28\times 8-0.35\times 4$	36.56
14	NL	内梁长	2(6.9-0.23×2)	12.88
15	B12	120板	5.74×6.39	36.679
16	B08	80板	2.16×6.64+4.54×6.39	43.353

说明：

（1）三线三面基数对于框架结构来说，虽不能用外墙中和内墙净长来计算墙体，但仍要用它们来校核基数。每个房间的面积都要分别计算，以便提取到室内装修表中来计算踢脚、墙面抹灰等。

（2）构件基数中列出了内、外框梁总长度，它们是计算梁构件的公因数，以变量命名并调用，可简化构件体积计算式。

2.2.3 构件表（表2-4）

序号		构件类别/名称	L	a	b	基础　　　一层		数量
1		独立基础						
	1	J-1	1.3	1.3	0.6	4		
	2	J-2	1.25	1.25	0.6	4		
2		基础梁						
	1	JL-1	JL	0.24	0.4	1		
3		柱						
	1	Z1	5	0.4	0.4			4
	2	Z2	5	0.35	0.35			4
4		梁						
	1	WKL1	5.49	0.25	0.65			2
	2		2.16	0.25	0.4			2
	3		4.29	0.25	0.5			2
	4	WKL2	6.34	0.25	0.6			2
	5	NKL2	6.44	0.25	0.5			2
5		有梁板						
	1	L-1	5.74	0.25	0.5			1
	2	L-2	4.54	0.2	0.35			1
	3	120 板	B12		0.12			1
6		平板						
	1	80 板	B08		0.08			1
7		雨篷						
	1		2.16	1				1
8		檐板						
	1		W+4×0.5	0.5	0.07			1
	2		W+8×0.465	0.23	0.07			1

2.3　项目模板

项目模板见表2-5所列。

序号		项目名称	编码	清单/定额名称
	建筑			
1		平整场地		
	1	平整场地	010101001	平整场地
	2		1-4-1	人工平整场地
2		挖基坑土方		
	3	1. 挖地坑（普通土）	010101004	挖基坑土方；普通土，2m 内
	4	2. 挖地槽（普通土）	1-2-11	人工挖地坑普通土深 2m 内
	5	3. 钎探	1-4-4	基底钎探
	6		1-4-9	机械原土夯实两遍

序号	项目名称	编码	清单/定额名称
7		010101003	挖沟槽土方;普通土,2m内
8		1-2-6	人工挖沟槽普通土深2m内
9		1-4-9	机械原土夯实两遍
3	柱基		
10	1.C15混凝土垫层	010501001	垫层;C15垫层
11	2.C20柱基	2-1-28-2	C15现浇无筋混凝土垫层[独基]
12		18-1-1	混凝土基础垫层木模板
13		010501003	独立基础;C20柱基
14		5-1-6.11	C204现浇混凝土独立基础
15		18-1-15	钢筋混凝土独立基础复合木模板木支撑
4	基础梁		
16	1.C20基础梁	010503001	基础梁;C20
17		5-1-18.09	C203现浇混凝土基础梁
18		18-1-52	基础梁复合木模板钢支撑
5	砖基础		
19	1.M5水泥砂浆砖基础	010401001	砖基础;M5砂浆
20		4-1-1	M5.0砂浆砖基础
21		1-4-6	毛砂过筛
6	回填		
22	1.槽坑回填	010103001	回填方;外运土200m内
23	2.地面回填	1-4-13	槽坑机械夯填土
24	3.人力车运土200m内	1-4-12	地坪机械夯填土
25		1-2-28	人力车运土方50m内
26		1-2-29	人力车运土方200m内每增50m
27		1-2-1H	人工挖普通土深2m内
7	柱		
28	1.C30框架柱	010502001	矩形柱;C30
29		5-1-14	C303现浇混凝土矩形柱
30		18-1-36	矩形柱复合木模板钢支撑
31		18-1-48	柱钢支撑高度>3.6m增1m
8	梁		
32	1.C20框架梁	010503002	矩形梁;C20
33		5-1-19.09	C203现浇混凝土框架梁、连续梁
34		18-1-56	矩形梁复合木模板钢支撑
9	板		
35	1.C20有梁板	010505001	有梁板;C20
36	2.C20平板	5-1-31.07	C202现浇混凝土有梁板
37		18-1-92	有梁板复合木模板钢支撑
38		010505003	平板;C20
39		5-1-33.09	C203现浇混凝土平板
40		18-1-100	平板复合木模板钢支撑

序号	项目名称	编码	清单/定额名称
10	预制过梁		
41	1. C20 预制过梁	010510003	预制过梁;C20
42	2. 现场搅拌	5-2-7.29H	C20₂ 预制混凝土过梁
43		18-2-11	现场预制过梁木模板
44		5-3-3	其他构件现场搅拌混凝土
45		5-5-139	0.1m³ 内其他混凝土构件人力安装
46		5-5-56	梁轮胎式起重机灌缝
11	过梁		
47	1. C20 现浇过梁	010503005	过梁;C20
48		5-1-22	C20₂ 现浇混凝土过梁
49		18-1-65	过梁复合木模板木支撑
12	雨篷		
50	1. C20 雨篷	010505008	雨篷;C20
51		5-1-46.07	C20₂ 现浇混凝土雨篷 100
52		18-1-108	雨篷、悬挑板、阳台板直形木模板木支撑
13	挑檐		
53		010505007	挑檐板;C20
54		5-1-49.07	C20₂ 现浇混凝土挑檐、天沟
55		18-1-107	天沟、挑檐木模板木支撑
14	多孔砖墙		
56	1. M5 混合砂浆多孔砖 240	010402001	多孔砖墙;240,M5 混浆
57	2. M5 混合砂浆多孔砖 120	4-1-13	M5.0 混浆多孔砖墙 240
58		1-4-6	毛砂过筛
59		17-1-7	双排外钢管脚手架 6m 内
60		17-2-5	单排里钢管脚手架 3.6m 内
61		010402001	多空砖墙;115,M5 混浆
62		4-1-11	M5.0 混浆多孔砖墙 115
63		1-4-6	毛砂过筛
64		17-2-5	单排里钢管脚手架 3.6m 内
15	屋面		
65	1.3 厚 SBS 改性沥青卷材	010902001	屋面卷材防水;改性沥青防水卷材
66	2.25 厚 1:3 砂浆找平层	9-2-14	平面一层改性沥青卷材冷粘法
67	3. 憎水珍珠岩板 250 厚	11-1-1	1:3 水泥砂浆混凝土或硬基层上找平 20
68	4.1:6 水泥炉渣找坡,最薄处 30	11-1-3	1:3 水泥砂浆增减 5
69	5. 塑料排水管	1-4-6	毛砂过筛
70		011001001	保温隔热屋面;250 厚珍珠岩板
71		10-1-2	混凝土板上憎水珍珠岩块
72		011001001	保温隔热屋面;水泥石灰炉渣最薄 30 厚找 2% 坡
73		10-1-14	混凝土板上干铺石灰炉渣、矿渣 1:10
74		010902006	屋面泄水管;塑料管
75		9-3-15	塑料管落水口

序号		项目名称	编码	清单/定额名称
	76		9-3-13	塑料管落水斗
	77		9-3-10	塑料水落管 $\phi \leqslant 110$
16		钢筋		
	78	1. 砌体加固筋	010515001	现浇构件钢筋;砌体加固筋
	79	2. 现浇 HPB300 级钢筋	5-4-67	砌体加固筋焊接 $\phi 6.5$ 内
	80	3. 现浇螺纹钢筋	5-4-78	植筋 $\phi 10$ 内
	81	4. 预制 HPB300 级钢筋	010515001	现浇构件钢筋;圆钢
	82		5-4-1	现浇构件钢筋 HPB300 $\phi 10$ 内
	83		5-4-2	现浇构件钢筋 HPB300 $\phi 18$ 内
	84		5-4-30	现浇构件箍筋 $\phi 10$ 内
	85		5-4-75	马凳钢筋 $\phi 8$
	86		010515001	现浇构件钢筋;螺纹钢
	87		5-4-6	现浇构件钢筋 HRB335/400 $\phi 18$ 内
	88		5-4-7	现浇构件钢筋 HRB335/400 $\phi 25$ 内
	89		010515002	预制构件钢筋;圆钢
	90		5-4-17	预制构件钢筋 HPB300 $\phi 16$ 内绑扎
	91		5-4-15	预制构件钢筋 HPB300 $\phi 10$ 内绑扎[箍筋]
17		散水		
	92	1. 原土打夯	010507001	散水;C15 混凝土
	93	2.150 厚 3:7 灰土垫层	16-6-80.03	C154 现浇混凝土散水 3:7 灰土垫层
	94	3.60 厚 C15 混凝土,撒 1:1 水泥砂子压实赶光	18-1-1	混凝土基础垫层木模板
18		台阶 L03J1004-1/11		
	95	1.100 厚 C15 混凝土垫层(另列)	010507004	台阶;C20
	96	2.C20 混凝土台阶	5-1-52.07	C202 现浇混凝土台阶
	97	3. 台阶抹面(装修)	18-1-115	台阶木模板木支撑
19		地面垫层		
	98	混凝土垫层	010501001	混凝土垫层;C15 地面垫层
	99		2-1-28	C154 现浇无筋混凝土垫层
20		竣工清理		
	100	1. 竣工清理	01B001	竣工清理
	101		1-4-3	竣工清理
		装修		
1		木门		
	1	1. 无亮全板门	010801001	木质门
	2	2. 有亮夹板门	8-1-2	成品木门框安装
	3	3. 木门油调合漆	8-1-3	普通成品门扇安装
	4		15-9-22	门扇 L 形执手插锁安装
	5		011401001	木门油漆;调合漆
	6		14-1-1	底油一遍调和漆二遍单层木门
2		塑钢窗		
	7		010807001	塑钢窗

序号	项目名称	编码	清单/定额名称
8		8-7-6	塑钢推拉窗
9		010807001	塑钢窗带纱扇
10		8-7-10	塑钢纱窗扇
3	地面		
11	1.20厚1∶2水泥砂浆楼地面	011101001	水泥砂浆楼地面
12	2.水泥砂浆一道	11-2-1	1∶2水泥砂浆楼地面20
13	3.60厚C10混凝土垫层(另列)	1-4-6	毛砂过筛
	4.素土夯实		
4	台阶面		
14	1.20厚1∶2.5水泥砂浆台阶	011107004	水泥砂浆台阶面
15		11-2-3	1∶2水泥砂浆台阶20
16		1-4-6	毛砂过筛
5	踢脚线		
17		011105001	水泥砂浆踢脚线
18		11-2-6	水泥砂浆踢脚线18
19		1-4-6	毛砂过筛
6	内墙抹灰		
20	1.16厚水泥砂浆墙面	011201001	墙面一般抹灰;内墙水泥砂浆
21	2.刷乳胶漆三遍	12-1-3	砖墙面水泥砂浆9+6
22		1-4-6	毛砂过筛
23		17-2-6-1	双排里钢管脚手架3.6m内[装饰]
24		011407001	墙面喷刷涂料;乳胶漆
25		14-3-7	室内墙柱光面乳胶漆二遍
26		14-3-11	室内墙柱光面乳胶漆增一遍
7	天棚抹灰		
27	1.水泥砂浆天棚	011301001	天棚抹灰;水泥砂浆
28	2.刷乳胶漆三遍	13-1-2	混凝土面天棚水泥砂浆抹灰5+3
29		1-4-6	毛砂过筛
30		011407002	天棚喷刷涂料;乳胶漆
31		14-3-9	室内天棚乳胶漆二遍
32		14-3-13	室内天棚乳胶漆增一遍
8	外墙抹灰		
33	1.贴面砖240×60	011204003	块料墙面;外墙面砖240×60
34		12-2-45	水泥砂浆粘贴瓷质外墙砖60×240 灰缝5内
35		1-4-6	毛砂过筛
36		12-2-52	墙面砖45°角对缝
37		011206002	块料零星项目;面砖240×60
38		12-2-45	水泥砂浆粘贴瓷质外墙砖60×240 灰缝5内
39		1-4-6	毛砂过筛
40		12-2-52	墙面砖45°角对缝

2.4 辅助计算表

辅助计算表用于图表结合计算工程量，可以用一组数据计算出多项工程量。例如：表 C 中输入坑长、坑宽、加宽、垫层厚度、工作面、坑深、放坡系数和数量后，即可计算出挖坑、垫层、模板和钎探 4 项工程量。

辅助计算表可以得出实物量和计算公式。其结果调入实物量表后，再分别调入清单定额界面的计算书中，也可以直接调入。

收发室采用的辅助计算表，见表 2-6～表 2-9。

挖槽表（B 表）
表 2-6

说明	长度	槽宽	加宽	垫层厚	基础面	槽深	放坡	挖槽	垫层	模板	钎探
						B1:挖槽					
挖地槽	J	0.24			0.4	1.5	0.5	103.21			
								103.21			

注：将本表的挖槽量调入清单/定额界面的第 7 项。

挖坑表（C 表）
表 2-7

说明	坑长	坑宽	加宽	垫层厚	垫层面	基础面	坑深	放坡	数量	挖坑	垫层	模板	钎探
									C1:挖坑				
J1	1.3	1.3	0.1	0.15	0.4	0.1	1.8	0.5	4	62.5	0.9	2.4	12
J2	1.25	1.25	0.1	0.15	0.4	0.1	1.8	0.5	4	60.43	0.84	2.32	12
										122.93	1.74	4.72	24

注：将本表的挖坑量分别调入第 3 项；垫层调入第 10 项；模板调入第 12 项；钎探调入第 5 项。

独立基础表（F 表）
表 2-8

说明	底长	底宽	底高	阶长	阶宽	阶高	顶长	顶宽	顶高	数量	混凝土	模板
						F1:独立基础						
J-1	1.3	1.3	0.2	1	1	0.2	0.7	0.7	0.2	4	2.54	9.6
J-2	1.25	1.25	0.2	0.95	0.95	0.2	0.65	0.65	0.2	4	2.31	9.12
											4.85	18.72

注：将本表的混凝土量调入清单/定额界面的第 13/15 项。

室内装修表（J 表）
表 2-9

说明	a 边	b 边	高	增垛扣墙	立面洞口	间数	踢脚线（m）	墙面	平面	脚手架
							J1:室内装修			
房间 1	5.76	6.66	3.48		M1＋C1＋C2	1	23.94	78.61	38.36	86.44
走廊	2.16	6.66	3.52		M	1	13.94	54.02	14.39	62.09
房间 2	4.56	2.52	3.52		M1＋C1	1	13.26	44.71	11.49	49.84
房间 3	4.56	4.02	3.52		M1＋C2	1	16.26	55.81	18.33	60.4
							25.62	67.4	233.15	82.57	258.77

注：1. J1 的踢脚长度调入装饰分部第 17 项计算踢脚线；墙面面积调入第 20 项；脚手架面积调入第 23 项。

2. 平面工程量一般直接调用基数值。

2.5 钢筋明细表与汇总表

收发室钢筋明细表，见表 2-10；收发室钢筋汇总表，见表 2-11。

工程名称：收发室　　　　　　　　　　钢筋明细表　　　　　　　　　　表 2-10

序号	构件名称	数量	筋　号	规格	图　形	长度(mm)	根数	重量(kg)
1	基础梁							
	JL-1	2	梁底直筋[0 跨]	Φ22	60 ⌐14560⌐ 160	14880	2	88.8
			通长面筋[0 跨]	Φ22	14560 160⌐ ⌐160	14880	2	88.8
			矩形箍筋(2)[1 跨]	Φ8	312 152	1063	51	21.41
			矩形箍筋(2)[2 跨]	Φ8	312 152	1063	21	8.82
			矩形箍筋(2)[3 跨]	Φ8	312 152	1063	41	17.22
			梁底直筋[0 跨]	Φ22	160 ⌐8260⌐ 160	8580	4	102.42
			通长面筋[0 跨]	Φ22	8260 160⌐ ⌐160	8580	4	102.42
			矩形箍筋(2)[1 跨]	Φ8	312 152	1063	122	51.22
2	独基							
	J-1	4	长方向基底筋	Φ12	1220	1220	7	7.58
			宽方向基底筋	Φ12	1220	1220	7	7.58
	J-2		长方向基底筋	Φ12	1170	1170	7	7.27
			宽方向基底筋	Φ12	1170	1170	7	7.27
3	柱							
	Z1	4	竖向纵筋	Φ22	5000	5000	1	14.92
			竖向纵筋	Φ22	330 5027	5357	3	47.96
			矩形箍(2×2)	Φ8	352 352	1542	30	18.27
			柱插筋	Φ22	890	890	4	10.63
	Z2	4	竖向纵筋	Φ22	5000	5000	2	29.84
			竖向纵筋	Φ22	330 5027	5357	2	31.85
			矩形箍(2×2)	Φ8	302 302	1342	30	15.9
			柱插筋	Φ22	890	890	4	10.62

序号	构件名称	数量	筋　　号	规格	图　　形	长度 (mm)	根数	重量 (kg)
4	梁							
	KL1	1	受力锚固面筋[0跨]	Φ22	13510 / 330 330	14170	2	84.57
			梁底直筋[0跨]	Φ22	330 13510 330	14170	3	126.85
			矩形箍(2)[1跨]	Φ8	342 192	1283	41	20.78
			矩形箍(2)[2跨]	Φ8	342 192	1283	19	9.63
			矩形箍(2)[3跨]	Φ8	342 192	1283	33	16.72
			受力锚固面筋[0跨]	Φ22	13510 / 330 330	14170	2	84.57
			梁底直筋[0跨]	Φ22	330 13510 330	14170	3	126.85
			矩形箍(2)[1跨]	Φ8	592 192	1783	44	30.99
			矩形箍(2)[2跨]	Φ8	342 192	1283	19	9.63
			矩形箍(2)[3跨]	Φ8	442 192	1483	34	19.92
			受力锚固面筋[0跨]	Φ22	7210 / 330 330	7870	2	46.97
			梁底直筋[0跨]	Φ22	330 7210 330	7870	3	70.45
			矩形箍(2)[1跨]	Φ8	342 192	1283	48	24.33
	KL2	1	受力锚固面筋[0跨]	Φ20	7210 / 300 300	7810	2	38.52
			梁底直筋[0跨]	Φ18	270 7210 270	7750	3	46.5
			矩形箍(2)[1跨]	Φ8	542 192	1683	50	33.24
			节点加密(矩形2)[1跨]	Φ8	542 192	1683	6	3.99
		2	受力锚固面筋[0跨]	Φ20	7210 / 300 300	7810	2	38.52
			梁底直筋[0跨]	Φ18	270 7210 270	7750	3	46.5
			矩形箍(2)[1跨]	Φ8	542 192	1683	49	32.57

序号	构件名称	数量	筋　号	规格	图　形	长度(mm)	根数	重量(kg)
			节点加密(矩形2)[1跨]	Φ8	542　192	1683	6	3.99
	L1	1	受力锚固面筋[0跨]	Φ14	6379　210　210	6799	2	16.43
		1	梁底直筋[0跨]	Φ20	6220	6220	2	30.68
		1	矩形箍(2)[1跨]	Φ6	444　194	1377	39	13.96
	L2	1	受力锚固面筋[0跨]	Φ14	5179　210　210	5599	2	13.53
		1	梁底直筋[0跨]	Φ20	5020	5020	2	24.76
		1	矩形箍(2)[1跨]	Φ6	294　144	977	31	7.87
5	过梁							
	GL1	1	矩形箍(2)	Φ6	184　184	837	8	1.74
		1	梁底直筋	Φ12	1600	1600	2	2.84
		1	受力锚固面筋	Φ12	1600	1600	2	2.84
	YGL1	3	矩形箍(2)	Φ6	124　184	717	8	1.49
			梁底直筋	Φ12	1500	1500	2	2.66
			受力锚固面筋	Φ12	1500	1500	2	2.66
		1	矩形箍(2)	Φ6	124　184	717	12	2.24
			梁底直筋	Φ12	2400	2400	2	4.26
			受力锚固面筋	Φ12	2400	2400	2	4.26
		3	矩形箍(2)	Φ6	124　184	717	11	2.05
			梁底直筋	Φ12	2100	2100	2	3.73
			受力锚固面筋	Φ12	2100	2100	2	3.73
6	板							
	LB120	1	板底筋	Φ8	5984	6084	22	52.87
			板面筋	Φ8	6179　87　87	6453	22	56.08
			板底筋	Φ8	5981	6081	22	52.84
			板面筋	Φ8	6346	6446	22	56.02

序号	构件名称	数量	筋 号	规格	图 形	长度（mm）	根数	重量（kg）
			板底筋	Φ8	⌐ 3442 ⌐	3542	39	54.56
			板面筋	Φ8	3726 ⌐87	3913	39	60.28
			板底筋	Φ8	⌐ 3442 ⌐	3542	39	54.56
			板面筋	Φ8	3726 ⌐87	3913	39	60.28
	LB80	1	板底筋	Φ8	⌐ 2414 ⌐	2514	45	44.69
			板面筋	Φ8	⌐ 2784 ⌐	2884	45	51.26
			板底筋	Φ8	⌐ 4783 ⌐	4883	17	32.79
			板面筋	Φ8	87⌐ 4975 ⌐87	5249	17	35.25
			板底筋	Φ8	⌐ 4787 ⌐	4887	26	50.19
			板面筋	Φ8	5071 ⌐87	5258	26	54
			板底筋	Φ8	⌐ 6890 ⌐	6990	15	41.42
			板面筋	Φ8	87⌐ 7090 ⌐87	7364	15	43.63
			板底筋	Φ8	⌐ 2689 ⌐	2789	31	34.15
			板面筋	Φ8	2944 ⌐137	3181	31	38.95
			板底筋	Φ8	⌐ 4189 ⌐	4289	31	52.52
			板面筋	Φ8	4444 ⌐137	4681	31	57.32
7	挑檐							
	TYB	1	悬挑受力筋	Φ8	787 250 40/40 ⌐200 40	1527	207	124.86
			悬挑底板分布筋	Φ6	⌐ 42610 ⌐	42685	3	33.29
8	雨篷							
	YP-1	1	悬挑受力筋	Φ8	1210 ⌐70 85	1345	16	8.50
			悬挑板分布筋	Φ6	⌐ 2430 ⌐	2510	4	2.22

注：为节省篇幅，本表只摘录了部分构件钢筋明细，供读者了解钢筋图形、长度、根数以及重量计算。

工程名称：收发室　　　　　　　　　　　　　　钢筋汇总表　　　　　　　　　　　　表 2-11

规格	基础	柱	构造柱	墙	梁、板	圈梁	过梁	楼梯	其他筋	拉结筋	合计(kg)
Φ6									30	51	81
Φ6G					19		13				32
Φ8					982				110		1092
Φ8G	197	137			269						603
Φ12							60				60
Φ12	119										119
Φ14					30						30
Φ18					186						186
Φ20					216						216
Φ22	765	582			461						1808
合计(kg)	1081	719			2163		73		140	51	4227

注：Φ 表示Ⅰ级钢，Φ 表示Ⅱ级钢，Φ6G 表示Ⅰ级钢箍筋。

2.6　工程量计算书

工程量计算书见表 2-12、表 2-13。

工程名称：收发室　　　　　　　　　　　　建筑工程量计算书　　　　　　　　　　表 2-12

序号	编号/部位		项目名称/计算式		工程量	BIM 校核
			新分部			
1	1	010101001001	平整场地	m²	95.96	95.96
			S			
2		1-4-1	人工平整场地	＝	95.96	95.96
3	2	010101004001	挖基坑土方；普通土，2m 内	m³	122.93	131.34
	1	J1	$[(2+0.5\times1.8)\times(2+0.5\times1.8)\times1.8+0.5^2\times1.8^3/3]\times4$		62.5	
	2	J2	$[(1.95+0.5\times1.8)\times(1.95+0.5\times1.8)\times1.8+0.5^2\times1.8^3/3]\times4$		60.43	
4		1-2-11	人工挖地坑普通土深 2m 内	＝	122.93	131.34
5		1-4-4	基底钎探	m²	17.41	17.4
	1	J-1	$1.5\times1.5\times4$		9	
	2	J-2	$1.45\times1.45\times4$		8.41	
6		1-4-9	机械原土夯实两遍	m²	17.41	17.41
			D5			
7	3	010101003001	挖沟槽土方；普通土，2m 内	m³	103.21	103.21
		挖地槽	$J\times(1.04+0.5\times1.5)\times1.5$			
8		1-2-6	人工挖沟槽普通土深 2m 内	＝	103.21	103.21
9		1-4-9	机械原土夯实两遍	m²	9.23	9.23
			$J\times0.24$			
10	4	010501001001	垫层；C15 垫层	m³	1.74	1.74
			$D5\times0.1$			
11		2-1-28-2	C15 现浇无筋混凝土垫层［独基］	m³	1.74	1.74

22

序号		编号/部位	项目名称/计算式		工程量	BIM 校核
12		18-1-1	混凝土基础垫层木模板	m²	4.72	4.72
	1	J-1	2×(1.5+1.5)×0.1×4		2.4	
	2	J-2	2×(1.45+1.45)×0.1×4		2.32	
13	5	010501003001	独立基础;C20 柱基	m³	4.85	4.88
	1	J-1	(1.3×1.3×0.2+1×1×0.2+0.7×0.7×0.2)×4		2.54	
	2	J-2	(1.25×1.25×0.2+0.95×0.95×0.2+0.65×0.65×0.2)×4		2.31	
14		5-1-6.11	C204 现浇混凝土独立基础	=	4.85	4.88
15		18-1-15	钢筋混凝土独立基础复合木模板木支撑	m²	18.72	18.72
	1	J-1	[2×(1.3+1.3)×0.2+2×(1+1)×0.2+2×(0.7+0.7)×0.2]×4		9.6	
	2	J-2	[2×(1.25+1.25)×0.2+2×(0.95+0.95)×0.2+2×(0.65+0.65)×0.2]×4		9.12	
16	6	010503001001	基础梁;C20	m³	4.32	4.32
	1		JL×0.24×0.4		4.46	
	2	扣梁头	−0.2×0.15×0.24×20		−0.14	
17		5-1-18.09	C203 现浇混凝土基础梁	=	4.32	4.32
18		18-1-52	基础梁复合木模板钢支撑	m²	37.15	35.94
			JL×0.4×2			
19	7	010401001001	砖基础;M5 砂浆	m³	16.61	16.6
	1	−0.3m 以下	(WL+NL)×0.24×1.1		13.05	
	2		(WL+NL)×0.24×0.3		3.56	
20		4-1-1	M5.0 砂浆砖基础	=	16.61	16.6
21		1-4-6	毛砂过筛	m³	4.04	
			D20×0.23985×1.015			
22	8	010103001001	回填方;外运土 200m 内	m³	219.23	227.64
	1		D3+D7		226.14	
	2	扣基础	−D10−D13−D16−D19.1−[Z](0.4×0.4+0.35×0.35)×4×1.1		−25.2	
	3	室内回填	(R+N12×0.12)×0.22		18.29	
23		1-4-13	槽坑机械夯填土	m³	200.94	209.35
			D22.1+D22.2			
24		1-4-12	地坪机械夯填土	m³	18.29	18.29
			D22.3			
25		1-2-28	人力车运土方 50m 内	m³	25.97	27.24
	1	运余土	D22.1−(D23+D24)×1.15=−25.97			
	2	改取土	−H1		25.97	
26		1-2-29	人力车运土方 200m 内每增 50m	=	25.97	27.24
27		1-2-1H	人工挖普通土深 2m 内	=	25.97	27.24
28	9	010502001001	矩形柱;C30	m³	5.65	5.64
	1		5×0.4×0.4×4		3.2	
	2		5×0.35×0.35×4		2.45	
29		5-1-14	C303 现浇混凝土矩形柱	=	5.65	5.64

序号	编号/部位	项目名称/计算式		工程量	BIM校核
30	18-1-36	矩形柱复合木模板钢支撑	m²	60	60
	1	5×1.6×4	32		
	2	5×1.4×4	28		
31	18-1-48	柱钢支撑高度>3.6m增1m	m²	3.6	3.6
	1	0.3×1.6×4	1.92		
	2	0.3×1.4×4	1.68		
32	10 010503002001	矩形梁;C20	m³	7.11	5.92
	1 ①轴④轴	6.34×0.25×0.6×2	1.9		
	2 ②轴③轴	6.44×0.25×0.6×2	1.93		
	3 Ⓐ/Ⓒ	5.49×0.25×0.65×2	1.78		
	4	2.16×0.25×0.4×2	0.43		
	5	4.29×0.25×0.5×2	1.07		
33	5-1-19.09	C203 现浇混凝土框架梁、连续梁	=	7.11	5.92
34	18-1-56	矩形梁复合木模板钢支撑	m²	63.41	63.27
	1	6.34×(0.6+0.25+0.48)	8.43		
	2	6.44×(0.25+0.5×2)	8.05		
	3	6.44×(0.25+0.52×2)	8.31		
	4	6.34×(0.52+0.25+0.6)	8.69		
	5	5.49×(0.65+0.25+0.53)×2	15.7		
	6	2.16×(0.4+0.25+0.32)×2	4.19		
	7	4.29×(0.5+0.25+0.42)×2	10.04		
35	11 010505001001	有梁板;C20	m³	7.76	9.03
	1 L-1	5.74×0.5×0.25	0.72		
	2 L-2	4.54×0.35×0.2	0.32		
	3 板	B12×0.12+B08×0.08−D38	6.72		
36	5-1-31.07	C202 现浇混凝土有梁板	=	7.76	9.03
37	18-1-92	有梁板复合木模板钢支撑	m²	74.85	77.02
	1 L-1	5.74×(0.38×2+0.25)	5.8		
	2 L-2	4.54×(0.27×2+0.2)	3.36		
	3	B12+B08−D40	65.69		
38	12 010505003001	平板;C20	m³	1.15	0.97
		2.16×6.64×0.08			
39	5-1-33.09	C203 现浇混凝土平板	m³	0.97	0.97
40	18-1-100	平板复合木模板钢支撑	m²	14.34	12.17
		2.16×6.64			
41	13 010510003001	预制过梁;C20	m³	0.55	0.55
		YGL			
42	5-2-7.29H	C202 预制混凝土过梁	=	0.55	0.55
43	18-2-11	现场预制过梁木模板	=	0.55	0.55
44	5-3-3	其他构件现场搅拌混凝土	m³	0.56	0.56
		D41×1.0221			

序号	编号/部位	项目名称/计算式		工程量	BIM校核
45		5-5-139	0.1m³内其他混凝土构件人力安装	m³	0.55	0.55
			D41×1.005			
46		5-5-56	梁轮胎式起重机灌缝	m³	0.55	0.55
			D41			
47	14	010503005001	过梁;C20	m³	0.12	0.12
			GL1			
48		5-1-22	C202现浇混凝土过梁	=	0.12	0.12
49		18-1-65	过梁复合木模板木支撑	m²	1.06	1.06
		GL1	2.16×(0.24+0.14)+1×0.24			
50	15	010505008001	雨篷;C20	m³	0.22	0.22
			D51×0.1			
51		5-1-46.07	C202现浇混凝土雨篷100	m²	2.16	2.16
			2.16×1			
52		18-1-108	雨篷、悬挑板、阳台板直形木模板木支撑	m²	2.16	2.16
			D51			
53	16	010505007001	挑檐板;C20	m³	2.23	2.23
	1		(W+4×0.5)×0.5×0.07	1.51		
	2	翻沿	(W+8×0.465)×0.23×0.07	0.72		
54		5-1-49.07	C202现浇混凝土挑檐、天沟	=	2.23	2.23
55		18-1-107	天沟、挑檐木模板木支撑	m²	45.37	45.37
	1		(W+4×0.5)×0.5	21.58		
	2	翻沿	(W+8×0.465)×(0.3+0.23)	23.79		
56	17	010402001001	多空砖墙;240,M5混浆	m³	30.42	30.42
	1	KL-1下	(5.49×2.95+2.16×3.2+4.29×3.1)×2=72.81			
	2	KL-2下	(6.34+6.44)×3×2=76.68			
	3		(∑-M-C)×0.24	31.09		
	4	扣过梁	-GL-YGL	-0.67		
57		4-1-13	M5.0混浆多孔砖墙240	=	30.42	30.42
58		1-4-6	毛砂过筛	m³	5.84	
			D57×0.1892×1.015			
59		17-1-7	双排外钢管脚手架6m内	m²	160.52	160.52
			W×3.9			
60		17-2-5	单排里钢管脚手架3.6m内	m²	38.64	38.64
			6.44×3×2			
61	18	010402001002	多空砖墙;115,M5混浆	m³	1.7	1.7
			N12×3.25×0.115			
62		4-1-11	M5.0混浆多孔砖墙115	=	1.7	1.7
63		1-4-6	毛砂过筛	m³	0.26	
			D62×0.1496×1.015			
64		17-2-5	单排里钢管脚手架3.6m内	m²	14.82	14.82
			N12×3.25			

序号		编号/部位	项目名称/计算式		工程量	BIM 校核
65	19	010902001001	屋面卷材防水;改性沥青防水卷材	m²	141.35	141.35
	1		平面	14.44×8.14	117.54	
	2		立面	(W+8×0.5)×0.3+(W+8×0.43)×0.23	23.81	
66		9-2-14	平面一层改性沥青卷材冷粘法	=	141.35	141.35
67		11-1-1	1:3 水泥砂浆混凝土或硬基层上找平 20	=	141.35	141.35
68		11-1-3	1:3 水泥砂浆增减 5	=	141.35	141.35
69		1-4-6	毛砂过筛	m³	4.35	
			(D67×0.0205+D68×0.00513)×1.2			
70	20	011001001001	保温隔热屋面;250 厚珍珠岩板	m²	95.96	95.96
			S			
71		10-1-2	混凝土板上憎水珍珠岩块	m³	23.99	23.99
			S×0.25			
72	21	011001001002	保温隔热屋面;水泥石灰炉渣最薄 30 厚找 2%坡	m²	95.96	95.96
			S			
73		10-1-14	混凝土板上干铺石灰炉、矿渣:10	m³	12.76	12.76
			S×TH			
74	22	010902006001	屋面泄水管;塑料管	根	4	4
			4			
75		9-3-15	塑料管落水口	个	4	
			4			
76		9-3-13	塑料管落水斗	=	4	
77		9-3-10	塑料水落管 φ≤110	m	15	
			3.75×4			
78	23	010515001001	现浇构件钢筋;砌体加固筋	t	0.051	0.051
			1.2×16×2×6×0.222/1000			
79		5-4-67	砌体加固筋焊接 φ6.5 内	=	0.051	0.051
80		5-4-78	植筋 φ10 内	根	192	192
			16×2×6			
81	24	010515001002	现浇构件钢筋;圆钢	t	1.154	1.154
			D82+D83+D85			
82		5-4-1	现浇构件钢筋 HPB300φ10 内	t	1.115	1.115
			0.03+1.092−0.007			
83		5-4-2	现浇构件钢筋 HPB300φ18 内	t	0.032	0.032
			0.011+0.021			
84		5-4-30	现浇构件箍筋 φ10 内	t	0.603	0.603
			0.603			
85		5-4-75	马凳钢筋 φ8	t	0.007	0.007
			0.007			
86	25	010515001003	现浇构件钢筋;螺纹钢	t	2.359	2.359
			D87+D88			
87		5-4-6	现浇构件钢筋 HRB335/400φ18 内	t	0.335	0.335

序号	编号/部位	项目名称/计算式		工程量	BIM 校核
		0.119＋0.03＋0.186			
88	5-4-7	现浇构件钢筋 HRB335/400φ25 内	t	2.024	2.024
		0.216＋1.808			
89	26 010515002001	预制构件钢筋；圆钢	t	0.06	0.06
		D90＋D91			
90	5-4-17	预制构件钢筋 HPB300φ16 内绑扎	t	0.049	0.049
		0.049			
91	5-4-15	预制构件钢筋 HPB300φ10 内绑扎［箍筋］	t	0.011	0.011
		0.011			
92	27 010507001001	散水；C15 混凝土	m²	24.34	24.34
		（W＋4×0.6－3）×0.6			
93	16-6-80.03	C154 现浇混凝土散水 3∶7 灰土垫层	＝	24.34	24.34
94	18-1-1	混凝土基础垫层木模板	m²	2.58	2.58
		（W＋8×0.6－3）×0.06			
95	28 010507004001	台阶；C20	m²	2.52	2.52
		3×1.2－1.8×0.6			
96	5-1-52.07	C202 现浇混凝土台阶	m³	0.41	0.41
		D95（0.15/2＋0.08×1.12）			
97	18-1-115	台阶木模板木支撑	m²	2.52	2.52
		D95			
98	29 010501001002	混凝土垫层；C15 地面垫层	m³	5.3	5.3
	1 面积	R＋N12×0.12＋1.8×0.6＝84.2			
	2	H1×0.06＋D97×0.1	5.3		
99	2-1-28	C154 现浇无筋混凝土垫层	＝	5.3	5.3
100	01B001	竣工清理		345.46	345.46
		JT			
101	1-4-3	竣工清理	＝	345.46	345.46

注：单位列的"＝"表示当前定额项的单位和工程量与上项相同，均由软件自动带出。

工程名称：收发室　　　　　　　　　　**装饰工程量计算书**　　　　　　　　　　表 2-13

序号	编号/部位	项目名称/计算式		工程量	BIM 校核
		装修			
1	1 010801001001	木质门	m²	8.07	8.07
		M			
2	8-1-2	成品木门框安装	m	21.1	21.1
	1	3×（0.9＋2.1×2）	15.3		
	2	1＋2.4×2	5.8		
3	8-1-3	普通成品门扇安装	m²	8.07	8.07
		D1			
4	15-9-22	门扇 L 形执手插锁安装	个	5	5
		4＋1			
5	2 011401001001	木门油漆；调合漆	m²	8.07	8.07

序号		编号/部位	项目名称/计算式		工程量	BIM校核
			D1			
6		14-1-1	底油一遍调和漆二遍单层木门	＝	8.07	8.07
7	3	010807001001	塑钢窗	m²	5.4	5.4
			2C2			
8		8-7-6	塑钢推拉窗	＝	5.4	5.4
9	4	010807001002	塑钢窗带纱扇	m²	6.48	6.48
			2C1			
10		8-7-10	塑钢纱窗扇	＝	6.48	6.48
11	5	011101001001	水泥砂浆楼地面	m²	84.2	84.2
	1		R	82.57		
	2		N12×0.12+1.8×0.6	1.63		
12		11-2-1	1∶2水泥砂浆楼地面20	＝	84.2	84.2
13		1-4-6	毛砂过筛	m³	1.9	
			D12×0.0205×1.1			
14	6	011107004001	水泥砂浆台阶面	m²	2.52	2.52
			3×1.2－1.8×0.6			
15		11-2-3	1∶2水泥砂浆台阶20	＝	2.52	2.52
16		1-4-6	毛砂过筛	m³	0.08	
			D15×0.03034×1.1			
17	7	011105001001	水泥砂浆踢脚线	m	67.4	67.4
	1	房间1	2×(5.76+6.66)－0.9	23.94		
	2	走廊	2×(2.16+6.66)－0.9×3－1	13.94		
	3	房间2	2×(4.56+2.52)－0.9	13.26		
	4	房间3	2×(4.56+4.02)－0.9	16.26		
18		11-2-6	水泥砂浆踢脚线18mm	＝	67.4	67.4
19		1-4-6	毛砂过筛	m³	0.22	
			D18×0.00092×1.1+D18×0.00185×1.2			
20	8	011201001001	墙面一般抹灰：内墙水泥砂浆	m²	233.15	234.37
	1	房间1	2×(5.76+6.66)×3.48-M1-C1-C2	78.61		
	2	走廊	2×(2.16+6.66)×3.52-M	54.02		
	3	房间2	2×(4.56+2.52)×3.52-M1-C1	44.71		
	4	房间3	2×(4.56+4.02)×3.52-M1-C2	55.81		
21		12-1-3	砖墙面水泥砂浆9+6	＝	233.15	234.37
22		1-4-6	毛砂过筛	m³	4.71	
			D21×0.01044×1.2+D21×0.00696×1.1			
23		17-2-6-1	双排里钢管脚手架3.6m内［装饰］	m²	258.77	258.77
	1	房间1	2×(5.76+6.66)×3.48	86.44		
	2	走廊	2×(2.16+6.66)×3.52	62.09		
	3	房间2	2×(4.56+2.52)×3.52	49.84		
	4	房间3	2×(4.56+4.02)×3.52	60.4		
24	9	011407001001	墙面喷刷涂料：乳胶漆	m²	233.15	234.37

28

序号	编号/部位		项目名称/计算式		工程量	BIM校核
			D20			
25		14-3-7	室内墙柱光面乳胶漆二遍	=	233.15	234.37
26		14-3-11	室内墙柱光面乳胶漆增一遍	=	233.15	234.37
27	10	011301001001	天棚抹灰;水泥砂浆	m²	112.39	109.49
	1		R	82.57		
	2	L-1 梁侧	5.74×0.53×2	6.08		
	3	檐板底	(W+4×0.5)×0.5	21.58		
	4	雨篷底	2.16×1	2.16		
28		13-1-2	混凝土面天棚水泥砂浆抹灰5+3	=	112.39	109.49
29		1-4-6	毛砂过筛	m³	1.45	
			D28×0.00564×1.1+D28×0.00558×1.2			
30	11	011407002001	天棚喷刷涂料;乳胶漆	m²	112.39	109.49
			D27			
31		14-3-9	室内天棚乳胶漆二遍	=	112.39	109.49
32		14-3-13	室内天棚乳胶漆增一遍	=	112.39	109.49
33	12	011204003001	块料墙面;外墙面砖240×60	m²	142.13	142.88
			W×3.8-M2-C			
34		12-2-45	水泥砂浆粘贴瓷质外墙砖60×240 灰缝5 内	m²	142.13	142.88
35		1-4-6	毛砂过筛	m³	3.89	
			D34×0.0015×0.76+D34×0.00558×1.1+D34×0.01673×1.2			
36		12-2-52	墙面砖45°角对缝	m	15.2	15.2
			3.8×4			
37	13	011206002001	块料零星项目;面砖240×60	m²	17.72	17.72
	1	檐口	(W+8×0.5)×0.3	13.55		
	2	雨篷檐	(2.16+1×2)×0.2	0.83		
	3	门窗套	[[M2]1+2.4×2+[C1]1.8×4×2+[C2](1.5+1.8)×2×2]×0.1	3.34		
38		12-2-45	水泥砂浆粘贴瓷质外墙砖60×240 灰缝5 内	=	17.72	17.72
39		1-4-6	毛砂过筛	m³	0.48	
			D38×0.0015×0.76+D38×0.00558×1.1+D38×0.01673×1.2			
40		12-2-52	墙面砖45°角对缝	m	33.4	33.4
			D37.3/0.1			

注：单位列的"="表示当前定额项的单位和工程量与上项相同，均由软件自动带出。

2.7 三种算量方式对比

本节中以有梁板工程量的计算为例，分别对原教材手算稿、统筹e算计算稿、甲图形算量稿、乙图形算量稿的正确性进行剖析和对比。

有关有梁板的计算规则摘录如下：

（1）不扣除≤0.3m² 的柱所占面积。

（2）有梁板（包括主、次梁与板）按梁、板体积之和计算。

（3）以立方米为单位应保留小数点后两位数字。

在框架梁中分两种形式：一种是不与板整浇的梁（单梁或承载预制板的花篮梁），应套矩形梁清单010503002或异形梁清单010503003；一种是与板整浇的梁，应套有梁板清单010505001。

当计算规则矛盾时，应本着合理的原则取舍。在清单和定额的计算规则中，有梁板均是按梁、板体积之和计算的。定额中在板的计算规则中规定：有梁板按梁、板体积之和计算；但在梁的计算规则中又规定：梁与板整体现浇时，梁高算至板底。这两种规定是矛盾的。由于梁与板整体现浇应套有梁板的清单和定额，故后一条规定应视为无效。

2.7.1 原教材手算稿的错误分析

原教材用了 5 个清单项目，分别计算梁和板，计算式见表 2-14。

原教材手算稿的错误与更正 表 2-14

序号	项目编码	项目名称	工程量	错误	计算式更正
1	010503002001	KL-1 矩形梁	3.289		$(5.49×0.65+2.16×0.4+4.29×0.5)×$ $0.25×2=3.29$
2	010503002001	KL-2 矩形梁	3.834		$(6.34+6.44)×0.6×0.25×2=3.83$
3	010505001001	B-1 有梁板	5.119	板长加 0.125	120 板：$5.74×6.39×0.12=4.40$
4	010505001002	B-34 有梁板	2.657		L-1 梁：$5.74×0.25×0.5=0.72$
5	010505003001	B-2 平板	0.992		80 板：$4.54×6.39×0.08=2.32$
KL-1$(0.25×0.65×5.49×2+0.25×0.4×2.16×2$ $+0.25×0.5×4.29×2)=3.289$					L-2 梁：$4.54×0.2×0.35=0.32$
KL-2$(0.25×0.6×6.34×2+0.25×0.6×6.44×2)$ $=3.834$				5.74 应改为 6.64，板 2.16 应加 0.375	80 板：$2.16×6.64×0.08=1.15$
B-1$(5.74×6.64×0.12+5.74×0.25×0.38)=5.119$					
B-34$(4.54×6.64×0.08+4.54×0.2×0.27)=2.657$					
B-2$(2.16×5.74×0.08)=0.992$					
合计：15.891					16.03

原教材手算稿问题分析：

（1）本案例只需列出 1 项清单 010505001 有梁板，不应列出 5 项清单。

（2）应按计算规则保留 2 位小数。

（3）具体识图错误已在表中列出，原计算稿有 4 个错误，更正后结果由 15.891 改为 16.03。

2.7.2 统筹 e 算计算书

工程量计算书见表 2-15。

工程量计算书 表 2-15

32	10	010505001001	有梁板；C20		m^3	16.03	16.21
	1	KL-1	$(5.49×0.65+2.16×0.4+4.29×0.5)×0.25×2$		3.29		
	2	KL-2	$(6.34+6.44)×0.6×0.25×2$		3.83		
	3	L-1	$5.74×0.5×0.25$		0.72		
	4	L-2	$4.54×0.35×0.2$		0.32		
	5	板	$B12×0.12+B08×0.08$		7.87		

结论：手算和统筹 e 算计算书计算结果完全一致。手算计算式 11 行，字符数：369；统筹 e 算计算

式 7 行，字符数 192。

2.7.3 图算结果

表 2-12 与表 2-13 的校核列中已经详细列出了图形计算的计算结果，图算与表算差异分析：
（1）图算按照单个构件取两位小数后汇总，与表算有差异。
（2）土方部分，图算扣除基坑相交部分。
（3）过梁体积及模板，图算扣除与柱相交部分，表算未考虑。
（4）梁柱模板图算扣除挑檐所占面积，表算未扣除。
（5）有墙梁底的抹灰，图算计入墙抹灰，表算计入天棚抹灰。

复习思考题

1. 分析清单和定额工程量同时计算的意义。
2. 简述框架梁中有梁板（外梁、内梁和板）混凝土工程量的计算方法。
3. 如何简化计算框架梁中内梁的模板工程量？

作 业 题

学员用图算软件作出对比和分析，并找出结果相差的原因。

3 收发室工程计价

本章依招标控制价为例来介绍收发室计价的全过程表格应用。

3.1 招标控制价表格与编制流程

3.1.1 表格

2013 建设工程工程量清单计价规范中提供了 26 种表格分别用于招标控制价、投标报价和竣工结算阶段的规范用表，见表 3-1。根据实际应用，本教程增加了 4 个新表，见表 3-2。

工程量清单计价相关表格（26 张）　　　　　　　　　　　　　　表 3-1

序号	表格名称	表格代号	招标控制价	投标报价	竣工结算
1	工程量清单	封-1			
2	招标控制价	封-2	▲●		
3	投标总价	封-3		▲●	
4	竣工结算总价	封-4			▲●
5	一、总说明	表-01	▲●	▲●	▲●
6	二、工程项目招标控制价/投标报价汇总表	表-02	▲●	▲●	
7	三、单项工程招标控制价/投标报价汇总表	表-03	▲●	▲●	
8	四、单位工程招标控制价/投标报价汇总表	表-04	▲	▲	
9	五、工程项目竣工结算汇总表	表-05			▲●
10	六、单项工程竣工结算汇总表	表-06			▲●
11	七、单位工程竣工结算汇总表	表-07			▲●
12	八、分部分项工程量清单与计价表	表-08	▲	▲	▲
13	九、工程量清单综合单价分析表	表-09	▲	▲	▲
14	十、总价措施项目清单与计价表	表-11	▲	▲	▲
15	十一、单价措施项目清单与计价表		▲	▲	▲
16	十二、其他项目清单与计价汇总表	表-12	▲	▲	▲
17	暂列金额明细表	表-12-1	▲	▲	▲
18	材料暂估单价表	表-12-2	▲	▲	▲
19	专业工程暂估价表	表-12-3	▲	▲	▲
20	计日工表	表-12-4	▲	▲	▲
21	总承包服务费计价表	表-12-5	▲	▲	▲
22	索赔与现场签证汇总表	表-12-6			▲
23	费用索赔申请(核准)表	表-12-7			▲
24	现场签证表	表-12-8			▲
25	十三、规费、税金项目计价表	表-13	▲	▲	▲
26	十四、工程款支付申请(核准)表	表-14			▲

注："▲"表示该列用表；"●"表示必须采用纸面文档，其他宜采用电子文档。

序号	表格名称	表格代号	招标控制价	投标报价	竣工结算
27	综合单价分析表	表 X-1	▲	▲	▲
28	主要材料价格表	表 X-2	▲	▲	▲
29	全费单价分析表	表 X-3	▲	▲	▲
30	全费计价表	表 X-4	▲●	▲●	▲●

新增表格的原因和说明：

（1）增加综合单价分析表和主要材料价格表的原因见本书 1.5 节。

（2）增加全费计价表的原因见本书 1.6 节。

（3）增加全费单价分析表的原因是为了交代全费单价的计算过程。

（4）为了执行节能与低碳的国家政策，目前国内有些省市采用了电子标书，但由于纸质文档的法律效力是不可以用电子文档替代的，故全面采用电子文档招投标的做法并不妥当。故建议除封面、汇总表和全费计价表（即表 3-1、表 3-2 中带"●"号的 5 张表）采用纸质文档外，其余均应采用电子文档进行招投标。

3.1.2　招标控制价编制流程

下面以英特计价 2017 软件的操作为例，介绍招标控制价的编制流程。

（1）在英特计价 2017 软件的【文件】菜单下，选择【打开统筹 e 算文件（＊tces）】，通过路径浏览，在统筹 e 算 2017 安装路径下的【用户文件】文件夹中找到"收发室"算量文件。在弹出的【计税办法选择】窗口中，选择"一般计税"、"清单计价"。

（2）"项目管理"界面，收发室建筑、装饰分别以两个单位工程的树形目录形式显示。右侧工程信息，专业修改为对应的建筑、装饰。工程类别选择Ⅲ类，地区选择：定额 17 [表示采用 2017 省价，建筑人工单价 95 元，装饰人工单价 103 元]。

（3）根据 2017 年 3 月 1 日起施行的《山东省建设工程费用项目组成及计算规则》，建筑、装饰计费基础为省价人工费。

（4）对临时换算进行处理：

1）第 8 项清单中定额项目 1-2-1H 的处理，人工乘以 0.9 系数。依据 2016 版山东省建筑工程消耗量定额第一章 P3 说明四、单独土石方子目不能满足施工需要时，可以借用基础土石方子目，但应乘以系数 0.9。

2）第 13 项清单定额项目 5-2-7.29H 的处理，将组成材料 C252 预制混凝土更名为 C202 预制混凝土，在【材机汇总】进行市场价调整。

（5）"措施项目"界面，综合脚手架清单项，单位是平方米，工程量按建筑面积 95.96 录入。

（6）"其他项目"界面设置暂列金额费率：暂列金额是招标人暂定并包括在合同中的预测的一笔款项，一般按 10％～15％列入。进"3.1 暂列金额"栏，在费率位置输入"10"。

（7）材机汇总界面，对 C202 预制混凝土除税价进行调整，按 C20 价格 320.39 设置。

（8）"费用汇总、全费价"界面，可以对总价进行对比。

（9）进"报表输出"页面，选中指定报表，输出成果。

3.1.3　关于合价取整

本案例的合价部分均做了取整处理，这样做合理、有据。

（1）作为工程费用来说，合价准确到"元"，其计算精度已经足够；再者从节约角度来讲，可以去掉 3 列数字；同时这样处理也便于核对。

（2）依据 2013 建设工程计价计量规范辅导中的案例，其合计金额都是取整的。在招投标中硬性要求合计计算到角分，既无依据、又无意义。应当从学生开始，学做智者，维护宪法第 14 条规定：国家厉行节约，反对浪费。而不应跟潮流，对浪费现象熟视无睹。

3.2　招标控制价纸面文档

本案例作为一个单项工程含 2 个单位工程（建筑、装饰分列）来考虑，故本节含 5 类 7 个表，即 1 个封面、1 个总说明、1 个单项工程招标控制价汇总表（表 3-5）、2 个单位工程招标控制价汇总表（表 3-8、表 3-9）和 2 个全费价表（表 3-3、表 3-4）。

3.2.1　封面

<u>　收发室　</u> 工程

招标控制价

招标人：
造价咨询人：

2017 年 7 月 1 日

3.2.2　总说明

总　说　明

1. 工程概况

本工程为收发室工程，一层框架结构。建筑面积 95.96m²。

2. 编制依据

（1）收发室施工图。

（2）《建设工程工程量清单计价规范》（GB 50500—2013）。

（3）《房屋建筑与装饰工程工程量计算规范》（GB 50854—2013）。

（4）2016 版山东省建筑工程消耗量定额以及有关定额解释。

（5）2017 山东省建筑工程消耗量定额价目表。

（6）招标文件：将收发室作为一个单项工程和两个单位工程（建筑和装饰）来计价，根据当前规定：在建筑、装饰中均按省 2016 价目表的省价人工费作为计费基础。

（7）相关标准图集和技术资料。

3. 相关问题说明

（1）现浇构件清单项目中按 2013 计量规范要求列入模板。

（2）脚手架统一列入措施项目的综合脚手架清单内，按定额项目的工程量计价，以建筑面积为单位计取综合计价。

（3）暂列金额按 10％列入。

4. 报价说明

招标控制价为全费综合单价的最高限价，如单价低于按规范规定编制的价格3％时，应在招标控制价公布后5天内向招投标监督机构和工程造价管理机构投诉。

3.2.3 清单全费模式计价表

清单全费模式计价表见表3-3、表3-4。

工程名称：收发室建筑　　　　**建筑工程清单全费模式计价表**　　　　表3-3

序号	项目编码	项目名称	单位	工程量	全费单价(元)	合价(元)
		建筑				
1	010101001001	平整场地	m²	95.96	6.99	671
2	010101004001	挖基坑土方；普通土，2m内	m³	122.93	63.73	7834
3	010101003001	挖沟槽土方；普通土，2m内	m³	103.21	58.77	6066
4	010501001001	垫层；C15垫层	m³	1.74	631.27	1098
5	010501003001	独立基础；C20柱基	m³	4.85	1324.23	6423
6	010503001001	基础梁；C20	m³	4.32	1312.36	5669
7	010401001001	砖基础；M5砂浆	m³	16.61	484.49	8047
8	010103001001	回填方；外运土200m内	m³	219.23	27.51	6031
9	010502001001	矩形柱；C30	m³	5.65	1620.41	9155
10	010503002001	矩形梁；C20	m³	7.11	1366.51	9716
11	010505001001	有梁板；C20	m³	7.76	1318.69	10233
12	010505003001	平板；C20	m³	1.15	1523.12	1752
13	010510003001	预制过梁；C20	m³	0.55	1354.16	745
14	010503005001	过梁；C20	m³	0.12	2222.97	267
15	010505008001	雨篷；C20	m³	0.22	3116.81	686
16	010505007001	挑檐板；C20	m³	2.23	3083.38	6876
17	010402001001	多空砖墙；240，M5混浆	m³	30.42	441.48	13430
18	010402001002	多空砖墙；115，M5混浆	m³	1.7	478.85	814
19	010902001001	屋面卷材防水；改性沥青防水卷材	m²	141.35	91.11	12878
20	011001001001	保温隔热屋面；250厚珍珠岩板	m²	95.96	170.66	16377
21	011001001002	保温隔热屋面；水泥石灰炉渣最薄30厚找2％坡	m²	95.96	34.07	3269
22	010902006001	屋面泄水管；塑料管	根	4	175.52	702
23	010515001001	现浇构件钢筋；砌体加固筋	t	0.051	48603.36	2479
24	010515001002	现浇构件钢筋；圆钢	t	1.154	9973.92	11510
25	010515001003	现浇构件钢筋；螺纹钢	t	2.359	5460.1	12880
26	010515002001	预制构件钢筋；圆钢	t	0.06	5697.63	342
27	010507001001	散水；C15混凝土	m²	24.34	82.14	1999
28	010507004001	台阶；C20	m²	2.52	178.63	450
29	010501001002	混凝土垫层；C15地面垫层	m³	5.3	498.96	2644
30	01B001	竣工清理		345.46	3.67	1268
31	011701001001	综合脚手架	m²	95.96	38.73	3717
32		其他项目费		1	15793.97	15794
33		合计				181822

工程名称：收发室装饰　　　　　　装饰工程清单全费模式计价表　　　　　　表3-4

序号	项目编码	项目名称	单位	工程量	全费单价(元)	合价(元)
		装修				
1	010801001001	木质门	m²	8.07	623.04	5028
2	011401001001	木门油漆；调合漆	m²	8.07	50.23	405
3	010807001001	塑钢窗	m²	5.4	245.14	1324
4	010807001002	塑钢窗带纱扇	m²	6.48	80.56	522
5	011101001001	水泥砂浆楼地面	m²	84.2	32.79	2761
6	011107004001	水泥砂浆台阶面	m²	2.52	71.62	180
7	011105001001	水泥砂浆踢脚线	m	67.4	10.38	700
8	011201001001	墙面一般抹灰；内墙水泥砂浆	m²	233.15	35.18	8202
9	011407001001	墙面喷刷涂料；乳胶漆	m²	233.15	18.27	4260
10	011301001001	天棚抹灰；水泥砂浆	m²	112.39	31.11	3496
11	011407002001	天棚喷刷涂料；乳胶漆	m²	112.39	21.05	2366
12	011204003001	块料墙面；外墙面砖240×60	m²	142.13	167.17	23760
13	011206002001	块料零星项目；面砖240×60	m²	17.72	216.78	3841
14	011701001001	综合脚手架	m²	95.96	10.26	985
15		其他项目费		1	5407.48	5407
16		合计				63237

3.2.4　单项工程招标控制价汇总表

单项工程招标控制价汇总表见表3-5。

工程名称：收发室　　　　　　单项工程招标控制价汇总表　　　　　　表3-5

序号	单位工程名称	金额(元)	其中(元)		
			暂列金额及特殊项目暂估价	材料暂估价	规费
1	建筑工程	181831	13431		9185
2	装饰工程	63243	4579		3422
	合　计	245074			12607

注：该表的总价245074与2个单位工程汇总表的合计一致；与全费价的181822（表3-3）和63237（表3-4）基本一致。

3.3　招标控制价电子文档

电子文档的内容是一个计算过程。它的结果体现在纸面文档中，在招投标过程中，评标人员依纸面文档来进行评标，遇到疑问时可通过电子文档进行核对。

3.3.1　全费单价分析表

全费单价分析表见表3-6、表3-7。

1. 表3-6是应个别用户的要求而设计。通过表3-6可以了解每项全费用单价的计算过程。由于是计算过程，不宜提供纸面文档来浪费纸张，需要核实时参考电子文档即可。

2. 表3-6的3项单价与表3-3的3项单价完全一致。

3. 表3-6的直接工程费表示人、材、机的单价合计，措施费是按费率计取的部分，管理费和利润的计算基数是省价人工费。

工程名称：收发室建筑 建筑工程全费单价分析表 表3-6

序号	项目编码	项目名称	单位	直接工程费（元）	措施费（元）	管理费和利润（元）	规费（元）	税金（元）	全费单价（元）
1	010101001001	平整场地	m²	3.99	0.31	1.65	0.35	0.69	6.99
2	010101004001	挖基坑土方；普通土，2m内	m³	36.43	2.81	14.96	3.22	6.31	63.73
3	010101003001	挖沟槽土方；普通土，2m内	m³	33.53	2.61	13.86	2.95	5.82	58.77

注：为节约篇幅，下略。

工程名称：收发室装饰 装饰工程全费单价分析表 表3-7

序号	项目编码	项目名称	单位	直接工程费（元）	措施费（元）	管理费和利润（元）	规费（元）	税金（元）	全费单价（元）
1	010801001001	木质门	m²	498.25	5.83	23.51	33.7	61.75	623.04
2	011401001001	木门油漆；调合漆	m²	29.09	2.43	11.01	2.72	4.98	50.23
3	010807001001	塑钢窗	m²	179.64	2.45	10.08	12.28	22.49	226.94

注：为节约篇幅，下略。

3.3.2 单位工程招标控制价汇总表

单位工程招标控制价汇总表见表3-8、表3-9。

工程名称：收发室建筑 建筑单位工程招标控制价汇总表 表3-8

序号	项目名称	计算基础	费率（%）	金额（元）
1	分部分项工程费			134307
2	措施项目费			6889
3	其他项目费			13431
4	清单计价合计	分部分项＋措施项目＋其他项目		154627
5	其中人工费R			44164
6	规费			9185
7	安全文明施工费			5721
8	安全施工费	分部分项＋措施项目＋其他项目	2.34	3618
9	环境保护费	分部分项＋措施项目＋其他项目	0.11	170
10	文明施工费	分部分项＋措施项目＋其他项目	0.54	835
11	临时设施费	分部分项＋措施项目＋其他项目	0.71	1098
12	社会保险费	分部分项＋措施项目＋其他项目	1.52	2350
13	住房公积金	分部分项＋措施项目＋其他项目	0.21	325
14	工程排污费	分部分项＋措施项目＋其他项目	0.27	417
15	建设项目工伤保险	分部分项＋措施项目＋其他项目	0.24	371
16	设备费			
17	增值税	分部分项＋措施项目＋其他项目＋规费	11	18019
18	工程费用合计	分部分项＋措施项目＋其他项目＋规费＋税金		181831

序号	项目名称	计算基础	费率（%）	金额（元）
1	分部分项工程费			45785
2	措施项目费			3190
3	其他项目费			4579
4	清单计价合计	分部分项＋措施项目＋其他项目		53554
5	其中人工费 R			19523
6	规费			3422
7	安全文明施工费			2222
8	安全施工费	分部分项＋措施项目＋其他项目	2.34	1253
9	环境保护费	分部分项＋措施项目＋其他项目	0.12	64
10	文明施工费	分部分项＋措施项目＋其他项目	0.1	54
11	临时设施费	分部分项＋措施项目＋其他项目	1.59	852
12	社会保险费	分部分项＋措施项目＋其他项目	1.52	814
13	住房公积金	分部分项＋措施项目＋其他项目	0.21	112
14	工程排污费	分部分项＋措施项目＋其他项目	0.27	145
15	建设项目工伤保险	分部分项＋措施项目＋其他项目	0.24	129
16	设备费			
17	增值税	分部分项＋措施项目＋其他项目＋规费	11	6267
18	工程费用合计	分部分项＋措施项目＋其他项目＋规费＋税金		63243

3.3.3 分部分项工程量清单与计价表

分部分项工程量清单与计价表见表 3-10、表 3-11。

工程名称：收发室建筑   建筑工程分部分项工程量清单与计价表   表 3-10

序号	项目编码	项目名称	计量单位	工程量	金 额（元）		
					综合单价	合价	其中：暂估价
		建筑				134292	
1	010101001001	平整场地	m²	95.96	5.61	538	
2	010101004001	挖基坑土方；普通土，2m 内	m³	122.93	51.12	6284	
3	010101003001	挖沟槽土方；普通土，2m 内	m³	103.21	47.14	4865	
4	010501001001	垫层；C15 垫层	m³	1.74	526.48	916	
5	010501003001	独立基础；C20 柱基	m³	4.85	1111.01	5388	
6	010503001001	基础梁；C20	m³	4.32	1094.35	4728	
7	010401001001	砖基础；M5 砂浆	m³	16.61	402.05	6678	
8	010103001001	回填方；外运土 200m 内	m³	219.23	22.23	4873	
9	010502001001	矩形柱；C30	m³	5.65	1343.53	7591	
10	010503002001	矩形梁；C20	m³	7.11	1136.04	8077	
11	010505001001	有梁板；C20	m³	7.76	1098.32	8523	
12	010505003001	平板；C20	m³	1.15	1264.88	1455	
13	010510003001	预制过梁；C20	m³	0.55	1118.25	615	
14	010503005001	过梁；C20	m³	0.12	1838.34	221	
15	010505008001	雨篷；C20	m³	0.22	2575.81	567	

序号	项目编码	项目名称	计量单位	工程量	综合单价	合价	其中:暂估价
					金 额(元)		
16	010505007001	挑檐板;C20	m³	2.23	2527.46	5636	
17	010402001001	多空砖墙;240,M5 混浆	m³	30.42	365.24	11111	
18	010402001002	多空砖墙;115,M5 混浆	m³	1.7	395.07	672	
19	010902001001	屋面卷材防水;改性沥青防水卷材	m²	141.35	76.36	10793	
20	011001001001	保温隔热屋面;250 厚珍珠岩板	m²	95.96	141.98	13624	
21	011001001002	保温隔热屋面;水泥石灰炉渣最薄 30 厚找 2% 坡	m²	95.96	27.83	2671	
22	010902006001	屋面泄水管;塑料管	根	4	147.18	589	
23	010515001001	现浇构件钢筋;砌体加固筋	t	0.051	39466.91	2013	
24	010515001002	现浇构件钢筋;圆钢	t	1.154	8256.76	9528	
25	010515001003	现浇构件钢筋;螺纹钢	t	2.359	4582.49	10810	
26	010515002001	预制构件钢筋;圆钢	t	0.06	4752.32	285	
27	010507001001	散水;C15 混凝土	m²	24.34	68.07	1657	
28	010507004001	台阶;C20	m²	2.52	147.69	372	
29	010501001002	混凝土垫层;C15 地面垫层	m³	5.3	417.08	2211	
30	01B001	竣工清理		345.46	2.94	1016	
		合计				134307	

工程名称:收发室装饰   **装饰工程分部分项工程量清单与计价表**   表 3-11

序号	项目编码	项目名称	计量单位	工程量	综合单价	合价	其中:暂估价
					金 额(元)		
		装修				45785	
1	010801001001	木质门	m²	8.07	521.09	4205	
2	011401001001	木门油漆;调合漆	m²	8.07	39.79	321	
3	010807001001	塑钢窗	m²	5.4	204.61	1105	
4	010807001002	塑钢窗带纱扇	m²	6.48	67.5	437	
5	011101001001	水泥砂浆楼地面	m²	84.2	26.39	2222	
6	011107004001	水泥砂浆台阶面	m²	2.52	57.02	144	
7	011105001001	水泥砂浆踢脚线	m	67.4	8.2	553	
8	011201001001	墙面一般抹灰;内墙水泥砂浆	m²	233.15	27.93	6512	
9	011407001001	墙面喷刷涂料;乳胶漆	m²	233.15	14.78	3446	
10	011301001001	天棚抹灰;水泥砂浆	m²	112.39	24.62	2767	
11	011407002001	天棚喷刷涂料;乳胶漆	m²	112.39	16.96	1906	
12	011204003001	块料墙面;外墙面砖 240×60	m²	142.13	134.35	19095	
13	011206002001	块料零星项目;面砖 240×60	m²	17.72	173.39	3072	
		合计				45785	

3.3.4 工程量清单综合单价分析表

工程量清单综合单价分析表见表 3-12、表 3-13。

序号	项目编码	项目名称	单位	工程量	综合单价组成（元）					综合单价（元）
					人工费	材料费	机械费	计费基础	管理费和利润	
		建筑								
1	010101001001	平整场地	m²	95.96	3.99			3.99	1.62	5.61
	1-4-1	人工平整场地	10m²	9.596	3.99			3.99	1.62	
2	010101004001	挖基坑土方；普通土，2m内	m³	122.93	36.12	0.09	0.23	36.12	14.68	51.12
	1-2-11	人工挖地坑普通土深2m内	10m³	12.293	35.44			35.44	14.39	
	1-4-4	基底钎探	10m²	1.741	0.57	0.09	0.2	0.57	0.24	
	1-4-9	机械原土夯实两遍	10m²	1.741	0.11		0.03	0.11	0.05	
3	010101003001	挖沟槽土方；普通土，2m内	m³	103.21	33.51		0.02	33.51	13.61	47.14
	1-2-6	人工挖沟槽普通土深2m内	10m³	10.321	33.44			33.44	13.58	
	1-4-9	机械原土夯实两遍	10m²	0.923	0.07		0.02	0.07	0.03	
4	010501001001	垫层；C15垫层	m³	1.74	113.8	365.66	0.81	113.8	46.21	526.48
	2-1-28-2	C154 现浇无筋混凝土垫层［独基］	10m³	0.174	86.74	305.58	0.69	86.74	35.22	
	18-1-1	混凝土垫层木模板	10m²	0.472	27.06	60.08	0.12	27.06	10.99	
5	010501003001	独立基础；C20柱基	m³	4.85	159.85	884.48	1.78	159.85	64.9	1111.01
	5-1-6.11	C204 现浇混凝土独立基础	10m³	0.485	59.38	340.03	0.46	59.38	24.11	
	18-1-15	钢筋混凝土独立基础复合木模木支撑	10m²	1.872	100.47	544.45	1.32	100.47	40.79	

注：为节约篇幅，下略。

工程名称：收发室装饰   装饰工程量清单综合单价分析表   表 3-13

序号	项目编码	项目名称	单位	工程量	综合单价组成（元）					综合单价（元）
					人工费	材料费	机械费	计费基础	管理费和利润	
		装修								
1	010801001001	木质门	m²	8.07	46.13	452.12		46.13	22.84	521.09
	8-1-2	成品木门框安装	10m	2.11	11.67	24.71		11.67	5.78	
	8-1-3	普通成品门扇安装	10m²	0.807	13.78	384.62		13.78	6.82	
	15-9-22	门扇L形执手插锁安装	10 个	0.5	20.68	42.79		20.68	10.24	
2	011401001001	木门油漆；调合漆	m²	8.07	21.63	7.46		21.63	10.7	39.79
	14-1-1	底油一遍调和漆二遍单层木门	10m²	0.807	21.63	7.46		21.63	10.7	
3	010807001001	塑钢窗	m²	5.4	19.79	159.86		19.79	9.79	189.44
	8-7-6	塑钢推拉窗安装	10m²	0.5	19.79	159.86		19.79	9.79	
4	010807001002	塑钢窗带纱扇	m²	6.48	5.13	59.83		5.13	2.54	67.5
	8-7-10	塑钢纱窗扇安装	10m²	0.648	5.13	59.83		5.13	2.54	

注：为节约篇幅，下略。本表中的综合单价是表3-11的计算依据。

3.3.5 措施项目清单计价与汇总表

措施项目清单计价与汇总表见表3-14～表3-19。

工程名称：收发室建筑　　　　　　　建筑工程总价措施项目清单与计价表　　　　　　表 3-14

序号	编号	项目名称	计费基础	费率(%)	金额(元)	备注
1	011707002001	夜间施工费	定额人工费	2.55	1184	
2	011707004001	二次搬运费	定额人工费	2.18	1012	
3	011707005001	冬雨季施工增加费	定额人工费	2.91	1351	
4	011707007001	已完工程及设备保护费	定额基价	0.15	183	
		合　计			3730	

工程名称：收发室装饰　　　　　　　装饰工程总价措施项目清单与计价表　　　　　　表 3-15

序号	编号	项目名称	计费基础	费率(%)	金额(元)	备注
1	011707002001	夜间施工费	定额人工费	3.64	759	
2	011707004001	二次搬运费	定额人工费	3.28	684	
3	011707005001	冬雨季施工增加费	定额人工费	4.1	855	
4	011707007001	已完工程及设备保护	定额基价	0.15	58	
		合　计			2356	

工程名称：收发室建筑　　　　　　　建筑工程单价措施项目清单与计价表　　　　　　表 3-16

序号	项目编码	项目名称/项目特征描述	计量单位	工程量	综合单价	合价	其中:暂估价
					金　额(元)		
1	011701001001	综合脚手架	m²	95.96	32.93	3160	
		合　计				3160	

工程名称：收发室装饰　　　　　　　装饰工程单价措施项目清单与计价表　　　　　　表 3-17

序号	项目编码	项目名称/项目特征描述	计量单位	工程量	综合单价	合价	其中:暂估价
					金　额(元)		
1	011701001001	综合脚手架	m²	95.96	8.69	834	
		合　计				834	

工程名称：收发室建筑　　　　　　　建筑工程措施项目清单计价汇总表　　　　　　表 3-18

序号	项　目　名　称	金　额(元)
1	单价措施项目费	3160
2	总价措施项目费	3730
	合　计	6890

工程名称：收发室装饰　　　　　　　装饰工程措施项目清单计价汇总表　　　　　　表 3-19

序号	项　目　名　称	金　额(元)
1	单价措施项目费	834
2	总价措施项目费	2356
	合　计	3190

3.3.6　措施项目清单综合单价分析表

措施项目清单综合单价分析表见表 3-20、表 3-21。

序号	项目编码	项目名称	单位	工程量	综合单价组成（元）					综合单价（元）
					人工费	材料费	机械费	计费基础	管理费和利润	
		建筑								
1	011701001001	综合脚手架	m²	95.96	12.5	11.52	3.83	12.5	5.08	32.93
	17-1-7	双排外钢管脚手架 6m 内	m²	160.52	10.17	11.19	3.33	10.17	4.13	
	17-2-5	单排里钢管脚手架 3.6m 内	m²	38.64	1.68	0.24	0.36	1.68	0.68	
	17-2-5	单排里钢管脚手架 3.6m 内	m²	14.82	0.65	0.09	0.14	0.65	0.27	
2	011707002001	夜间施工费	项	1	268.65	805.95		268.65	109.07	1183.67
		分部分项省价人工合计 42141×2.55%，其中人工 25%	元	1	268.65	805.95		268.65	109.07	
3	011707004001	二次搬运费	项	1	229.67	689		229.67	93.25	1011.92
		分部分项省价人工合计 42141×2.18%，其中人工 25%	元	1	229.67	689		229.67	93.25	
4	011707005001	冬雨季施工增加费	项	1	306.58	919.72		306.58	124.47	1350.77
		分部分项省价人工合计 42141×2.91%，其中人工 25%	元	1	306.58	919.72		306.58	124.47	
5	011707007001	已完工程及设备保护费	项	1	17.58	158.22		17.58	7.14	182.94
		分部分项省价合计 117200×0.15%，其中人工 10%	元	1	17.58	158.22		17.58	7.14	

序号	项目编码	项目名称	单位	工程量	综合单价组成（元）					综合单价（元）
					人工费	材料费	机械费	计费基础	管理费和利润	
		装修								
1	011701001001	综合脚手架	m²	95.96	4.76	0.53	1.05	4.76	2.35	8.69
	17-2-6-1	双排里钢管脚手架 3.6m 内［装饰］	m²	258.77	4.76	0.53	1.05	4.76	2.35	
2	011707002001	夜间施工费	项	1	168.81	506.41		168.81	83.56	758.78
		分部分项省价人工合计 18550×3.64%，其中人工 25%	元	1	168.81	506.41		168.81	83.56	
3	011707004001	二次搬运费	项	1	152.11	456.33		152.11	75.3	683.74
		分部分项省价人工合计 18550×3.28%，其中人工 25%	元	1	152.11	456.33		152.11	75.3	
4	011707005001	冬雨季施工增加费	项	1	190.14	570.41		190.14	94.12	854.67
		分部分项省价人工合计 18550×4.1%，其中人工 25%	元	1	190.14	570.41		190.14	94.12	
5	011707007001	已完工程及设备保护	项	1	5.49	49.42		5.49	2.72	57.63
		分部分项省价合计 36606×0.15%，其中人工 10%	元	1	5.49	49.42		5.49	2.72	

3.3.7　其他项目清单计价与汇总表

其他项目清单计价与汇总表见表 3-22～表 3-25。

建筑工程其他项目清单计价与汇总表 表 3-22

序号	项 目 名 称	计量单位	金额（元）	备注
3.1	暂列金额	项	13431	
3.2	专业工程暂估价			
3.3	特殊项目暂估价	项		
3.4	计日工			
3.5	采购保管费			
3.6	其他检验试验费			
3.7	总承包服务费			
3.8	其他			
	合计		13431	

工程名称：收发室装饰 装饰工程其他项目清单计价与汇总表 表 3-23

序号	项 目 名 称	计量单位	金额（元）	备注
3.1	暂列金额	项	4579	
3.2	专业工程暂估价			
3.3	特殊项目暂估价	项		
3.4	计日工			
3.5	采购保管费			
3.6	其他检验试验费			
3.7	总承包服务费			
3.8	其他			
	合计		4579	

工程名称：收发室建筑 建筑工程暂列金额明细表 表 3-24

序号	项 目 名 称	计量单位	金额（元）	备注
1	暂列金额	项	13431	
	合计		13431	

工程名称：收发室装饰 装饰工程暂列金额明细表 表 3-25

序号	项 目 名 称	计量单位	金额（元）	备注
1	暂列金额	项	4579	
	合计		4579	

3.3.8 规费、税金项目清单与计价表

规费、税金项目清单与计价表见表 3-26、表 3-27。

工程名称：收发室建筑 建筑工程规费、税金项目计价表 表 3-26

序号	项目名称	计费基础	费率（%）	金额（元）
1	规费			9185
1.10	安全文明施工费			5721
1.1.1	安全施工费	分部分项＋措施项目＋其他项目	2.34	3618
1.1.2	环境保护费	分部分项＋措施项目＋其他项目	0.11	170
1.1.3	文明施工费	分部分项＋措施项目＋其他项目	0.54	835

序号	项目名称	计费基础	费率(%)	金额(元)
1.1.4	临时设施费	分部分项＋措施项目＋其他项目	0.71	1098
1.20	社会保险费	分部分项＋措施项目＋其他项目	1.52	2350
1.30	住房公积金	分部分项＋措施项目＋其他项目	0.21	325
1.40	工程排污费	分部分项＋措施项目＋其他项目	0.27	418
1.50	建设项目工伤保险	分部分项＋措施项目＋其他项目	0.24	371
2	增值税	分部分项＋措施项目＋其他项目＋规费	11	18019
	合　计			27204

工程名称：收发室装饰　　　　　　　装饰工程规费、税金项目计价表　　　　　　　表 3-27

序号	项目名称	计费基础	费率(%)	金额(元)
1	规费			3422
1.10	安全文明施工费			2222
1.1.1	安全施工费	分部分项＋措施项目＋其他项目	2.34	1253
1.1.2	环境保护费	分部分项＋措施项目＋其他项目	0.12	64
1.1.3	文明施工费	分部分项＋措施项目＋其他项目	0.1	54
1.1.4	临时设施费	分部分项＋措施项目＋其他项目	1.59	852
1.20	社会保险费	分部分项＋措施项目＋其他项目	1.52	814
1.30	住房公积金	分部分项＋措施项目＋其他项目	0.21	112
1.40	工程排污费	分部分项＋措施项目＋其他项目	0.27	145
1.50	建设项目工伤保险	分部分项＋措施项目＋其他项目	0.24	129
2	增值税	分部分项＋措施项目＋其他项目＋规费	11	6267
	合　计			9689

3.4　一般计税与简易计税模式对比

以收发室建筑工程为例，对比一般计税与简易计税模式的差异。

3.4.1　一般计税与简易计税费率对比

一般计税与简易计税费率对比见表 3-28。

一般计税与简易计税费率对比　　　　　　　表 3-28

项目 ＼ 模式	一　般　计　税	简　易　计　税
单价	除税单价	含税单价
管理费（Ⅲ类）	25.6%	25.4%
夜间施工费	2.55%	3.2%
二次搬运费	2.18%	2.8%
冬雨季施工增加费	2.91%	0.15%
已完工程及设备保护费	0.15%	2.4%
安全施工费	2.34%	2.16%
社会保险费	1.52%	1.4%

项目 \ 模式	一般计税	简易计税
住房公积金	0.21%	0.19%
工程排污费	0.27%	0.24%
建设项目工伤保险	0.24%	0.22%
增值税/税金	11%	3%
总造价	181831	181677
差 值	154	

3.4.2 全费单价分析表对比

全费单价分析表对比见表 3-29。

全费单价分析表对比 表 3-29

序号	项目编码	项目名称	单位	模式	人工费（元）	材料费（元）	机械费（元）	措施费（元）	管理费（元）	利润（元）	规费（元）	税金（元）	全费单价（元）
1	010101001001	平整场地	m²	一般	3.99			0.31	1.04	0.61	0.35	0.69	6.99
				简易	3.99			0.34	1.03	0.61	0.32	0.19	6.48
2	010101004001	挖基坑土方；普通土,2m 内	m³	一般	36.11	0.09	0.23	2.81	9.43	5.53	3.22	6.31	63.73
				简易	36.11	0.1	0.24	3.1	9.33	5.52	3.04	1.73	59.17
3	010101003001	挖沟槽土方；普通土,2m 内	m³	一般	33.51		0.02	2.61	8.74	5.12	2.95	5.82	58.77
				简易	33.51		0.02	2.87	8.66	5.11	2.8	1.59	54.56
4	010501001001	垫层；C15 垫层	m³	一般	113.8	365.66	0.81	9.42	29.71	17.41	31.9	62.56	631.27
				简易	113.8	385.03	0.92	18.99	29.66	17.52	31.53	17.93	615.38
5	010501003001	独立基础；C20 柱基	m³	一般	159.85	884.48	1.78	13.79	41.75	24.46	66.89	131.23	1324.23
				简易	159.85	989.48	2.02	37.46	41.93	24.76	69.93	39.76	1365.19

复习思考题

1. 试分析原综合单价分析表（表-9）与新综合单价分析表（表 3-12）的区别。
2. 增加全费计价表的意义何在？
3. 试谈将招标控制价表格分为纸面文档和电子文档的意义。
4. 本案例中对模板是如何处理的？
5. 本案例中对措施项目中的脚手架是如何处理的？
6. 本案例的暂列金额是如何计算的？
7. 了解规范规定的 26 种计价表格的构造和应用。
8. 了解新增 3 种表格（综合单价分析表、全费单价分析表、全费计价）的构造和应用。

作 业 题

应用你所熟悉的算量和计价软件，依据收发室图纸和第 2 章的工程量计算结果，做出工程报价。并与本章结果进行对比，找出不同的原因。

1层砖混收发室图纸

设计总说明

1. 工程概况

本收发中心建筑工程为单层框架结构,层高 3.6m,建筑面积 95.96m²,防火等级为二级。

2. 设计标高

2.1 本工程±0.000 为室内地坪标高,室内外高差为—0.3m。

2.2 本工程标高以米为单位,其他尺寸以毫米为单位标注。

3. 墙体工程

±0.000 以下采用机制(240mm×115mm×53mm)黏土实心砖,M5 水泥砂浆砌筑;±0.000 以上采用承重多孔砖、M5 混合砂浆砌筑,施工图中未注明的墙厚均为240mm,砌体加固筋按Φ6@500,120mm 厚墙无基础。

4. 建筑工程做法

根据 06 系列山东省建筑标准设计图集《建筑工程做法 L06J002》。

建筑室内外装修表 L06J002

编号	名称	做法	部位
散水	细石混凝土散水	散 1	室外墙根处,宽度 600mm
台阶	水泥砂浆台阶	L03J004-1/11	入户台阶(踏步高 150mm,宽 300mm)
外墙	面砖外墙	外墙 12	面砖颜色、品种甲方定
内墙	混合砂浆抹面内墙	内墙 4,刷乳胶漆三遍	室内全部
踢脚	水泥砂浆踢脚线	踢 1	室内全部
天棚	水泥砂浆顶棚	棚 3,刷乳胶漆三遍	室内全部
地面	水泥砂浆地面	地 1	室内全部

5. 门窗工程

门窗统计表

名称	洞口尺寸(mm)	类别	数量
M-1	900×2100	无亮全板门、无纱	3
M-2	1000×2400	有亮全夹板门、无纱	1
LC-1	1800×1800	塑钢窗、带纱	2
LC-2	1500×1800	塑钢窗、无纱	2

注:窗户离地高度 900mm。

6. 结构部分

6.1 土方开挖为地抗和地槽,土质为一、二类土,地下水位—2.5m,土方按现场堆放计算。

6.2 混凝土:柱为 C30 砾石混凝土(42.5 级水泥),其余均为 C20 砾石混凝土(42.5 级水泥),现浇钢筋混凝土构件钢筋按设计要求配置。

6.3 门窗过梁(现场预制)240mm×180mm,梁长同洞口宽+500mm,面筋 2Φ12,底筋 2Φ12,箍筋 φ6@200。

建总	
设计总说明	

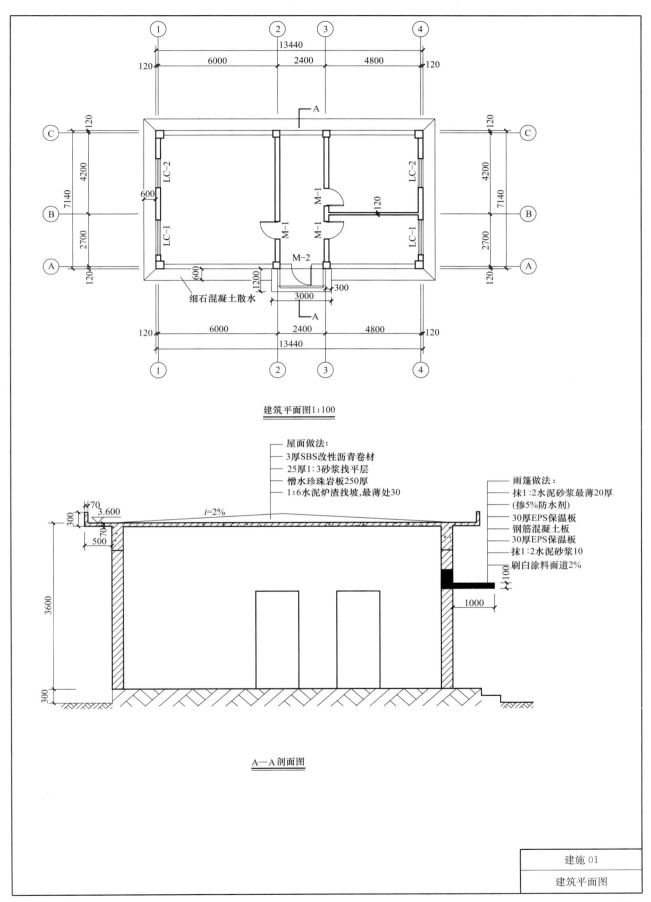

建筑平面图1:100

屋面做法:
3厚SBS改性沥青卷材
25厚1:3砂浆找平层
憎水珍珠岩板250厚
1:6水泥炉渣找坡,最薄处30

雨篷做法:
抹1:2水泥砂浆最薄20厚
(掺5%防水剂)
30厚EPS保温板
钢筋混凝土板
30厚EPS保温板
抹1:2水泥砂浆10
刷白涂料面道2%

细石混凝土散水

A—A剖面图

建施 01

建筑平面图

47

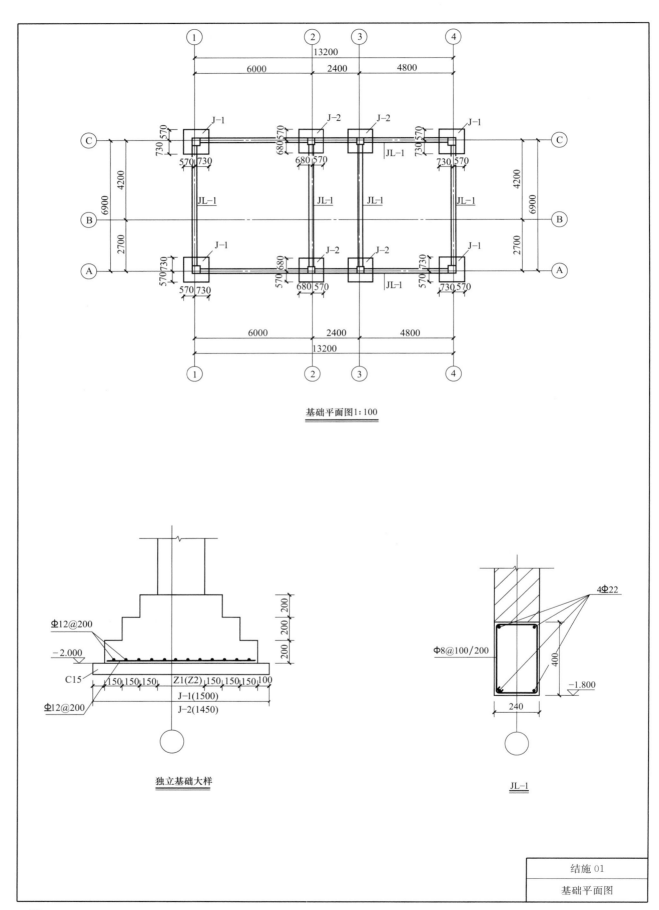

基础平面图1:100

独立基础大样

JL—1

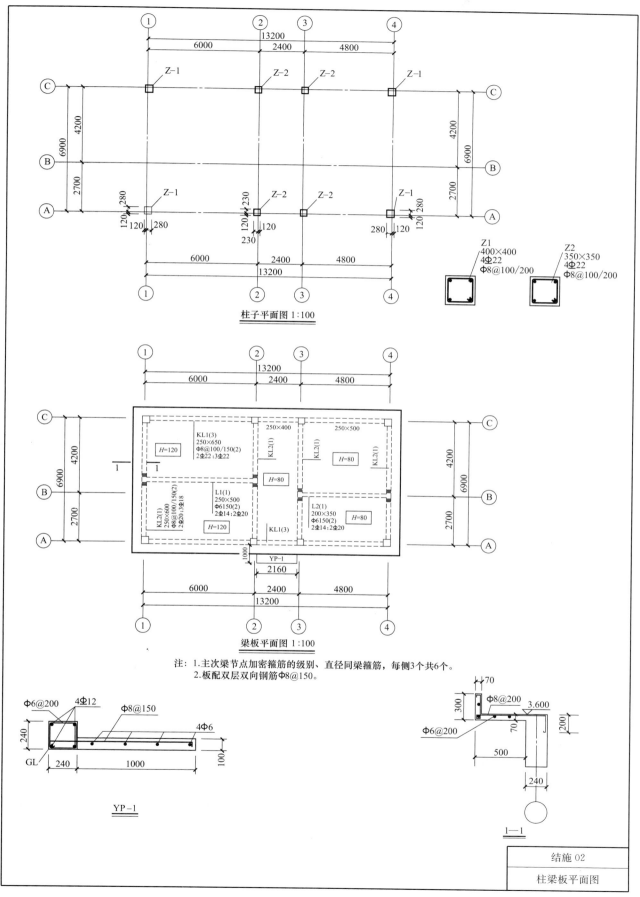

柱子平面图 1:100

Z1
400×400
4Φ22
Φ8@100/200

Z2
350×350
4Φ22
Φ8@100/200

KL1(3)
250×650
Φ8@100/150(2)
2Φ22:3Φ22

250×400

250×500

KL2(1)

KL2(1)

H=120

H=80

H=80

KL2(1)
250×600
Φ8@100/150(2)
2Φ20:3Φ18

L1(1)
250×500
Φ6150(2)
2Φ14:2Φ20

L2(1)
200×350
Φ6150(2)
2Φ14:2Φ20

H=80

H=120

KL1(3)

YP-1

2160

梁板平面图 1:100

注：1.主次梁节点加密箍筋的级别、直径同梁箍筋，每侧3个共6个。
2.板配双层双向钢筋Φ8@150。

Φ6@200
4Φ12
Φ8@150
4Φ6
GL
240
1000
100
240

YP-1

70
Φ8@200
300
3.600
Φ6@200
70
200
500
240

1-1

框架住宅工程图纸目录

建筑设计总说明（一）

1. 项目概况

1.1 本工程为××住宅，建筑面积 360m²。

1.2 建筑层数为 2 层，建筑高度 6.8m。

1.3 建筑结构形式为钢筋混凝土框架结构。

1.4 抗震设防烈度按六度设计。

1.5 防火设计的建筑耐火等级为二级。

1.6 屋面防水等级为三级。

2. 设计标高

2.1 本工程±0.000 为 1 层室内地坪标高，相当于绝对标高为 22.45m，室外高差为－0.2m。

2.2 各层标注标高为建筑完成面标高，屋面标高为结构面标高。

2.3 本工程标高以米为单位，其他尺寸以毫米为单位标注。

3. 墙体工程

3.1 墙体的基础部分详见结构图。

3.2 本工程外墙采用 290mm 厚，内墙采用 190mm 厚，砌块强度为 MU5.0。

3.3 外墙粉饰：见立面图，所有外墙涂料均采用高级外墙涂料。

3.4 凡用水房间周围填防水嵌缝膏。

3.5 填充墙与梁、柱结合处，应铺钉 300mm 宽钢丝网于抹灰层内防止收缩裂缝；填充墙与框架柱的拉结筋必须与灰缝一致，采用植筋法。

3.6 当墙长超过 5m 时，中间设构造柱；内外墙交接处侧无约束墙，亦设置构造柱。

4. 门窗工程

门窗表如下表所示：

门窗统计表

名称	洞口尺寸(mm)	类别	数量	1层数量	2层数量
FM1827	1800×2700	钢质防盗门	1	1	
M0821	800×2100	无亮全板门带小百叶	3	1	2
M0921	900×2100	无亮全板门	5	5	
M1021	1000×2100	无亮全板门	7		7
C1209	1200×900	塑钢窗，距地 1800mm	1	1	
C1818	1800×1800	塑钢窗、带纱，距地 900mm	23	11	12

建施 01

建筑设计总说明（一）

建筑设计总说明（二）

5. 建筑工程做法

编号	名称	做法说明	备注
外墙	粘贴聚苯板薄抹灰保温涂料外墙	1. 外墙弹性涂料 2. 刷弹性底涂，刮柔性腻子 3. 3～5mm 厚抗裂砂浆复合耐碱玻纤网格布 4. 聚苯板保温层，胶粘剂粘贴 5. 20mm 厚 1：3 水泥砂浆找平（加气混凝土砌块墙用 20mm 厚 1：1：6 混合砂浆找平，1：1：4 混合砂浆抹面） 6. 刷界面砂浆一道 7. 空心砌块墙	
内墙	面砖内墙	1. 5mm 厚面砖，擦缝材料擦缝 2. 3～4mm 厚瓷砖胶粘剂，揉挤压实 3. 6mm 厚 1：2 水泥砂浆压实抹平 4. 9mm 厚 1：2.5 水泥砂浆打底扫毛或划出纹道 5. 素水泥浆一道 6. 混凝土空心砌块墙	厨房、卫生间
内墙	乳胶漆内墙	1. 内墙刷乳胶漆二遍 2. 刮腻子 3. 6mm 厚 1：2.5 水泥砂浆压实赶光 4. 7mm 厚 1：3 水泥砂浆找平扫毛 5. 7mm 厚 1：3 水泥砂浆打底扫毛或划出纹道 6. 素水泥浆一道 7. 混凝土小型空心砌块墙	其他房间
踢脚	磨光花岗石踢脚	1. 8～12mm 厚磨光花岗石（大理石）板，稀水泥浆擦缝 2. 3～5mm 厚 1：1 水泥砂浆或建筑胶粘剂粘贴 3. 6mm 厚 1：2 水泥砂浆压实抹光 4. 9mm 厚 1：2.5 水泥砂浆打底扫毛 5. 素水泥浆一道 6. 混凝土小型空心砌块墙	厨房、卫生间除外 踢脚板 150mm 高
地面	地砖地面	1. 20mm 厚地面砖，砖背面刮水泥浆粘贴，稀水泥浆擦缝 2. 素水泥浆一道 3. 60mm 厚 C15 混凝土垫层 4. 120mm 厚碎石垫层 5. 素土夯实，压实系数大于等于 0.9	厨房
地面	地砖防水地面	1. 20mm 厚地面砖，砖背面刮水泥浆粘贴，稀水泥浆擦缝 2. 高分子卷材防水，上反 400mm 3. 素水泥一道 4. 素水泥一道 5. 60mm 厚 C15 混凝土垫层并找坡 6. 120mm 厚碎石垫层 7. 素土夯实，压实系数大于等于 0.9mm	卫生间
地面	花岗石地面	1. 20mm 厚磨光花岗石板，板背面刮水泥浆粘贴，稀水泥浆擦缝 2. 素水泥浆一道 3. 60mm 厚 C15 混凝土垫层 4. 120mm 厚碎石垫层 5. 素土夯实，压实系数大于等于 0.9	大厅
地面	水泥砂浆地面	1. 20mm 厚 1：2 水泥砂浆抹面压实赶光 2. 素水泥浆一道 3. 60mm 厚 C15 混凝土垫层 4. 120mm 厚碎石垫层 5. 素土夯实，压实系数大于等于 0.9	其他房间
楼面	地砖防水楼面	1. 10mm 厚地面砖，砖背面刮水泥浆粘贴，稀水泥浆擦缝 2. 30mm 厚 1：3 干硬性水泥砂浆结合层 3. 高分子防水卷材，上反 400mm 4. 刷基层处理剂一道 5. 素水泥浆一道 6. 现浇钢筋混凝土楼板	卫生间
楼面	细石混凝土楼面	1. 45mm 厚 C20 细石混凝土，表面撒 1：1 水泥砂子随打随抹平 5mm 2. 素水泥浆一道 3. 现浇钢筋混凝土楼板	其他房间
顶棚	乳胶漆顶棚	1. 现浇钢筋混凝土楼板 2. 素水泥浆一道，当局部底板不平时，聚合物水泥砂浆找补 3. 满刮 2～3mm 厚柔性耐水腻子分遍找平 4. 乳胶漆三遍	
散水	细石混凝土散水	1. 60mm 厚 C20 混凝土随打随抹，上撒 1：1 水泥细砂压实抹光 2. 素土夯实	
台阶	水泥砂浆台阶面层	1. 20mm 厚 1：2.5 水泥砂浆台阶 2. C20 混凝土台阶	

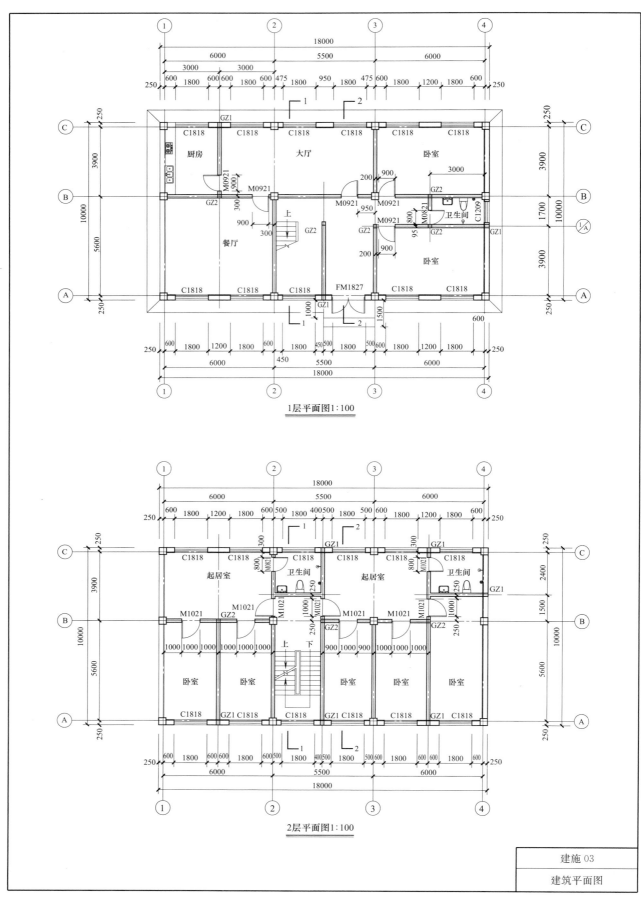

1层平面图1:100

2层平面图1:100

建施 03

建筑平面图

52

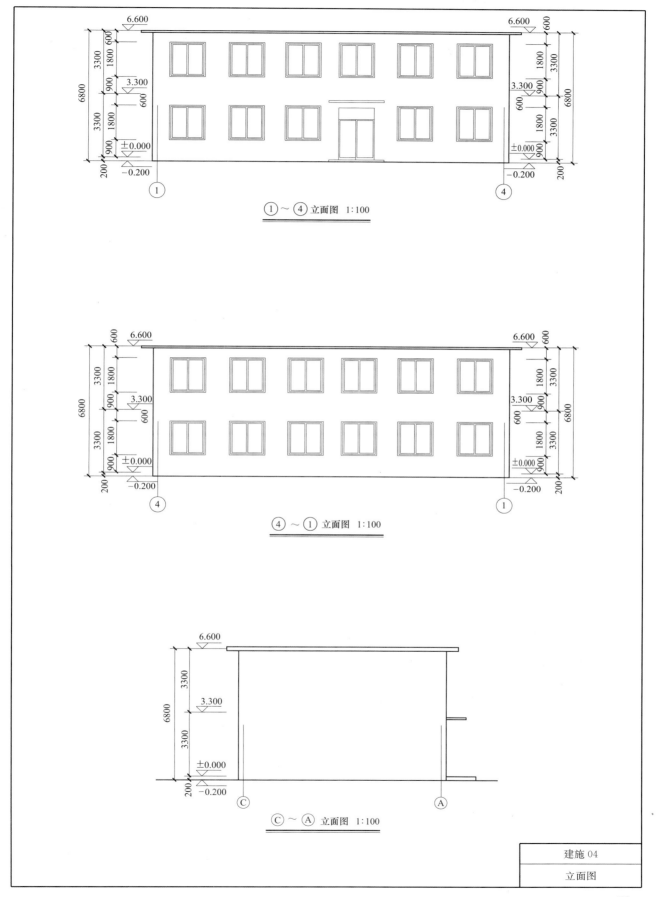

①～④ 立面图 1:100

④～① 立面图 1:100

Ⓒ～Ⓐ 立面图 1:100

建施 04

立面图

53

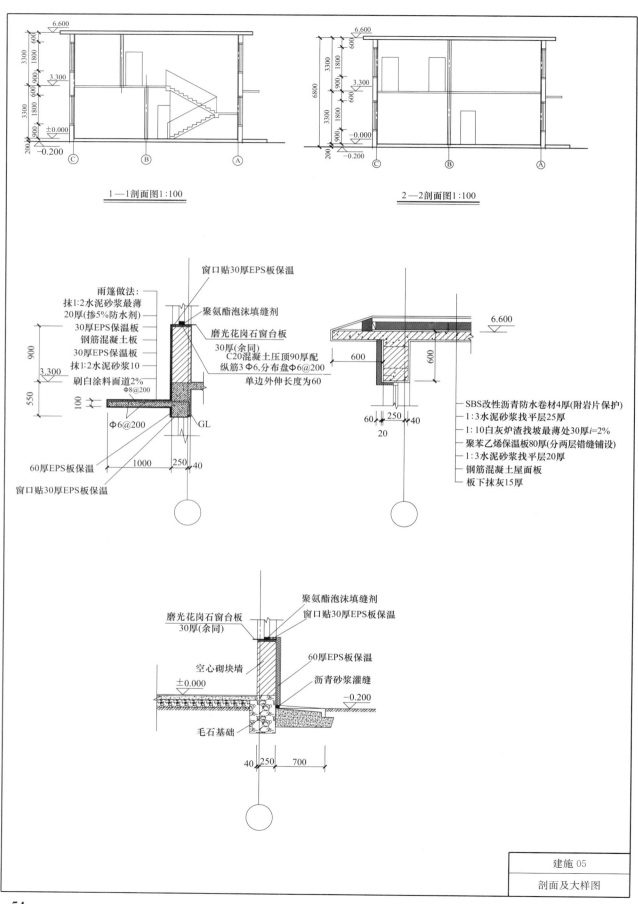

1—1剖面图1:100

2—2剖面图1:100

雨篷做法:
抹1:2水泥砂浆最薄20厚(掺5%防水剂)
30厚EPS保温板
钢筋混凝土板
30厚EPS保温板
抹1:2水泥砂浆10
刷白涂料面道2%

窗口贴30厚EPS板保温

聚氨酯泡沫填缝剂

磨光花岗石窗台板
30厚(余同)
C20混凝土压顶90厚配
纵筋3Φ6,分布盘Φ6@200
单边外伸长度为60

φ8@200

φ6@200

GL

60厚EPS板保温

窗口贴30厚EPS板保温

SBS改性沥青防水卷材4厚(附岩片保护)
1:3水泥砂浆找平层25厚
1:10白灰炉渣找坡最薄处30厚i=2%
聚苯乙烯保温板80厚(分两层错缝铺设)
1:3水泥砂浆找平层20厚
钢筋混凝土屋面板
板下抹灰15厚

聚氨酯泡沫填缝剂
窗口贴30厚EPS板保温

磨光花岗石窗台板
30厚(余同)

空心砌块墙

60厚EPS板保温

沥青砂浆灌缝

毛石基础

建施 05

剖面及大样图

54

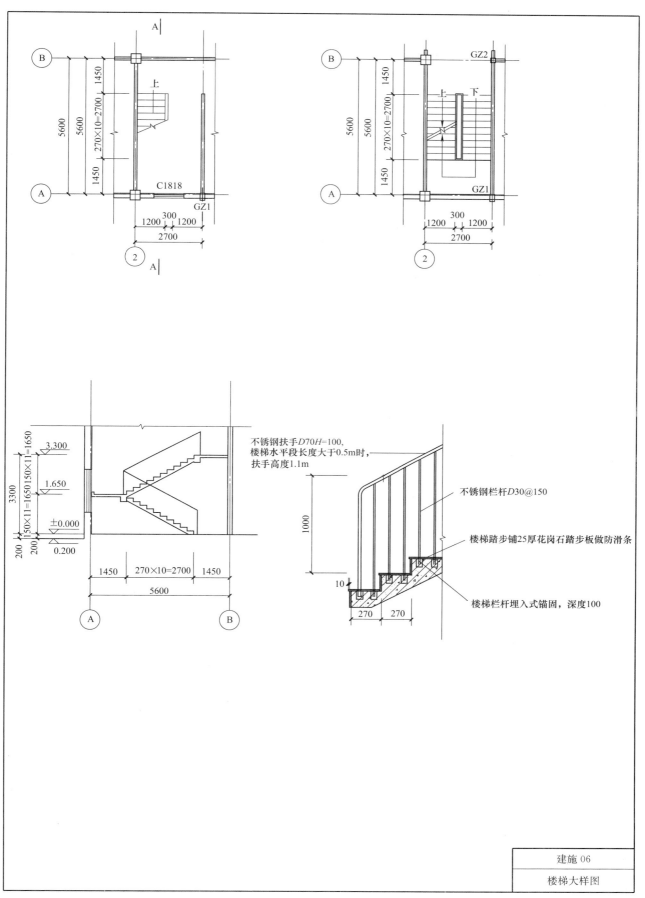

不锈钢扶手D70H=100，
楼梯水平段长度大于0.5m时，
扶手高度1.1m

不锈钢栏杆D30@150

楼梯踏步铺25厚花岗石踏步板做防滑条

楼梯栏杆埋入式锚固，深度100

C1818

GZ1

GZ2

GZ1

270×10=2700

1200 300 1200
2700

270×10=2700

1200 300 1200
2700

3.300
1.650
±0.000
0.200

1450 270×10=2700 1450
5600

270 270

10

1000

4 框架住宅工程计量

4.1 案例清单/定额知识

本章考虑了商品混凝土的处理。本项目按 2 个单位工程（框架住宅建筑和框架住宅装饰）来计算。每个分部的序号都从头开始编排，以利于计算结果的调用。

4.1.1 基础工程

（1）基础垫层的工作面统一按 150mm 考虑。

（2）挖沟槽长度算至柱基垫层外皮，不考虑扣除工作面的重叠部分。

（3）本案例考虑了人工挖土与运余土，运距 50m 内；在计算余土量时考虑了回填土 1.15 的压实系数。

（4）垫层按 2013 规范规定：混凝土垫层按附录 E 中编码 010501001 列项，地面中的混凝土垫层单列；地面地瓜石垫层按附录 D 中编码 010404001 列项。

4.1.2 主体工程

（1）有梁板按梁板体积之和计算（不执行梁与板整体现浇时，梁高算至板底的梁和板分别计算的规定）。内外梁均按全高（不扣板厚）算至柱侧；板按梁间净面积计算，均不扣柱的板头，符合 2013 规范计算规则要求。

（2）屋面根据 2013 规范的要求将清单项目细化。

屋面中套了 5 项清单：沥青卷材防水、找平层、炉渣找坡、聚乙烯保温板和找平层。

（3）按规范要求：砌块墙拉结筋按 2φ6@500 计算，采用植筋方式施工。

（4）马凳的材料比底板钢筋降低一个规格，长度按底板厚度的 2 倍加 200mm 计算，每平方米 1 个，计入钢筋总量。

4.1.3 措施项目

（1）垂直运输费按 2013 清单和定额均按建筑面积计算。

（2）模板考虑在混凝土清单内列出，不再列入措施项目中。

（3）模板均按木模板考虑。

（4）脚手架分别在砌体和装修清单项目中计算，转入计价时汇总在综合脚手架清单项目内，清单按建筑面积计算综合单价。

4.1.4 装修工程

（1）地面中的垫层、防水均列入建筑。

（2）墙面中的保温列入建筑。

（3）油漆部分均单列。

4.2 门窗过梁表、基数表、构件表

4.2.1 门窗过梁表

门窗过梁表中含门窗表、门窗统计表和过梁表三种表格。

1. 门窗表

表 4-1 根据设计总说明中门窗统计表和建筑平面图，经过加工添加楼层和过梁的信息而生成。

工程名称：框架住宅　　　　　　　　　　　　门窗表　　　　　　　　　　　　　　　　　表 4-1

门窗号	图纸编号	洞口尺寸	面积	数量	29W 墙	19N 墙	洞口过梁号
M1	FM1827	1.8×2.7	4.86	1	1		KL
1层					1		
M2	M0821	0.8×2.1	1.68	3		3	GL1
1层						1	
2层						2	
M3	M0921	0.9×2.1	1.89	5		5	GL2
1层						5	
M4	M1021	1×2.1	2.1	7		7	GL3
2层						7	
MD1	门洞	1.355×2.9	3.93	1		1	KL
C1	C1818	1.8×1.8	3.24	23	23		KL
1层					11		
2层					12		
C2	C1209	1.2×0.9	1.08	1	1		KL
1层					1		
			数量	41	25	16	
			面积	113.58	80.46	33.12	

2. 门窗统计表

表 4-2 由门窗表自动生成，在表格输出中体现。

工程名称：框架住宅　　　　　　　　　　　　门窗统计表　　　　　　　　　　　　　　表 4-2

门窗号	图纸编号	洞口尺寸	面积	数量	1层	2层	合计
M1	FM1827	1.8×2.7	4.86	1	1		4.86
M2	M0821	0.8×2.1	1.68	3	1	2	5.04
M3	M0921	0.9×2.1	1.89	5	5		9.45
M4	M1021	1×2.1	2.1	7		7	14.70
			门个数	16	7	9	
			门面积	34.05	15.99	18.06	
C1	C1818	1.8×1.8	3.24	23	11	12	74.52
C2	C1209	1.2×0.9	1.08	1	1		1.08
			窗樘数	24	12	12	
			窗面积	75.60	36.72	38.88	
			数量	40	19	21	
			面积	109.65	52.71	56.94	

3. 过梁表

表4-3由门窗表自动生成，在过梁表界面和表格输出中体现。

工程名称：框架住宅　　　　　　　　　　过梁表　　　　　　　　　　表4-3

过梁号	图纸编号	L×B×H	体积	数量	29W墙	19N墙	洞口门窗号
GL1	GL1	1.3×0.19×0.12	0.03	3		3	M2
GL2	GL2	1.4×0.19×0.12	0.032	5		5	M3
GL3	GL3	1.5×0.19×0.12	0.034	7		7	M4
			数量		15	15	
			体积		0.488	0.488	

4.2.2　基数表及基数计算表

1. 基数表

基数表见表4-4。

工程名称：框架住宅　　　　　　　　　　基数表　　　　　　　　　　表4-4

序号	基数	名称	计算式	基数值
1	S	外围面积	18×10	180
2	W	外墙长	2(18+10)	56
3	L	外墙中	W−0.29×4	54.84
4	N	内墙长	[1-]3.765+[3]3.765+[2-3]5.465×3+[A-B]5.865+17.42	47.21
5	Q	墙体面积	L×0.29+N×0.19	24.874
6		厨房	2.865×3.765=10.787	
7		餐厅	5.865×5.465=32.052	
8		大厅	8.31×3.765=31.287	
9	LT	楼梯	2.51×4.36=10.944	
10		过道	2.51×1.105+5.61×5.465-3×3.955=21.567	
11		卧室	5.865×3.765×2=44.163	
12	RC1	卫生间	2.865×1.51=4.326	
13	R	室内面积	Σ	155.126
14		校核	S-Q-R=0	
15	N2	2层内墙长	[1-3]5.465×2+[2-4]9.42×3+[B]5.865+2.51+5.61+[B-]2.865	56.04
16	Q2	2层墙体面积	L×0.29+N2×0.19	26.551
17		卧室	2.865×5.465+2.81×5.465×2+2.61×5.465+2.865×6.965=80.589	
18		起居室	5.865×3.765+5.61×3.765=43.203	
19		楼梯间	2.51×6.965=17.482	
20	RC2	卫生间	2.51×2.265+2.865×2.265=12.174	
21	R2	室内面积	Σ	153.448
22		校核	S-Q2-R2=0.001	
23	JM	建筑面积	S×2	360
24	JT	建筑体积	S×6.6	1188
25	TH	屋面找坡厚度	0.03+5×0.02/2	0.08
26	WL	外梁长	W−0.4×14	50.4
27	JW	外基梁槽长	W-[ZJ1](0.25+1.15)×8-[ZJ2]2.9×4-[ZJ3]3.2×2	26.8
28	NKJ	300×500-JKL2,3,6	[2,3]8.8×2+[B]16.4	34

序号	基数	名称	计算式	基数值
29	NJ45	300×450-JL2	[2-]5.3	5.3
30	NJ40	300×400-JL1,5	[1-]3.6+[A-]5.7	9.3
31	NJ35	250×350-JL3,4	[3-]1.4+[A-]3	4.4
32	NJL	内基梁长	NKJ+NJ45+NJ40+NJ35	53
33	NJ	内砖基长	NJL-[2]3.55-[3]1.38-[JL4]3	45.07
34	JN	内基梁槽长	3.05×2+7.7+3.6+5.3+1.4+2.4[JL4]+5.7	32.2
35	NKJC	300×500-JKL2,3,6	[2,3](9.5-1.55-3.5-1.4)×2+[B]17.5-1.4×2-3.5×2	13.8
36		校核	JN-NKJC-NJ45-NJ40-NJ35+0.3×2[JN4]=0	
37	L503	KL2,3,5	[2,3]5.25+3.845+[B]16.4	25.495
38	LX503	KL3	[3]1.405	1.405
39	L403	KL2	[3]3.55	3.55
40	LX403	KL3	[2]3.55	3.55
41	L402	L1,2,3	[1-]3.71+[2-]5.41+[3-]1.675	10.795
42	LX402	L1,2,3	[1-]5.41+[2-]3.71+[3-]3.735+3.71	16.565
43	LX352	L5,6	[B-]2.425+2.835	5.26
44	Q19	板下墙	[A-]2.725+2.835	5.56
45	KZ1	1层内墙柱	[2,3].11×3+0.05×2+[B].11×2+0.4×2	1.45
46	KL1	1层内墙梁	[1-].055+[A-].055+0.25	0.36
47		1层梁下墙校核	N-L503-L403-L402-Q19-KZ1-KL1=0	
48	W503	WKL2,4	[2,3]5.25×2+[B]5.65+2.725+2.925	21.8
49	WX503	WKL4	[B]2.375+2.725	5.1
50	W403	WKL2	[2]3.55	3.55
51	WX403	WKL2	[3]3.55	3.55
52	W402	WL1,2	[1-4]5.41×3+3.71×2	23.65
53	Q192	板下墙	[B-]2.425+2.835	5.26
54	KZ2	2层内墙柱	[2,3].11×3+0.05×4+[B].11+0.35+0.4	1.39
55	KL2	2层内墙梁	[1-].055+[2-4].11×2+[B-].055+0.03×2	0.39
56		2层梁下墙校核	N2-W503-W403-W402-Q192-KZ2-KL2=0	
57	B1	1层100板	17.42×9.42-(L503+LX503+L403+LX403)×0.3-(L402+LX402+L352)×0.25-[LT]2.425×4.36	136.483
58	B2	1层100板	17.42×9.42-(W503+WX503+W403+WX403)×0.3-W402×0.25	147.984
59	Q315	1层 h=3.15m	Q19+0.055+0.25=5.865	
60	Q285	H=2.85m	L402+L403+0.055=14.4	
61	Q275	H=2.75m	L503=25.495	
62		校核	∑+KZ1-N	0
63	Q325	2层 h=3.25m	Q192=5.26	
64	Q295	2层 h=2.95m	W402+W403+0.055+0.11×2=27.475	
65	Q2852	2层 h=2.85m	W503+0.055+0.03×2=21.915	
66		校核	∑+KZ2-N2	0

说明:

(1) 三线三面基数对于框架结构来说,虽不能用外墙中和内墙净长来计算墙体,但仍要用它们来校核基数。它每个房间的面积都要分别计算，以便提取到室内装修表中来计算踢脚、墙面抹灰等。

（2）构件基数中列出了各种梁高的总长度，它们是计算梁构件的公因数，以变量命名并调用，可简化构件的体积计算式。

（3）基数校核是不可缺少的工作。14 项和 22 项是对三线三面基数的校核；36 项是对内基梁槽长的校核；47 项和 56 项分别对一、二层梁的长度进行校核；62 项和 66 项分别对一、二层墙的长度进行校核。

2. 基数计算表

基数计算表见表 4-5、表 4-6。

工程名称：框架住宅　　　　　　　　　　　基数计算表（1 层）　　　　　　　　　　　表 4-5

名称	混凝土墙梁	框柱	框梁			梁下无墙				板下墙	墙
轴号	KL1	KZ1	L503	L403	L402	LX503	LX403	LX402	LX352	Q19	N
1-	0.055				3.71			5.41			3.765
2		0.11+0.05	5.25				3.55				5.41
2-					5.41			3.71			5.41
3		0.11×2+0.05	3.845	3.55		1.405					7.665
3-					1.675		3.735+3.71				1.675
A-	0.055+0.25									2.725+2.835	5.865
B		0.22+0.8	16.4								17.42
B-									2.425+2.835		
小计	0.36	1.45	25.495	3.55	10.795	1.405	3.55	16.565	5.26	5.56	47.21
变量名	KL1	KZ1	L503	L403	L402	LX503	LX403	LX402	LX352	Q19	N
校核	0.36	1.45	25.495	3.55	10.795	1.405	3.55	16.565	5.26	5.56	47.21

工程名称：框架住宅　　　　　　　　　　　基数计算表（2 层）　　　　　　　　　　　表 4-6

名称	混凝土墙梁	框柱	框梁			梁下无墙		板下墙	墙
轴号	KL2	KZ2	W503	W403	W402	WX503	WX403	Q192	N2
1-	0.055				5.41				5.465
2		0.11×2+0.05×2	5.25	3.55					9.12
2-	0.11				5.41+3.71				9.23
3		0.11+0.05×2	5.25				3.55		5.46
3-	0.11				5.41+3.71				9.23
B	0.055+0.03×2	0.11+0.35+0.4	5.65+2.725+2.925			2.375+2.725			12.275
B-								2.425+2.835	5.26
小计	0.39	1.39	21.8	3.55	23.65	5.1	3.55	5.26	56.04
变量名	KL2	KZ2	W503	W403	W402	WX503	WX403	Q192	N2
校核	0.39	1.39	21.8	3.55	23.65	5.1	3.55	5.26	56.04

说明：

（1）每个轴线内分混凝土墙梁、框柱、框梁、梁下无墙和板下墙 5 个部分：

混凝土墙梁表示混凝土墙或梁所占长度；混凝土墙梁＋框柱＋框梁＋板下墙＝墙长（N），横向自动累加。

（2）框梁的表示法：L503 表示 500mm 高 300mm 宽；LX503 表示 300mm×500mm 梁下无墙。

（3）板下墙的表示法：Q19 表示为 190mm 墙。

（4）小计为自动累加。

（5）参考填写基数表中的基数值，该值依据基数表的数据调出。当与小计值不符时，应检查原因进行纠正。

（6）基数计算表用来计算每个轴线的梁长和墙长（分梁下墙、梁下无墙和板下墙）。

（7）以一层②轴为例：框柱（KZ）0.11＋0.05m；梁 L503 下墙长 5.25m；墙长为 0.11＋0.05＋5.25＝5.41m；

梁下无墙 LX403 长度为 3.55m。

（8）该表应按内外墙分层填写。本案例工程由于外墙梁高一致，故省略。

4.2.3 构件表

构件表见表 4-7。

工程名称：框架住宅 　　　　　　　　　　　**构件表** 　　　　　　　　　　　表 4-7

序号		构件类别/名称	L	a	b	基础	一层	二层	数量
1		独立基础							
	1	ZJ1	2.20	2.20	0.40	4			
	2	ZJ2	2.70	2.70	0.50	4			
	3	ZJ3	3	3	0.50	2			
	4	ZJ4	3.30	3.30	0.60	2			
2		基础梁							
	1	外基梁	WL	0.40	0.50	1			
	2	JKL2,3,6	NKJ	0.30	0.50	1			
	3	JL2	NJ45	0.30	0.45	1			
	4	JL1,5	NJ40	0.30	0.40	1			
	5	JL3,4	NJ35	0.25	0.35	1			
3		柱							
	1	KZ1,2,5	4.55	0.40	0.40				4
	2	KZ2,3,6	4.45	0.40	0.40				6
	3	KZ4	4.35	0.40	0.40				2
	4	KZ1-6	3.35	0.40	0.40				
	5	LZ	2.25	0.25	0.19				2
4		梁							
	1	1 层外 KL1,4,6	WL	0.29	0.55				1
	2	内 KL2,3,5	L503＋LX503	0.30	0.50				1
	3	KL2,3	L403＋LX403	0.30	0.40				1
	4	1 层 L1,2,3	L402＋LX402	0.25	0.40				1
	5	L5,6	LX352	0.25	0.35				1
	6	2 层外 WKL1,3,5	WL	0.29	0.60				1
	7	2 层内 WKL2,4	W503＋WX503	0.30	0.50				1
	8	内 WKL2	W403＋WX403	0.30	0.40				1
	9	WKL1,2	W402	0.25	0.40				
5		板							
	1	1 层 100 板	B1		0.10				1
	2	2 层 100 板	B2		0.10				

序号	构件类别/名称	L	a	b	基础	一层	二层	数量
6	平板							
1	2层100板	B3		0.10				
7	楼梯							
1		LT	1					
8	雨篷							
1		2.80	1					
9	檐板							
1		W+4×0.6	0.60	0.10				

4.3 项目清单/定额表

框架住宅建筑工程项目清单/定额表，见表 4-8；框架住宅装饰工程项目清单/定额表，见表 4-9。

工程名称：框架住宅建筑　　　　　　　**项目清单/定额表**　　　　　　　　表 4-8

序号		项目名称	编码	清单/定额名称
		建筑		
1		平整场地		
	1	平整场地	010101001	平整场地
	2		1-4-1	人工平整场地
2		挖基坑土方		
	3	1. 挖地坑（坚土）	010101004	挖基坑土方；坚土,地坑,2m 内
	4	2. 钎探	1-2-13	人工挖地坑坚土深 2m 内
	5	3. 挖沟槽（坚土）	1-4-4	基底钎探
	6		1-4-9	机械原土夯实两遍
	7		010101003	挖沟槽土方；坚土,地槽,2m 内
	8		1-2-8	人工挖沟槽坚土深 2m 内
	9		1-4-9	机械原土夯实两遍
3		柱基		
	10	1. C15 混凝土垫层	010501001	垫层；C15 垫层
	11	2. C30 柱基	2-1-28-2	C15 现浇无筋混凝土垫层［独基］
	12		18-1-1	混凝土基础垫层木模板
	13		010501003	独立基础；C30 柱基
	14		5-1-6	C304 现浇混凝土独立基础
	15		18-1-15	钢筋混凝土独立基础复合木模板木支撑
4		基础梁		
	16	1. C30 基础梁	010503001	基础梁；C30
	17		5-1-18	C303 现浇混凝土基础梁
	18		18-1-52	基础梁复合木模板钢支撑
5		砖石基础		
	19	1. M7.5 砂浆砌毛石	010403001	石基础；M7.5 砂浆

序号		项目名称	编码	清单/定额名称
5		砖石基础		
	20	2.M7.5砂浆砌实心砖	4-3—1.03	M7.5混浆毛石基础
	21		1-4-6	毛砂过筛
	22		010401001	砖基础;M7.5砂浆
	23		4-1—1.03	M7.5混浆砖基础
	24		1-4-6	毛砂过筛
6		回填		
	25	1.槽坑回填	010103001	回填方;外运土50m内
	26	2.人力车运土50m内	1-4-13	槽坑机械夯填土
	27		1-2-28	人力车运土方50m内
7		柱		
	28	1.C30框架柱	010502001	矩形柱;C30
	29		5-1-14	C303现浇混凝土矩形柱
	30		18-1-36	矩形柱复合木模板钢支撑
	31		18-1-48	柱钢支撑高度＞3.6m增1m
	32		17-1-6	单排外钢管脚手架6m内
8		梁		
	33	1.C30梁	010503002	矩形梁;C20
	34		5-1-19	C303现浇混凝土框架梁、连续梁
	35		18-1-56	矩形梁复合木模板钢支撑
9		板		
	36	1.C30板	010505001	有梁板;C30
	37		5-1-31	C302现浇混凝土有梁板
	38		18-1-92	有梁板复合木模板钢支撑
	39		010505003	平板;C30
	40		5-1-33	C302现浇混凝土平板
	41		18-1-100	平板复合木模钢支撑
10		楼梯		
	42	1.C30楼梯	010506001	直形楼梯;C30
	43		5-1-39	C302现浇混凝土直形楼梯无斜梁100
	44		5-1-43＊2	C302现浇混凝土楼梯板厚每增10×2
	45		18-1-110	楼梯直形木模板木支撑
11		挑檐		
	46	1.C30挑檐	010505007	檐板;C30
	47		5-1-49	C302现浇混凝土挑檐、天沟
	48		18-1-107	天沟、挑檐木模板木支撑
12		雨篷		
	49	1.C30雨篷	010505008	雨篷;C30
	50		5-1-46	C302现浇混凝土雨篷100
	51		18-1-108	雨篷、悬挑板、阳台板直形木模板木支撑

序号	项目名称	编码	清单/定额名称
13	过梁		
52	1. C30 现浇过梁	010503005	过梁;C30
53		5-1-22.21	C302 现浇混凝土过梁
54		18-1-65	过梁复合木模板木支撑
14	构造柱		
55	1. C30 构造柱	010502002	构造柱;C30
56		5-1-17.21	C302 现浇混凝土构造柱
57		18-1-41	构造柱复合木模板木支撑
15	压顶		
58	1. 窗台压顶	010507005	压顶;C30
59		5-1-21.21	C302 现浇混凝土圈梁及压顶
60		18-1-116	压顶木模板木支撑
16	填充墙砌体		
61	1. M5 混浆空心砌块墙 290	010402001	砌块墙;空心砌块墙 M5.0 混浆
62	2. M5 混浆空心砌块墙 190	4-2-3	M5.0 混浆承重混凝土小型空心砌块墙
63		1-4-6	毛砂过筛
64		17-1-9	双排外钢管脚手架 15m 内
65		17-2-6	双排里钢管脚手架 3.6m 内
17	屋面		
66	1.4 厚 SBS 改性沥青防水卷材	010902001	屋面卷材防水;改性沥青防水卷材
67	2.25 厚 1:3 砂浆找平层	9-2-14	平面一层改性沥青卷材冷粘法
68	3.1:10 石灰炉渣找坡,最薄处 30	011101006	平面砂浆找平层;1:3 砂浆 25 厚
69	4.80 厚聚苯乙烯保温板	11-1-2	1:3 水泥砂浆填充材料上找平 20
70	5.20 厚 1:3 砂浆找平层	11-1-3	1:3 水泥砂浆增减 5
71		1-4-6	毛砂过筛
72		011001001	保温隔热屋面;1:10 石灰炉渣最薄 30 厚找 2%坡
73		10-1-14	混凝土板上干铺石灰炉渣、矿渣 1:10
74		011001001	保温隔热屋面;80 厚聚苯乙烯保温板
75		10-1-16H	混凝土板上干铺聚苯保温板 80
76		011101006	平面砂浆找平层;1:3 砂浆 20 厚
77		11-1-1	1:3 水泥砂浆混凝土或硬基层上找平 20
78		1-4-6	毛砂过筛
18	外墙保温		
79	1. 外墙 60 厚 EPS 板保温	011001003	保温隔热墙面;EPS 板 60
80	2. 雨篷 30 厚 EPS 板保温	10-1-47H	立面胶粘剂满粘聚苯保温板 60
81	3. 窗口贴 30 厚 EPS 板保温	011001006	其他保温隔热;EPS 板 30
82		10-1-19H	混凝土板上聚合物砂浆满粘聚苯保温板 30
19	楼地面防水		
83	1. 平面防水卷材	010904001	楼(地)面卷材防水;高分子卷材
84	2. 立面防水卷材	9-2-31	平面一层高分子自粘胶膜卷材自粘
85		9-2-32	立面一层高分子自粘胶膜卷材自粘

序号		项目名称	编码	清单/定额名称
20		雨篷顶防水		
	86	1. 防水砂浆抹面	010902003	屋面刚性层;防水砂浆
	87		9-2-71	防水砂浆掺防水剂20
	88		1-4-6	毛砂过筛
21		钢筋		
	89	1. 砌体加固筋	010515001	现浇构件钢筋;砌体拉结筋
	90	2. HPB300级钢	5-4-78	植筋φ10内
	91	3. HRB335级钢	5-4-67	砌体加固筋焊接φ6.5内
	92		010515001	现浇构件钢筋;HRP300级钢
	93		5-4-1	现浇构件钢筋 HPB300φ10内
	94		5-4-30	现浇构件箍筋φ10内
	95		5-4-75	马凳钢筋φ8
	96		010515001	现浇构件钢筋;HRB335级钢
	97		5-4-6	现浇构件钢筋 HRB335/400φ18内
	98		5-4-7	现浇构件钢筋 HRB335/400φ25内
22		混凝土散水;散1		
	99	1.60厚C20混凝土随打随抹,上撒1:1水泥细砂压实抹光	010507001	散水;混凝土散水;C20
	100	2.150厚3:7灰土(取消)	16-6-81	C20细石混凝土散水3:7灰土垫层
	101	3. 素土夯实	2-1-1*-1	3:7灰土垫层振动×-1
	102		18-1-1	混凝土基础垫层木模板
23		室外混凝土台阶 L03J004-1/11		
	103	1.C20混凝土台阶	010507004	台阶;C20
	104		5-1-52.07	C202现浇混凝土台阶
	105		18-1-115	台阶木模板木支撑
24		地面垫层		
	106	1. 素土夯实	010501001	垫层;1:3砂浆灌地瓜石垫层
	107	2.120厚小毛石灌浆垫层	2-1-23	1:3砂浆灌地瓜石垫层
	108	3.C15混凝土垫层	010501001	垫层;C15
	109		2-1-28	C15现浇无筋混凝土垫层
25		竣工清理		
	110	竣工清理	01B001	竣工清理
	111		1-4-3	竣工清理
26		施工组织设计		
	112	1. 设6t塔吊一座,塔吊基础按2.5×4×1m计	011705001	大型机械设备进出场及安拆
	113	2. 石渣外运	19-3-1	C303现浇混凝土独立式大型机械基础
	114	3. 设钢管依附斜道一座(安全施工费)	19-3-4	大型机械混凝土基础拆除
	115	4. 采用密目网垂直封闭(安全施工费)	1-3-18	人工运石渣20m内
	116	5. 立挂式安全网(安全施工费)	19-3-5	自升式塔式起重机安拆20m内
	117	6. 采用钢管脚手架	19-3-18	自升式塔式起重机场外运输20m内
		7. 塔吊垂直运输		
27		垂直运输		
	118		011703001	垂直运输
	119		19-1-23	檐高20m上40m内现浇混凝土结构垂直运输
28		模板(列入混凝土项内)		

序号		项目名称	编码	清单/定额名称
		装饰		
1		木门		
	1	1. 无亮全板门	010801001	木质门；无亮全板门
	2	2. 木门油调合漆	8-1-2	成品木门框安装
	3		8-1-3	普通成品门扇安装
	4		15-9-19	门扇镶百叶、花格
	5		15-9-22	门扇 L 形执手插锁安装
	6		011401001	木门油漆；调合漆
	7		14-1-1	底油一遍调和漆二遍单层木门
2		防盗门		
	8	防盗门	010802004	防盗门
	9		8-2-9	钢质防盗门
3		塑钢窗		
	10		010807001	塑钢窗
	11		8-2-3	塑钢推拉门
	12		8-7-10	塑钢纱窗扇
4		水泥楼地面（其他房间）		
	13	1. 20 厚 1：2 水泥砂浆楼地面	011101001	水泥砂浆楼地面
	14		11-2-1	1：2 水泥砂浆楼地面 20
	15		1-4-6	毛砂过筛
	16		011106004	水泥砂浆楼梯面层
	17		11-2-2	1：2 水泥砂浆楼梯 20
	18		1-4-6	毛砂过筛
5		地砖楼地面		
	19	1. 地砖地面（厨房\卫生间）	011102003	块料楼地面；面砖
	20		11-3-27	1：2.5 砂浆地板砖楼地面 L1200 内
	21		1-4-6	毛砂过筛
6		花岗石楼地面		
	22	1. 花岗石地面（大厅）	011102001	石材楼地面；花岗石
	23		11-3-1	1：2.5 水泥砂浆块料楼地面不分色
	24		1-4-6	毛砂过筛
7		细石混凝土楼面		
	25	1. 细石混凝土楼面（其他房间）	011101003	细石混凝土楼地面
	26		11-1-4	C20 细石混凝土找平层 40
	27		11-1-5	C20 细石混凝土增减 5
	28		11-2-4	1：1 水泥砂浆加浆随捣随抹 5
	29		1-4-6	毛砂过筛
8		台阶面		
	30	1. 20 厚 1：2.5 水泥砂浆台阶	011107004	水泥砂浆台阶面
	31		11-2-3	1：2 水泥砂浆台阶 20
	32		1-4-6	毛砂过筛

序号	项目名称	编码	清单/定额名称
9	踢脚线		
33	1. 花岗石踢脚	011105002	石材踢脚线；花岗石板
34		11-3-22	水泥砂浆石材踢脚板异形
35		11-3-20	水泥砂浆石材踢脚板直线形
36		1-4-6	毛砂过筛
10	花岗石窗台板		
37	1. 花岗石窗台板	011206001	石材零星项目；花岗石窗台板
38		15-8-20	水泥砂浆贴石材面层窗台板
39		1-4-6	毛砂过筛
11	内墙面砖(厨卫)		
40	1. 面砖墙面	011204003	块料墙面；瓷砖
41		12-2-23	墙面、墙裙水泥砂浆粘贴瓷砖200×300
42		12-2-24	零星项目水泥砂浆粘贴瓷砖200×300
43		5-4-70	墙面钉钢丝网
44		12-2-52	墙面砖45°角对缝
45		1-4-6	毛砂过筛
46		17-2-6-1	双排里钢管脚手架3.6m内[装饰]
12	内墙水泥抹灰(其他房间)		
47	1.21厚水泥砂浆墙面	011201001	墙面一般抹灰；内墙水泥砂浆
48	2. 刮腻子	12-1-3	砖墙面水泥砂浆(9+6)
49	3. 刷乳胶漆二遍	12-1-16	1:3水泥砂浆抹灰层增减1
50		5-4-70	墙面钉钢丝网
51		1-4-6	毛砂过筛
52		17-2-6-1	双排里钢管脚手架3.6m内[装饰]
53		011407001	墙面喷刷涂料；刮腻子，乳胶漆
54		14-4-9	内墙抹灰面满刮成品腻子二遍
55		14-3-7	室内墙柱光面乳胶漆二遍
13	顶棚腻子乳胶漆		
56	1. 刮腻子	011407002	顶棚喷刷涂料；刮腻子，乳胶漆三遍
57	2. 刷乳胶漆三遍	14-4-8	不抹灰顶棚满刮调制腻子二遍
58		14-3-9	室内顶棚乳胶漆二遍
59		14-3-13	室内顶棚乳胶漆增一遍
14	聚苯板抹灰；保温涂料外墙；外墙19		
60	1. 外墙弹性涂料	011201001	墙面一般抹灰；混合砂浆外墙面(加气混凝土)
61	2. 刷弹性底涂，刮柔性腻子	12-1-10	混凝土墙、砌块墙面混浆(9+6)
62	3.3~5厚抗裂砂浆复合耐碱玻纤网格布(建筑)	14-4-18	干粉界面剂光面
63	4. 聚苯板保温层50，胶粘剂粘贴(建筑)	1-4-6	毛砂过筛
64	5.20厚1:1:6水泥石灰膏砂浆找平	011201002	墙面装饰抹灰；混合砂浆檐口
65	6. 刷界面砂浆一道	12-1-12	零星项目混浆(9+6)
66	7. 加气混凝土砌块墙	1-4-6	毛砂过筛
67		011407001	墙面喷刷涂料
68		14-3-29	光面外墙面丙烯酸外墙涂料一底二涂
15	楼梯扶手		
69	1. 不锈钢管扶手不锈钢栏杆	011503001	金属扶手栏杆；不锈钢扶手带栏杆
70		15-3-3	不锈钢管扶手不锈钢栏杆

67

4.4 辅助计算表

框架住宅辅助计算表，见表 4-10～表 4-12。

说明	坑长	坑宽	加宽	垫层厚	垫层面	基础面	坑深	放坡	数量	挖坑	垫层	模板	钎探
C1:挖坑													
ZJ1	2.2	2.2	0.1	0.15	0.4	0.1	1.6	0	4	57.6	2.3	3.84	24
ZJ2	2.7	2.7	0.1	0.15	0.4	0.1	1.6	0	4	78.4	3.36	4.64	36
ZJ3	3	3	0.1	0.15	0.4	0.1	1.6	0	2	46.21	2.05	2.56	22
ZJ4	3.3	3.3	0.1	0.15	0.4	0.1	1.6	0	2	53.79	2.45	2.8	26
										236	10.16	13.84	108

注：将本表的挖坑量分别调入第 3 项；垫层调入第 10 项；模板调入第 12 项；钎探调入第 5 项。

说明	型号	长	宽	高	数量	筋①	筋②	筋③	筋④	柱体积	模板
H1：外墙柱											
一层 GZ1	凸型	0.29	0.19	2.7	3	15		30		0.63	4.46
二层 GZ1	凸型	0.29	0.19	2.75	6	30		60		1.29	9.08
						45		90		1.92	13.54
H2:内墙柱											
一层 GZ2	凸型	0.19	0.19	2.85	1	5		10		0.15	1.57
	凸型	0.19	0.19	2.75	2	10		20		0.29	3.03
	凵型	0.19	0.19	2.75	1	10				0.13	1.71
	端型	0.19	0.19	2.85	1	5				0.12	1.97
二层 GZ2	凸型	0.19	0.19	2.85	3	15		30		0.45	4.7
						45		60		1.14	12.98

注：将此表的混凝土量调入清单/定额界面的第 55 项；模板量调入第 57 项。

说明	a 边	b 边	高	增垛扣墙	立面洞口	间数	踢脚线(m)	墙面	平面	脚手架
J1:1 层室内装修										
厨房	2.865	3.765	3.15		C1＋M3	1	12.36	36.64	10.79	41.77
餐厅	5.865	5.465	3.15		2C1＋M3	1	21.76	63.01	32.05	71.38
大厅	8.31	3.765	3.15	0.11×4	3C1＋3M3	1	21.89	62.07	31.29	76.07
楼梯	2.51	5.465	3.15	−1.355	C1	1	14.6	42.73	13.72	45.97
过道	5.61	5.465	3.15	0.11×2−1.355	M1＋M2＋3M3	1	15.72	53.99	30.66	65.5
	3	−3.955				1			−11.87	
卧室	5.865	3.765	3.15		2C1＋M3	2	36.72	104.6	44.16	121.34
卫生间	2.865	1.51	3.15		M2＋C2	1	7.95	24.8	4.33	27.56
						63.84		131	387.84	155.13	449.59

说明	a边	b边	高	增垛扣墙	立面洞口	间数	踢脚线(m)	墙面	平面	脚手架
J2:2层室内装修										
卧室	2.865	5.465	3.2		C1+M4	1	15.66	47.97	15.66	53.31
	2.81	5.465	3.2		C1+M4	2	31.1	95.24	30.71	105.92
	2.61	5.465	3.2		C1+M4	1	15.15	46.34	14.26	51.68
	2.865	6.965	3.2	0.11×2	C1+M4	1	18.88	58.28	19.95	62.91
起居室	5.865	3.765	3.2		2C1+M2+3M4	1	15.46	47.17	22.08	61.63
	5.61	3.765	3.2	0.11×2	2C1+M2+4M4	1	14.17	44.14	21.12	60
楼梯间	2.51	6.965	3.2	0.11×2	C1+2M4	1	17.17	53.9	17.48	60.64
卫生间	2.51	2.265	3.2		C1+M2	1	8.75	25.64	5.69	30.56
	2.865	2.265	3.2		C1+M2	1	9.46	27.91	6.49	32.83
						75	145.8	446.59	153.44	519.48

注: 1. 厨房、卫生间墙面面积调入第40项；脚手架面积调入第46项。

2. 餐厅、大厅、楼梯、过道、卧室、起居室和楼梯间踢脚长度调入第33项计算踢脚线；墙面面积调入第47项；脚手架面积调入第52项。

4.5 钢筋明细表与汇总表

钢筋明细表，见表4-13；钢筋汇总表，见表4-14。

工程名称：框架住宅　　　　　　　　钢筋明细表　　　　　　　　表4-13

序号	构件名称	数量	筋号	规格	图形	长度(mm)	根数	重量(kg)
1	独立基础							
	ZJ-1	2	长方向基底筋	Φ12	2120	2120	12	22.59
	ZJ-2	2	宽方向基底筋	Φ12	2120	2120	12	22.59
			······					
2	基础梁							
	JL1	1	梁底直筋[0跨]	Φ18	270 4274 270	4810	3	28.884
			通长面筋[0跨]	Φ12	3950	3950	3	10.522
			矩形箍筋(2)[1跨]	φ8	312 212	1180	19	8.878
			······					
3	柱							
	KZ1	2	拉筋3	φ8	368	580	13	2.99
			内箍2	φ8	136 352	1190	13	6.11

序号	构件名称	数量	筋号	规格	图形	长度(mm)	根数	重量(kg)
			竖向纵筋	Φ20	1333	1330	2	6.57
			竖向纵筋	Φ20	1333	1330	3	9.86
			竖向纵筋	Φ20	1700	1700	2	8.38
			竖向纵筋	Φ20	1700	1700	3	12.58
			外箍1	φ8	352 352	1620	15	9.61
			柱插筋	Φ20	150 1110	1260	3	9.32
			柱插筋	Φ20	150 777	930	3	6.86
			柱插筋	Φ20	300 1110	1410	2	6.95
			……					
4	构造柱							
	GZ1	3	矩形箍(2×2)	φ8	192 352	1220	10	4.83
			竖向纵筋	Φ12	280 580	860	4	3.05
			柱插筋	Φ12	766	760	4	2.72
			矩形箍(2×2)	φ8	192 352	1220	2	0.96
			……					
5	墙							
			墙体拉结筋详见表4-15 工程量计算书 D84					
6	梁							
	KL1(2)	2	受力锚固面筋[0跨]	Φ20	10066 300 300	10670	2	52.6
			矩形箍(2)[1跨]	φ8	502 242	1700	41	27.58
			端支座负筋[1跨]	Φ20	2183 300	2480	1	6.12
			梁底直筋[1 2跨]	Φ18	270 10066 270	10610	3	63.64
			中间支座负筋[1 2跨]	Φ16	3900	3900	1	6.15

序号	构件名称	数量	筋号	规格	图形	长度(mm)	根数	重量(kg)
			矩形箍(2)[2跨]	φ8	502 242	1700	30	20.18
			右端支座负筋[2跨]	Φ20	1917	1920	1	4.73
			......					
	WKL1	1	受力锚固面筋[0跨]	Φ18	9858 580 580	11020	3	66.11
			梁底直筋[0跨]	Φ18	270 10062 270	10600	3	63.61
			构造腰筋[0跨]	Φ12	9740	9740	2	17.3
			矩形箍(2)[1跨]	φ8	552 242	1800	42	29.91
			截宽方向拉筋[1跨]	φ6	256	450	19	1.89
			矩形箍(2)[2跨]	φ8	552 242	1800	30	21.37
			截宽方向拉筋[2跨]	φ6	256	450	13	1.29
			......					
7	板							
	LB1	1	板负筋	φ10	1095 150 85	1330	31	25.43
			构造分布筋	φ6	4105	4110	5	4.55
			板负筋	φ10	1800 85 85	1970	31	37.68
			构造分布筋	φ6	4105	4110	8	7.29
			......					
8	过梁							
	GL1	9	梁宽拉筋	φ6	156	250	8	0.44
			梁底直筋	φ10	1460	1460	3	2.7
			......					
9	挑檐							
	TG1	1	悬挑受力筋	φ8	812 60 40 -40 -40	790	281	87.90
			悬挑分布筋	φ6	57760	57760	5	64.11

序号	构件名称	数量	筋号	规格	图形	长度(mm)	根数	重量(kg)
10	压顶							
	压顶	1	主筋	φ6	234⌐1402⌐234	1940	3	1.30
11	楼梯							
	AT1	2	梯板底筋	Φ10	3375	3380	9	18.74
			梯板底分布筋	Φ10	1065	1070	22	14.46
			梯板面贯通筋	Φ10	3792	3790	9	21.06
			梯板面分布筋	Φ10	1065	1070	22	14.46
	TL-1	5	受力锚固面筋[0跨]	Φ12	2928 / 180 180	3290	3	8.76
			梁底直筋[0跨]	Φ20	2990	2990	3	22.12
			矩形箍(2)[1跨]	φ8	252 202	1040	19	7.83
			......					

注：为节省篇幅，本表只摘录了部分构件钢筋明细，供读者了解钢筋图形和重量计算。

工程名称：框架住宅　　　　　　　　　　**钢筋汇总表**　　　　　　　　　**表 4-14**

规格	基础	柱	构造柱	墙	梁、板	圈梁	过梁	楼梯	其他筋	拉结筋	合计(kg)
φ6					208			14	106	187	515
φ6G	2				13		6				21
φ8					2285			15	175		2475
φ8G	739	1093	122		1019			16			2989
φ10					546		45	95			686
φ10G					47						47
Φ12	297		255		129			14			695
Φ14	794										794
Φ16	75	45			12						132
Φ18	887	1100			1233						3220
Φ20	635	948			835			36			2454
Φ22	252	423			1444						2119
Φ25	356	181			959						1496
合计(kg)	4037	3790	389		8730		51	190	281	187	17643

注：φ 表示 HPB300 级钢，Φ 表示 HRB335 级钢，φ6G 表示 HRB335 级钢箍筋。

4.6 工程量计算书

框架住宅建筑工程量计算书，见表 4-15；框架住宅装饰工程量计算书，见表 4-16。

工程名称：框架住宅建筑 　　　　　　　　**工程量计算书** 　　　　　　　　**表 4-15**

序号		编号/部位	项目名称/计算式		工程量	BIM 校核
			建筑			
1	1	010101001001	平整场地	m²	180	180
			S			
2		1-4-1	人工平整场地	=	180	180
3	2	010101004001	挖基坑土方；坚土，地坑，2m 内	m³	236	306.1
	1	ZJ1	3×3×1.6×4	57.6		
	2	ZJ2	3.5×3.5×1.6×4	78.4		
	3	ZJ3	3.8×3.8×1.6×2	46.21		
	4	ZJ4	4.1×4.1×1.6×2	53.79		
4		1-2-13	人工挖地坑坚土深 2m 内	=	236	306.1
5		1-4-4	基底钎探	m²	101.66	101.66
	1	ZJ1	2.4×2.4×4	23.04		
	2	ZJ2	2.9×2.9×4	33.64		
	3	ZJ3	3.2×3.2×2	20.48		
	4	ZJ4	3.5×3.5×2	24.5		
6		1-4-9	机械原土夯实两遍	=	101.66	101.66
7	3	010101003001	挖沟槽土方；坚土，地槽，2m 内	m³	79.21	79.21
	1	外基(400X500)	JW×1.2×0.9	28.94		
	2	JKL2,3,6(300X500)	NKJ×1.1×0.9	33.66		
	3	JL2(300X450)	NJ45×1.1×0.85	4.96		
	4	JL1,5(300X400)	NJ40×1.1×0.8	8.18		
	5	JL3,4(250X350)	NJ35×1.05×0.75	3.47		
8		1-2-8	人工挖沟槽坚土深 2m 内	=	79.21	79.21
9		1-4-9	机械原土夯实两遍	m²	26.4	
	1	外基(400X500)	JW×0.4	10.72		
	2	JKL2,3,6(300X500)	NKJ×0.3	10.2		
	3	JL2(300X450)	NJ45×0.3	1.59		
	4	JL1,5(300X400)	NJ40×0.3	2.79		
	5	JL3,4(250X350)	NJ35×0.25	1.1		
10	4	010501001001	垫层；C15 垫层	m³	10.17	10.17
			D5×0.1			
11		2-1-28-1	C15 现浇无筋混凝土垫层［条形基础］	=	10.17	10.17
12		18-1-1	混凝土基础垫层木模板	m²	13.84	13.84
	1	ZJ1	2×(2.4+2.4)×0.1×4	3.84		
	2	ZJ2	2×(2.9+2.9)×0.1×4	4.64		
	3	ZJ3	2×(3.2+3.2)×0.1×2	2.56		
	4	ZJ4	2×(3.5+3.5)×0.1×2	2.8		

序号		编号/部位	项目名称/计算式		工程量	BIM校核
13	5	010501003001	独立基础;C30柱基	m³	38.72	38.76
	1	ZJ1	2.2×2.2×0.4×4	7.74		
	2	ZJ2	2.7×2.7×0.5×4	14.58		
	3	ZJ3	3×3×0.5×2	9		
	4	ZJ4	(3.3×3.3+1.2×1.2)×0.3×2	7.4		
14		5-1-6	C304 现浇混凝土独立基础	=	38.72	38.76
15		18-1-15	钢筋混凝土独立基础复合木模板木支撑	m²	58.48	58.48
	1	ZJ1	2×(2.2+2.2)×0.4×4	14.08		
	2	ZJ2	2×(2.7+2.7)×0.5×4	21.6		
	3	ZJ3	2×(3+3)×0.5×2	12		
	4	ZJ4	2×(3.3+3.3+1.2+1.2)×0.3×2	10.8		
16	6	010503001001	基础梁;C30	m³	17.41	17.34
	1	外基梁	WL×0.4×0.5	10.08		
	2	JKL2,3,6	NKJ×0.3×0.5	5.1		
	3	JL2	NJ45×0.3×0.45	0.72		
	4	JL1,5	NJ40×0.3×0.4	1.12		
	5	JL3,4	NJ35×0.25×0.35	0.39		
17		5-1-18	C303 现浇混凝土基础梁	=	17.41	17.34
18		18-1-52	基础梁复合木模板钢支撑	m²	99.69	99.27
	1	外基梁	WL×0.5×2	50.4		
	2	JKL2,3,6	NKJ×0.5×2	34		
	3	JL2	NJ45×0.45×2	4.77		
	4	JL1,5	NJ40×0.4×2	7.44		
	5	JL3,4	NJ35×0.35×2	3.08		
19	7	010403001001	石基础;M7.5 砂浆	m³	11.91	11.93
	1	—0.2m 以上	WL×0.4×0.2	4.03		
	2		WL×0.4×0.4	8.06		
	3	扣GZ	—0.25×0.4×0.6×3	—0.18		
20		4-3—1.03	M7.5 混浆毛石基础	=	11.91	11.93
21		1-4-6	毛砂过筛	m³	4.82	
			D20×0.39862×1.015			
22	8	010401001001	砖基础;M7.5 砂浆	m³	6.27	6.13
	1	—0.2m 以上	NJ×0.24×0.2	2.16		
	2		NJ×0.24×0.4	4.33		
	3	扣GZ,LZ	—0.24×0.25×0.6×6	—0.22		
23		4-1—1.03	M7.5 混浆砖基础	=	6.27	6.13
24		1-4-6	毛砂过筛	m³	1.53	
			D23×0.23985×1.015			
25	9	010103001001	回填方;外运土 50m 内	m³	180.27	304.41
	1		D3+D7	315.21		
	2	基础	—D9-D12-D15-D18.2-D20.2	—132.72		

序号	编号/部位	项目名称/计算式		工程量	BIM校核
3	柱	$-0.4\times0.4\times(1.1\times4+1\times6+0.9\times2)-0.24\times0.25\times0.4\times2[LZ]$	-2		
4	GZ	$-(0.25\times0.4\times3[外]+0.24\times0.25\times4[内])\times0.4$	-0.22		
26	1-4-13	槽坑机械夯填土	$=$	180.27	304.41
27	1-2-28	人力车运土方50m内	m³	107.9	35.24
		D25.1-D25×1.15			
28	10	010502001001	矩形柱;C30	m³	15	15.28
1	一层KZ1,2,5	$4.55\times0.4\times0.4\times4=2.91$			
2	KZ2,3,6	$4.45\times0.4\times0.4\times6=4.27$			
3	KZ4	$4.35\times0.4\times0.4\times2=1.39$			
4	二层KZ1-6	$3.35\times0.4\times0.4\times12=6.43$			
5	Σ		15		
29	5-1-14	C303 现浇混凝土矩形柱	$=$	15	15.28
30	18-1-36	矩形柱复合木模板钢支撑	m²	153.96	154.04
1		D28/0.4×4	150		
2	LZ	$2.25\times2\times(0.25+0.19)\times2$	3.96		
31	18-1-48	柱钢支撑高度>3.6m增1m	m²	4.8	4.8
	1层柱	$(3.25+0.6-3.6)\times1.6\times12$			
32	17-1-6	单排外钢管脚手架6m内	m²	74.88	77.88
	内柱	$(1.6+3.6)\times7.2\times2$			
33	11	010503002001	矩形梁;C20	m³	26.59	21.63
1	1层外KL1,4,6	$WL\times0.29\times0.55=8.04$			
2	内KL2,3,5	$(L503+LX503)\times0.3\times0.5=4.04$			
3	KL2,3	$(L403+LX403)\times0.3\times0.4=0.85$			
4	Σ		12.93		
5	2层外WKL1,3,5	$WL\times0.29\times0.6=8.77$			
6	内WKL2,4	$(W503+WX503)\times0.3\times0.5=4.04$			
7	内WKL2	$(W403+WX403)\times0.3\times0.4=0.85$			
8	Σ		13.66		
34	5-1-19	C303 现浇混凝土框架梁、连续梁	$=$	26.59	21.63
35	18-1-56	矩形梁复合木模板钢支撑	m²	201.93	201.93
1	1层外KL1,4,6	$WL(0.29+0.55+0.45)=65.02$			
2	内KL2,3,5	$(L503+LX503)\times(0.3+0.4\times2)=29.59$			
3	KL2,3	$(L403+LX403)\times(0.3+0.3\times2)=1.28$			
4	Σ		95.89		
5	2层外WKL1,3,5	$WL(0.29+0.6+0.5)=70.06$			
6	内WKL2,4	$(W503+WX503)\times(0.3+0.4\times2)=29.59$			
7	内WKL2	$(W403+WX403)\times(0.3+0.3\times2)=6.39$			
8	Σ		106.04		
36	12	010505001001	有梁板;C30	m³	32.06	40.57
1	1层L1,2,3	$(L402+LX402)\times0.25\times0.4$	2.74		
2	L5,6	$LX352\times0.25\times0.35$	0.46		

序号	编号/部位	项目名称/计算式		工程量	BIM校核
3	WL1,2	W402×0.25×0.4	2.37		
4	1层100板	B1×0.1	13.65		
5	2层100板	B2×0.1	14.8		
6	扣平板	－D39	－1.96		
37		5-1-31 C302现浇混凝土有梁板	＝	32.06	40.57
38		18-1-92 有梁板复合木模板钢支撑	m²	27.71	331.78
1	1层L1,2,3	(L402+LX402)×(0.25+0.3×2)	23.26		
2	L5,6	LX352(0.25+0.25×2)	3.95		
3	WL1,2	W402(0.25+0.3×2)	20.1		
4	100板	B1+B2			
5	扣平板	－D41	－19.6		
39	13	010505003001 平板;C30	m³	1.96	
		2层100平板 1-2/B-C	5.6×3.5×0.1		
40		5-1-33 C302现浇混凝土平板	＝	1.96	
41		18-1-100 平板复合木模钢支撑	m²	19.6	
			5.6×3.5		
42	14	010506001001 直形楼梯;C30	m²	10.94	10.94
		LT			
43		5-1-39 C302现浇混凝土直形楼梯无斜梁100	＝	10.94	10.94
44		5-1-43×2 C302现浇混凝土楼梯板厚每增10×2	＝	10.94	10.94
45		18-1-110 楼梯直形木模板木支撑	＝	10.94	10.94
46	15	010505007001 檐板;C30	m³	3.5	3.5
		(W+0.6×4)×0.6×0.1			
47		5-1-49 C302现浇混凝土挑檐、天沟	＝	3.5	3.5
48		18-1-107 天沟、挑檐木模板木支撑	m²	41.12	35.04
		(W+0.6×4)×0.6+(W+0.6×8)×0.1			
49	16	010505008001 雨篷;C30	m³	0.28	0.28
		D50×0.1			
50		5-1-46 C302现浇混凝土雨篷100	m²	2.8	2.8
		2.8×1			
51		18-1-108 雨篷、悬挑板、阳台板直形木模板木支撑	＝	2.8	2.8
52	17	010503005001 过梁;C30	m³	0.49	0.44
		GL			
53		5-1-22.21 C302现浇混凝土过梁	＝	0.49	0.44
54		18-1-65 过梁复合木模板木支撑	m²	7.78	7.3
1	GL1	(1.3×0.12×2+0.8×0.19)×3	1.39		
2	GL2	(1.4×0.12×2+0.9×0.19)×5	2.54		
3	GL3	(1.5×0.12×2+1×0.19)×7	3.85		
55	18	010502002001 构造柱;C30	m³	3.42	3.58
1	±0.0以下外	0.25×0.4×3×0.6	0.18		

序号		编号/部位	项目名称/计算式		工程量	BIM校核
	2	±0.0以下内	0.24×0.25×5×0.6	0.18		
	3	一层GZ1	[⊥型] (0.29×0.19+0.29×0.06+0.19×0.06/2)×2.7×3=0.63			
	4	二层GZ1	[⊥型] (0.29×0.19+0.29×0.06+0.19×0.06/2)×2.75×6=1.29			
	5	外墙GZ	∑	1.92		
	6	一层GZ2	[⊥型] (0.19×0.19+0.19×0.06+0.19×0.06/2)×2.85=0.15			
	7		[⊥型] (0.19×0.19+0.19×0.06+0.19×0.06/2)×2.75×2=0.29			
	8		[⌐型][0.19×0.19+0.06(0.19+0.19)/2]×2.75=0.13			
	9		[端型](0.19×0.19+0.06×0.19/2)×2.85=0.12			
	10	二层GZ2	[⊥型] (0.19×0.19+0.19×0.06+0.19×0.06/2)×2.85×3=0.45			
	11	内墙GZ	∑	1.14		
56		5-1-17.21	C302现浇混凝土构造柱	=	3.42	3.58
57		18-1-41	构造柱复合木模板木支撑	m²	28.31	27.98
	1	GZ±0.0以下	[(0.16+0.4)×3[外]+(0.01+0.25)×5[内]]×0.6	1.79		
	2	一层GZ1	[⊥型](0.19+6×0.06)×2.7×3=4.46			
	3	二层GZ1	[⊥型](0.19+6×0.06)×2.75×6=9.08			
	4	外墙	∑	13.54		
	5	一层GZ2	[⊥型](0.19+6×0.06)×2.85=1.57			
	6		[⊥型](0.19+6×0.06)×2.75×2=3.03			
	7		[⌐型](0.19+0.19+4×0.06)×2.75=1.71			
	8		[端型](0.19+2×0.19+2×0.06)×2.85=1.97			
	9	二层GZ2	[⊥型](0.19+6×0.06)×2.85×3=4.7			
	10		∑	12.98		
58	19	010507005001	压顶;C30	m³	1.15	1.18
			1.92×0.29×0.09×23			
59		5-1-21.21	C302现浇混凝土圈梁及压顶	m³	1.15	1.18
60		18-1-116	压顶木模板木支撑	m³	1.15	1.18
61	20	010402001001	砌块墙;空心砌块墙 M5.0混浆	m³	101.26	99.78
	1	外墙	WL×(2.7+2.75)-M1-C=194.22			
	2		H1×0.29	56.32		
	3	扣GZ,压顶	−D51.11-D55	−3.42		
	4	1层内墙	Q315×3.15+Q285×2.85+Q275×2.75=129.63			
	5	2层内墙	Q325×3.25+Q295×2.95+Q2852×2.85=160.6			
	6		∑=290.23			
	7	扣洞口,GL,GZ,LZ	(H6-M<19>)×0.19-GL-D51.11[GZ]-D26.6[LZ]	48.36		
62		4-2-3	M5.0混浆承重混凝土小型空心砌块墙	=	101.26	99.78
63		1-4-6	毛砂过筛	m³	15.71	
			D62×0.1529×1.015			

序号		编号/部位	项目名称/计算式		工程量	BIM校核
64		17-1-9	双排外钢管脚手架15m内	m²	380.8	380.8
			W×6.8			
65		17-2-6	双排里钢管脚手架3.6m内	m²	290.23	285.66
			D61.6			
66	21	010902001001	屋面卷材防水;改性沥青防水卷材	m²	215.04	215.04
			19.2×11.2			
67		9-2-14	平面一层改性沥青卷材冷粘法	=	215.04	215.04
68	22	011101006001	平面砂浆找平层;1:3砂浆25厚	m²	180	180
			S			
69		11-1-2	1:3水泥砂浆填充材料上找平20	=	180	180
70		11-1-3	1:3水泥砂浆增减5	=	180	180
71		1-4-6	毛砂过筛	m³	6.64	
			(D69×0.02563+D70×0.00513)×1.2			
72	23	011001001001	保温隔热屋面;1:10石灰炉渣最薄30厚找2%坡	m²	180	180
			S			
73		10-1-14	混凝土板上干铺石灰炉、矿渣1:10	m³	14.4	14.4
			S×(0.03+10/2×0.02/2)			
74	24	011001001002	保温隔热屋面;80厚聚苯乙烯保温板	m²	180	80
			S			
75		10-1-16H	混凝土板上干铺聚苯保温板80	m²	180	80
76	25	011101006002	平面砂浆找平层;1:3砂浆20厚	m²	215.04	215.04
			D66			
77		11-1-1	1:3水泥砂浆混凝土或硬基层上找平20	=	215.04	215.04
78		1-4-6	毛砂过筛	m³	5.29	
			D77×0.0205×1.2			
79	26	011001003001	保温隔热墙面;EPS板60	m²	299.03	294.45
			(W+8×0.08)×6.7-C-M1			
80		10-1-47H	立面胶粘剂满粘聚苯保温板60	m²	299.03	294.45
81	27	011001006001	其他保温隔热;EPS板30	m²	34.58	34.58
	1	C1	1.8×4×(0.115+0.06)×23	28.98		
	2	雨篷	2.8×1×2	5.6		
82		10-1-19H	混凝土板上聚合物砂浆满粘聚苯保温板30	m²	34.58	34.58
83	28	010904001001	楼(地)面卷材防水;高分子卷材	m²	27.26	16.5
	1	卫生间地面	RC1+RC2	16.5		
	2	一层立面	[2×(2.865+1.51)-0.56[门口]]×0.4=3.28			
	3	二层立面	[2×(2.51+2.865)+2.265×4-0.56×2[门口]]×0.4=7.48			
	4		Σ	10.76		
84		9-2-31	平面一层高分子自粘胶膜卷材自粘	m²	16.5	16.5
			D83.1			
85		9-2-32	立面一层高分子自粘胶膜卷材自粘	m²	10.76	10.76
			D83.4			

序号		编号/部位	项目名称/计算式		工程量	BIM校核
86	29	010902003001	屋面刚性层;防水砂浆	m²	2.8	2.8
		雨篷顶	2.8×1			
87		9-2-71	防水砂浆掺防水剂20	m²	2.8	2.8
88		1-4-6	毛砂过筛	m³	0.06	
			D87×0.0205×1.1			
89	30	010515001001	现浇构件钢筋;砌体拉结筋	t	0.132	0.132
			D91			
90		5-4-78	植筋φ10内	根	624	624
	1	一层柱	26×6×2		312	
	2	二层柱	26×6×2		312	
91		5-4-67	砌体加固筋焊接φ6.5内	t	0.132	0.132
	1	一层GZ1	(15×2.66+30×2.32)×0.222/1000=0.024			
	2	二层GZ1	(30×2.66+60×2.32)×0.222/1000=0.049			
	3	一层GZ2	(5×2.66+10×2.32)×0.222/1000=0.008			
	4		(10×2.66+20×2.32)×0.222/1000=0.016			
	5		10×2.66×0.222/1000=0.006			
	6		5×2.66×0.222/1000=0.003			
	7	二层GZ2	(15×2.66+30×2.32)×0.222/1000=0.024			
	8	构造柱拉结筋	Σ		0.13	
	9	框架柱拉结筋	D92×1.2×0.222/1000		0.002	
92	31	010515001002	现浇构件钢筋;HPB300级钢	t	6.525	6.252
			D93+D94+D95			
93		5-4-1	现浇构件钢筋 HPB300φ10内	t	3.474	3.474
			0.328+2.475+0.686-D95			
94		5-4-30	现浇构件箍筋φ10内	t	3.036	3.036
			2.989+0.047			
95		5-4-75	马凳钢筋φ8	t	0.015	0.015
			0.0146			
96	32	010515001003	现浇构件钢筋;HRB335级钢	t	10.913	10.913
			D97+D98			
97		5-4-6	现浇构件钢筋 HRB335/400φ18内	t	4.844	4.844
			0.698+0.794+0.132+3.22			
98		5-4-7	现浇构件钢筋 HRB335/400φ25内	t	6.069	6.069
			2.454+2.119+1.496			
99	33	010507001001	散水;混凝土散水;C20	m²	39.2	39.2
			(W+4×0.7-2.8)×0.7			
100		16-6-81	C20细石混凝土散水 3:7灰土垫层	=	39.2	39.2
101		2-1-1×-1	3:7灰土垫层振动×-1	m³	5.94	5.94
			D99×0.1515			
102		18-1-1	混凝土基础垫层木模板	m²	3.53	3.53
			(W+8×0.7-2.8)×0.06			

序号	编号/部位		项目名称/计算式		工程量	BIM校核
103	34	010507004001	台阶;C20	m²	4.2	4.2
			2.8×1.5			
104		5-1-52.07	C202 现浇混凝土台阶	m³	0.84	0.84
			D103×0.2			
105		18-1-115	台阶木模板木支撑	m²	4.2	4.2
			D103			
106	35	010501001002	垫层;1:3砂浆灌地瓜石垫层	m³	18.62	19
		一层地面	R×0.12			
107		2-1-23	1:3砂浆灌地瓜石垫层	=	18.62	19
108	36	010501001003	垫层;C15	m³	9.31	9.5
		一层地面	R×0.06			
109		2-1-28	C15现浇无筋混凝土垫层	=	9.31	9.5
110	37	01B001	竣工清理		1188	1188
			JT			
111		1-4-3	竣工清理	=	1188	1188
112	1	011705001001	大型机械设备进出场及安拆	台次	1	1
113		19-3-1	C303现浇混凝土独立式大型机械基础	m³	10	10
114		19-3-4	大型机械混凝土基础拆除	m³	10	10
115		1-3-18	人工运石渣20m内	m³	10	10
116		19-3-5	自升式塔式起重机安拆20m内	台次	1	1
117		19-3-18	自升式塔式起重机场外运输20m内	台次	1	1
118	2	011703001001	垂直运输	m²	360	360
			JM			
119		19-1-23	檐高20m上40m内现浇混凝土结构垂直运输	=	360	360

注：单位列的"＝"表示当前定额项的单位和工程量与上项相同，均由软件自动带出。

工程名称：框架住宅装饰　　　　　　　**工程量计算书**　　　　　　表4-16

序号	编号/部位		项目名称/计算式		工程量	BIM校核
			装修			
1	1	010801001001	木质门;无亮全板门	m²	29.19	29.19
			M<19>			
2		8-1-2	成品木门框安装	m	76.9	76.9
			3×(0.8+2.1×2)+5×(0.9+2.1×2)+7×(1+2.1×2)			
3		8-1-3	普通成品门扇安装	m²	29.19	29.19
			D1			
4		15-9-19	门扇镶百叶、花格	m²	0.6	0.6
			0.5×0.4×3			
5		15-9-22	门扇L形执手插锁安装	个	15	15
			15			
6	2	011401001001	木门油漆;调合漆	m²	29.19	29.19
			D1			
7		14-1-1	底油一遍调和漆二遍单层木门	=	29.19	29.19

序号		编号/部位	项目名称/计算式		工程量	BIM校核
8	3	010802004001	防盗门	m²	4.86	4.86
			M1			
9		8-2-9	钢质防盗门	=	4.86	4.86
10	4	010807001001	塑钢窗	m²	75.6	75.6
			C			
11		8-2-3	塑钢推拉门	=	75.6	75.6
12		8-7-10	塑钢纱窗扇	m²	25.2	25.2
			C/3			
13	5	011101001001	水泥砂浆楼地面	m²	76.67	76.93
		楼梯、过道、卧室	Z9+Z10+Z11			
14		11-2-1	1:2水泥砂浆楼地面 20mm	=	76.67	76.93
15		1-4-6	毛砂过筛	m³	1.73	
			D14×0.0205×1.1			
16	6	011106004001	水泥砂浆楼梯面层	m²	10.64	10.94
			2.51×4.11+1.2×0.27			
17		11-2-2	1:2水泥砂浆楼梯 20mm	=	10.64	10.94
18		1-4-6	毛砂过筛	m³	0.32	
			D17×0.02727×1.1			
19	7	011102003001	块料楼地面:面砖	m²	27.92	27.54
	1	厨房、卫生间	Z6+Z12+Z20	27.29		
	2	增门口	(0.8×3[M2]+0.9[M3])×0.19	0.63		
20		11-3-27	1:2.5砂浆地板砖楼地面 L1200内	=	27.92	27.54
21		1-4-6	毛砂过筛	m³	0.69	
			D20×0.0205×1.2			
22	8	011102001001	石材楼地面:花岗石	m²	63.85	63.53
	1	大厅、餐厅	Z8+Z7	63.34		
	2	增门口	0.9×3[M3]×0.19	0.51		
23		11-3-1	1:2.5水泥砂浆块料楼地面不分色	=	63.85	63.53
24		1-4-6	毛砂过筛	m³	1.57	
			D23×0.0205×1.2			
25	9	011101003001	细石混凝土楼地面	m²	130.63	130.33
			R2-D16-Z20			
26		11-1-4	C20细石混凝土找平层 40	=	130.63	130.33
27		11-1-5	C20细石混凝土增减 5	=	130.63	130.33
28		11-2-4	1:1水泥砂浆加浆随捣随抹 5	=	130.63	130.33
29		1-4-6	毛砂过筛	m³	0.51	
			D28×0.00513×0.76			
30	10	011107004001	水泥砂浆台阶面	m²	4.2	4.2
			2.8×1.5			
31		11-2-3	1:2水泥砂浆台阶 20	=	4.2	4.2
32		1-4-6	毛砂过筛	m³	0.14	

序号	编号/部位		项目名称/计算式		工程量	BIM校核
			D31×0.03034×1.1			
33	11	011105002001	石材踢脚线;花岗石板	m²	36.16	38.03
	1	餐厅	2×(5.865+5.465)-0.9=21.76			
	2	大厅	2×(8.31+3.765)+0.11×4-3×0.9=21.89			
	3	楼梯	2×(2.51+5.465)-1.355=14.6			
	4	过道	2×(5.61+5.465)+0.11×2-1.355-1.8-0.8-3×0.9=15.72			
	5	卧室	[2×(5.865+3.765)-0.9]×2=36.72			
	6	卧室	2×(2.865+5.465)-1=15.66			
	7		[2×(2.81+5.465)-1]×2=31.1			
	8		2×(2.61+5.465)-1=15.15			
	9		2×(2.865+6.965)-1=18.66			
	10	起居室	2×(5.865+3.765)-0.8-3×1=15.46			
	11		2×(5.61+3.765)+0.11×2-0.8-4×1=14.17			
	12	楼梯间	2×(2.51+6.965)+0.11×2-2×1=17.17			
	13		Σ×0.15	35.71		
	14	增楼梯三角	11×2×0.27×0.15/2	0.45		
34		11-3-22	水泥砂浆石材踢脚板异形	m²	1.34	2.05
			11×2×0.27×(0.15+0.15/2)			
35		11-3-20	水泥砂浆石材踢脚板直线形	m²	34.82	35.98
			D33-D34			
36		1-4-6	毛砂过筛	m³	0.79	
			D33×0.00513×0.76+D33×0.00615×1.1+D33×0.00923×1.2			
37	12	011206001001	石材零星项目;花岗石窗台板	m²	8.28	8.28
			1.8×0.2×23			
38		15-8-20	水泥砂浆贴石材面层窗台板	=	8.28	8.28
39		1-4-6	毛砂过筛	m³	0.2	
			D38×0.022×1.1			
40	13	011204003001	块料墙面;瓷砖	m²	120.42	118.03
	1	厨房	2×(2.865+3.765)×3.15-C1-M3=36.64			
	2	1层卫生间	2×(2.865+1.51)×3.15-M2-C2=24.8			
	3	2层卫生间	2×(2.51+2.265)×3.2-C1-M2=25.64			
	4		2×(2.865+2.265)×3.2-C1-M2=27.91			
	5		Σ	114.99		
	6	门侧	{[M2]3×(0.8+2×2.1)+[M3]0.9+2×2.1}×0.12	2.41		
	7	窗侧	[C1]3×(1.8×4)×0.14	3.02		
41		12-2-23	墙面、墙裙水泥砂浆粘贴瓷砖200×300	m²	114.99	114.99
			D40.5			
42		12-2-24	零星项目水泥砂浆粘贴瓷砖200×300	m²	5.43	5.43
			D40-D41			
43		5-4-70	墙面钉钢丝网	m²	22.18	22.18
	1	厨房	2×(2.865+3.765+2.55×2)=23.46			

序号	编号/部位	项目名称/计算式		工程量	BIM校核
	2	1层卫生间	2×(2.865+1.51+2.7)=14.15		
	3	2层卫生间	2×(2.51+2.265+2.8+2.65/2)=17.8		
	4		2×(2.865+2.265+2.8+2.65/2)=18.51		
	5		∑×0.3	22.18	
44		12-2-52	墙面砖45°角对缝	m	45.9	45.9
	1	门侧	[M2](0.8+2×2.1)×3+[M3]0.9+2×2.1	20.1	
	2	窗侧	[C1](1.8×4)×3+[C2]2×(1.2+0.9)	25.8	
45		1-4-6	毛砂过筛	m³	1.87	
	1		D41×0.00446×0.76+D41×0.01004×1.2	1.78	
	2		D42×0.00495×0.76+D42×0.01114×1.2	0.09	
46		17-2-6-1	双排里钢管脚手架3.6m内[装饰]	m²	132.72	132.72
	1	厨房	2×(2.865+3.765)×3.15	41.77	
	2	1层卫生间	2×(2.865+1.51)×3.15	27.56	
	3	2层卫生间	2×(2.51+2.265)×3.2	30.56	
	4		2×(2.865+2.265)×3.2	32.83	
47	14	011201001001	墙面一般抹灰;内墙水泥砂浆	m²	719.44	700.1
	1	餐厅	2×(5.865+5.465)×3.15-2C1-M3	63.01	
	2	大厅	[2×(8.31+3.765)+0.11×4]×3.15-3C1-3M3	62.07	
	3	楼梯	[2×(2.51+5.465)-1.355]×3.15-C1	42.73	
	4	过道	[2×(5.61+5.465)+0.11×2-1.355]×3.15-M1-M2-3M3	53.99	
	5	卧室	[2×(5.865+3.765)×3.15-2C1-M3]×2	104.6	
	6	卧室	2×(2.865+5.465)×3.2-C1-M4	47.97	
	7		[2×(2.81+5.465)×3.2-C1-M4]×2	95.24	
	8		2×(2.61+5.465)×3.2-C1-M4	46.34	
	9		[2×(2.865+6.965)+0.11×2]×3.2-C1-M4	58.28	
	10	起居室	2×(5.865+3.765)×3.2-2C1-M2-3M4	47.17	
	11		[2×(5.61+3.765)+0.11×2]×3.2-2C1-M2-4M4	44.14	
	12	楼梯间	[2×(2.51+6.965)+0.11×2]×3.2-C1-2M4	53.9	
48		12-1-3	砖墙面水泥砂浆(9+6)	=	719.44	700.1
49		12-1-16	1:3水泥砂浆抹灰层增减1	=	719.44	700.1
50		5-4-70	墙面钉钢丝网	m²	131.2	145.06
	1	餐厅	2×(5.865+5.465)+2.3×8=41.06		
	2	大厅	2×(8.31+3.765)+2.3×8=42.55		
	3	楼梯	2×(2.51+5.465)-1.355+2.4×4=24.2		
	4	过道	2×(5.61+5.465)+0.11×2-1.355+2.4×4=30.62		
	5	卧室	2×(5.865+3.765)+2.4×8=38.46		
	6	卧室	2×(5.865+3.765)+2.4×4=28.86		
	7	二层卧室	2×(2.865+5.465)+2.4×4=26.26		
	8		[2×(2.81+5.465)+2.5×4]×2=53.1		
	9		2×(2.61+5.465)+2.5×4=26.15		
	10		[2×(2.865+6.965)+0.11×2]+2.5×4=29.88		

序号	编号/部位	项目名称/计算式		工程量	BIM 校核
11	起居室	2×(5.865+3.765)+2.4×8＝38.46			
12		[2×(5.61+3.765)+0.11×2]+2.4×4＝28.57			
13	楼梯间	[2×(2.51+6.965)+0.11×2]+2.5×4＝29.17			
14		∑×0.3	131.2		
51	1-4-6	毛砂过筛	m³	15.52	
1		D48×0.01044×1.2＋D48×0.00696×1.1	14.52		
2		D49×0.00116×1.2	1		
52	17-2-6-1	双排里钢管脚手架 3.6m 内[装饰]	m²	836.35	836.35
1	餐厅	2×(5.865+5.465)×3.15	71.38		
2	大厅	2×(8.31+3.765)×3.15	76.07		
3	楼梯	[2×(2.51+5.465)-1.355]×3.15	45.97		
4	过道	[2×(5.61+5.465)-1.355]×3.15	65.5		
5	卧室	2×(5.865+3.765)×3.15×2	121.34		
6	卧室	2×(2.865+5.465)×3.2	53.31		
7		2×(2.81+5.465)×3.2×2	105.92		
8		2×(2.61+5.465)×3.2	51.68		
9		2×(2.865+6.965)×3.2	62.91		
10	起居室	2×(5.865+3.765)×3.2	61.63		
11		2×(5.61+3.765)×3.2	60		
12	楼梯间	2×(2.51+6.965)×3.2	60.64		
53	15	011407001001 墙面喷刷涂料；刮腻子，乳胶漆	m²	719.44	700.1
		D47			
54	14-4-9	内墙抹灰面满刮成品腻子二遍	＝	719.44	700.1
55	14-3-7	室内墙柱光面乳胶漆二遍	＝	719.44	700.1
56	16	011407002001 顶棚喷刷涂料；刮腻子，乳胶漆三遍	m²	377.1	365.08
1		R+R2	308.57		
2	楼梯底面系数	D19×0.31	8.66		
3	1 层梁侧	2LX503×0.4＋2×(LX403+LX402)×0.3＋2LX352×0.25	15.82		
4	2 层梁侧	2WX503×0.4＋2WX403×0.3	6.21		
5	檐板底	(W+4×0.6)×0.6	35.04		
6	雨篷底	2.8×1	2.8		
57	14-4-8	不抹灰顶棚满刮调制腻子二遍	＝	377.1	365.08
58	14-3-9	室内顶棚乳胶漆二遍	＝	377.1	365.08
59	14-3-13	室内顶棚乳胶漆增一遍	＝	377.1	365.08
60	17	011201001002 墙面一般抹灰；混合砂浆外墙面(加气混凝土)	m²	299.03	294.45
		(W+8×0.08)×6.7-C-M1			
61	12-1-10	混凝土墙、砌块墙面混浆 9+6	＝	299.03	294.45
62	14-4-18	干粉界面剂光面	＝	299.03	294.45
63	1-4-6	毛砂过筛	m³	6.04	
		D61×0.01044×1.2＋D61×0.00696×1.1			
64	18	011201002001 墙面装饰抹灰；混合砂浆檐口	m²	7.04	7.04

序号	编号/部位	项目名称/计算式		工程量	BIM校核
1	檐板沿	(W+8×0.6)×0.1	6.08		
2	雨篷沿	(2.8+1×2)×0.2	0.96		
65	12-1-12	零星项目混浆9+6	＝	7.04	7.04
66	1-4-6	毛砂过筛	m³	0.14	
		D65×0.01044×1.2+D65×0.00696×1.1			
67	19 011407001002	墙面喷刷涂料	m²	306.07	301.49
		D60+D64			
68	14-3-29	光面外墙面丙烯酸外墙涂料一底二涂	＝	306.07	301.49
69	20 011503001001	金属扶手栏杆;不锈钢扶手带栏杆	m	8.53	8.53
		(2.97×2)×1.15+0.2+1.5			
70	15-3-3	不锈钢管扶手不锈钢栏杆	＝	8.53	8.53

注：单位列的"＝"表示当前定额项的单位和工程量与上项相同，均由软件自动带出。

4.7 统筹e算与原教材手工计算稿的对比

本节以二层有梁板工程量的计算为例，分别对原教材手算稿和统筹e算计算稿的正确性进行剖析和对比。

4.7.1 原教材手算稿的问题分析

原教材用了2个清单项目，分别计算梁和板，二层部分计算式见表4-17

表4-17

二层部分计算式

序号	项目编码	项目名称	工程量	问题描述	计算结果更正
1	010403002001	现浇混凝土单梁、连续梁,现场混凝土C30	16.10		14.4
2	010405003001	现浇混凝土平板,现场混凝土C30	14.48		16.41
	合计		30.58		30.81
	WKL1(2):0.29×0.6×(9.5-0.4×2)×2=3.03			梁长宜采用外边线长,避免用轴线偏中问题	0.29×0.6×(10-0.4×3)×2=3.06
	WKL3(3):0.29×0.6×(17.5-0.4×2)×2=2.84			同上	0.29×0.6×(18-0.4×4)=2.85
	WKL5(3):0.29×0.6×(17.5-0.4×2)×2=2.84			同上	0.29×0.6×(18-0.4×4)=2.85
	WKL2(2):0.3×0.5×(9.5-0.4×2)×2=2.61			WKL2是变截面,应区分计算;内梁应算至板底	0.3×[0.4×(5.6-0.2-0.15)+0.3×(3.9-0.2-0.15)]×2=1.9
	WKL4(3):0.3×0.5×(17.5-0.4×2)×2=2.45			梁长宜采用外边线长18;内梁应算至板底	0.3×0.4×(18-0.4×4)=1.97
	WL1(1):0.25×0.4×(5.6-0.15-0.12)=0.533			长度加减有误内梁应算至板底	0.25×0.3×(5.6-0.15-0.04)=0.41
	WL2(2):0.25×0.4×(9.5-0.3-0.12×2)×2=1.792			同上	0.25×0.3×(9.5-0.3-0.04×2)×2=1.36

序号	项目编码	项目名称	工程量	问题描述	计算结果更正
		梁混凝土小计:16.10			14.40
		(17.5−0.3×2−0.25×2−0.12×2)×(3.9−0.15−0.12)×0.1=5.87 (17.5−0.3×2−0.25×3−0.12×2)×(5.6−0.15−0.12)×0.1=8.61			(17.5−0.04×2)×(9.5−0.04×2)×0.1=16.41
		板小计:14.48			16.41
		二层板＋梁混凝土合计:30.58			30.81

4.7.2 统筹 e 算计算书

统筹 e 算计算书见表 4-18。

统筹 e 算计算书　　　　　　　　　　　　　　　　表 4-18

序号		编号/部位	项目名称/计算式		工程量	校核
32	11	010505001001	有梁板;C30	m³	30.83	
	6	2 层外 WKL1,3,5	WL×0.29×0.6		8.77	
	7	内 WKL2,4	(W503＋WX503)×0.3×0.5		4.04	
	8	内 WKL2	(W403＋WX403)×0.3×0.4		0.85	
	9	WL1,2	W402×0.25×0.4		2.37	
	10	1 层 100 板				
	11	2 层 100 板	B2×0.1		14.8	

以上计算结果表明,更正后的手算结果与统筹 e 算结果基本一致。统筹 e 算采用了 1 项清单,5 行计算式,字符数 125;手算教材却用了两项清单和 11 行计算式,字符数 355。

复习思考题

1. 阐述基数计算表的用法和与基数表的关系。
2. 统计一下本工程有哪些项目用到了基数。
3. 如何校核门窗洞口在砌体中和内墙面抹灰中的扣减量?
4. 如何利用基数来校核楼地面工程量?

作 业 题

对 4.7 节列举的两种算量模式的优缺点进行分析,写出分析报告。

5 框架住宅工程计价

本章依招标控制价为例来介绍框架住宅计价的全过程表格应用。

5.1 招标控制价编制流程

下面以英特计价 2017 软件的操作为例，介绍招标控制价的编制流程。

（1）在英特计价 2017 软件的【文件】菜单下，选择【打开统筹 e 算文件（*.tces）】，通过路径浏览，在统筹 e 算 2017 安装路径下的【用户文件】文件夹中找到"框架住宅"算量文件。在弹出的【计税办法选择】窗口中，选择"一般计税"、"清单计价"。

（2）"项目管理"界面，收发室建筑、装饰分别以两个单位工程的树形目录形式显示。右侧工程信息，专业修改为对应的建筑、装饰。工程类别选择Ⅲ类，地区选择：定额 17〔表示采用 2017 省价，建筑人工单价 95 元，装饰人工单价 103 元〕。

（3）根据 2017 年 3 月 1 日起施行的《山东省建设工程费用项目组成及计算规则》，建筑、装饰计费基础为省价人工费。

（4）对临时换算进行处理：

1）第 24 项清单中定额项目 10-1-16H 的处理，将组成材料聚苯乙烯泡沫板 100 厚改为 80 厚，在【材机汇总】窗口中进行市场价调整含税单价 20.00。

2）第 26 项清单定额项目 10-1-47H 的处理，将组成材料聚苯乙烯泡沫板 50 厚改为 60 厚，在【材机汇总】窗口中进行市场价调整含税单价 18.00。

3）第 27 项清单定额项目 10-1-19H 的处理，将组成材料聚苯乙烯泡沫板 100 厚改为 30 厚，在【材机汇总】窗口中进行市场价调整含税单价 10.00。

（5）"措施项目"界面，综合脚手架清单项，单位是平方米，工程量按建筑面积 360 录入。

（6）"其他项目"界面设置暂列金额费率：暂列金额是招标人暂定并包括在合同中的预测的一笔款项，一般按 10%～15% 列入。进"3.1 暂列金额"栏，在费率位置输入"10"。

（7）【材机汇总】界面，按（4）中临时换算材料市场价调价。

（8）"费用汇总、全费价"界面，可以对总价进行对比。

（9）进"报表输出"页面，选中指定报表，输出成果。

5.2 招标控制价纸面文档

本案例作为一个单项工程含 2 个单位工程（建筑、装饰分列）来考虑，故本节含 5 类 7 个表即：1 个封面、1 个总说明、1 个单项工程招标控制价汇总表（表 5-3）、2 个单位工程招标控制价汇总表（表 5-6、表 5-7）和 2 个全费价表（表 5-4、表 5-5）。

5.2.1 封面

___框架住宅___ 工程

招标控制价

招标人：

造价咨询人：

2017 年 8 月 1 日

5.2.2 总说明

总　说　明

1. 工程概况

本工程为框架住宅工程，建筑面积 360m²。

2. 编制依据

(1) 框架住宅施工图。

(2)《建设工程工程量清单计价规范》(GB 50500—2013)。

(3)《房屋建筑与装饰工程工程量计算规范》(GB 50854—2013)。

(4) 2016 版山东省建筑工程消耗量定额及其定额解释。

(5) 2017 山东省建筑工程消耗量定额价目表。

(6) 相关标准图集和技术资料。

3. 相关问题说明

(1) 现浇构件清单项目中按 2013 计量规范要求列入模板。

(2) 脚手架统一列入措施项目的综合脚手架清单内，按定额项目的工程量计价，以建筑面积为单位计取综合计价。

(3) 暂列金额按 10％列入。

4. 施工要求

基层开挖后必须进行钎探验槽，经设计人员验收后方可继续施工。

5. 报价说明

招标控制价为全费综合单价的最高限价，如单价低于按规范规定编制的价格 3％时，应在招标控制价公布后 5 天内向招投标监督机构和工程造价管理机构投诉。

5.2.3 清单全费模式计价表

清单全费模式计价表见表 5-1、表 5-2。

工程名称：框架住宅建筑　　　　　建筑工程清单全费模式计价表　　　　　表 5-1

序号	项目编码	项 目 名 称	单位	工程量	全费单价（元）	合价（元）
		建筑				
1	010101001001	平整场地	m²	180	6.99	1258
2	010101004001	挖基坑土方：坚土，地坑，2m 内	m³	236	130.09	30701

序号	项目编码	项 目 名 称	单位	工程量	全费单价 (元)	合价(元)
3	010101003001	挖沟槽土方;坚土,地槽,2m内	m³	79.21	118.49	9386
4	010501001001	垫层;C15 垫层	m³	10.17	565.27	5749
5	010501003001	独立基础;C30 柱基	m³	38.72	871.88	33759
6	010503001001	基础梁;C30	m³	17.41	1108.66	19302
7	010403001001	石基础;M7.5 砂浆	m³	11.91	423.14	5040
8	010401001001	砖基础;M7.5 砂浆	m³	6.27	493.2	3092
9	010103001001	回填方;外运土 50m 内	m³	180.27	34.94	6299
10	010502001001	矩形柱;C30	m³	15	1588.64	23830
11	010503002001	矩形梁;C20	m³	26.59	1294.75	34427
12	010505001001	有梁板;C30	m³	32.06	659.66	21149
13	010505003001	平板;C30	m³	1.96	1455.04	2852
14	010506001001	直形楼梯;C30	m²	10.94	468.59	5126
15	010505007001	檐板;C30	m³	3.5	2198.45	7695
16	010505008001	雨篷;C30	m³	0.28	3220.67	902
17	010503005001	过梁;C30	m³	0.49	3247.97	1592
18	010502002001	构造柱;C30	m³	3.42	2155.8	7373
19	010507005001	压顶;C30	m³	1.15	3076.06	3537
20	010402001001	砌块墙;空心砌块墙 M5.0 混浆	m³	101.26	536	54275
21	010902001001	屋面卷材防水;改性沥青防水卷材	m²	215.04	63.9	13741
22	011101006001	平面砂浆找平层;1:3 砂浆 25 厚	m²	180	30.57	5503
23	011001001001	保温隔热屋面;1:10 石灰炉渣最薄 30 厚找 2%坡	m²	180	20.47	3685
24	011001001002	保温隔热屋面;80 厚聚苯乙烯保温板	m²	180	25.71	4628
25	011101006002	平面砂浆找平层;1:3 砂浆 20 厚	m²	215.04	23.49	5051
26	011001003001	保温隔热墙面;EPS 板 60	m²	299.03	52.82	15795
27	011001006001	其他保温隔热;EPS 板 30	m²	34.58	35.58	1230
28	010904001001	楼(地)面卷材防水;高分子卷材	m²	27.26	34.84	950
29	010902003001	屋面刚性层;防水砂浆	m²	2.8	27.2	76
30	010515001001	现浇构件钢筋;砌体拉结筋	t	0.132	59478.79	7851
31	010515001002	现浇构件钢筋;HPB300 级钢	t	6.525	6593.31	43021
32	010515001003	现浇构件钢筋;HRB335 级钢	t	10.913	5643.66	61589
33	010507001001	散水;混凝土散水;C20	m²	39.2	48.72	1910
34	010507004001	台阶;C20	m²	4.2	205.93	865
35	010501001002	垫层;1:3 砂浆灌地瓜石垫层	m³	18.62	352.58	6565
36	010501001003	垫层;C15	m³	9.31	498.96	4645
37	01B001	竣工清理		1188	3.67	4360
38	011701001001	综合脚手架	m²	360	39.4	14184
39	011705001001	大型机械设备进出场及安拆	台次	1	38770.43	38770
40	011703001001	垂直运输	m²	360	65.15	23454
41		其他项目费		1	44700.78	44701
42		合计				579918

序号	项目编码	项目名称	单位	工程量	全费单价(元)	合价(元)
		装修				
1	010801001001	木质门；无亮全板门	m²	29.19	610.98	17835
2	011401001001	木门油漆；调合漆	m²	29.19	50.23	1466
3	010802004001	防盗门	m²	4.86	355.88	1730
4	010807001001	塑钢窗	m²	75.6	332.54	25140
5	011101001001	水泥砂浆楼地面	m²	76.67	32.79	2514
6	011106004001	水泥砂浆楼梯面层	m²	10.64	94.73	1008
7	011102003001	块料楼地面；面砖	m²	27.92	129.51	3616
8	011102001001	石材楼地面；花岗石	m²	63.85	276	17623
9	011101003001	细石混凝土楼地面	m²	130.63	51.94	6785
10	011107004001	水泥砂浆台阶面	m²	4.2	71.73	301
11	011105002001	石材踢脚线；花岗石板	m²	36.16	244.38	8837
12	011206001001	石材零星项目；花岗石窗台板	m²	8.28	269.24	2229
13	011204003001	块料墙面；瓷砖	m²	120.42	124.44	14985
14	011201001001	墙面一般抹灰；内墙水泥砂浆	m²	719.44	39.75	28598
15	011407001001	墙面喷刷涂料；刮腻子，乳胶漆	m²	719.44	36.71	26411
16	011407002001	顶棚喷刷涂料；刮腻子，乳胶漆三遍	m²	377.1	31.5	11879
17	011201001002	墙面一般抹灰；混合砂浆外墙面(加气混凝土)	m²	299.03	37.89	11330
18	011201002001	墙面装饰抹灰；混合砂浆檐口	m²	7.04	122.2	860
19	011407001002	墙面喷刷涂料	m²	306.07	21.56	6599
20	011503001001	金属扶手栏杆；不锈钢扶手带栏杆	m	8.53	502.41	4286
21	011701001001	综合脚手架	m²	360	10.27	3697
22		其他项目费		1	18724.81	18725
23		合计				216454

5.2.4　单项工程招标控制价汇总表

单项工程招标控制价汇总表见表5-3。

序号	单位工程名称	金额(元)	其中(元)		
			暂列金额及特殊项目暂估价	材料暂估价	规费
1	建筑工程	579926	38013		29294
2	装饰工程	216442	15856		11712
	合计	796368			41006

注：该表的总价796368与2个单位工程汇总表的合计一致；与全费价的579918（表5-1）和216454（表5-2）基本一致。

5.3　招标控制价电子文档

电子文档的内容是一个计算过程，它的结果体现在纸面文档中。在招投标过程中，评标人员依纸面文档进行评标，遇到疑问时可通过电子文档进行核对。

5.3.1 全费单价分析表

全费单价分析表见表5-4、表5-5。

工程名称：框架住宅建筑　　　　　　　建筑工程全费单价分析表　　　　　　　表5-4

序号	项目编码	项 目 名 称	单位	直接工程费（元）	措施费（元）	管理费和利润（元）	规费（元）	税金（元）	全费单价（元）
1	010101001001	平整场地	m²	3.99	0.31	1.65	0.35	0.69	6.99
2	010101004001	挖基坑土方;坚土,地坑,2m内	m³	74.49	5.74	30.41	6.56	12.89	130.09
3	010101003001	挖沟槽土方;坚土,地槽,2m内	m³	67.58	5.26	27.93	5.98	11.74	118.49

注：为节约篇幅，下略。

（1）本表的3项单价与表5-1的3项单价完全一致。

（2）本表的直接工程费表示人、材、机的单价合计，措施费是按费率计取的部分，管理费和利润的计算基数是省价人工费。

工程名称：框架住宅装饰　　　　　　　装饰工程全费单价分析表　　　　　　　表5-5

序号	项目编码	项 目 名 称	单位	直接工程费（元）	措施费（元）	管理费和利润（元）	规费（元）	税金（元）	全费单价（元）
1	010801001001	木质门;无亮全板门	m²	490.11	5.45	21.8	33.07	60.55	610.98
2	011401001001	木门油漆;调合漆	m²	29.09	2.43	11.01	2.72	4.98	50.23
3	010802004001	防盗门	m²	282.4	3.72	15.25	19.24	35.27	355.88

注：为节约篇幅，下略。

5.3.2 单位工程招标控制价汇总表

单位工程招标控制价汇总表见表5-6、表5-7。

工程名称：框架住宅建筑　　　　　　　建筑工程单位工程招标控制价汇总表　　　　　　　表5-6

序号	项目名称	计 算 基 础	费率（%）	金额（元）
1	分部分项工程费			380129
2	措施项目费			75020
3	其他项目费			38013
4	清单计价合计	分部分项＋措施项目＋其他项目		493162
5	其中人工费 R			131105
6	规费			29294
7	安全文明施工费			18247
8	安全施工费	分部分项＋措施项目＋其他项目	2.34	11540
9	环境保护费	分部分项＋措施项目＋其他项目	0.11	542
10	文明施工费	分部分项＋措施项目＋其他项目	0.54	2663
11	临时设施费	分部分项＋措施项目＋其他项目	0.71	3501
12	社会保险费	分部分项＋措施项目＋其他项目	1.52	7496
13	住房公积金	分部分项＋措施项目＋其他项目	0.21	1036
14	工程排污费	分部分项＋措施项目＋其他项目	0.27	1332

序号	项 目 名 称	计 算 基 础	费率(%)	金额(元)
15	建设项目工伤保险	分部分项+措施项目+其他项目	0.24	1184
16	设备费			
17	增值税	分部分项+措施项目+其他项目+规费	11	57470
18	工程费用合计	分部分项+措施项目+其他项目+规费+税金		579926

工程名称：框架住宅装饰　　　　　装饰工程单位工程招标控制价汇总表　　　　　表 5-7

序号	项 目 名 称	计 算 基 础	费率(%)	金额(元)
1	分部分项工程费			158563
2	措施项目费			8862
3	其他项目费			15856
4	清单计价合计	分部分项+措施项目+其他项目		183281
5	其中　人工费 R			47525
6	规费			11712
7	安全文明施工费			7606
8	安全施工费	分部分项+措施项目+其他项目	2.34	4289
9	环境保护费	分部分项+措施项目+其他项目	0.12	220
10	文明施工费	分部分项+措施项目+其他项目	0.1	183
11	临时设施费	分部分项+措施项目+其他项目	1.59	2914
12	社会保险费	分部分项+措施项目+其他项目	1.52	2786
13	住房公积金	分部分项+措施项目+其他项目	0.21	385
14	工程排污费	分部分项+措施项目+其他项目	0.27	495
15	建设项目工伤保险	分部分项+措施项目+其他项目	0.24	440
16	设备费			
17	增值税	分部分项+措施项目+其他项目+规费	11	21449
18	工程费用合计	分部分项+措施项目+其他项目+规费+税金		216442

5.3.3　分部分项工程量清单与计价表

分部分项工程量清单与计价表见表 5-8、表 5-9。

工程名称：框架住宅建筑　　　　　建筑工程分部分项工程量清单与计价表　　　　　表 5-8

序号	项目编码	项 目 名 称	计量单位	工程量	综合单价	合价	其中：暂估价
		建筑				380129	
1	010101001001	平整场地	m²	180	5.61	1010	
2	010101004001	挖基坑土方；坚土，地坑，2m 内	m³	236	104.33	24622	
3	010101003001	挖沟槽土方；坚土，地槽，2m 内	m³	79.21	94.99	7524	
4	010501001001	垫层；C15 垫层	m³	10.17	471.92	4799	
5	010501003001	独立基础；C30 柱基	m³	38.72	732.03	28344	
6	010503001001	基础梁；C30	m³	17.41	925.72	16117	
7	010403001001	石基础；M7.5 砂浆	m³	11.91	351.06	4181	

序号	项目编码	项目名称	计量单位	工程量	综合单价	合价	其中：暂估价
					金额(元)		
8	010401001001	砖基础;M7.5 砂浆	m³	6.27	409.45	2567	
9	010103001001	回填方;外运土 50m 内	m³	180.27	28.16	5076	
10	010502001001	矩形柱;C30	m³	15	1317.27	19759	
11	010503002001	矩形梁;C20	m³	26.59	1077.64	28654	
12	010505001001	有梁板;C30	m³	32.06	553.95	17760	
13	010505003001	平板;C30	m³	1.96	1210.94	2373	
14	010506001001	直形楼梯;C30	m²	10.94	386.31	4226	
15	010505007001	檐板;C30	m³	3.5	1806.41	6322	
16	010505008001	雨篷;C30	m³	0.28	2662.7	746	
17	010503005001	过梁;C30	m³	0.49	2688.62	1317	
18	010502002001	构造柱;C30	m³	3.42	1787.4	6113	
19	010507005001	压顶;C30	m³	1.15	2516.47	2894	
20	010402001001	砌块墙;空心砌块墙 M5.0 混浆	m³	101.26	442.78	44836	
21	010902001001	屋面卷材防水;改性沥青防水卷材	m²	215.04	54.08	11629	
22	011101006001	平面砂浆找平层;1:3 砂浆 25 厚	m²	180	25.07	4513	
23	011001001001	保温隔热屋面;1:10 石灰炉渣最薄 30 厚找 2%坡	m²	180	16.74	3013	
24	011001001002	保温隔热屋面;80 厚聚苯乙烯保温板	m²	180	21.58	3884	
25	011101006002	平面砂浆找平层;1:3 砂浆 20 厚	m²	215.04	19.22	4133	
26	011001003001	保温隔热墙面;EPS 板 60	m²	299.03	43.99	13154	
27	011001006001	其他保温隔热;EPS 板 30	m²	34.58	29.75	1029	
28	010904001001	楼(地)面卷材防水;高分子卷材	m²	27.26	29.29	798	
29	010902003001	屋面刚性层;防水砂浆	m²	2.8	22.39	63	
30	010515001001	现浇构件钢筋;砌体拉结筋	t	0.132	48266.2	6371	
31	010515001002	现浇构件钢筋;HPB300 级钢	t	6.525	5452.9	35580	
32	010515001003	现浇构件钢筋;HRB335 级钢	t	10.913	4730.06	51619	
33	010507001001	散水;混凝土散水;C20	m²	39.2	40.17	1575	
34	010507004001	台阶;C20	m²	4.2	170.44	716	
35	010501001002	垫层;1:3 砂浆灌地瓜石垫层	m³	18.62	291.93	5436	
36	010501001003	垫层;C15	m³	9.31	417.08	3883	
37	01B001	竣工清理		1188	2.94	3493	
		合计				380129	

工程名称：框架住宅装饰　　装饰工程分部分项工程量清单与计价表　　表 5-9

序号	项目编码	项目名称	计量单位	工程量	综合单价	合价	其中：暂估价
					金额(元)		
		装修				158563	
1	010801001001	木质门;无亮全板门	m²	29.19	511.29	14925	
2	011401001001	木门油漆;调合漆	m²	29.19	39.79	1161	
3	010802004001	防盗门	m²	4.86	297.22	1444	

序号	项目编码	项 目 名 称	计量单位	工程量	金额(元)		
					综合单价	合价	其中：暂估价
4	010807001001	塑钢窗	m²	75.6	278.32	21041	
5	011101001001	水泥砂浆楼地面	m²	76.67	26.39	2023	
6	011106004001	水泥砂浆楼梯面层	m²	10.64	74.96	798	
7	011102003001	块料楼地面；面砖	m²	27.92	105.85	2955	
8	011102001001	石材楼地面；花岗石	m²	63.85	230.6	14724	
9	011101003001	细石混凝土楼地面	m²	130.63	42.1	5500	
10	011107004001	水泥砂浆台阶面	m²	4.2	57.1	240	
11	011105002001	石材踢脚线；花岗石板	m²	36.16	200.19	7239	
12	011206001001	石材零星项目；花岗石窗台板	m²	8.28	223.54	1851	
13	011204003001	块料墙面；瓷砖	m²	120.42	99.97	12038	
14	011201001001	墙面一般抹灰；内墙水泥砂浆	m²	719.44	31.63	22756	
15	011407001001	墙面喷刷涂料；刮腻子，乳胶漆	m²	719.44	30.14	21684	
16	011407002001	顶棚喷刷涂料；刮腻子，乳胶漆三遍	m²	377.1	25.21	9507	
17	011201001002	墙面一般抹灰；混合砂浆外墙面(加气混凝土)	m²	299.03	30.28	9055	
18	011201002001	墙面装饰抹灰；混合砂浆檐口	m²	7.04	95.86	675	
19	011407001002	墙面喷刷涂料	m²	306.07	17.54	5368	
20	011503001001	金属扶手栏杆；不锈钢扶手带栏杆	m	8.53	419.59	3579	
		合计				158563	

5.3.4 工程量清单综合单价分析表

工程量清单综合单价分析表见表 5-10、表 5-11。

工程名称：框架住宅建筑　　　　**建筑工程量清单综合单价分析表**　　　　表 5-10

序号	项目编码	项 目 名 称	单位	工程量	综合单价组成(元)					综合单价(元)
					人工费	材料费	机械费	计费基础	管理费和利润	
		建筑								
1	010101001001	平整场地	m²	180	3.99			3.99	1.62	5.61
	1-4-1	人工平整场地	10m²	18	3.99			3.99	1.62	
2	010101004001	挖基坑土方；坚土，地坑，2m 内	m³	236	73.49	0.29	0.71	73.49	29.84	104.33
	1-2-13	人工挖地坑坚土深 2m 内	10m³	23.6	71.44			71.44	29.01	
	1-4-4	基底钎探	10m²	10.166	1.72	0.29	0.62	1.72	0.7	
	1-4-9	机械原土夯实两遍	10m²	10.166	0.33		0.09	0.33	0.13	
3	010101003001	挖沟槽土方；坚土，地槽，2m 内	m³	79.21	67.51		0.07	67.51	27.41	94.99
	1-2-8	人工挖沟槽坚土深 2m 内	10m³	7.921	67.26			67.26	27.31	
	1-4-9	机械原土夯实两遍	10m²	2.64	0.25		0.07	0.25	0.1	
4	010501001001	垫层；C15 垫层	m³	10.17	96.36	335.72	0.72	96.36	39.12	471.92
	2-1-28-1	C15④现浇无筋混凝土垫层[条基]	10m³	1.017	82.79	305.58	0.66	82.79	33.61	
	18-1-1	混凝土垫层木模板	10m²	1.384	13.57	30.14	0.06	13.57	5.51	
5	010501003001	独立基础；C30 柱基	m³	38.72	98.69	592.29	0.98	98.69	40.07	732.03
	5-1-6	C30④现浇混凝土独立基础	10m³	3.872	59.38	379.25	0.46	59.38	24.11	
	18-1-15	钢筋混凝土独立基础复合木模木支撑	10m²	5.848	39.31	213.04	0.52	39.31	15.96	

注：为节约篇幅，下略。

序号	项目编码	项目名称	单位	工程量	综合单价组成（元）					综合单价（元）
					人工费	材料费	机械费	计费基础	管理费和利润	
		装修								
1	010801001001	木质门；无亮全板门	m²	29.19	42.79	447.32		42.79	21.18	511.3
	8-1-2	成品木门框安装	10m	7.69	11.76	24.9		11.76	5.82	
	8-1-3	普通成品门扇安装	10m²	2.919	13.78	384.62		13.78	6.82	
	15-9-19	门扇镶百叶、花格	10m²	0.06	0.1	2.31		0.1	0.05	
	15-9-22	门扇 L 形执手插锁安装	10 个	1.5	17.15	35.49		17.15	8.49	
2	011401001001	木门油漆；调合漆	m²	29.19	21.63	7.46		21.63	10.7	39.79
	14-1-1	底油一遍调合漆二遍单层木门	10m²	2.919	21.63	7.46		21.63	10.7	
3	010802004001	防盗门	m²	4.86	29.93	252.21	0.26	29.93	14.82	297.2
	8-2-9	钢质防盗门安装	10m²	0.486	29.93	252.21	0.26	29.93	14.82	
4	010807001001	塑钢窗	m²	75.6	23.09	243.8		23.09	11.43	278.3
	8-2-3	塑钢推拉门安装	10m²	7.56	21.38	223.86		21.38	10.58	
	8-7-10	塑钢纱窗扇安装	10m²	2.52	1.71	19.94		1.71	0.85	
5	011101001001	水泥砂浆楼地面	m²	76.67	10.89	9.72	0.4	10.89	5.38	26.39
	11-2-1	1：2 水泥砂浆楼地面 20	10m²	7.667	10.2	9.72	0.4	10.2	5.04	
	1-4-6	毛砂过筛	10m³	0.173	0.69			0.69	0.34	

注：为节约篇幅，下略。

5.3.5 措施项目清单计价与汇总表

措施项目清单计价与汇总表见表 5-12～表 5-17。

序号	编号	项目名称	计费基础	费率（%）	金额（元）	备注
1	011707002001	夜间施工费	定额人工费	2.55	3176	
2	011707004001	二次搬运费	定额人工费	2.18	2715	
3	011707005001	冬雨季施工增加费	定额人工费	2.91	3625	
4	011707007001	已完工程及设备保护费	定额基价	0.15	523	
		合计			10039	

序号	编号	项目名称	计费基础	费率（%）	金额（元）	备注
1	011707002001	夜间施工费	定额人工费	3.64	1823	
2	011707004001	二次搬运费	定额人工费	3.28	1643	
3	011707005001	冬雨季施工增加费	定额人工费	4.1	2053	
4	011707007001	已完工程及设备保护费	定额基价	0.15	215	
		合计			5734	

序号	项目编码	项目名称/项目特征描述	计量单位	工程量	金额（元）		
					综合单价	合价	其中:暂估价
1	011701001001	综合脚手架	m²	360	33.52	12067	
2	011705001001	大型机械设备进出场及安拆	台次	1	32969.9	32970	
3	011703001001	垂直运输	m²	360	55.4	19944	
		合　计				64981	

工程名称：框架住宅装饰　　　　　装饰工程单价措施项目清单与计价表　　　　　表 5-15

序号	项目编码	项目名称/项目特征描述	计量单位	工程量	金额（元）		
					综合单价	合价	其中:暂估价
1	011701001001	综合脚手架	m²	360	8.69	3128	
		合　计				3128	

工程名称：框架住宅建筑　　　　　建筑工程措施项目清单计价汇总表　　　　　表 5-16

序号	项目名称	金额（元）
1	单价措施项目费	64981
2	总价措施项目费	10039
	合计	75020

工程名称：框架住宅装饰　　　　　装饰工程措施项目清单计价汇总表　　　　　表 5-17

序号	项目名称	金额（元）
1	单价措施项目费	3128
2	总价措施项目费	5734
	合　计	8862

5.3.6　措施项目清单综合单价分析表

措施项目清单综合单价分析表见表 5-18、表 5-19。

工程名称：框架住宅建筑　　　　　建筑工程措施项目清单综合单价分析表　　　　　表 5-18

序号	项目编码	项目名称	单位	工程量	综合单价组成（元）					综合单价（元）
					人工费	材料费	机械费	计费基础	管理费和利润	
1	011701001001	综合脚手架	m²	360	13.9	10.96	3.01	13.9	5.65	33.52
	17-1-6	单排外钢管脚手架 6m 内	m²	74.88	0.91	1.07	0.29	0.91	0.37	
	17-1-9	双排外钢管脚手架 15m 内	m²	380.8	8.24	9.36	1.67	8.24	3.35	
	17-2-6	双排里钢管脚手架 3.6m 内	m²	290.23	4.75	0.53	1.05	4.75	1.93	
2	011705001001	大型机械设备进出场及安拆	台次	1	8695.35	7483.2	13261.04	8695.35	3530.31	32969.9
	19-3-1	C303 现浇混凝土独立大型机械基础	m³	10	1604.55	6976.49	94.29	1604.55	651.44	
	19-3-4	大型机械混凝土基础拆除	m³	10	1570.35	3.84	453.48	1570.35	637.56	
	1-3-18	人工运石渣 20m 内	m³	10	295.45			295.45	119.96	
	19-3-5	自升塔式起重机安拆 20m 内	台次	1	3800	367.6	5265.63	3800	1542.8	
	19-3-18	自升塔式起重机场外运输 20m 内	台次	1	1425	135.27	7447.64	1425	578.55	
3	011703001001	垂直运输	m²	360	5.89		47.12	5.89	2.39	55.4
	19-1-23	现浇结构垂直运输 40m 内	m²	360	5.89		47.12	5.89	2.39	

序号	项目编码	项 目 名 称	单位	工程量	综合单价组成（元）					综合单价（元）
					人工费	材料费	机械费	计费基础	管理费和利润	
4	011707002001	夜间施工费	项	1	720.87	2162.62		720.87	292.67	3176.16
		分部分项省价人工合计 113078× 2.55%,其中人工 25%	元	1	720.87	2162.62		720.87	292.67	
5	011707004001	二次搬运费	项	1	616.28	1848.82		616.28	250.21	2715.31
		分部分项省价人工合计 113078× 2.18%,其中人工 25%	元	1	616.28	1848.82		616.28	250.21	
6	011707005001	冬雨季施工增加费	项	1	822.64	2467.93		822.64	334	3624.57
		分部分项省价人工合计 113078× 2.91%,其中人工 25%	元	1	822.64	2467.93		822.64	334	
7	011707007001	已完工程及设备保护费	项	1	50.21	451.91		50.21	20.38	522.5
		分部分项省价合计 334746×0.15%, 其中人工 10%	元	1	50.21	451.91		50.21	20.38	

注：垂直运输、施工组织设计中的大型机械设备进出场及安拆项目，由算量进入计价后自动划入措施项目界面，属于按定额计取的措施费。

工程名称：框架住宅装饰　　　　　装饰工程措施项目清单综合单价分析表　　　　表 5-19

序号	项目编码	项 目 名 称	单位	工程量	综合单价组成（元）					综合单价（元）
					人工费	材料费	机械费	计费基础	管理费和利润	
		装修								
1	011701001001	综合脚手架	m²	360	4.76	0.53	1.05	4.76	2.35	8.69
	17-2-6-1	双排里钢管脚手架 3.6m 内[装饰]	m²	132.72	0.65	0.07	0.14	0.65	0.32	
	17-2-6-1	双排里钢管脚手架 3.6m 内[装饰]	m²	836.35	4.11	0.46	0.91	4.11	2.03	
2	011707002001	夜间施工费	项	1	405.53	1216.6		405.53	200.74	1822.9
		分部分项省价人工合计 44564× 2.55%,其中人工 25%	元	1	405.53	1216.6		405.53	200.74	
3	011707004001	二次搬运费	项	1	365.42	1096.28		365.42	180.89	1642.6
		分部分项省价人工合计 44564× 2.18%,其中人工 25%	元	1	365.42	1096.28		365.42	180.89	
4	011707005001	冬雨季施工增加费	项	1	456.78	1370.34		456.78	226.1	2053.2
		分部分项省价人工合计 44564× 2.91%,其中人工 25%	元	1	456.78	1370.34		456.78	226.1	
5	011707007001	已完工程及设备保护费	项	1	20.48	184.28		20.48	10.13	214.89
		分部分项省价合计 136507×0.15%, 其中人工 10%	元	1	20.48	184.28		20.48	10.13	

5.3.7　其他项目清单计价与汇总表

其他项目清单计价与汇总表见表 5-20～表 5-25。

序号	项 目 名 称	计量单位	金额（元）	备　注
3.1	暂列金额	项	38013	
3.2	专业工程暂估价			
3.3	特殊项目暂估价	项		
3.4	计日工			
3.5	采购保管费			
3.6	其他检验试验费			
3.7	总承包服务费			
3.8	其他			
	合计		38013	

工程名称：框架住宅装饰　　　　　　装饰工程其他项目清单计价与汇总表　　　　　　表 5-21

序号	项 目 名 称	计量单位	金额（元）	备　注
3.1	暂列金额	项	15856	
3.2	专业工程暂估价			
3.3	特殊项目暂估价	项		
3.4	计日工			
3.5	采购保管费			
3.6	其他检验试验费			
3.7	总承包服务费			
3.8	其他			
	合计		15856	

工程名称：框架住宅建筑　　　　　　建筑工程暂列金额明细表　　　　　　表 5-22

序号	项 目 名 称	计量单位	暂定金额（元）	备　注
1	暂列金额	项	38013	
	合计		38013	

工程名称：框架住宅装饰　　　　　　装饰工程暂列金额明细表　　　　　　表 5-23

序号	项 目 名 称	计量单位	暂定金额（元）	备　注
1	暂列金额	项	15856	
	合计		15856	

5.3.8　规费、税金项目清单与计价表

规费、税金项目清单与计价表见表 5-24、表 5-25。

工程名称：框架住宅建筑　　　　　　建筑工程规费、税金项目清单与计价表　　　　　　表 5-24

序号	项 目 名 称	计 费 基 础	费率（%）	金额（元）
1	规费			29294
1.1	安全文明施工费			18247
1.1.1	安全施工费	分部分项＋措施项目＋其他项目	2.34	11540
1.1.2	环境保护费	分部分项＋措施项目＋其他项目	0.11	542
1.1.3	文明施工费	分部分项＋措施项目＋其他项目	0.54	2663
1.1.4	临时设施费	分部分项＋措施项目＋其他项目	0.71	3501
1.2	社会保险费	分部分项＋措施项目＋其他项目	1.52	7496
1.3	住房公积金	分部分项＋措施项目＋其他项目	0.21	1036
1.4	工程排污费	分部分项＋措施项目＋其他项目	0.27	1332
1.5	建设项目工伤保险	分部分项＋措施项目＋其他项目	0.24	1184
2	增值税	分部分项＋措施项目＋其他项目＋规费	11	57470
	合计			86764

工程名称：框架住宅装饰　　　　　装饰工程规费、税金项目清单与计价表　　　　　表 5-25

序号	项目名称	计费基础	费率(%)	金额(元)
1	规费			11712
1.1	安全文明施工费			7606
1.1.1	安全施工费	分部分项+措施项目+其他项目	2.34	4289
1.1.2	环境保护费	分部分项+措施项目+其他项目	0.12	220
1.1.3	文明施工费	分部分项+措施项目+其他项目	0.1	183
1.1.4	临时设施费	分部分项+措施项目+其他项目	1.59	2914
1.2	社会保险费	分部分项+措施项目+其他项目	1.52	2786
1.3	住房公积金	分部分项+措施项目+其他项目	0.21	385
1.4	工程排污费	分部分项+措施项目+其他项目	0.27	495
1.5	建设项目工伤保险	分部分项+措施项目+其他项目	0.24	440
2	增值税	分部分项+措施项目+其他项目+规费	11	21449
	合　计			33161

5.3.9　补充材料价格取定表

补充材料价格取定表见表 5-26。

工程名称：框架住宅建筑　　　　　建筑工程市场价取定表　　　　　表 5-26

序号	工料机编码	名称、规格、型号	单位	数量	含税单价(元)	除税单价(元)	合价(元)
1	15130007	聚苯乙烯泡沫板 δ60	m²	305.011	18.00	15.38	4691.07
2	15130009	聚苯乙烯泡沫板 δ30	m²	35.272	10.00	8.55	301.58
3	15130009	聚苯乙烯泡沫板 δ80	m²	183.6	20.00	17.09	3137.72

复习思考题

1. 通过本案例的学习，深刻理解执行全费价对造价业的影响有哪些？

2. 计价改革的目的，一是同国际接轨，二是量价分离。通过本教程的学习，有哪些体会？

3. 你认为我国实行招标控制价有哪些好处？招标控制价是对总价控制，还是对单价控制，为什么？

4. 你认为我国实行工程量清单计价以来，对工程造价有哪些影响？为何有人还提出恢复定额计价？你认为清单计价与定额计价有何区别？

5. 有人提出将来 BIM 实现图纸自动带出工程量和清单与定额后，预算人员将面临失业，应把造价管理的重点放在财务管理和工程管理上，你对此有何看法？

作　业　题

应用你所熟悉的算量和计价软件，依据框架住宅图纸和第 4 章的工程量计算结果，做出工程报价。并与本章结果进行对比，找出不同的原因。

2 层框架住宅图纸

结构设计总说明

1. 项目概况

1.1 本工程为××住宅。

1.2 结构形式为现浇钢筋混凝土框架结构,基础采用柱下独立基础。

2. 建筑结构安全等级及设计使用年限

2.1 建筑结构安全等级:二级。

2.2 设计使用年限:50 年。

2.3 建筑抗震设防分类为:丙类。

2.4 地基基础设计等级:丙级。

2.5 框架结构抗震等级为三级。

3. 自然条件

3.1 基本风压 $0.55kN/m^2$,地面粗糙度类别:B 类。

3.2 基本雪压 $0.4kN/m^2$。

3.3 本工程基础采用柱下独立基础持力层为粉质黏土,地基承载力特征值$=150kN/m^2$。

4. 本工程设计遵循的标准、规范

4.1 《建筑结构荷载规范》(GB 50009—2012)。

4.2 《混凝土结构设计规范》(GB 50010—2010)。

4.3 《建筑地基基础设计规范》(GB 50007—2011)。

4.4 《建筑抗震设计规范》(GB 50011—2010)。

4.5 混凝土结构施工图 11G101-1、11G101-2、11G101-3。

5. 材料

5.1 混凝土:框架柱、梁、板、基础、楼梯、基础梁均为 C30,素混凝土垫层 C15。

5.2 砌体:

　　±0.000 以下外墙采用 MU30 毛石,厚 400mm,M7.5 水泥砂浆砌筑;±0.000 以下内墙采用 MU10 实心砖,M7.5 水泥砂浆砌筑,厚 240mm。

　　±0.000 以上外墙采用 MU5 空心砌块,±0.000 以上内墙采用 MU5 空心砌块,M5.0 混合砂浆砌筑。

5.3 钢筋保护层厚度:柱 25mm,现浇板 15mm,梁 20mm。

5.4 构造柱配筋:纵向 4Φ12,箍筋Φ8@100/200。

5.5 墙上窗洞过梁采用现浇过梁,梁宽同墙厚,梁高 120mm,梁长同洞口宽+500mm,配筋如图所示。

　　Φ6@200　3Φ10

5.6 位于统一连接区段内的受拉钢筋搭接接头面积百分率相对梁板不宜大于 25%。对柱不宜大于 50%。钢筋直径≤22mm 可用搭接,>22mm 时优先采用机械连接。

5.7 本设计未尽事宜除详见施工图外,均按国家现行的有关施工质量验收规范及标准进行。

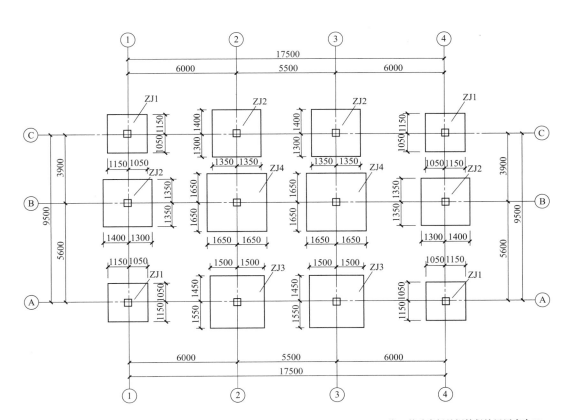

基础平面图1:100

注:1.基础底板的钢筋保护层厚度为40mm。
2.垫层用C15混凝土,厚度为100mm。
3.内外地台高差为200mm。

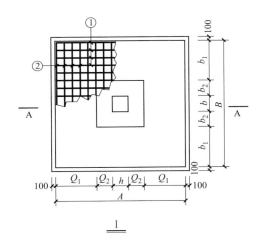

Ⅰ

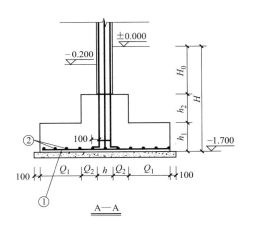

A—A

基础编号	类型	柱断面 $b \times h$ (mm)	基础平面尺寸(mm)						基础高度(mm)				基础底板配筋	
			A	Q_1	Q_2	B	b_1	b_2	H	H_0	h_1	h_2	①	②
ZJ1	Ⅰ	400×400	2200	900		2200	900		1700	1300	400		Φ12@200	Φ12@200
ZJ2	Ⅰ	400×400	2700	1150		2700	1150		1700	1200	500		Φ14@200	Φ14@200
ZJ3	Ⅰ	400×400	3000	1300		3000	1300		1700	1200	500		Φ14@200	Φ14@200
ZJ4	Ⅰ	400×400	3300	1050	400	3300	1050	400	1700	1100	300	300	Φ14@200	Φ14@200

结施 02

基础平面图

101

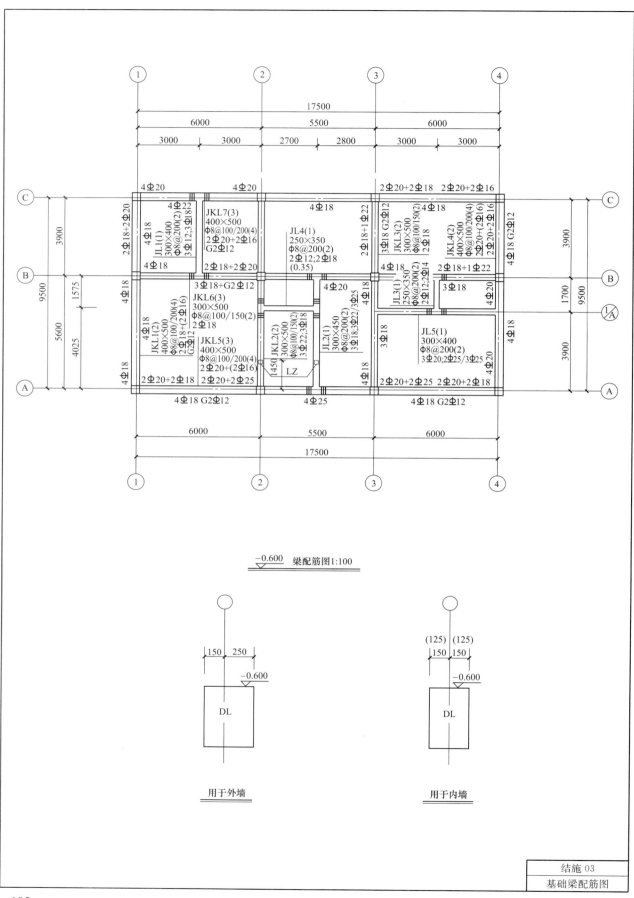

−0.600 梁配筋图1:100

用于外墙

用于内墙

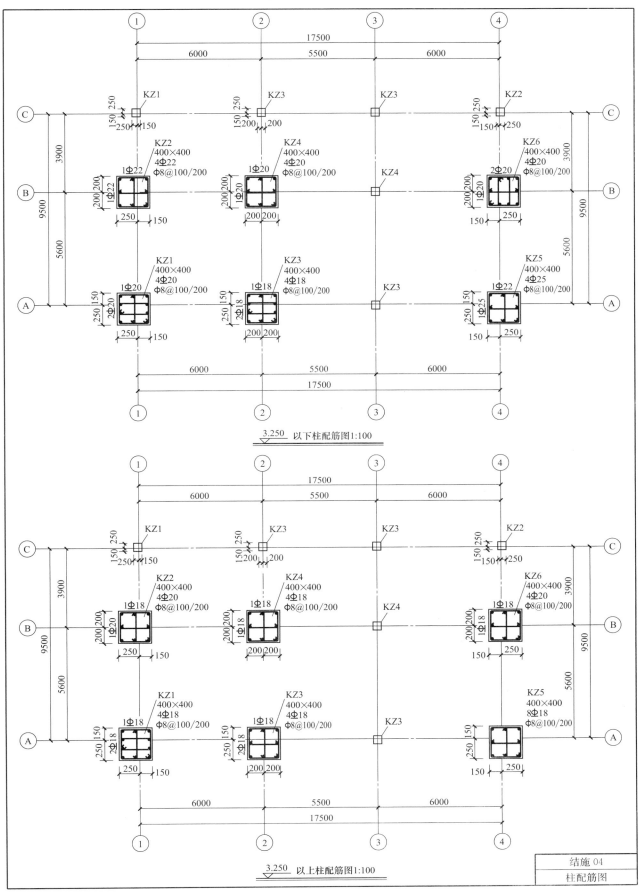

3.250 以下柱配筋图1:100

3.250 以上柱配筋图1:100

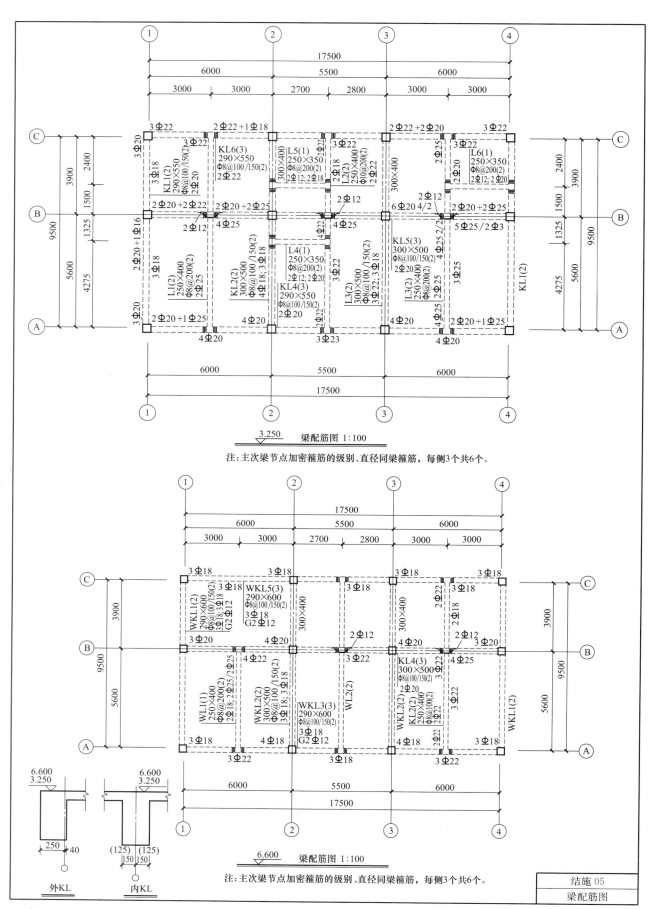

3.250　梁配筋图 1:100

注:主次梁节点加密箍筋的级别、直径同梁箍筋,每侧3个共6个。

6.600　梁配筋图 1:100

注:主次梁节点加密箍筋的级别、直径同梁箍筋,每侧3个共6个。

外KL　内KL

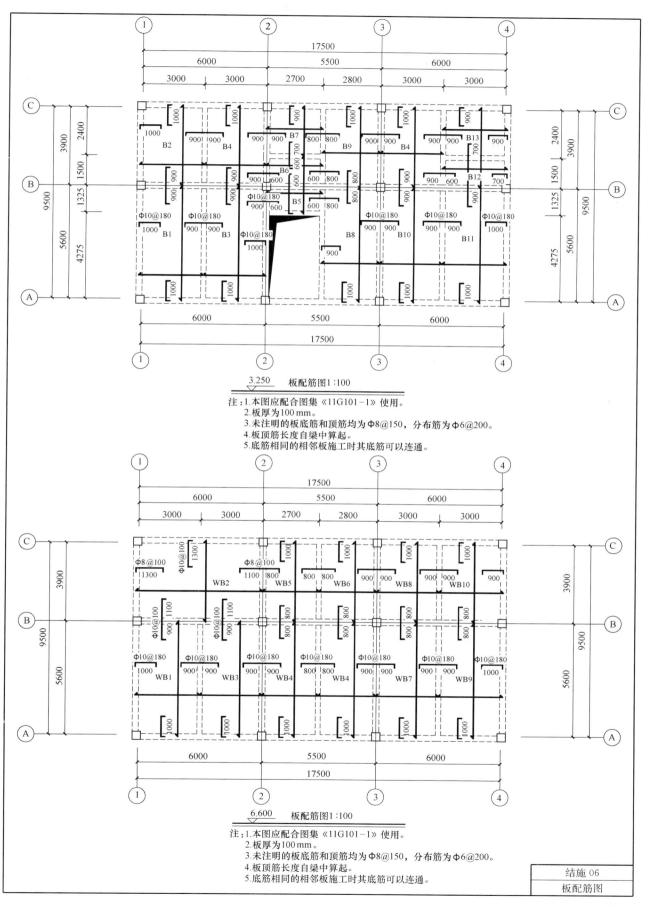

3.250 板配筋图 1:100

注:1.本图应配合图集《11G101-1》使用。
2.板厚为100 mm。
3.未注明的板底筋和顶筋均为Φ8@150,分布筋为Φ6@200。
4.板顶筋长度自梁中算起。
5.底筋相同的相邻板施工时其底筋可以连通。

6.600 板配筋图 1:100

注:1.本图应配合图集《11G101-1》使用。
2.板厚为100 mm。
3.未注明的板底筋和顶筋均为Φ8@150,分布筋为Φ6@200。
4.板顶筋长度自梁中算起。
5.底筋相同的相邻板施工时其底筋可以连通。

结施 06

板配筋图

105

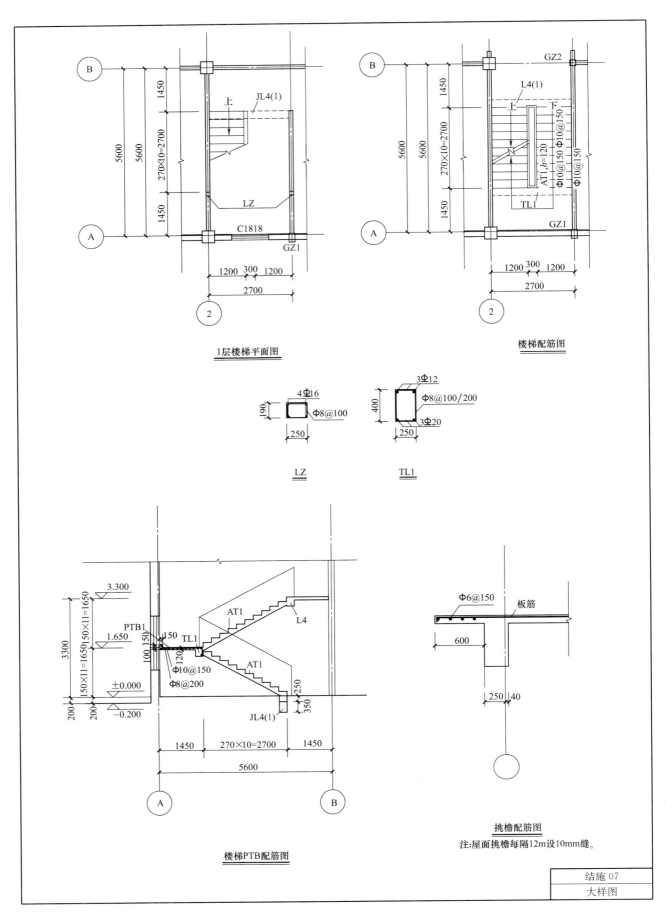

1层楼梯平面图

楼梯配筋图

LZ

TL1

楼梯PTB配筋图

挑檐配筋图
注:屋面挑檐每隔12m设10mm缝。

6 框剪高层住宅工程计量

6.1 案例清单/定额知识

本章考虑了高层建筑超高费的应用。本项目按两个单位工程来计算。

6.1.1 基础工程

（1）挖基坑采用大开挖方式，按机械挖普通土考虑放坡系数 0.33（定额与清单一致），基础垫层的工作面统一按 300mm 考虑。

（2）挖沟槽长度算至柱基垫层外皮，不考虑扣除工作面和放坡的重叠部分。

（3）本案例考虑了机械挖土，全部外运距离 1km 内；在计算回填时考虑了回填土乘以 1.15，灰土用土乘以 $1.01 \times 1.15 \times 0.77$ 的压实系数。

（4）垫层按 2013 规范规定：混凝土垫层按附录 E 中编码 010501001 列项，地面中的混凝土垫层单列；地面地瓜石垫层按附录 D 中编码 010404001 列项。

6.1.2 主体工程

（1）有梁板按梁板体积之和计算（不执行梁与板整体现浇时，梁高算至板底的梁和板分别计算的规定）。内外梁均按全高（不扣板厚）算至柱侧；板按梁间净面积计算，均不扣柱的板头；但斜屋面板则将梁算至屋面板下，以利于将斜屋面板单独计算。

（2）屋面根据 2013 规范的要求将清单项目细化。

屋面中套了 4 项清单：保护层（水泥砂浆或地砖）、沥青卷材防水、保温找坡和涂膜防水找平层。

（3）按标准图要求：砌块墙拉结筋按 2φ6@500 计算，采用预埋件与拉结筋连接。

（4）马凳的材料比底板钢筋降低一个规格，长度按底板厚度的 2 倍加 200mm 计算，每平方米 1 个，计入钢筋总量。

6.1.3 措施项目

（1）垂直运输费按 2013 清单和定额均按建筑面积计算。

（2）模板考虑在混凝土清单内列出，不再列入措施项目中。

（3）脚手架分别在砌体和装修清单项目中计算，转入计价时汇总在综合脚手架清单项目内，清单按建筑面积计算综合单价。

6.1.4 装修工程

（1）地面中的垫层、防水均列入建筑。

（2）墙面中的保温列入装修。

（3）油漆部分均单列。

6.2　门窗过梁表

6.2.1　门窗表

1. 门窗表由 CAD 图转来

表 6-1 摘自建施-02。

建施-02 门窗表部分内容　　　　　　　　　　　　　　　　表 6-1

类型	设计编号	洞口尺寸（mm）	数量							图集选用	备注
			地下2层	地下1层	1层	2~7层	8~10层	11层	机房	合计		
普通门	M1	800×2100	24	22						46	L13J4-1(79)PM-0821	平开夹板百叶门
	M2	1300×2100							4	4	多功能户口,甲方订货	防盗、保温、隔声
	M3	1000×2000							2	2	L13J4-1(78)PM-1021	平开夹板门
	MD2	900×2380			17	17×6=102	17×3=51	17		187	仅留门洞	
	MD3	800×2380			8	8×6=48	8×3=24	8		88	仅留门洞	
	M4	1200×2100				4×6=24	4×3=12	4		40	L13J4-1(78)PM-1221	平开夹板门
	M5	3000×2380			4	4×6=24	4×3=12	4		44	隔热铝合金中空玻璃门 (6+12+6)mm	详大样图
	M6	2400×2380			1	1×6=6	1×3=3	1		11	隔热铝合金中空玻璃门 (6+12+6)mm	详大样图
	M7	2100×2380			3	3×6=18	3×3=9	3		33	L13J4-1(6)TM4-2124	
	MD4	1800×2380			4	4×6=24	4×3=12	4		44	仅留门洞	
	M9	1300×2100			4					4	可视对讲一体防盗门	甲方订货

由 CAD 图纸生成的门窗表见表 6-2。

由 CAD 图纸生成的门窗表　　　　　　　　　　　　　　　　表 6-2

门窗号	图纸编号	洞口尺寸	面积	数量	墙	洞口过梁号
M1	M1	0.8×2.1	1.68	46	46	
地下2层				24	24	
地下1层				22	22	
M2	M2	1.3×2.1	2.73	4	4	
机房				4	4	
M3	M3	1×2	2	2	2	
机房				2	2	
MD2	MD2	0.9×2.38	2.14	68	68	
1层				17	17	
2~7层				17	17×6=102	
8~10层				17	17×3=51	
11层				17	17	
MD3	MD3	0.8×2.38	1.9	32	32	
1层				8	8	
2~7层				8	8×6=48	
8~10层				8	8×3=24	
11层				8	8	

门窗号	图纸编号	洞口尺寸	面积	数量	墙	洞口过梁号
M4	M4	1.2×2.1	2.52	12	12	
2~7层				4	4×6＝24	
8~10层				4	4×3＝12	
11层				4	4	
M5	M5	3×2.38	7.14	16	16	
1层				4	4	
2~7层				4	4×6＝24	
8~10层				4	4×3＝12	
11层				4	4	
	……					

2. 按下列步骤生成门窗表

第一步：统一门窗编号，以便于调用。凡门均用 M 打头，窗均用 C 打头。原则要求新编号与原编号一致。

第二步：规范楼层信息，例如 2~10 层的门窗数量相同，改为 2~10 层。

第三步：在标题栏列出墙体信息，生成门窗表。修改后的门窗表见表 6-3。

门窗表的作用：一是利用门窗号变量调用其数值，以便于在墙体中作为扣减值应用。这需要在表中按墙体分列；二是填写相应的过梁代号，生成过梁表。表 6-3 中，过梁号 GL201 中 GL 表示现浇过梁，20 表示墙体宽度，1 表示序号；KL 表示用框架梁来代替过梁。

门窗表 　　　　表 6-3

门窗号	图纸编号	洞口尺寸	面积	数量	18W墙	20N墙	18N墙	DT墙	10N墙	洞口过梁号
M1	M1	0.8×2.1	1.68	24			24			GL201
一2层				12			12			
一1层				12			12			
M1-1	M1	0.8×2.1	1.68	22					22	GL101
一2层				12					12	
一1层				10					10	
M2	M2	1.3×2.1	2.73	4	4					GL181
机房				4	4					
M3	M3	1×2	2	2	2					GL182
机房				2	2					
MD2	MD2	0.9×2.38	2.14	187	44		99		44	KL
1层				17	4		9		4	
2~10层				153	4×9		9×9		4×9	
11层				17	4		9		4	
MD3	MD3	0.8×2.38	1.9	88			11		77	KL
1层				8			1		7	
2~10层				72			1×9		7×9	
11层				8			1		7	
M4	M4	1.2×2.1	2.52	40			40			GL183
2~10层				36			4×9			
11层				4			4			
M5	M5	3×2.38	7.14	44	44					KL
1层				4	4					
2~10层				36	4×9					
11层				4	4					

门窗号	图纸编号	洞口尺寸	面积	数量	18W墙	20N墙	18N墙	DT墙	10N墙	洞口过梁号
M6	M6	2.4×2.38	5.71	10	10					KL
1层				1	1					
2~10层				9	1×9					
M6-1	M6	2.4×2.38	5.71	1	1					GL184
11层				1	1					
M7	M7	2.1×2.38	5	30	30					KL
1层				3	3					
2~10层				27	3×9					
M7-1	M7	2.1×2.38	5	3	3					GL185
11层				3	3					
MD4	MD4	1.8×2.38	4.28	44			44			KL
1层				4			4			
2~10层				36			4×9			
11层				4			4			
M9	M9	1.3×2.1	2.73	4			4			GL181
1层				4			4			
M10	M10	1.2×2.1	2.52	2		2				GL202
—2层				1		1				
—1层				1		1				
M11	M11	1.3×2.1	2.73	44			44			GL181
1层				4			4			
2~10层				36			4×9			
11层				4			4			
M12	M12	1.2×2.1	2.52	8		8				GL202
—2层				4		4				
—1层				4		4				
M12-1	M12	1.2×2.1	2.52	2			2			GL183
1层				2			2			
M13	M13	0.9×2	1.8	52					52	GL102
—2层				4					4	
—1层				4					4	
1层				4					4	
2~10层				36					4×9	
11层				4					4	
M14	M14	0.8×2	1.6	4		4				GL201
—1层				4		4				
MD1	电梯门	1.1×2.2	2.42	52					52	KL
—2层				4					4	
—1层				4					4	
1层				4					4	
2~10层				36					4×9	
11层				4					4	
C1	C1	2.1×1.48	3.11	88	44	44		KL		
1层				8	4	4				
2~10层				72	4×9	4×9				
11层				8	4	4				

门窗号	图纸编号	洞口尺寸	面积	数量	18W墙	20N墙	18N墙	DT墙	10N墙	洞口过梁号
C101	C101	2.1×1.2	2.52	4	4				KL	
机房				4	4					
C2	C2	1.8×1.48	2.66	33	33					KL
1层				3	3					
2～10层				27	3×9					
11层				3	3					
C3	C3	1.5×1.48	2.22	33	33					KL
1层				3	3					
2～10层				27	3×9					
11层				3	3					
C301	C301	1.5×1.5	2.25	24	24					KL
1层				2	2					
2～10层				18	2×9					
11层				2	2					
机房				2	2					
C302	C302	1.5×1.5	2.25	4	4					GL186
机房				4	4					
C4	C4	1.3×1.48	1.92	40	40					KL
2～10层				36	4×9					
11层				4	4					
C5	C5	1.2×1.48	1.78	41	33	8				KL
一2层				4		4				
一1层				4		4				
1层				3	3					
2～10层				27	3×9					
11层				3	3					
C6	C6	0.9×1.48	1.33	11	11					KL
1层				1	1					
2～10层				9	1×9					
11层				1	1					
C7	C7	0.7×2.5	1.75	4	4					GL187
机房				4	4					
C8	C8	0.7×1.43	1	88	88					KL
1层				8	8					
2～10层				72	8×9					
11层				8	8					
C9	C9	0.6×1.43	0.86	22	22					KL
1层				2	2					
2～10层				18	2×9					
11层				2	2					
C10	C10	2.7×1.48	4	33	33					KL
1层				3	3					
2～10层				27	3×9					
11层				3	3					
C11	C11	2.5×1.48	3.7	11	11					KL
1层				1	1					
2～10层				9	1×9					
11层				1	1					

门窗号	图纸编号	洞口尺寸	面积	数量	18W墙	20N墙	18N墙	DT墙	10N墙	洞口过梁号
			门面积 (m²)	1877.79	651.05	71.92	657.96	125.84	371.02	
			窗面积 (m²)	958.83	807.75	14.24	136.84			
			数量	1103	522	46	288	52	195	
			合计 (m²)	2836.62	1461.44	86.16	794.8	125.84	371.02	

门窗表的应用：M＝1877.79；　　　　　C＝958.83；

M＜18＞＝1309.01；　　M＜18W＞＝651.05；　　M＜18N＞＝657.96；

M＜20＞＝71.92；

M＜10＞＝371.02；

C＜18＞＝944.59；　　C＜18W＞＝807.75；　　C＜18N＞＝136.84；

C＜20＞＝14.24。

3. 门窗统计表的输出

6.2.2　门窗统计表

由门窗表自动生成门窗统计表，见表6-4。

门窗统计表 表6-4

门窗号	图纸编号	洞口尺寸	面积	数量	一2层	一1层	1层	2～10层	11层	机房	合计
M1	M1	0.8×2.1	1.68	46	24	22					77.28
M2	M2	1.3×2.1	2.73	4						4	10.92
M3	M3	1×2	2	2						2	4.00
MD2	MD2	0.9×2.38	2.14	187			17	153	17		400.18
MD3	MD3	0.8×2.38	1.9	88			8	72	8		167.20
M4	M4	1.2×2.1	2.52	40				36	4		100.80
M5	M5	3×2.38	7.14	44			4	36	4		314.16
M6	M6	2.4×2.38	5.71	11			1	9	1		62.81
M7	M7	2.1×2.38	5	33			3	27	3		165.00
MD4	MD4	1.8×2.38	4.28	44			4	36	4		188.32
M9	M9	1.3×2.1	2.73	4			4				10.92
M10	M10	1.2×2.1	2.52	2	1	1					5.04
M11	M11	1.3×2.1	2.73	44			4	36	4		120.12
M12	M12	1.2×2.1	2.52	10	4	4	2				25.20
M13	M13	0.9×2	1.8	52	4	4	4	36	4		93.60
M14	M14	0.8×2	1.6	4		4			6.40		
MD1	电梯门	1.1×2.2	2.42	52	4	4	4	36	4		125.84
C1	C1	2.1×1.48	3.11	88			8	72	8		273.68
C101	C101	2.1×1.2	2.52	4						4	10.08
C2	C2	1.8×1.48	2.66	33			3	27	3		87.78
C3	C3	1.5×1.48	2.22	33			3	27	3		73.26
C301	C301	1.5×1.5	2.25	24			2	18	2	2	54.00

门窗号	图纸编号	洞口尺寸	面积	数量	一2层	一1层	1层	2～10层	11层	机房	合计
C302	C302	1.5×1.5	2.25	4						4	9.00
C4	C4	1.3×1.48	1.92	40				36	4		76.80
C5	C5	1.2×1.48	1.78	41	4	4	3	27	3		72.98
C6	C6	0.9×1.48	1.33	11			1	9	1		14.63
C7	C7	0.7×2.5	1.75	4						4	7.00
C8	C8	0.7×1.43	1	88			8	72	8		88.00
C9	C9	0.6×1.43	0.86	22			2	18	2		18.92
C10	C10	2.7×1.48	4	33			3	27	3		132.00
C11	C11	2.5×1.48	3.7	11			1	9	1		40.70
			门面积	1877.79	69.8	72.84	161.73	1402.65	155.85	14.92	
			窗面积	958.83	7.12	7.12	76.11	754.11	83.79	30.58	
			数量	1103	41	43	89	819	91	20	
			合计	2836.62	76.92	79.96	237.84	2156.76	239.64	45.5	

6.2.3 过梁表

依据门窗表中洞口过梁信息，生成过梁表（表 6-5）。过梁的长度根据洞口长度加 0.5m，高度需要从图纸上查得。

工程名称：框-剪高层架住宅 过梁表 表 6-5

过梁号	图纸编号	L×B×H	体积	数量	18W墙	20N墙	18N墙	DT墙	10N墙	洞口门窗号
GL101	TGLA10082	1.3×0.1×0.1	0.01	22					22	M1-1
GL102	TGLA10092	1.4×0.1×0.1	0.01	52					52	M13
GL181	TGLA20152	1.8×0.18×0.15	0.05	52	4		48			M2；M9；M11
GL182	TGLA20102	1.5×0.18×0.1	0.03	2	2					M3
GL183	TGLA20122	1.7×0.18×0.1	0.03	42			42			M4；M12-1
GL184	TGLA20242	2.9×0.18×0.15	0.08	1	1					M6-1
GL185	TGLA20212	2.6×0.18×0.15	0.07	3	3					M7-1
GL186	TGLA20152	2×0.18×0.15	0.05	4	4					C302
GL187	TGLA20102	1.2×0.18×0.1	0.02	4	4					C7
GL201	TGLA20082	1.3×0.2×0.1	0.03	28		28				M1；M14
GL202	TGLA20122	1.7×0.2×0.15	0.05	10		10				M10；M12
			数量	220	18	38	90		74	
			合计	6.57	0.83	1.34	3.66		0.74	

过梁表的应用：GL＝6.57；

   GL＜18＞＝4.49； GL＜18W＞＝0.83； GL＜18N＞＝3.66；

   GL＜20＞＝1.34；

   GL＜10＞＝0.74。

6.3 基 数 表

6.3.1 基数表

基数表见表 6-6。

序号	基数	名　称	计　算　式	基数值
1	SJ	基本面积	$49.68 \times 11.98 + 2.78 \times 3.6 \times 2 - 5.8 \times 0.8$	610.54
2	WJ	基本外长	$2 \times (49.68 + 11.98 + 3.6 \times 2)$	137.72
		地下 2 层		
3		地下部分	$(2.51 \times 3 + 2.81) \times 1.27[窗井] + (7.08 \times 2 + 2.33) \times 0.07[G]$	14.29
4	S0	外围面积	$SJ + H3 + 0.07 \times 3.6 \times 4[LT] - (3 \times 3 + 6) \times 1.5 - 1.92 \times 5.34$	593.08
5	W0	外墙长	$WJ + 1.5 \times 8 + (1.27 + 1.2) \times 4 + 5.34 \times 2$	170.28
6	L0	外墙中	$W0 - 0.25 \times 4$	169.28
7		一2层内20横	$[2-29]4.44 \times 9 + [2-18]4.33 \times 6 - 2 + [5-26]4.4 \times 6 + [6-23]2.1 \times 4 + [7,22]4.49 \times 2 + 0.61 \times 2 + [14,15]6.14 \times 2 - 1.2 + [29]3.53 = 123.55$	
8	N202	内墙20	$H7 + [-C]1.2 + 3.1 \times 4 + 2.8 + [C]2.24 + 1.64 \times 2 + [D]1.2 + 1.7 \times 4 + 4.4 + 3.34 + [SB]0.02 \times 4 + [G]2.01 \times 3 + 2.31$	169.63
9		内10横	$[-2]1.01 + [4,10,19]4.4 \times 3 + [6-23]1.45 \times 4 + [12-17]0.91 \times 2 + [29-]1.21 = 23.04$	
10	N102	内墙10	$H9 + [-B]3.69 \times 2 + [B]1.25 \times 4 + [-C]3.05 \times 4 + 1.3 + [D]1.45 \times 3 + 1.1 \times 2 + [SB]2.42 \times 2$	60.31
11	Q02	墙体面积	$L0 \times 0.25 + N202 \times 0.2 + N102 \times 0.1$	82.28
12		储藏1、2	$3.34 \times 6.44 - 1.2 \times 0.7 + 3.34 \times 4.84 - 1.2 \times 0.71 = 35.983$	
13		储藏3～5	$1.7 \times 4.13 \times 3 + 3.1 \times 4.24 \times 4 + 1.45 \times 4.3 \times 3 = 92.344$	
14		储藏6、7	$4.3 \times 5.84 \times 4 - 1.35 \times 1.45 \times 4 + 2.74 \times 5.14 \times 2 - 1.2 \times 0.91 \times 2 + 2 \times 0.2 = 119.001$	
15		储藏8～10	$3.69 \times 2.89 \times 2 + 1.2 \times 0.2 + 1.7 \times 4.2 + 4.4 \times 4.2 - 2.26 \times 0.87 = 45.222$	
16		储藏11～13	$2.8 \times 4.24 + 3.34 \times 7.15 - 1.3 \times 1.31 + 3.34 \times 3.33 = 45.172$	
17	JC	窗井	$2.01 \times 1 \times 3 + 2.31 \times 1 = 8.34$	
18	SB0	设备间	$1.11 \times 0.61 \times 4 = 2.708$	
19	LT	楼梯	$2.42 \times 3.6 \times 2 = 17.424$	
20	DTF	电梯、缝	$2.38 \times 2.48 \times 2 + 6.14 \times 0.12 = 12.542$	
21	T0	门厅	$1.61 \times 4.4 \times 4 - 0.22 \times 2.1 \times 4 + 2.42 \times 1.21 \times 2 = 32.344$	
22		过道1	$16.9 \times 1.21 + 1.25 \times 4.4 \times 3 + 1.2 \times 4.4 + 3.69 \times 4.16 \times 2 - 2.59 \times 1.01 \times 2 = 67.698$	
23		过道2	$20 \times 1.21 + 2.7 \times 1.45 \times 2 = 32.03$	
24	R02	室内面积	Σ	510.81
25		校核	$S0 - Q02 - R02 = -0.002$	
		地下 1 层		
26	N201	一1层内20横	$N202 + [7,22]0.05 \times 2 + [8,23]5.94 \times 2 + [-B]2.9 \times 2 + 1.25 \times 2 + [-C]2.9 \times 2$	195.71
27	N101	内墙10	$N102 + [6-21]1.5 \times 2 - 1.45 \times 4 - [B]1.25 \times 4 - [-C]3.05 \times 2$	46.41
28	Q01	墙体面积	$L0 \times 0.25 + N201 \times 0.2 + N101 \times 0.1$	86.10
29		储藏1～5热表	$H12 + H13 = 128.327$	
30		储藏6、7	$4.3 \times 5.84 \times 2 - 1.35 \times 1.5 \times 2 + 2.74 \times 5.14 \times 2 - 1.2 \times 0.91 \times 2 + 2 \times 0.2 = 72.557$	
31		储藏8～13	$H15 + H16 = 90.394$	

序号	基数	名　　称	计　算　式	基数值
32		配电、电表	$2.9 \times 3.54 \times 2 + 2.9 \times 2 \times 2 = 32.132$	
33		楼梯设备缝门厅	$SB0 + LT + DTF + T0 = 65.018$	
34		过道	$H22 + 20 \times 1.21 + (2.65 \times 5.94 - 1.45 \times 4.54) \times 2 = 110.214$	
35	R01	室内面积	Σ	498.64
36		校核	$S0 - JC - Q01 - R01 = -0.002$	
		标准层 2～10		
37	S	外围面积	$SJ - (8.82 \times 2 + 3.52) \times 1.5 - (2.82 \times 3 + 3.12) \times 1.2 - 1.92 \times 5.4 - 6.58 \times 0.12$	553.75
38	W	外墙长	$WJ + 1.5 \times 6 + 1.2 \times 8 + 5.4 \times 2 - 0.12 \times 2$	166.88
39	L	外墙中	$W - 0.18 \times 4$	166.16
40		内18横	$[2,12,17](5.82 + 4.4) \times 3 + [3-26]3.2 \times 8 + [4-29]4.5 \times 5 + [6-23]2.1 \times 4 +$ $[7,22]5.72 \times 2 + 0.61 \times 2 + [14,15]6.22 \times 2 + [27]4.32 + [29]3.42 \times 2 = 123.42$	
41	N18	内墙18	$H40 + [A-]3.12 \times 3 + 2.41 + [B]2.31 + 2.61 \times 2 + 2.21 + [C-]4.41 \times 3 + 6.12 +$ $[C]2.21 + 1.71 \times 2 + [D]1.72 \times 3 + 1.62 \times 4 + 8.02 + [E]1.71 \times 2 + [SB]0.02 \times 4$	193.07
42	N10	内墙10	$[-2]3.86 + [12-17]3.64 \times 2 + [29-]2.72 + [-C]1.21 + [E]3.42 + 1.11 \times 2 +$ $[SB]2.42 \times 2$	25.55
43	Q	墙体面积	$(L + N18) \times 0.18 + N10 \times 0.1$	67.22
44		卧1～4	$3.42 \times 5.82 - 2.31 \times 1.5 + 3.42 \times 3.16 + 3.12 \times 4.32 \times 4 + 2.82 \times 3.12 \times 2 =$ 98.757	
45		卧5	$3.72 \times 5.82 \times 2 - 2.61 \times 1.5 \times 2 = 35.471$	
46		卧6～8	$2.82 \times 4.32 + 3.42 \times 5.9 - 2.21 \times 1.58 + 3.42 \times 3.42 = 40.565$	
47		E客厅走廊	$8.91 \times 6.86 - 4.59 \times 4.5 - 7.8 \times 1.14 = 31.576$	
48		D客厅走廊	$8.91 \times 6.9 \times 2 - 4.59 \times 4.5 \times 2 - 7.8 \times 1.18 \times 2 = 63.24$	
49		G客厅走廊	$12.01 \times 5.72 - 7.69 \times 4.5 = 34.092$	
50		餐厅	$2.82 \times 3.2 \times 3 + 3.12 \times 3.2 = 37.056$	
51	RQ		Σ	340.76
52		卫1～3	$2.21 \times 2.02 + 2.21 \times 1.66 + 2.51 \times 1.72 \times 2 = 16.767$	
53		卫4～5	$1.61 \times 1.92 \times 2 + 2.02 \times 3.42 + 2.11 \times 2.72 = 18.83$	
54	RW		Σ	35.60
55		厨1、2	$1.72 \times 4.22 \times 3 + 2.22 \times 4.22 = 31.144$	
56		封闭阳台	$3.12 \times 1.32 \times 3 + 2.42 \times 1.32 = 15.55$	
57	RC		Σ	46.69
58	DT	电梯	$2.38 \times 2.48 \times 2 = 11.805$	
59	T	门厅	$1.62 \times 4.22 \times 4 - 0.2 \times 2.1 \times 4 + 2.42 \times 1.21 \times 2 = 31.522$	
60	SB	设备间	$1.12 \times 0.61 \times 4 = 2.733$	
61	R	室内面积	$RQ + RW + RC + DT + T + SB + LT$	486.53
62		校核	$S - Q - R = 0$	
		首层		
63	TJ	楼梯窗井	$2.92 \times 1.2 \times 2 = 7.008$	
64	S1	外围面积	$S + 4(2.4 \times 3.6 + 2.58 \times 0.7) + 0.8 \times 0.18 \times 4 + TJ$	603.12

序号	基数	名　　称	计　算　式	基数值
65	W1	外墙长	$W+0.7\times8+0.8\times8$	178.88
66	L1	外墙中	$W1-0.18\times4$	178.16
67	N1	内墙18	$N18+3.6\times4+1.42\times4-1.21\times2$	210.73
68	Q1	墙体面积	$(L1+N1)\times0.18+(N10+1.21\times2)\times0.1$	72.80
69	T1	进厅	$2.22\times4.12\times4=36.586$	
70	R1	室内面积	$T1+TJ+R+1.21\times(0.18-0.1)\times2$	530.32
71		校核	$S1-Q1-R1=-0.001$	
		机房层		
72	SD	外围面积	$9.18\times15.58-6.4\times8-0.4\times2.12$	90.98
73	WD	外墙长	$2\times(9.18+15.58+0.2\times2)$	50.32
74	LD	外墙中	$WD-0.18\times4$	49.60
75	ND	内墙18	$7.22+2.02\times2$	11.26
76	QD	墙体面积	$(LD+ND)\times0.18$	10.96
77		客厅	$4.32\times2.3\times2=19.872$	
78	TK	客厅上空	$4.32\times4.92\times2=42.509$	
79		电梯、平台	$2.02\times2.12+2.42\times1.92=8.929$	
80	RD	室内面积	$\sum+LT/2$	80.02
81		校核	$SD-QD-RD=-0.001$	
82	SD1	屋顶花园面积	2.48×3.5	8.68
83	WD1	屋顶花园墙长	$2\times(2.48+3.5)$	11.96
84	LD1	外墙中	$WD1-0.18\times4$	11.24
85	RD1	室内面积	2.12×3.14	6.66
86		校核	$SD1-LD1\times0.18-RD1=0$	
		建筑面积体积		
87		外围面积	$2S0+S1+S\times10+2SD+2SD1=7526.074$	
88	YD	非封闭阳台	$8.82\times2\times1.5+(2.82\times3+3.12)\times1.2=40.356$	
89		外墙保温	$(W1+W\times10+2WD)\times0.04=77.933$	
90		屋顶花园1/2	$-2.48\times[(2.1-1.85)\times TAN(50)]\times2=-1.478$	
91	JM	建筑面积	$\sum+YD\times10-0.8\times0.18\times4[1层YD]-2TK[客厅上空]-JC$	7952.51
92		地下1～2层	$2S0-JC=1177.826$	
93	SM	1层	$S1+YD-0.8\times0.18\times4+W1\times0.04=650.051$	
94		2～11层	$(S+YD+W\times0.04)\times10=6007.792$	
95		机房层	$2\times(SD+WD\times0.04)-2TK=100.96$	
96		屋顶花园	$2\times[SD1-2.48\times(2.1-1.85)\times TAN(50)]=15.882$	
97		校核	$\sum-JM$	0
98	JTD	地下建筑体积	$S0\times6$	3558.50
99		1层	$(S1+YD-0.8\times0.18\times4+W1\times0.04)\times2.9+7.008[H90]\times2.4=1901.968$	
100		2～11层	$(S+YD+W\times0.04)\times10\times2.9=17422.597$	
101		机房保温	$(2WD\times1.99+4\times9.18\times4.01/2+4\times5.88\times0.97)\times0.04=11.868$	
102		机房	$2\times9.18\times7.58\times(1.99+4.01/2)=555.979$	
103		电梯楼梯	$2\times(2.78\times5.88+2.38\times2.12)\times(3.125+1.095/2)=157.124$	

序号	基数	名　称	计　算　式	基数值
104		屋顶花园	$2SD1×(1.925+1.395/2)=45.527$	
105	JT	地上建筑体积	Σ	20095.06
106		建筑体积	JTD+JT	23653.56
107	TH1	2层屋面找坡厚	$0.03+(4.12×0.02+2.11×0.02)/2$	0.09
108	TH2	屋面找坡厚度	$0.03+5.4×0.02/2$	0.08
109	TW	屋面坡度系数	$1/COS(40)$	1.31
110	TLD	地下楼梯系数	$SQRT(0.26^2+0.167^2)/0.26$	1.19
111	TL	楼梯系数	$SQRT(0.26^2+0.161^2)/0.26$	1.18
		构件基数		
112	DQ	地下混凝土内墙	$[2-17]0.2×5+[14,15]1.9×2+[18]4.33+[29]3.53+[D]1.7×3$	17.76
113	DQD	混凝土墙垛	$[7,22]0.81×2+[28]0.64+[B]0.79×2$	3.84
114		框-剪柱	$[2]1.34+1.69+0.34+[3,11]0.89×2+[4,10]1.44×2+0.9×2+[5,9]1.51×2+$ $[6,8]0.89×2+[7]3.54=18.17$	
115			$H114+[12]1.34×2+0.69+[14,15]3.04×2+[17]2.94+0.69+1.44+[19,$ $25]1.64×2+0.8×2=37.57$	
116			$H115+[20,24]1.51×2+[21,23]0.89×2+[22]3.54+[26]0.69+1.51+[27]$ $1.44+0.7+[29]2.94=53.19$	
117	DJZ	−1、−2层框-剪柱	$H116+[−C]1.5×5+1.64×2+[D]1.59+0.8+0.74+[SB]0.02×4$	67.18
		−2层墙		
118		−1层梁20下20墙	$[2]3.1+2.1+[3,11]3.24×2+[4,10]2.1×2+[5,9]2.89×2=21.66$	
119			$H118+[6,8]1.21×2+[7,22]0.95×2+[12]3.1+2.1+[14]1.2+[17]1.5=$ 33.88	
120			$H119+[19,25]2×2+[20,24]2.89×2+[21,23]1.21×2+[26]2.2=48.28$	
121	DL202		$H120+[27]2.3+[29]1.5+[−C]1.6×4+1.3+[C]2.24+[D]2.01+2.6$	66.63
122		−1层梁20下无墙	$[2,12,17,29]1.21×4+[7,22]1.85×2+[15]1.2+[17]2+[28]2.69=14.43$	
123	DL200		$H122+[−B]4.3×2+[B]2.9×2+[−C]1.25×4+2.04+[C]1.1×3$	39.17
124	DL182	−1层梁18下20墙	$[7,22]0.08×2+[25]4.4+[D]1.7+[G]2.01×3+2.31$	14.60
125	L1823	SB井300梁20墙	$[7,22]0.53×2$	1.06
126	DL180	−1层梁18下无墙	$[D]1.25×3+1.61×4+1.2$	11.39
127	DQ20	−1层板下20墙	$[−C]1.2+[D]1.2$	2.40
128		校核−2层20墙	$N202−DQ−DZ−DL202−DL182−L1823−DQ20=67.18$	
129	DL201	−1层梁20下10墙	$[−C]3.05×4+1.3$	13.50
130	DL181	−1层梁18下10墙	$[4,10,19]4.3×3+[D]1.55×3+[SB]2.42×2$	22.39
131	DQ10	−1层板下10墙	$[−2]1.01+[6−23]1.35×4+[12−17]0.91×2+[29−]1.21+[−B]3.69×2+$ $[B]1.35×4+[D]1.1×2$	24.42
132		校核−2层10墙	$N102−DL201−DL181−DQ10=0$	
133	DL20	−1层框梁200	DL202+DL200+DL201	119.30
134	DL18	−1层框梁180	DL182+DL180+DL181	48.38
135	B0	板	$S0−L0×0.25−[DT]2.38×2.48×2−[LT]2.42×3.6×2−JC$	513.19

序号	基数	名　称	计　算　式	基数值
136	DB	−1层板	B0−(DQ+DZ+DL20)×0.2−(DL18+L1823)×0.18	476.88
		−1层墙		
137	SL202	1层梁20下20墙	DL202+[−C]1.15	67.78
138		−1层梁20下无墙	[2,12,17,29]1.21×4+[7,22]1.8×2+[15]1.2+[17]2+[28]2.69=14.33	
139	SL200		H138+[B]3.34×2+2.9×2+[−C]1.25×4+2.04+[C]1.1×3+[E]3.34+2.74×2	45.97
140	SL182	−1层梁18下20墙	[7,22]0.08×2+[25]4.4+[D]1.7+[−F]0.2×3+[G]2.01×3+2.31	15.20
141	SL180	1层梁18下无墙	[A]3×3+3.05+[D]1.25×3+1.61×4+1.2+[YD]2.7×3+2.9	34.44
142	SQ20	1层板下20墙	[8,23]5.74×2+[−B−]2.9×2+1.25×2+[−C]2.9×2+[D]1.15	26.73
143		校核−1层20墙	N201−DQ−DZ−SL202−SL182−L1823−SQ20=67.18	
144	SL201	1层梁20下10墙	[−2]1.01+[4,10,19]0.2×3+[12−17]0.91×2+[29−]1.31	4.74
145	SL181	1层梁18下10墙	[4,10,19]4.2×3+[D]1.55×3+[SB]2.42×2	22.09
146	SQ10	−1层板下10墙	[6,21]1.45×2+[−B]3.69×2+[−C]2.95×2+1.2+[D]1.1×2	19.58
147		校核−1层10墙	N101−SL201−SL181−SQ10=0	
148	SL20	1层框梁200	SL202+SL200+SL201	118.49
149	SL18	1层框梁180	SL182+SL180+SL181	71.73
150	WL30	框梁180×300	[−27]1.32	1.32
151	B1	1层板	DB+(3×3+3.05)×1.32−(SL20−DL20)×0.2−(SL18−DL18+WL30)×0.18	488.51
		2~11层墙		
152	WQ	1~11层外墙	[29]1.68+[30]3.78	5.46
153		2~11层外框-剪	[1]3.09+3.64+[5,9,20,24,26]1.38×5+[6,21]1.65×2+[7,22]0.18×2=17.29	
154			H153+[8,23]1.89×2+[13,16]1.19×2+1.69×2+[14,15]0.18×2+[28]0.98+[30]2.59=30.76	
155			H154+[A]0.61+0.89×3+1.09×2+0.41+0.91+[A−]0.18×4+1.1+0.81=40.17	
156	WJZ	外框-剪	H155+[F]0.71+0.81+[G]0.81+1.4+0.59×2+0.51×3+0.21+[H]0.46×2	47.74
157	WZ	外柱	[6,21]0.4×2+[H]0.46×2	1.72
158	WKZ	外墙增KZ	[7,22]1.32×2+[A]1.8×2+[G]0.36×4	7.68
159	LL	1050梁	[6,210]0.75×2	1.50
160	WL60	60外梁	[8,23]1.89×2	3.78
161	WL45	45外梁	[1]5.25+[30]4.81	10.06
162		40外梁	[3,11,18]1.2×3+[4−25]1.32×4+[6,21]0.98×2+[13,16]2.7×2=16.24	
163			H162+[A]2.1×4+3.3×3+2.77+[A−]4.32×4+1.8+[C]0.72×2+[−F]2.82×3+3.12=69.41	
164	WL40	外梁400	H163+[F]4.1+[G]1.8+1.49×3+1.42×4+2.31×2+1.5+[H]1.5×2	94.58
165	WL400	外梁400无墙	[−27]1.32+[A]3.51×4+0.71+0.7+[G]2.46×3+2.76	26.91
166		校核18外墙	L−WQ−WJZ−WZ−LL−WL60−WL45−WL40−WL30=0	
167	NQ	内混凝土墙	[2,12,17]1.5×3+[D]2.08×3	10.74

序号	基数	名　称	计　算　式	基数值
168		内框-剪	[2]1.41+1.71+0.41+[3,11]0.91×2+[4,10]1.51×2+0.89×2+[5,9,20,24,26]0.31×5+[6-23]0.89×4=15.26	
169			H168+[7,22]0.61×2+0.81×2+[12]0.91+0.71+1.41+[14,15]1.91×2+1.9×2=28.75	
170			H169+[17]0.91+0.71+1.51+[18]0.91+[19]1.71+0.79+[25]1.71+0.79=37.79	
171			H170+[26]1.09+[27]1.51+0.69+[28]0.71+[29]0.91+1.69+[A-]0.31×4+0.71×3=47.76	
172	NJZ	内框-剪	H171+[B]0.81×2+[-C]1.51×5+1.71×2+[D]1.6+0.82+0.81+[SB]0.02×4	63.66
173	NL60	梁18×60墙	[8,23]1.21×2	2.42
174	NL50	梁18×50墙	[7,22]4.3×2	8.60
175	NL45	梁18×45墙	[2]3.09+[12,17,29]3.59×3	13.86
176		梁18×40墙	[2]2.1+[3,11,18]2.11×3+[4,10]2.1×2+[5,9,20,24]2.71×4=23.47	
177			H176+[6,22]1.21×2+[12]2.1+[14,15]2.41×2+[17,19,25]2×3+[26]1.8+[27]2.3=42.91	
178			H177+[28]2.71+[29]1.91+[A-]2.1×4+[B]2.31+1.8×2+2.21=64.05	
179	NL40	梁下18墙	H178+[-C]1.11×3+1.61×4+1.31+[C]2.21+[D]1.8×4+2+2.61+[E]1.71×2	92.57
180	NL30	梁18×30墙	[7,22]0.61×2	1.22
181		校核18内墙	N18-NQ-NJZ-NL60-NL50-NL45-NL40-NL30=0	
182	NL450	梁18×45下无墙	[2,12,17,19]1.22×4	4.88
183	NL400	梁18×40下无墙	[27]1.22+[B]1.11×3+1.21+[D]2.82×3+3.12	17.34
184	NL401	梁18下10墙	[-2]3.86+[12-17]3.64×2+[29-]2.72+[-C]1.21+[E]3.42+1.11×2+[SB]2.42×2	25.55
185		校核10墙	N10-NL401=0	
186	YDB	阳台板	8.82×2×1.32+(2.82×3+3.12)×1.02=35.096	
187	B10	卫、厨、阳台	RW+RC+YDB	117.39
188	BQ10	卧室、客厅	RQ-B11-B13	176.38
189	B11	卧室5	H45	35.47
190	B12	门厅、设备	T+SB	34.26
191	B13	客厅	H47+H48+H49	128.91
192		校核2~11层板	R+YDB-B10-BQ10-B11-B12-B13-DT-LT=0	
		首层墙		
193	WSJZ	首层外框-剪	WJZ-[6,21]1.65×2-[8,23]1.71×2+[G]0.36×4	42.46
194	WSZ	首层柱	[H]0.64×2+[H-]0.45×8	4.88
195	WSKZ	外墙增KZ	[7,22]1.32×2+[A]1.8×2	6.24
196	WSL40	40外梁	WL40+[进厅](3.76+0.7+1.86)×4-[6,21]0.98×2+[G]0.44×4-1.42×4	113.98
197	WSL400	40外梁无墙	WL400-[G]0.44×4	25.15
198		校核首层外墙	L1-WQ-WSJZ-WSZ-WL45-WSL40-WL30=0	
199	NSJZ	首层内框-剪	NJZ+[6,21]1.65×2-[8,23]1.71×2	70.38

序号	基数	名　称	计　算　式	基数值
200	NSZ	首层内柱	[6,21]0.22×2	0.44
201	NL600	2层内梁60无墙	[8,23]1.21×2	2.42
202	NSL60	2层内梁60	[8,23]1.89×2	3.78
203	NSL40	40内梁下18墙	NL40+[6,21]0.98×2+[G]1.42×4	100.21
204		校核1层18内墙	N1−NQ−NSJZ−NSZ−NSL60−NL50−NL45−NSL40−NL30−LL=0	
		顶层梁墙		
205	WDL40	顶层40外梁	[3,11,18]1.2×3+[4−25]1.32×4+[6,21]0.98×2+[A]3.3×3+2.77+[A−]4.32×4+[H]1.5×2	43.79
206	WL52	40外框梁	WL45+WL40−WDL40−[F]2.82×3−3.12	49.27
207	Q18	板下18外墙	[−27]1.32+[−F]2.82×3+3.12	12.90
208	WDL400	40梁下无墙	[14]1.5+[27]1.32+[A]3.51×4+3.53+[D−]0.72×2	21.83
209	WL520	52梁下无墙	[G]2.46×3+2.76	10.14
210		校核顶18外墙	L−WQ−WJZ−WZ−LL−WL60−WL52−WDL40−Q18=0	
211	NDL52	顶52内梁18墙	[A−]2.1×4	8.40
212	NDL40	顶40内梁18墙	NL40−NDL52	84.17
213		校核18内墙	N18−NQ−NZ−NL60−NDL52−NL50−NL45−NDL40−NL30=63.66	
214	WDB	顶层板120	R−DT−LT+YD−4.32×5.72×4	398.82
		机房层梁墙		
215	JWZ	外剪柱	[4,10](1.69+0.89)×2+[6,8](0.89+1.89)×2+[A]0.5+[SB]0.2×2+[H]0.46×2	12.54
216	JWL60	60外框梁	[6,8]3.1×2	6.20
217	JWL40	40外框梁	[4,10](1.5+2.1+1.4)×2+[A]4.16×2+[D]3.22×2+[H]1.5	26.26
218	JWDT	电梯墙	2.3×2	4.60
219		机房外墙校核	LD−JWDT−JWZ−JWL40−JWL60=0	
220	JNZ	内框-剪	[7]2.11+0.81	2.92
221	JNL40	40内梁下18墙	[7]4.3	4.30
222	JDT	电梯墙	2.02×2	4.04
223		机房内墙校核	ND−JDT−JNZ−JNL40=0	
		屋顶花园		
224	WHZ	屋顶花园混凝土柱	0.62×8	4.96
225	WHL45	45梁	2.7×4	10.80
226	WHL40	40梁	1.68×4	6.72
227	WHL	屋顶花园周长	(3.32+2.3)×4	22.48
228		校核	WHL−WHZ−WHL45−WHL40=0	
		屋面女儿墙		
229	WMQ	屋面混凝土墙	[2,12,17,29]1.68×4	6.72
230	WMJZ	屋面框-剪柱	[14,15]1.08×2+[A]0.71×2+0.91×2+[A−]0.31×3+1.1+0.81	8.24
231	WML40	屋面40梁	[A]2.1×2+[A−]2.81×3+2.41+1.8	16.84
232	NVSQ	1层女儿墙	(0.5+3.6+2.4+0.7)×4	28.80
233		女儿墙	[1,28,30]2×(11.98−3.5)+[13,16]3.9×2=24.76	

序号	基数	名 称	计 算 式	基数值
234	NVQ		H233+[A]3.42×2+[G−]49.32−0.12−2×2.78[LT]	75.24
235	LW	屋顶墙周长	2×(49.5−9.18−[LT]2.78−0.12+11.8−[花园]3.5+[13]3.9+[14]0.9)+1.5×4	107.04
236		校核	LW−WMQ−WMJZ−WML40−NVQ=0	
		其他构件		
237		地下20系梁9道	[3,11]2.44×2+[24]1.71+[26]1.2+[−C]0.6×4+[D]1.6	11.79
238	DXL	−1层加2道	H237×2+[7−,22−]2.44×2	28.46
239	DXL1	地下10系梁5道	([4,10,19]3.3×3+[−B]2.69×2)×2	30.56
240		内柱侧数	[2]3+[3,11]2×2+[4,10,19,25,27]2×5+[5,9,20,24]4=21	
241	NZC		H240+[7,22]2×2+[12]3+[17]3+[29]1+[−B]2+[−C]10	44
242	XL	18系梁10道	[3,11,18]1.51×3+[−C]0.6×4+[D]1.6+[E]1.71×2	11.95
243	XL1	10系梁5道	[卫]2.1×3+1.92+[E]2.42	10.64
244	WZC	外柱侧数	[1,30]2×2+[A]8+[A-]10+[F]5+2+[G]13	42
245	YJ	檐口500截面	0.26TW×0.1+0.08×0.1+0.16×0.12	0.06
246	YM	檐口500模板宽	0.26TW+0.06+0.3+0.2	0.90
247	SYJ	山檐300截面	0.3×0.1+0.11×0.08+0.16×0.12	0.06
248	SYM	山檐300模板宽	0.3+0.3+0.2	0.80
249	SYJ5	山檐500截面	0.2×0.1+SYJ	0.08
250	SYM5	山檐500模板宽	0.2+SYM	1
251	SYJ9	山檐900截面	0.6×0.1+SYJ	0.12
252	SYM9	山檐900模板宽	0.6+SYM	1.40
253	SYT	32.1山墙檐头	0.1×0.18+0.16×0.12	0.04
254	SYTM	32.1檐头模板	0.06+0.3+0.2	0.56
255	KTL	空调梁长	0.7×9×2	12.60
256	KTB	空调板	[29]1.32+[A]1.04×3+1.6×2+[G]0.76×4	10.68
257	KTTB	空调挑板	KTB+9×0.1×2+0.18	12.66

（1）三线三面基数对于框架结构来说，虽不能用外墙中和内墙净长来计算墙体，但仍要用它们来校核基数。它每个房间的面积都要分别计算，以便提取到室内装修表中来计算踢脚、墙面抹灰等。

（2）构件基数中列出了各种梁高的总长度，它们是计算梁构件的公因数，以变量命名并调用，可简化构件的体积计算式。

（3）基数命名规则：

DQ——混凝土墙梁：指混凝土墙的长度或该砌体墙的顶部被梁占用长度。例如：梁宽300，横墙180，纵墙的长度应比梁长再加上60，该长度列入DQ内才能闭合。

DZ——框-剪柱长度。

DL202——−1层梁200宽下200墙。

DL200——−1层梁200宽下无墙。

DQ20——−1层板下200墙。

N202——−2层内墙200的总长度，包括DQ、DZ、DL20X和DQ20之和。其合计数自动得出，与基数中的N202一致。

6.3.2 基数计算表

基板计算表见表6-7～表6-18。

工程名称：框剪高层架住宅

基数计算表（一~2层）

表6-7

名称	混凝土墙梁	框柱	框梁						梁下无墙		板下墙		墙	
轴号	DQ	DJZ	DL202	DL182	L1823	DL181	DL201	DL200	DL180	DQ20	DQ10	N202	N102
一2											1.01		1.01
2	0.2	1.34+1.69+0.34	3.1+2.1					1.21				8.77	
3,11	0.2×2	0.89×2	3.24×2									8.66	
4,10		1.44×2+0.9×2	2.1×2			4.3×2						8.88	8.6
5,9		1.51×2	2.89×2									8.8	
6,8		0.89×2	1.21×2								1.35×2	4.2	2.7
7	0.2	3.54	0.95	0.08	0.53			1.85				5.1	
12	0.2	1.34×2+0.69	3.1+2.1					1.21			0.91	8.77	0.91
14,15	1.9×2	3.04×2	1.2					1.2				11.08	
17	0.2	2.94+0.69+1.44	1.5					1.21+2			0.91	6.77	0.91
18	4.33											4.33	
19		1.64+0.8	2			4.3						4.44	4.3
20,24		1.51×2	2.89×2									8.8	
21,23		0.89×2	1.21×2								1.35×2	4.2	2.7
22		3.54	0.95	0.08	0.53			1.85				5.1	
25		1.64+0.8	2	4.4								8.84	
26		0.69+1.51	2.2									4.4	
27		1.44+0.7	2.3									4.44	
28				2.01×3+2.31				2.69					
29	3.53	2.94	1.5					1.21			1.21	7.97	1.21
—B								4.3×2			3.69×2		7.38
B								2.9×2			1.35×4		5.4
—C		1.5×5	1.6×4+1.3				3.05×4+1.3	1.25×4+2.04		1.2		16.4	13.5
C		1.64×2	2.24					1.1×3				5.52	
D	1.7×3	1.59+0.8+0.74	2.01+2.6	1.7		1.55×3			1.25×3+1.61×4+1.2	1.2	1.1×2	15.74	6.85
—G		0.02×4				2.42×2						0.08	4.84
G												8.34	
小计	17.76	67.18	66.63	14.6	1.06	22.39	13.5	39.17	11.39	2.4	24.42	169.63	60.31
变量名	DQ	DJZ	DL202	DL182	L1823	DL181	DL201	DL200	DL180	DQ20	DQ10	N202	N102
校核	17.76	67.18	66.63	14.6	1.06	22.39	13.5	39.17	11.39	2.4	24.42	169.63	60.31

122

工程名称：框剪高层住宅　　　　　　　　　　基数计算表（-1层）　　　　　　　　　　表6-8

名称 轴号	混凝土墙梁 DQ	框柱 DZ	框梁 SL202	SL182	L.1823	SL181	SL201	SL200	梁下无墙 SL180	板下墙 SQ20	SQ10	墙 N201	N101
-2							1.01						1.01
2	0.2	1.34+1.69+0.34	3.1+2.1					1.21				8.77	
3,11	0.2×2	0.89×2	3.24×2									8.66	
4,10		1.44×2+0.9×2	2.1×2			4.2×2	0.2×2					8.88	8.8
5,9		1.51×2	2.89×2									8.8	8.8
6,8		0.89×2	1.21×2								1.45	4.2	1.45
8,23										5.74×2		11.48	
7		3.54	0.95	0.08	0.53			1.8				5.1	
12		1.34+0.69+1.34	3.1+2.1				0.91	1.21				8.77	0.91
14,15	1.9×2	3.04×2	1.2					1.2				11.08	
17	0.2	2.94+0.69+1.44	1.5				0.91	1.21+2				6.77	0.91
18	4.33											4.33	
19		1.64+0.8	2			4.2	0.2					4.44	4.4
20,24		1.51×2	2.89×2									8.8	8.8
21~23		0.89×2	1.21×2								1.45	4.2	1.45
22		3.54	0.95	0.08	0.53			1.8				5.1	
25		1.64+0.8	2	4.4								8.84	4.4
26		0.69+1.51	2.2									4.4	4.4
27		1.44+0.7	2.3									4.44	4.44
28								2.69					
29	3.53	2.94	1.5				1.31	1.21				7.97	1.31
A									3×3+3.05		3.69×2		7.38
-B													
B								3.34×2+2.9×2		2.9×2		5.8	
-C		1.5×5	1.15+1.6×4+1.3					1.25×4+2.04		1.25×2+2.9×2	2.95×2+1.2	24.65	7.1
C		1.64×2	2.24					1.1×3				5.52	
D	1.7×3	1.59+0.8+0.74	2.01+2.6	1.7		1.55×3			1.25×3+1.61×4+1.2	1.15	1.1×2	15.69	6.85
E				0.2×3				3.34+2.74×2					
F									2.7×3+2.9			0.6	
-G		0.02×4				2.42×2						0.08	4.84
G				2.01×3+2.31								8.34	
小计	17.76	67.18	67.78	15.2	1.06	22.09	4.74	45.97	34.44	26.73	19.58	195.71	46.41
变量名	DQ	DZ	SL202	SL182	L.1823	SL181	SL201	SL200	SL180	SQ20	SQ10	N201	N101
校核	17.76	67.18	67.78	15.2	1.06	22.09	4.74	45.97	34.44	26.73	19.58	195.71	46.41

工程名称：框剪高层架住宅

基数计算表（2～10层外）

表6-9

名称 轴号	混凝土墙梁 WQ	框柱 WJZ	WZ	LL	WL60	WL45	框梁 WL40	WL30	梁下无墙 WL400	墙 L
1		3.09+3.64				5.25				11.98
3.11							1.2×2			2.4
4.10.19.25							1.32×4			5.28
5.9		1.38×2								2.76
6.21		1.65×2	0.4×2	0.75×2			0.98×2			7.56
8.23		1.89×2			1.89×2					7.56
13.16		1.19×2+1.69×2					2.7×2			11.16
14.15		0.18×2								0.36
18							1.2			1.2
20.24.26		1.38×3								4.14
27								1.32		
—27									1.32	1.32
28	0.98									0.98
29	1.68									1.68
30	3.78	2.59				4.81				11.18
A		0.61+0.89×3+1.09×2+0.41+0.91					2.1×4+3.3×3+2.77		3.51×4+1.41	27.85
A—		0.18×6+1.1+0.81					4.32×4+1.8			22.07
C							0.72×2			1.44
F—							2.82×3+3.12			11.58
F		0.71+0.81					4.1			5.62
G		0.81+1.4+0.59×2+0.51×3+0.21					1.8+1.49×3+1.42×4+2.31×2+1.5		2.46×3+2.76	23.2
H		0.46×2	0.46×2				1.5×2			4.84
小计	6.44	46.76	1.72	1.5	3.78	10.06	94.58	1.32	26.91	166.16
变量名	WQ	WJZ	WZ	LL	WL60	WL45	WL40	WL30	WL400	L
校核	6.44	46.76	1.72	1.5	3.78	10.06	94.58	1.32	26.91	166.16

工程名称：框剪高层架住宅

基数计算表（2～10层内）

表 6-10

名称 轴号	混凝土墙梁	框柱		框梁						梁下无墙	墙	
	NQ	NJZ	NJ60	NJ50	NJ45	NJ40	NJ30	NJ401	NJ450	NJ400	N18	N10
一2								3.86				3.86
2.12.17	1.5	1.41+1.71+0.41			3.09	2.1			1.22		10.22	
3.11		0.91×2				2.11×2					6.04	
4.10		1.51×2+0.89×2				2.1×2					9	
5,9,20,24,26		0.31×5				2.71×4					12.39	
6,21		0.89×2				1.21×2					4.2	
7,22		0.61×2+0.81×2		4.3×2			0.61×2				12.66	
8,23		0.89×2	1.21×2								4.2	
12	1.5	0.91+0.71+1.41			3.59	2.1		3.64	1.22		10.22	3.64
14.15		1.91×2+1.9×2				2.41×2					12.44	
17	1.5	0.91+0.71+1.51			3.59	2		3.64	1.22		10.22	3.64
18		0.91				2.11					3.02	
19		1.71+0.79				2					4.5	
25		1.71+0.79				2					4.5	
26		1.09				1.8					2.89	
27		1.51+0.69				2.3				1.22	4.5	
28		0.71				2.71					3.42	
29		0.91+1.69			3.59	1.91		2.72	1.22		8.1	
29—												2.72
A—		0.31×4+0.71×3				2.1×4					11.77	
B		0.81×2				2.31+2.21+1.8×2				1.11×3+1.21	9.74	
C—						1.11×3+1.61×4+1.31					11.08	
C						2.21					2.21	
—C		1.51×5+1.71×2						1.21			10.97	1.21
D	2.08×3	1.6+0.82+0.81				1.8×4+2+2.61				2.82×3+3.12	21.28	
E						1.71×2		3.42+1.11×2			3.42	5.64
SB		0.02×4						2.42×2			0.08	4.84
小计	10.74	63.66	2.42	8.6	13.86	92.57	1.22	25.55	4.88	17.34	193.07	25.55
变量名	NQ	NJZ	NJ60	NJ50	NJ45	NJ40	NJ30	NJ401	NJ450	NJ400	N18	N10
校核	10.74	63.66	2.42	8.6	13.86	92.57	1.22	25.55	4.88	17.34	193.07	25.55

工程名称：框剪高层架住宅

基数计算表（1层外） 表6-11

名称	轴号	混凝土墙梁	框柱			框梁		梁下无墙	墙
		WQ	WSJZ	WSZ	WL45	WSL40	WL30	WSL400	L1
	1		3.09+3.64		5.25				11.98
	3、11					1.2×2			2.4
	4、10、19、25					1.32×4			5.28
	5、9		1.38×2						2.76
	8、23		0.18×2						0.36
	13、16		1.19×2+1.69×2			2.7×2			11.16
	14、15		0.18×2						0.36
	18					1.2			1.2
	20、24、26		1.38×3						4.14
	27						1.32	1.32	1.32
	-27								0.98
	28	0.98							1.68
	29	1.68							11.18
	30	3.78	2.59		4.81				27.85
	A		0.61+0.89×3+1.09×2+0.41+0.91			2.1×4+3.3×3+2.77		3.51×4+1.41	22.07
	A-		0.18×6+1.1+0.81			4.32×4+1.8			1.44
	C					0.72×2			11.58
	F-					2.82×3+3.12			5.62
	F		0.71+0.81			4.1			20.72
	G		0.81+1.4+0.36×4+0.59×2+0.51×3+0.21			1.8+1.49×3+0.44×4+2.31×2+1.5		2.02×3+2.32	5.2
	H		0.46×2	0.64×2		1.5×2			28.88
	进厅			0.45×8		(3.76+0.7+1.86)×4			
	小计	6.44	41.48	4.88	10.06	113.98	1.32	25.15	178.16
	变量名	WQ	WSJZ	WSZ	WL45	WSL40	WL30	WSL400	L1
	校核	6.44	41.48	4.88	10.06	113.98	1.32	25.15	178.16

工程名称：框剪高层住宅

基数计算表（1层内）

表6-12

名称	混凝土墙梁	框柱							框梁			梁下无墙		墙	
轴号	NQ	NSJZ	NSZ	LL	NSL60	NSL50	NSL45	NSL30	NSL40	NSL401	NSL600	NSL450	NSL400	N1	N10
-2										3.86					3.86
2,12,17	1.5	1.41+1.71+0.41					3.09		2.1			1.22×3		10.22	
3,11		0.91×2							2.11×2					6.04	
4,10		1.51×2+0.89×2							2.1×2					9	
5,9,20,24,26		0.31×5							2.71×4					12.39	
6,21		(0.89+1.65)×2	0.22×2	0.75×2					1.21×2+0.98×2					11.4	
7		0.61+0.81				4.3		0.61						6.33	
8,23		(0.89+1.71)×2			1.89×2						1.21×2			8.98	
12	1.5	0.91+0.71+1.41					3.59		2.1	3.64				10.22	3.64
14,15		1.91×2+1.9×2							2.41×2					12.44	
17	1.5	0.91+0.71+1.51					3.59		2	3.64				10.22	3.64
18		0.91							2.11					3.02	
19		1.71+0.79							2					4.5	
22		0.61+0.81				4.3		0.61						6.33	
25		1.71+0.79							2					4.5	
26		1.09							1.8					2.89	
27		1.51+0.69							2.3				1.22	4.5	
28		0.71							2.71			1.22		3.42	
29		0.91+1.69					3.59		1.91					8.1	
29-										2.72					2.72
A-		0.31×4+0.71×3							2.1×4					11.77	
B		0.81×2							2.31+2.21+1.8×2				1.11×3+1.21	9.74	
C-									1.11×3+1.61×4+1.31					11.08	
C									2.21					2.21	
-C		1.51×5+1.71×2								1.21				10.97	1.21
D	2.08×3	1.6+0.82+0.81							1.8×4+2+2.61				2.82×3+3.12	21.28	
E									1.71×2	3.42+1.11×2				3.42	5.64
G									1.42×4					5.68	
SB		0.02×4							2.42×2	2.42×2				0.08	4.84
小计	10.74	70.38	0.44	1.5	3.78	8.6	13.86	1.22	100.21	25.55	2.42	4.88	17.34	210.73	25.55
变量名	NQ	NSJZ	NSZ	LL	NSL60	NSL50	NSL45	NSL30	NSL40	NSL401	NSL600	NSL450	NSL400	N1	N10
校核	10.74	70.38	0.44	1.5	3.78	8.6	13.86	1.22	100.21	25.55	2.42	4.88	17.34	210.73	25.55

工程名称：框剪高层住宅　　　基数计算表（顶层外）　　　表6-13

名称 轴号	混凝土墙梁 WQ	框柱 WJZ	WZ	LL	WL60	框梁 WL52	WDL40	梁下无墙 WL520	WDL400	板下墙 Q18	墙 L
1		3.09+3.64				5.25					11.98
3.11							1.2×2				2.4
4.10.19.25							1.32×4				5.28
5.9		1.38×2									2.76
6.21		1.65×2	0.4×2	0.75×2			0.98×2				7.56
7.22		0.18×2									0.36
8.23		1.89×2			1.89×2						7.56
13.16		1.19×2+1.69×2				2.7×2			1.5		11.16
14.15		0.18×2									0.36
18							1.2				1.2
20.24.26		1.38×3									4.14
27									1.32		
-27										1.32	1.32
28	0.98										0.98
29	1.68										1.68
30	3.78	2.59				4.81					11.18
A		0.61+0.89×3+1.09×2+0.41+0.91				2.1×4	3.3×3+2.77		3.51×4+3.53		27.85
A-		1.1+0.81+0.18×4				1.8	4.32×4				21.71
C						0.72×2					1.44
D-									0.72×2		
-F										2.82×3+3.12	11.58
F		0.71+0.81				4.1					5.62
G		0.81+1.4+0.59×2+0.51×3+0.21				1.8+1.49×3+1.42×4+2.31×2+1.5		2.46×3+2.76			23.2
H		0.46×2	0.46×2				1.5×2				4.84
小计	6.44	46.76	1.72	1.5	3.78	49.27	43.79	10.14	21.83	12.9	166.16
变量名	WQ	WJZ	WZ	LL	WL60	WL52	WDL40	WL520	WDL400	Q18	L
校核	5.46	47.74	1.72	1.5	3.78	49.27	43.79	10.14	21.83	12.9	166.16

工程名称：框剪高层架住宅　　　　基数计算表（顶层内）　　　　表6-14

名称	混凝土墙	框柱	框梁							梁下无墙		墙	
轴号	NQ	NZ	NL60	NDL52	NL50	NL45	NDL40	NL401	NL30	NL450	NL400	N18	N10
-2		1.41+1.71+0.41						3.86					3.86
2.12.17	1.5×3	0.91×2				3.09	2.1			1.22×3		13.22	
3.11		1.51×2+0.89×2					2.11×2					6.04	
4.10		0.31×5					2.1×2					9	
5,9,20,24,26		0.89×2					2.71×4					12.39	
6,21		0.41+0.81					1.21×2					4.2	
7		0.89×2			4.5				0.61			6.33	
8.23		0.91+0.71+1.41	1.21×2									4.2	
12		1.91×2+1.9×2				3.59	2.1	3.64				8.72	3.64
14,15		0.91+0.71+1.51					2.41×2					12.44	
17		0.91				3.59	2	3.64				8.72	3.64
18		1.71+0.79					2.11					3.02	
19		0.61+0.81					2					4.5	
22		1.71+0.79			4.3				0.61			6.33	
25		1.09					2					4.5	
26		1.51+0.69					1.8					2.89	
27		0.71					2.3				1.22	4.5	
28		0.91+1.69					2.71					3.42	
29						3.59	1.91			1.22		8.1	
29-								2.72					2.72
A-		0.31×4+0.71×3		2.1×4			2.31+2.21+1.8×2					11.77	
B		0.81×2					1.11×3+1.61×4+1.31				1.11×3+1.21	9.74	
C-							2.21					11.08	
C		1.51×5+1.71×2										2.21	
-C								1.21				10.97	1.21
D	2.08×3	1.6+0.82+0.81					1.8×4+2+2.61				2.82×3+3.12	21.28	

129

续表

名称	混凝土墙	框柱	框梁								梁下无墙	墙	
轴号	NQ	NZ	NL60	NDL52	NL50	NL45	NDL40	NL401	NL30	NL450	NL400	N18	N10
E		0.02×4					1.71×2	3.42+1.11×2				3.42	5.64
SB								2.42×2				0.08	4.84
-F													
小计	10.74	63.46	2.42	8.4	8.8	13.86	84.17	25.55	1.22	4.88	17.34	193.07	25.55
轴号	NQ	NZ	NL60	NDL52	NL50	NL45	NDL40	NL401	NL30	NL450	NL400	N18	N10
参考	10.74	63.46	2.42	8.4	8.8	13.86	84.17	25.55	1.22	4.88	17.34	193.07	25.55

工程名称：框剪高层架住宅　基数计算表（机房外）　表6-15

名称	混凝土墙	框柱	框梁		墙
轴号	JWDT	JWZ	JWL60	JWL40	LD
4,10		1.69×2+0.89×2		(1.5+2.1+1.4)×2	15.16
6,8		0.89×2+1.89×2	3.1×2		11.76
A		0.5		4.16×2	8.82
D				3.22×2	6.44
SB		0.2×2			0.4
H		0.46×2		1.5	2.42
DT	2.3×2				4.6
小计	4.6	12.54	6.2	26.26	49.6
轴号	JWDT	JWZ	JWL60	JWL40	LD
参考	4.6	12.54	6.2	26.26	49.6

工程名称：框剪高层架住宅　基数计算表（机房内）　表6-16

名称	混凝土墙	框柱	框梁	墙
轴号	JDT	JNZ	JNL40	ND
7		2.11+0.81	4.3	7.22
DT	2.02×2			4.04
小计	4.04	2.92	4.3	11.26
轴号	JDT	JNZ	JNL40	ND
参考	4.04	2.92	4.3	11.26

表6-17

工程名称：框剪高层架住宅

基数计算表（屋顶花园）

名称	混凝土墙梁	框柱	框梁		墙
轴号		WHZ	WHL45	WHL40	WHL
1~2,29~30		0.4×8	2.7×4		14
B~D		0.22×8		1.68×4	8.48
小计		4.96	10.8	6.72	22.48
变量名		WHZ	WHL45	WHL40	WHL
校核		4.96	10.8	6.72	22.48

表6-18

工程名称：框剪高层架住宅

基数计算表（女儿墙）

名称	混凝土墙梁		框柱	框梁	梁下无墙	板下墙	墙
轴号	WMQ	NVQ	WMJZ	WML40			LW
1		11.98-3.5					8.48
2,29	1.68×2						3.36
12,17	1.68×2						3.36
13,16		3.9×2	1.08×2				7.8
14,15							2.16
28,30		11.98-3.5					8.48
A		3.42×2	0.71×2+0.91×2	2.1×2			14.28
A-			0.31×3+1.1+0.81	2.81×3+2.41+1.8			15.48
F,G		49.2-2×2.78					43.64
小计	6.72	75.24	8.24	16.84			107.04
变量名	WMQ	NVQ	WMJZ	WML40			LW
校核	6.72	75.24	8.24	16.84			107.04

6.4 构件表

构件表见表 6-19、表 6-20。

序号		构件类别/名称	L	a	b	基础	-2 层	-1 层	数量
1		满堂基础 C30P6							
	1	外围	51.9	17.8	0.7	1			1
2		独基 C30							
	1	DJb-M	1.2	1.2	0.45	4			4
	2	进厅基础	3.1+2.4	0.18	0.53	4			4
3		挡土墙 C35							
	1	-2 层	L0	0.25	3		1		1
	2	-1 层	L0	0.25	2.91			1	1
4		混凝土墙 C35							
	1	-2 层	DQ	0.2	3		1		1
	2	-1 层	DQ	0.2	2.91			1	1
5		电梯墙 C35							
	1	-2 层	2×(2.2+2.3)	0.18	3		1		1
	2	-1 层	2×(2.2+2.3)	0.18	2.91			1	1
6		壁式柱 C35							
	1	-2 层	DJZ+DQD	0.2	3		1		1
	2	-1 层	DJZ+DQD	0.2	2.91			1	1
7		±0.000 以下异形柱 C35							
	1	KZ1	0.9	0.18	0.63			4	4
8		有梁板（防水）C30P6							
	1	1 层厨卫	RW+RC		0.18			1	1
9		±0.000 以下有梁板							
	1	-1 层梁	DL20	0.2	0.4		1		1
	2		DL18	0.18	0.4		1		1
	3		L1823	0.18	0.3		1	1	2
	4	-1 层 120 板	DB		0.12		1		1
	5	130 板加厚	4.3	5.74	0.01		2		2
	6	1 层梁	SL20	0.2	0.4			1	1
	7		SL18	0.18	0.4			1	1
	8		WL30	0.18	0.3			1	1
	9	1 层 180 板	B1-RW-RC		0.18			1	1
	10	120 板减厚	1.11	0.61	−0.06			4	4
	11	空调板挑梁	0.7	0.1	0.3			18	18
	12	Ⓐ轴	0.63	0.18	0.4			1	1
	13	北面空调板	1.06	0.7	0.1			4	4
	14	南面空调板	1.04	0.7	0.1			3	3
	15		1.6	0.7	0.1			2	2
	16		1.32	0.63	0.1			2	2
10		矩形梁							
	1	⑮轴挑梁	2.33	0.18	0.4			1	1
	2	楼梯墙梁	1.21+2.26TLD	0.15	0.18			2	2

序号		构件类别/名称	L	a	b	基础	-2层	-1层	数量
11		门口抱框							
	1	20墙24M1	0.2	0.1	2.1		21	21	42
	2	4M14	0.2	0.1	2			8	8
	3	10墙22M1	0.1	0.1	2.1		24	20	44
	4	8M13	0.1	0.1	2		4	4	8
12		水平系梁							
	1	地下20系梁	DXL	0.2	0.1		1	1	2
	2	10系梁	DXL1	0.1	0.1		1	1	2
13		±0.000以下楼梯							
	1		2.42	3.6			2	2	4
14		集水坑盖板							
	1		1.6	0.5	0.1			6	6
15		水簸箕							
	1	C20混凝土水簸箕	0.5	0.5	0.05			8	8

工程名称：框剪高层架住宅（计超高）　　　　构件表　　　　表 6-20

序号		构件类别/名称	L	a	b	1层	2层	3~10层	11层	机房层	数量
1		1至顶混凝土墙									
	1	1~2层 C35	WQ+NQ	0.18	2.9	1	1				2
	2	3~10层 C30	WQ+NQ	0.18	2.9			1×8			8
	3	11层	WQ+NQ	0.18	3.02				1		1
	4	屋面混凝土墙	WMQ	0.18	1.4					1	1
	5	女儿墙	NVQ	0.15	1.4					1	1
	6	1层女儿墙	NVSQ	0.15	0.9	1					1
2		1至顶电梯墙									
	1	1~2层 C35	2×(2.2+2.3)	0.18	2.9	2	2				4
	2	3~10层 C30	2×(2.2+2.3)	0.18	2.9			2×8			16
	3	11层	2×(2.2+2.3)	0.18	3.02				2		2
	4	电梯墙	2×(2.2+2.3)	0.18	3.2					2	2
	5	电梯山墙	2×1.1/2	0.18	1.1×TAN(40)					2	2
3		异形柱									
	1	1层 C35	WSZ+NSZ	0.18	2.9	1					1
	2	2层 C35	WZ	0.18	2.9		1				1
	3	3~10层	WZ	0.18	2.9			1×8			8
	4	11层	WZ	0.18	3.02				1		1
	5	屋顶花园	WHZ	0.18	1.925					1	1
4		C35短肢剪力墙									
	1	1层外	WSJZ+WSKZ	0.18	2.9	1					1
	2	1层内	NSJZ	0.18	2.9	1					1
	3	2层外	WJZ+WKZ	0.18	2.9		1				1
	4	2层内	NJZ	0.18	2.9		1				1
5		C30短肢剪力墙									
	1	3~10层外	WJZ+WKZ	0.18	2.9			1×8			8
	2	3~10层内	NJZ	0.18	2.9			1×8			8
	3	11层外	WJZ+WKZ	0.18	3.02				1		1
	4	11层内	NJZ	0.18	3.02				1		1
	5	机房层	JWZ+JNZ	0.18	2.325					2	2

序号		构件类别/名称	L	a	b	1层	2层	3～10层	11层	机房层	数量
5	6	机房⑦,㉒轴墙	0.5＋2.11＋0.81	0.18	3.775					2	2
	7	屋顶	WMJZ	0.18	1.4					1	1
6		有梁板(防水)									
	1	2～11层厨、卫	B10		0.1	1	1	1×8			10
		有梁板									
	1	2层梁	WL45	0.18	0.45	1					1
	2		WSL40	0.18	0.4	1					1
	3		WSL400	0.18	0.4	1					1
	4		WL30	0.18	0.3	1					1
	5		NSL60	0.18	0.6	1					1
	6		NL600	0.18	0.6	1					1
	7		NL50	0.18	0.5	1					1
	8		NL45	0.18	0.45	1					1
	9		NL450	0.18	0.45	1					1
	10		NSL40	0.18	0.4	1					1
	11		NL400	0.18	0.4	1					1
	12		NL401	0.18	0.4	1					1
	13		NL30	0.18	0.3	1					1
	14		LL	0.18	1.05	1					1
	15	2层屋面板	T1		0.12	1					1
	16	2层板	BQ10		0.1	1					1
	17		B11		0.11	1					1
	18		B12		0.12	1					1
	19		B13		0.13	1					1
7	20	3～11层梁	LL	0.18	1.05		1	1×8			9
	21		WL60	0.18	0.6		1	1×8			9
	22		WL45	0.18	0.45		1	1×8			9
	23		WL40	0.18	0.4		1	1×8			9
	24		WL400	0.18	0.4		1	1×8			9
	25		WL30	0.18	0.3		1	1×8			9
	26		NL60	0.18	0.6		1	1×8			9
	27		NL50	0.18	0.5		1	1×8			9
	28		NL45	0.18	0.45		1	1×8			9
	29		NL450	0.18	0.45		1	1×8			9
	30		NL40	0.18	0.4		1	1×8			9
	31		NL400	0.18	0.4		1	1×8			9
	32		NL401	0.18	0.4		1	1×8			9
	33		NL30	0.18	0.3		1	1×8			9
	34		BQ10		0.1		1	1×8			9
	35		B11		0.11		1	1×8			9
	36		B12		0.12		1	1×8			9
	37		B13		0.13		1	1×8			9
	38	顶层梁	LL	0.18	1.05				1		1
	39		WL60	0.18	0.6				1		1
	40		WL52	0.18	0.52				1		1
	41		WL520	0.18	0.52				1		1
	42		WDL40	0.18	0.4				1		1

序号		构件类别/名称	L	a	b	1层	2层	3～10层	11层	机房层	数量
7	43		WDL400	0.18	0.4				1		1
	44		NL60	0.18	0.6				1		1
	45		NDL52	0.18	0.52				1		1
	46		NL50	0.18	0.5				1		1
	47		NL45	0.18	0.45				1		1
	48		NL450	0.18	0.45				1		1
	49		NDL40	0.18	0.4				1		1
	50		NL401	0.18	0.4				1		1
	51		NL400	0.18	0.4				1		1
	52		NL30	0.18	0.3				1		1
	53	顶层板	WDB		0.12				1		1
	54	机房梁	JWL60	0.18	0.48					2	2
	55		JWL40	0.18	0.28					2	2
	56		JNL40	0.18	0.28					2	2
	57	屋顶花园梁	2.71TW	0.18	0.4					4	4
	58		1.68	0.18	0.4					4	4
	59	山墙斜梁增长	4.16+3.22	0.18	0.25					4	4
	60	屋面WKL9	2.1	0.18	0.3					2	2
	61	屋面L1	3.72	0.18	0.3					2	2
	62	空调板挑梁	0.7	0.1	0.3	18	18	18×8			180
	63	北面空调板	1.06	0.7	0.1	4	4	4×8			40
	64	南面空调板	1.04	0.7	0.1	3	3	3×8			30
	65		1.6	0.7	0.1	2	2	2×8	2		22
	66	Ⓐ轴	0.63	0.18	0.4	1	1	1×8			10
	67	㉙轴板	1.32	0.63	0.1	2	2	2×8			20
8		坡屋面板									
	1	客厅	4.59TW	7.58	0.15					4	4
	2	电梯	2.38TW	2.12	0.12					2	2
	3	楼梯	2.78TW	5.52	0.12					2	2
	4	屋顶花园	3.5TW	2.48	0.1					2	2
	5	32.2山墙坡顶板	0.86TW	3.5	0.1					2	2
	6	阳台大样三顶板	3.3	1.59TW	0.1					3	3
	7		5.4	1.59TW	0.1					1	1
9		檐板C30									
	1	北面半层空调板	1.06	0.7	0.1	4	4	4×8	4		44
	2	32.3挂板	1.26	0.1	0.6+0.9				4		4
	3	南面	1.04	0.7	0.1	3	3	3×8	3		33
	4	32.3挂板	1.24	0.1	0.6+0.9				1		1
	5		1.6	0.7	0.1	2	2	2×8	2		22
	6	31.9挂板	1.8	0.1	0.6+0.5				2		2
	7	㉙轴	1.32	0.7	0.1	2	2	2×8	2		22
	8	C1窗下檐	2.1	0.1	0.1	4	4	4×8	4		44
	9	C2窗下檐	1.8	0.1	0.1	3	3	3×8	3		33
	10	C3窗下檐	1.5	0.1	0.1	3	3	3×8	3		33
	11	C4窗下檐	1.3	0.1	0.1			4×8	4		36
	12	C5窗下檐	1.2	0.1	0.1	3	3	3×8	3		33
	13	C6窗下檐	0.9	0.1	0.1	1	1	1×8	1		11

序号	构件类别/名称	L	a	b	1层	2层	3～10层	11层	机房层	数量
	14	山墙8F以下2-2	2.5	0.2	0.1	4	4	4×5-2			26
	15	8F20.18处底板	2.5	0.5	0.1			2			2
	16	8F顶板	2.5	0.6	0.12			2			2
	17	8F立板	2.5	0.1	0.28			2			2
	18	山墙8F以上2-2	2.5	0.48	0.1			4×3	4		16
	19	窗檐	2.1	0.4	0.1			4×3	4		16
	20	山墙线角1-1上	0.1	0.68	0.1			8×3	8		32
	21	山墙线角1-1下	0.1	0.6	0.15			8×3	8		32
	22	封闭阳台檐	2.7	0.3	0.08	3	3	3×8	3		33
	23		2.5	0.3	0.08	1	1	1×8	1		11
	24	顶花园山檐300	4.5TW		SYJ					4	4
	25	顶花园平檐	2.48		YJ					4	4
	26	Ⓐ轴客厅山檐300	10.18TW		SYJ					2	2
	27	Ⓓ轴客厅山檐900	10.18TW		SYJ9					2	2
9	28	④～㉕客厅平檐	7.58		YJ					4	4
	29	Ⓗ轴楼梯山檐	3.78TW		YJ					2	2
	30	⑥～㉓梯平檐	8		YJ					4	4
	31	⑥～㉓电梯加宽	2.12	0.2TW	0.1					4	4
	32	32.1山墙坡顶板	0.86TW	3.5	0.1					2	2
	33	32.1山墙檐头	3.5+1.2×2		SYT					2	2
	34	阳台大样三挑檐	2.79		SYJ					3	3
	35		5.4		SYJ					1	1
	36	⑫～⑰墙身大样一	4.38	1.84TW	0.13					2	2
	37	檐口	4.38+1.84TW	0.17	0.12					2	2
	38	31.9山墙底板	3.5	1.2	0.1					2	2
	39	客厅楼梯上挑板	3	0.7	0.1					4	4
	40	女儿墙檐	NVQ	0.1	0.1					1	1
	41	1层女儿墙檐	NVSQ	0.1	0.1					1	1
		栏板									
	1	封闭阳台大样三	2.7	1.02	0.1	3	3	3×8	3		33
	2		2.5	1.02	0.1	1	1	1×8	1		11
10	3	出檐	2.7	0.1	0.1	6	6	6×8	6		66
	4		2.5	0.1	0.1	2	2	2×8	2		22
	5	山墙F8	2.3	0.82	0.1			2			2
	6	山墙F9～11	2.3	1.02	0.1			2×2	2		6
		矩形梁1～11层									
11	1	⑮轴	2.4	0.18	0.4	1	1	1×8	1		11
	2	屋面造型挑板	0.5	0.5	0.2					4	4
12		1～11层楼梯									
	1		2.42	3.6		2	2	2×8	2		22
		压顶									
	1	8F以下山墙	2.3	0.18	0.1	2	2	2×6			16
	2	非封闭阳台大样二	3	0.28	0.1	4	4	4×8	4		44
13	3		3	0.12	0.1	4	4	4×8	4		44
	4	北立面一层阳台	1.66	0.28	0.1	3					3
	5		1.66	0.12	0.1	3					3
	6		1.96	0.28	0.1	1					1

序号		构件类别/名称	L	a	b	1层	2层	3~10层	11层	机房层	数量
13	7		1.96	0.12	0.1	1					1
	8	北立面阳台	2.1	0.28	0.1		3	3×8	3		30
	9		2.1	0.12	0.1		3	3×8	3		30
	10		2.4	0.28	0.1		1	1×8	1		10
	11		2.4	0.12	0.1		1	1×8	1		10
	12	屋面造型压顶	1.45	0.7	0.4					2	2
	13		0.325·2	π/4	0.4					4	4
14		圈梁(结施-27)									
	1	XL 半层空调板Ⓐ轴	0.42	0.18	0.3	3	3	3×8	3		33
	2	Ⓖ轴⑫,⑰	0.74	0.18	0.3	2	2	2×8	2		22
	3	㉙轴	1.26	0.18	0.3	1	1	1×8	1		11
	4	㉗轴	1.32	0.18	0.3	1	1	1×8	1		11
	5	C1 窗下混凝土、窗台	2.1	0.18	0.1	8	8	8×8	8		88
	6	C2 窗下混凝土	1.8	0.18	0.1	3	3	3×8	3		33
	7	C3 窗下混凝土	1.5	0.18	0.1	3	3	3×8	3		33
	8	C4 窗下混凝土	1.5	0.18	0.1			4×8	4		36
	9	C5 窗下混凝土	1.2	0.18	0.1	3	3	3×8	3		33
	10	C6 窗下混凝土	0.9	0.18	0.1	1	1	1×8	1		11
	11	山墙大样 2-2	2.5	0.18	0.1	2	2	2×6			16
	12	结施-24 中 1-1	3.4	0.18	0.4					4	4
	13	18 系梁	XL	0.18	0.1	1	1	1×8	1		11
	14	10 系梁	XL1	0.1	0.1	1	1	1×8	1		11
15		构造柱									
	1	M5,6,7,C10,11 端	0.18	0.2	2.38	24	24	24×8	24		264
	2	1,13,16,29,30,G 丁	0.18	0.2	2.5	7	7	7×8	7		77
	3	4,10,19,29 拐	0.18	0.2	2.5	4	4	4×8	4		44
	4	15 端	0.1	0.2	2.5	1	1	1×8	1		11
16		门口抱框 1~11 层									
	1	18 墙 M2	0.18	0.1	2.1					8	8
	2	M3	0.18	0.1	2					2	2
	3	MD2,3	0.18	0.1	2.38	24	24	24×8	24		264
	4	M9	0.18	0.1	2.1	8					8
	5	M4,11	0.18	0.1	2.1	8	16	16×8	16		168
	6	10 墙 MD2,3	0.1	0.1	2.38	22	22	22×8	22		242
	7	M13	0.1	0.1	2	8	8	8×8	8		88

6.5 项目模板

项目模板见表 6-21、表 6-22。

工程名称：框剪高层架住宅建筑　　　　　　**项目模板**　　　　　　表 6-21

序号		项目名称	编码	清单/定额名称
		建筑(不计超高)		
1		平整场地		
	1	平整场地	010101001	平整场地

序号	项目名称	编码	清单/定额名称
2		1-4-2	机械平整场地
3		19-3-35	履带式 推土机场外运输
2	挖基坑土方		
4	1. 筏板大开挖（普通土）	010101004	挖基坑土方；大开挖，普通土，外运 1km 内
5	2. 挖基坑土方	1-2-41-6	挖掘机挖装普通土［机械挖人工清］
6	3. 钎探	1-2-58	自卸汽车运土方 1km 内
7	4. 机械挖土外运 1km 内	1-4-4	基底钎探
8		1-4-9	机械原土夯实两遍
9		19-3-34	履带式挖掘机履带式液压锤场外运输
3	垫层		
10	1. C15 垫层	010501001	垫层；C15
11	2. 3：7 灰土垫层（用于进厅地面）	2-1-28	C154 现浇无筋混凝土垫层
12		18-1-1	混凝土基础垫层木模板
4	基础防水（建施-20）		
13	1. 20 厚 1：2.5 水泥砂浆找平层	010904002	垫层面涂膜防水；建施-20 地下防水大样
14	2. 刷涂 1.5 厚 JD-JS 复合防水涂料	11-1-1.11	1：3 水泥砂浆混凝土或硬基层上找平 20mm［换水泥抹灰砂浆 1：2.5］
15	3. 20 厚 1：2.5 水泥砂浆找平层	9-2-51	平面聚合物水泥防水涂料 1mm
16	4. 刷涂 1 厚 JD-水泥基渗透结晶型防水涂料	11-1-1.11	1：3 水泥砂浆混凝土或硬基层上找平 20mm［换水泥抹灰砂浆 1：2.5］
17		9-2-55	平面水泥基渗透结晶型防水涂料 1mm
18		1-4-6	毛砂过筛
5	混凝土基础		
19	1. C30P6 筏板基础	010501004	满堂基础；C30P6
20	2. C30 柱基	5-1-8H	C304 现浇混凝土无梁式满堂基础
21		18-1-17	无梁式满堂基础复合木模板木支撑
22		010501003	独立基础；C30
23		5-1-6	C304 现浇混凝土独立基础
24		18-1-15	钢筋混凝土独立基础复合木模板木支撑
6	混凝土挡土墙		
25	1. C35 混凝土挡土墙	010504004	挡土墙；C35
26		5-1-25.81	C35 现浇混凝土挡土墙
27		18-1-74	直形墙复合木模板钢支撑
28		18-1-132	地下暗室模板拆除增加
29		5-4-77	对拉螺栓增加
30		18-1-133	对拉螺栓端头处理增加
31		17-1-7	双排外钢管脚手架 6m 内
7	混凝土墙，电梯井壁		
32	1. C35 混凝土墙电梯井壁	010504001	直形墙；电梯井壁 C35
33		5-1-30.81	C35 现浇混凝土电梯井壁

138

序号	项目名称	编码	清单/定额名称
34		18-1-82	电梯井壁复合木模板钢支撑
35		18-1-132	地下暗室模板拆除增加
36		17-8-3	电梯井字架 40m 内
8	柱(框剪、异形)		
37	1. C35 框剪柱	010504003	短肢剪力墙;C35
38	2. C35 异形柱	5-1-27.81	C35 现浇混凝土轻型框剪墙
39		18-1-88	轻型框剪墙复合木模板钢支撑
40		18-1-132	地下暗室模板拆除增加
41		17-1-7	双排外钢管脚手架 6m 内
42		010502003	异形柱;C35
43		5-1-16.81	C35 现浇混凝土异形柱
44		18-1-44	异形柱复合木模板钢支撑
9	框架梁		
45	1. C30 框架梁	010503002	矩形梁;C30
46		5-1-19	C303 现浇混凝土框架梁、连续梁
47		18-1-56	矩形梁复合木模钢支撑
10	厨卫阳台现浇板		
48	1. C30P6 防水混凝土	010505001	有梁板;厨卫阳台防水,C30P6
49		5-1-31H	C302 现浇混凝土有梁板 P6
50		18-1-92	有梁板复合木模板钢支撑
51		18-1-132	地下暗室模板拆除增加
52		010505003	平板;厨房阳台防水 C30P6
53		5-1-33H	C302 现浇混凝土平板
54		18-1-100	平板复合木模板钢支撑
55		18-1-132	地下暗室模板拆除增加
11	有梁板		
56	1. C30 有梁板	010505001	有梁板;C30
57		5-1-31	C302 现浇混凝土有梁板
58		18-1-92	有梁板复合木模板钢支撑
59		18-1-132	地下暗室模板拆除增加
12	平板		
60	1. C30 平板	010505003	平板;C30
61		5-1-33	C302 现浇混凝土平板
62		18-1-100	平板复合木模板钢支撑
63		18-1-132	地下暗室模板拆除增加
13	单梁		
64	1. C30 单梁	010503002	矩形梁;C30
65		5-1-20	C303 现浇混凝土单梁、斜梁、异形梁、拱形梁
66		18-1-56	矩形梁复合木模板钢支撑
14	过梁		
67	1. C25 现浇过梁	010503005	过梁;C25

序号	项目名称	编码	清单/定额名称
68		5-1-22.15	C252 现浇混凝土过梁
69		18-1-65	过梁复合木模板木支撑
70		18-1-132	地下暗室模板拆除增加
15	构造柱		
71	1. C25 门口抱框	010502002	构造柱;C25 门口抱框
72		5-1-17.17	C253 现浇混凝土构造柱
73		18-1-41	构造柱复合木模板木支撑
74		18-1-132	地下暗室模板拆除增加
16	圈梁		
75	1. C25 水平系梁	010503004	圈梁;C25 水平系梁
76		5-1-21.15	C252 现浇混凝土圈梁及压顶
77		18-1-61	圈梁直形复合木模板木支撑
78		18-1-132	地下暗室模板拆除增加
17	楼梯		
79	1. C25 楼梯	010506001	直形楼梯;C25
80		5-1-39.15	C252 现浇混凝土直形楼梯无斜梁100
81		5-1-43.15	C252 现浇混凝土楼梯板厚每增减10
82		5-1-43.15×2	C252 现浇混凝土楼梯板厚每增10×2
83		18-1-110	楼梯直形木模板木支撑
84		18-1-132	地下暗室模板拆除增加
18	砌体墙		
85	1. M5 水泥砂浆加气混凝土砌块墙200	010402001	砌块墙;加气混凝土砌块墙 M5.0 水泥砂浆
86	2. M5 水泥砂浆加气混凝土砌块墙100	4-2-1.11	M5.0 砂浆加气混凝土砌块墙
87		1-4-6	毛砂过筛
88		17-2-6	双排里钢管脚手架 3.6m 内
19	后浇带		
89	1. C35 膨胀混凝土	010508001	后浇带;C35 基础底板
90	2. C40 膨胀混凝土	5-1-57.81	C35 现浇混凝土后浇带基础底板
91		010508001	后浇带;C35 楼板
92		5-1-55.81	C35 现浇混凝土后浇带楼板
93		18-1-125	后浇带有梁板复合木模板钢支撑
94		18-1-132	地下暗室模板拆除增加
95		010508001	后浇带;C40 墙
96		5-1-56.83	C40 现浇混凝土后浇带墙
97		18-1-119	后浇带直形墙复合木模板钢支撑
98		18-1-132	地下暗室模板拆除增加
20	挡土墙防水(建施-20)		
99	1. 20厚1:2.5水泥砂浆找平层	010903002	墙面涂膜防水;建施-20 地下防水大样
100	2. 刷涂1.5厚 JD-JS 复合防水涂料	12-1-4	混凝土墙、砌块墙面水泥砂浆 9+6
101	3. 20厚1:2.5水泥砂浆找平层	12-1-16.11×5	1:3 水泥砂浆抹灰层增1[换水泥抹灰砂浆 1:2.5]×5
102	4. 刷涂1厚 JD-水泥基渗透结晶型防水涂料	9-2-52	立面聚合物水泥防水涂料 1mm

序号	项目名称	编码	清单/定额名称
103		12-1-4	混凝土墙、砌块墙面水泥砂浆 9＋6
104		12-1-16.11×5	1：3 水泥砂浆抹灰层增 1[换水泥抹灰砂浆 1：2.5]×5
105		9-2-56	立面水泥基渗透结晶型防水涂料 1mm
106		1-4-6	毛砂过筛
21	回填		
107	1. 基坑回填灰土	010103001	回填方；3：7 灰土
108	2. 回填土	2-1-30-1	夯填灰土[基础回填]
109		2-1-1	3：7 灰土垫层机械振动
110		1-2-52	装载机装车土方
111		1-2-58	自卸汽车运土方 1km 内
112		010103001	回填方；素土
113		1-4-13	槽坑机械夯填土
114		1-4-12	地坪机械夯填土
115		1-2-52	装载机装车土方
116		1-2-58	自卸汽车运土方 1km 内
22	集水坑盖板		
117	1. C30 预制盖板	010512008	集水坑盖板；C30
118		5-2-24	C302 预制混凝土零星盖板
119		18-2-27	现场预制小型构件木模板
120		5-5-139	0.1m³ 内其他混凝土构件人力安装
121		5-5-130	其他构件灌缝
23	水簸箕		
122	1. C20 水簸箕	010507007	其他构件；C20 水簸箕
123		5-1-51.07	C202 现浇混凝土小型构件
124		18-2-27	现场预制小型构件木模板
24	窗井支架		
125	1. 窗井支架 L13J9-1②	010901004	玻璃钢屋面
126	2. 玻璃钢板	9-1-18	钢檩条上铺钉小波石棉瓦
127		010606012	钢支架；L13J9-1②
128		6-1-10	钢托架 3t 内
129		6-5-17	钢平台安装
25	铁件		
130	1. 系梁预埋铁件	010516002	预埋铁件
131	2. 楼梯栏杆预埋铁件	5-4-64	铁件制作
26	钢筋		
132	1. 砌体加固筋	010515001	现浇构件钢筋；砌体拉结筋
133	2. HPB300 级钢	5-4-67	砌体加固筋焊接 φ6.5 内
134	3. HRB400 级钢	010515001	现浇构件钢筋；HPB300 级钢
135		5-4-1	现浇构件钢筋 HPB300 φ10 内
136		5-4-2	现浇构件钢筋 HPB300 φ18 内
137		5-4-30	现浇构件箍筋 φ10 内

序号	项目名称	编码	清单/定额名称
138		5-4-78	植筋 φ10 内
139		5-4-75	马凳钢筋 φ8
140		010515001	现浇构件钢筋;HRB400 级钢
141		5-4-5	现浇构件钢筋 HRB335/400φ10 内
142		5-4-6	现浇构件钢筋 HRB335/400φ18 内
143		5-4-7	现浇构件钢筋 HRB335/400φ25 内
144		5-4-30	现浇构件箍筋 φ10 内
145		5-4-31	现浇构件箍筋＞φ10
27	混凝土散水:散 2		
146	1. 40 厚细石 C20 混凝土,上撒 1:1 水泥细砂压实抹光	010507001	散水、坡道
147	2. 150 厚 3:7 灰土	16-6-81	C20 细石混凝土散水 3:7 灰土垫层
148	3. 素土夯实,向外坡 4%	18-1-1	混凝土基础垫层木模板
28	台阶\坡道:L13J9-1\L13J12-25④		
149	1. C25 台阶	010507004	台阶;C25
150	2. 3:7 灰土垫层 300	5-1-52.15	C252 现浇混凝土台阶
151	3. 坡道 C15 混凝土垫层 100	18-1-115	台阶木模板木支撑
152		010404001	垫层;3:7 灰土
153		2-1-1	3:7 灰土垫层机械振动
154		010501001	垫层;C15 混凝土
155		2-1-28	C154 现浇无筋混凝土垫层
29	竣工清理		
156	竣工清理	01B001	竣工清理
157		1-4-3	竣工清理
30	施工技术措施		
158	1. 现浇混凝土均采用泵送商品混凝土	011705001	大型机械设备进出场及安拆
159	2. 自升式塔式起重机安拆、运输	19-3-1	C303 现浇混凝土独立式大型机械基础
160	3. 主体外钢管脚手架	19-3-4	大型机械混凝土基础拆除
161	4. 钢管依附斜道 50	19-3-6	自升式塔式起重机安拆 100m 内
162		19-3-19	自升式塔式起重机场外运输 100m 内
163		19-3-10	卷扬机、施工电梯安拆 100m 内
164		19-3-23	卷扬机、施工电梯场外运输 100m 内
31	垂直运输		
165	1. 泵送混凝土增加费	011703001	垂直运输
166	2. 垂直运输机械	19-1-10	±0.00 以下地下室底层建筑面积 1000m² 内含基础混凝土地下室垂直运输
167		5-3-9	基础固定泵泵送混凝土
168		5-3-16	基础管道安拆输送混凝土高 50m 内
169		5-3-11	柱、墙、梁、板固定泵泵送混凝土
170		5-3-17	柱、墙、梁、板管道安拆输送混凝土高 50m 内
171		5-3-13	其他构件固定泵泵送混凝土

序号		项目名称	编码	清单/定额名称
172			5-3-18	其他构件管道安拆输送混凝土高 50m 内
		建筑(计超高)		
1		混凝土墙		
	1	1. C35 混凝土墙(1～2 层)	010504003	短肢剪力墙;C35(1～2 层)
	2	2. C30 混凝土墙(3 层至屋面)	5-1-27.81	C35 现浇混凝土轻型框剪墙
	3		18-1-88	轻型框剪墙复合木模板钢支撑
	4		17-1-7	双排外钢管脚手架 6m 内
	5		010504003	短肢剪力墙;C30(3 层至屋顶)
	6		5-1-27	C302 现浇混凝土轻型框剪墙
	7		18-1-88	轻型框剪墙复合木模板钢支撑
	8		17-1-7	双排外钢管脚手架 6m 内
	9		010504001	直形墙;电梯井壁 C35
	10		5-1-30.81	C35 现浇混凝土电梯井壁
	11		18-1-82	电梯井壁复合木模板钢支撑
	12		010504001	直形墙;电梯井壁 C30
	13		5-1-30	C302 现浇混凝土电梯井壁
	14		18-1-82	电梯井壁复合木模板钢支撑
2		柱		
	15	1. C35 异形柱(1～2 层)	010502003	异形柱;C35(1～2 层)
	16	2. C30 异形柱(3 层至屋面)	5-1-16.81	C35 现浇混凝土异形柱
	17	3. C35 短肢剪力墙(1～2 层)	18-1-44	异形柱复合木模板钢支撑
	18	4. C30 短肢剪力墙(3 层至屋面)	010502003	异形柱;C30(3 层至屋面)
	19		5-1-16	C303 现浇混凝土异形柱
	20		18-1-44	异形柱复合木模板钢支撑
3		框架梁		
	21	1. C30 框架梁	010503002	矩形梁;框架梁,C30
	22		5-1-19	C303 现浇混凝土框架梁、连续梁
	23		18-1-56	矩形梁复合木模板钢支撑
4		厨卫阳台现浇板		
	24	1. C30P6 防水混凝土	010505001	有梁板;厨卫阳台防水 C30P6
	25		5-1-31H	C302 现浇混凝土有梁板 P6
	26		18-1-92	有梁板复合木模板钢支撑
5		厨卫阳台平板		
	27	1. C30P6 防水混凝土	010505003	平板;厨卫阳台防水 C30P6
	28		5-1-33H	C302 现浇混凝土平板 P6
	29		18-1-100	平板复合木模板钢支撑
6		平板		
	30	1. C30 混凝土	010505003	平板;C30
	31		5-1-33	C302 现浇混凝土平板
	32		18-1-100	平板复合木模板钢支撑
7		有梁板		

序号	项目名称	编码	清单/定额名称
33	1. C30 有梁板	010505001	有梁板;C30
34		5-1-31	C302 现浇混凝土有梁板
35		18-1-92	有梁板复合木模板钢支撑
8	有梁板(屋面斜板)		
36	1. C30 有梁板	010505001	有梁板;C30 屋面斜板
37		5-1-35	C302 现浇混凝土斜板、折板(坡屋面)
38		18-1-92	有梁板复合木模板钢支撑
39		18-1-104	板钢支撑高>3.6m增1m
9	檐板		
40	1. C30 檐板	010505007	天沟(檐沟)、挑檐板;C30
41		5-1-49	C302 现浇混凝土挑檐、天沟
42		18-1-107	天沟、挑檐木模板木支撑
10	栏板		
43		010505006	栏板;C30
44		5-1-48	C302 现浇混凝土栏板
45		18-1-106	栏板木模板木支撑
11	单梁		
46	1. C30 单梁	010503002	矩形梁;C30
47		5-1-20	C303 现浇混凝土单梁、斜梁、异形梁、拱形梁
48		18-1-56	矩形梁复合木模板钢支撑
12	楼梯		
49	1. C25 楼梯	010506001	直形楼梯;C25
50		5-1-39.15	C252 现浇混凝土直形楼梯无斜梁100
51		5-1-43.15	C252 现浇混凝土楼梯板厚每增减10
52		5-1-43.15×2	C252 现浇混凝土楼梯板厚每增10×2
53		18-1-110	楼梯直形木模板木支撑
13	过梁		
54	1. C25 现浇过梁	010503005	过梁;现浇 C25
55		5-1-22.15	C252 现浇混凝土过梁
56		18-1-65	过梁复合木模板木支撑
14	压顶		
57	C25 压顶	010507005	扶手、压顶;C25
58		5-1-21.15	C252 现浇混凝土圈梁及压顶
59		18-1-116	压顶木模板木支撑
15	圈梁		
60	1. C25 水平系梁	010503004	圈梁;水平系梁 C25
61		5-1-21.15	C252 现浇混凝土圈梁及压顶
62		18-1-61	圈梁直形复合木模板木支撑
16	构造柱		
63	1. C25 构造柱	010502002	构造柱;C25
64		5-1-17.17	C253 现浇混凝土构造柱

序号	项目名称	编码	清单/定额名称
65		18-1-41	构造柱复合木模板木支撑
17	砌体墙		
66	1. M5混浆加气混凝土砌块墙180	010402001	砌块墙;加气混凝土砌块墙 M5.0混浆
67	2. M5混浆加气混凝土砌块墙100	4-2-1	M5.0混浆加气混凝土砌块墙
68	3. M5混浆加气混凝土砌块柱	17-2-6	双排里钢管脚手架3.6m内
69		1-4-6	毛砂过筛
70		010402002	砌块柱;加气混凝土砌块柱
71		4-2-1	M5.0混浆加气混凝土砌块墙
72		1-4-6	毛砂过筛
18	厨房烟道		
73	1. 厨房烟道PC12(L09J104)	010514001	厨房烟道;PC12(L09J104)
74		4-2-10	M5.0混浆砌变压式排烟气道半周长800mm内
19	变形缝		
75	1. 铝合金盖板	010902008	屋面变形缝;L13J5-1
76	2. 平面油浸麻丝变形缝	9-4-15	平面铝合金盖板变形缝
77	3. 变形缝立面	9-4-3	沥青玛琋脂嵌变形缝
78		010903004	墙面变形缝;L07J109-40
79		9-4-16	立面铝合金盖板变形缝
80		9-4-8	油浸木丝板变形缝
20	钢筋		
81	1. 砌体加固筋	010515001	现浇构件钢筋;砌体拉结筋
82	2. HPB300级钢	5-4-67	砌体加固筋焊接ϕ6.5内
83	3. HRB400级钢	010515001	现浇构件钢筋;HPB300级钢
84		5-4-1	现浇构件钢筋 HPB300ϕ10内
85		5-4-2	现浇构件钢筋 HPB300ϕ18内
86		5-4-30	现浇构件箍筋ϕ10内
87		5-4-75	马凳钢筋ϕ8
88		5-4-78	植筋ϕ10内
89		010515001	现浇构件钢筋;HRB400级钢
90		5-4-5	现浇构件钢筋 HRB335/400ϕ10内
91		5-4-6	现浇构件钢筋 HRB335/400ϕ18内
92		5-4-7	现浇构件钢筋 HRB335/400ϕ25内
93		5-4-30	现浇构件箍筋ϕ10内
21	铁件		
94	1. 预埋铁件	010516002	预埋铁件
95	2. 楼梯栏杆	5-4-64	铁件制作
22	水泥砂浆保护层屋面;屋105,不上人屋面		
96	1. 保护层:20厚1:2.5水泥砂浆抹平压光,1m×1m分格,缝宽20,密封胶嵌缝	011101001	屋面水泥砂浆保护层;1:2.5水泥砂浆20mm
97	2. 隔离层:0.4厚聚乙烯膜一层	9-2-67.11	水泥砂浆二次抹压防水层20[换水泥抹灰砂浆1:2.5]
98	3. 防水层:4厚SBS改性沥青防水卷材一道+水泥基渗透结晶型防水涂料一道	1-4-6	毛砂过筛

序号	项目名称	编码	清单/定额名称
99	4. 30mm 厚 C20 细石混凝土找平层	010902001	屋面卷材防水,聚乙烯薄膜,SBS 防水卷材,防水涂料,C20 混凝土找平 30
100	5. 保温层:30 厚玻化微珠保温砂浆	9-2-10	平面一层改性沥青卷材热熔
101	6. 20 厚 1:2.5 水泥砂浆找平	9-2-55	平面水泥基渗透结晶型防水涂料 1mm
102	7. 最薄处 30mm 厚找坡 2% 找坡层:1:8 水泥憎水性珍珠岩	9-2-65	C20 细石混凝土防水层 40mm
103	8. 隔气层:1.5 厚聚氨酯防水材料	9-2-66×-2	C20 细石混凝土防水层减 10mm×2
104	9. 20 厚 1:2.5 水泥砂浆找平	011001001	保温隔热屋面;30 厚保温砂浆,水泥珍珠岩找坡
105	10. 现浇钢筋混凝土屋面板	10-1-21	混凝土板上无机轻集料保温砂浆 30mm
106		11-1-1.11	1:3 水泥砂浆混凝土或硬基层上找平 20mm[换水泥抹灰砂浆 1:2.5]
107		10-1-11	混凝土板上现浇水泥珍珠岩 1:10
108		1-4-6	毛砂过筛
109		010902002	屋面涂膜防水,聚氨酯防水
110		9-2-47	平面聚氨酯防水涂膜 2mm
111		9-2-49×-1	平面聚氨酯防水涂膜减 0.5mm
112		11-1-1.11	1:3 水泥砂浆混凝土或硬基层上找平 20mm[换水泥抹灰砂浆 1:2.5]
113		1-4-6	毛砂过筛
23	岩棉板防火隔离带		
114	1. 岩棉板,A 级	011001001	保温隔热屋面;岩棉板防火隔离带
115		10-1-16	混凝土板上干铺聚苯保温板 100
116		011001003	保温隔热墙面;岩棉板防火隔离带
117		10-1-47	立面胶粘剂满粘聚苯保温板 50
24	地砖保护层屋面:屋 101,上人屋面		
118	1. 8~10 厚防滑地砖铺平拍实,缝宽 5~8,1:1 水泥砂浆填缝	011102003	屋面防滑地砖
119	2. 25 厚 1:3 干硬性水泥砂浆结合层	11-3-33	干硬 1:3 水泥砂浆地板砖楼地面 L1200mm 内
120	3. 隔离层:0.4 厚聚乙烯膜一层	11-1-3	1:3 水泥砂浆增减 5mm
121	4. 防水层:4 厚 SBS 改性沥青防水卷材一道＋水泥基渗透结晶型防水涂料一道	1-4-6	毛砂过筛
122	5. 30 厚 C20 细石混凝土找平层	010902001	屋面卷材防水,聚乙烯薄膜,SBS 防水卷材,防水涂料,C20 混凝土找平 30
123	6. 保温层:75 厚挤塑板(XPS 板)	9-2-10	平面一层改性沥青卷材热熔
124	7. 20 厚 1:2.5 水泥砂浆找平	9-2-55	平面水泥基渗透结晶型防水涂料 1mm
125	8. 最薄处 30 厚找坡 2% 找坡层:1:8 水泥憎水型膨胀珍珠岩	9-2-65	C20 细石混凝土防水层 40mm
126	9. 隔气层:1.5 厚聚氨酯防水材料	9-2-66×-2	C20 细石混凝土防水层减 10mm×2
127	10. 20 厚 1:2.5 水泥砂浆找平	011001001	保温隔热屋面;75 厚挤塑板,水泥珍珠岩找坡
128	11. 现浇钢筋混凝土屋面板	10-1-16H	混凝土板上干铺聚苯保温板 75
129		11-1-1.11	1:3 水泥砂浆混凝土或硬基层上找平 20mm[换水泥抹灰砂浆 1:2.5]
130		10-1-11	混凝土板上现浇水泥珍珠岩 1:10

序号	项目名称	编码	清单/定额名称
131		1-4-6	毛砂过筛
132		010902002	屋面涂膜防水;聚氨酯防水
133		9-2-47	平面聚氨酯防水涂膜 2mm
134		9-2-49×-1	平面聚氨酯防水涂膜减 0.5mm
135		11-1-1.11	1:3 水泥砂浆混凝土或硬基层上找平 20mm[换水泥抹灰砂浆 1:2.5]
136		1-4-6	毛砂过筛
25	块瓦坡屋面:屋 301,坡屋面		
137	1. 块瓦	010901001	瓦屋面;块瓦坡屋面
138	2. 挂瓦条 30×30(h),中距挂瓦规格	9-1-1	屋面板、椽子挂瓦条上铺设黏土瓦
139	3. 顺水条 40×20(h),中距 500	010902003	屋面刚性层;35 厚细石混凝土配 φ4@100×100 钢筋网
140	4. 35 厚 C20 细石混凝土持钉层,内配 φ4@100×100 钢筋网	9-2-65	C20 细石混凝土防水层 40mm
141	5. 满铺 0.4 厚聚乙烯膜一层	9-2-66×-5	C20 细石混凝土防水层减 10mm×5
142	6. 防水垫层:4 厚 SBS 改性沥青防水卷材一道+水泥基渗透结晶型防水涂料一道	5-4-1	现浇构件钢筋 HPB300 φ10 内
143	7. 20 厚 1:2.5 水泥砂浆找平	010902001	屋面卷材防水
144	8. 保温层:75 厚挤塑板(XPS 板)	9-2-10	平面一层改性沥青卷材热熔
145	9. 钢筋混凝土屋面板,板内预埋锚筋 φ10@900×900,伸入持钉层 25	9-3-3	镀锌铁皮天沟、泛水
146		011101006	平面砂浆找平层;1:2.5 水泥砂浆
147		11-1-1.11	1:3 水泥砂浆混凝土或硬基层上找平 20mm[换水泥抹灰砂浆 1:2.5]
148		1-4-6	毛砂过筛
149		011001001	保温隔热屋面;XPS 板
150		10-1-16H	混凝土板上干铺聚苯保温板 75
151		5-4-78	植筋 φ10 内
26	玻化微珠防火隔离带		
152	1. 玻化微珠防火隔离带	011001001	隔热屋面;30 厚玻化微珠防火隔离带
153		10-1-16H	混凝土板上干铺 30 厚玻化微珠
27	屋面排水		
154	1. 塑料落水管	010902004	屋面排水管;塑料水落管 φ100
155	2. 铸铁弯头落水口	9-3-10	塑料水落管 φ≤110mm
156	3. 铸铁雨水口	9-3-9	铸铁管弯头落水口(含箅子板)
157	4. 塑料水斗	9-3-7	铸铁管雨水口
158		9-3-13	塑料管落水斗
28	台阶:L13J5-1		
159	1. C25 踏步	010507004	台阶;C25
160		5-1-52.15	C252 现浇混凝土台阶
161		18-1-115	台阶木模板木支撑
29	竣工清理		
162	竣工清理	01B001	竣工清理

序号	项目名称	编码	清单/定额名称
163		1-4-3	竣工清理
30	垂直运输		
164	1. 泵送混凝土增加费	011703001	垂直运输
165	2. 垂直运输机械	19-1-23	檐高20m上40m内现浇混凝土结构垂直运输
166		5-3-11	柱、墙、梁、板固定泵泵送混凝土
167		5-3-17	柱、墙、梁、板管道安拆输送混凝土高50m内
168		5-3-13	其他构件固定泵泵送混凝土
169		5-3-18	其他构件管道安拆输送混凝土高50m内
31	脚手架		
170		011701001	综合脚手架
171		17-1-12	双排外钢管脚手架50m内
172		17-1-7	双排外钢管脚手架6m内

工程名称：框剪高层架住宅装饰　　　　**项目模板**　　　　表6-22

序号	项目名称	编码	清单/定额名称
	装饰(不计超高)		
1	木质门		
1	1. 平开夹板百叶门	010801001	木质门；平开夹板百叶门，L13J4-1(78)
2		8-1-2	成品木门框安装
3		8-1-3	普通成品门扇安装
4		8-6-4	百叶窗
5		15-9-22	门扇L形执手插锁安装
6		011401001	木门油漆
7		14-1-1	底油一遍调和漆二遍单层木门
2	防火门		
8	1. 甲级 L13J4-2(3)MFM01-1221/MFM01-0820	010802003	钢质防火门
9	2. 乙级 L13J4-2(3)MFM01-1221	8-2-7	钢质防火门
3	铝合金窗		
10	1. 铝合金窗	010807001	铝合金中空玻璃窗
11		8-7-2	铝合金平开窗
4	水泥砂浆楼地面:用于地下室		
12	1. 30厚1：2水泥砂浆压平抹光	011101001	水泥砂浆地面；1：2水泥砂浆30
13	2. 素水泥浆一道	11-2-1	1：2水泥砂浆楼地面20mm
14	3. 混凝土底板或楼板	11-1-3.09×2	1：3水泥砂浆增5mm[换水泥抹灰砂浆1：2]×2
15		1-4-6	毛砂过筛
5	大理石地面:地204用于一层进厅		
16	1. 20厚大理石稀水泥浆或是彩色水泥浆擦缝	011102003	块料地面；大理石(地204)
17	2. 30厚1：3干硬性水泥砂浆	11-3-5	1：3干硬性水泥砂浆块料楼地面不分色
18	3. 素水泥浆一道	1-4-6	毛砂过筛
6	水泥砂浆楼面:楼面二用于楼梯及息板		
19	1. 20厚1：2水泥砂浆压平抹光	011101001	水泥砂浆楼面；楼梯面

序号	项目名称	编码	清单/定额名称
20	2. 素水泥浆一道	11-2-2	1：2 水泥砂浆楼梯 20mm
21	3. 现浇钢筋混凝土楼梯板	1-4-6	毛砂过筛
7	大理石楼面：楼面三用于一层门厅		
22	1. 20 厚大理石稀水泥浆或是彩色水泥浆擦缝	011102003	块料楼地面；大理石楼面
23	2. 30 厚 1：3 干硬性水泥砂浆	11-3-5	1：3 干硬性水泥砂浆块料楼地面不分色
24	3. 素水泥浆一道	1-4-6	毛砂过筛
25	4. 60 厚 LC7.5 轻骨料混凝土填充层	010404001	垫层；60 厚 LC7.5 炉渣混凝土
26	5. 现浇钢筋混凝土楼板	10-1-14	混凝土板上干铺石灰炉、矿渣 1：10
8	地砖楼面：楼面五用于一层卫生间		
27	1. 8～10 厚防滑地砖铺实拍平，稀水泥浆擦缝	011102003	块料楼地面；卫生间地砖楼面（楼面五）
28	2. 20 厚 1：3 干硬性水泥砂浆	11-3-33	干硬 1：3 水泥砂浆地板砖楼地面 L1200mm 内
29	3. 1.5 厚合成高分子防水砂浆	11-1-3	1：3 水泥砂浆增减 5mm
30	4. 最薄处 50 厚 C15 豆石混凝土随打随抹平（上下配 φ3 双向@50 钢丝网片，中间敷散热管）坡向地漏	9-2-51	平面聚合物水泥防水涂料 1mm
31	5. 0.2 厚真空镀铝聚酯薄膜	9-2-53	平面聚合物水泥防水涂料增减 0.5mm
32	6. 20 厚挤塑聚苯乙烯泡沫塑料板	9-2-65	C20 细石混凝土防水层 40mm
33	7. 1.5 厚合成高分子防水涂料防潮层	9-2-66	C20 细石混凝土防水层增减 10mm
34	8. 20 厚 1：3 水泥砂浆找平层	1-4-6	毛砂过筛
35	9. 素水泥浆一道	010904001	楼面卷材防水；卫生间防水
36	10. 现浇钢筋混凝土屋面板	10-1-27	地面耐碱纤维网格布
37		10-1-16H	混凝土板上干铺聚苯保温板 20
38		9-2-51	平面聚合物水泥防水涂料 1mm
39		9-2-53	平面聚合物水泥防水涂料增减 0.5mm
40		11-1-1	1：3 水泥砂浆混凝土或硬基层上找平 20mm
41		1-4-6	毛砂过筛
9	地砖楼面：楼面七用于厨房		
42	1. 8～10 厚防滑地砖铺实拍平，稀水泥浆擦缝	011102003	块料楼地面；厨房、阳台地砖楼面（楼面七）
43	2. 20 厚 1：3 干硬性水泥砂浆	11-3-33	干硬 1：3 水泥砂浆地板砖楼地面 L1200mm 内
44	3. 1.5 厚合成高分子防水砂浆	11-1-3	1：3 水泥砂浆增减 5mm
45	4. 最薄处 50 厚 C15 豆石混凝土随打随抹平（上下配 φ3 双向@50 钢丝网片，中间敷散热管）坡向地漏	9-2-51	平面聚合物水泥防水涂料 1mm
46	5. 0.2 厚真空镀铝聚酯薄膜	9-2-53	平面聚合物水泥防水涂料增减 0.5mm
47	6. 20 厚挤塑聚苯乙烯泡沫塑料板	9-2-65	C20 细石混凝土防水层 40mm
48	7. 1.5 厚合成高分子防水涂料防潮层	9-2-66	C20 细石混凝土防水层增减 10mm
49	8. 20 厚 1：3 水泥砂浆找平层	1-4-6	毛砂过筛
50	9. 素水泥浆一道	010904001	楼面卷材防水；厨房、阳台楼面防水
51	10. 现浇钢筋混凝土屋面板	10-1-27	地面耐碱纤维网格布
52		10-1-16H	混凝土板上干铺聚苯保温板 20

序号	项目名称	编码	清单/定额名称
53		9-2-51	平面聚合物水泥防水涂料 1mm
54		9-2-53	平面聚合物水泥防水涂料增减 0.5mm
55		11-1-1	1∶3 水泥砂浆混凝土或硬基层上找平 20mm
56		1-4-6	毛砂过筛
10	水泥砂浆楼面:楼面八用于餐厅、客厅、卧室		
57	1. 20厚1∶2水泥砂浆抹平压光	011101001	水泥砂浆楼地面;楼面八(低温热辐射供暖楼面)
58	2. 素水泥浆一道	11-2-1	1∶2 水泥砂浆楼地面 20mm
59	3. 50厚C15豆石混凝土(上下配φ3双向@50钢丝网片,中间敷散热管)	9-2-65	C20 细石混凝土防水层 40mm
60	4. 0.2厚真空镀铝聚酯薄膜	9-2-66	C20 细石混凝土防水层增减 10mm
61	5. 20厚挤塑聚苯乙烯泡沫塑料板	1-4-6	毛砂过筛
62	6. 20厚1∶3水泥砂浆找平层	011001005	保温隔热楼地面
63	7. 素水泥浆一道	10-1-16H	混凝土板上干铺聚苯保温板 20
64	8. 现浇钢筋混凝土楼板	11-1-1	1∶3 水泥砂浆混凝土或硬基层上找平 20mm
65		10-1-78	垫层、楼板地暖埋管增加
66		1-4-6	毛砂过筛
11	地砖楼面:楼面九用于阳台		
67	1. 8~10厚防滑地砖铺实拍平,稀水泥浆擦缝	011102003	块料楼地面:阳台楼面(楼面九)
68	2. 30厚1∶3干硬性水泥砂浆	11-3-33	干硬1∶3 水泥砂浆地板砖楼地面 L1200mm 内
69	3. 1.5厚合成高分子防水涂料	1-4-6	毛砂过筛
70	4. 最薄处20厚1∶3水泥砂浆找坡层抹平	010702001	阳台卷材防水;楼面九
71	5. 素水泥浆一道	9-2-51	平面聚合物水泥防水涂料 1mm
72	6. 现浇钢筋混凝土楼板	9-2-53	平面聚合物水泥防水涂料增减 0.5mm
73		11-1-1	1∶3 水泥砂浆混凝土或硬基层上找平 20mm
74		1-4-6	毛砂过筛
12	水泥砂浆墙面(混凝土墙/混凝土砌块墙 内墙1)		
75	1. 刷专用界面剂一遍	011201001	墙面一般抹灰;水泥砂浆内墙面(混凝土墙)
76	2. 9厚1∶3水泥砂浆	14-4-19	干粉界面剂毛面
77	3. 6厚1∶2水泥砂浆抹平	12-1-4	混凝土墙、砌块墙面水泥砂浆 9+6
78		17-2-6-1	双排里钢管脚手架3.6m内[装饰]
79		1-4-6	毛砂过筛
13	刮腻子顶棚:顶棚二(顶2)		
80	1. 现浇钢筋混凝土板底清理干净	011407002	天棚喷刷涂料;刮腻子
81	2. 2~3厚柔韧型腻子分遍批刮	14-4-3	天棚抹灰面满刮调制腻子二遍
14	机磨纹花岗石板坡道:L13J12-25④		
82	1. 机磨纹花岗石板[装饰]	011102001	石材楼地面;花岗石坡道
83	2. 撒素水泥面[装饰]	16-6-85	C204 现浇混凝土花岗石坡道60厚3∶7 灰土垫层
15	台阶:L13J9-1		
84	1. 花岗岩台阶	011107001	花岗岩台阶面

序号	项目名称	编码	清单/定额名称
85		11-3-18	水泥砂浆石材台阶
86		1-4-6	毛砂过筛
16	楼梯栏杆:建施-20		
87	1.钢管扶手方钢栏杆	011503001	金属扶手栏杆;钢管扶手方钢栏杆(建施-20)
88	2.防锈漆二遍	15-3-9	钢管栏杆钢管扶手
89	3.调合漆二遍	14-2-32	红丹防锈漆一遍金属构件
90		14-2-2	调和漆二遍金属构件
17	坡道栏杆扶手:L13J12-21		
91	1.钢管喷塑栏杆	011503001	金属扶手栏杆;钢管喷塑栏杆 L13J12
92	2.钢管喷塑	15-3-9	钢管栏杆钢管扶手
93		14-2-9	过氯乙烯漆五遍成活金属面
	装饰(计超高)		
1	木质门		
1	1.平开夹板门	010801001	木质门;平开夹板门,L13J4-1(78)
2		8-1-2	成品木门框安装
3		8-1-3	普通成品门扇安装
4		15-9-22	门扇L形执手插锁安装
5		011401001	木门油漆
6		14-1-1	底油一遍调和漆二遍单层木门
2	防盗门		
7		010802004	防盗对讲门
8		8-2-9	钢质防盗门
9		010802004	防盗防火保温进户门
10		8-2-9	钢质防盗门
3	防火门		
11		010802003	钢质防火门
12		8-2-7	钢质防火门
4	铝合金门		
13	1.铝合金推拉门	010802001	金属门;隔热铝合金中空玻璃门
14		8-2-1	铝合金推拉门
5	铝合金窗		
15	1.铝合金窗	010807001	隔热铝合金窗中空玻璃窗
16	2.铝合金百叶	8-7-2	铝合金平开窗
17		010807003	铝合金百叶
18		8-7-4	铝合金百叶窗
6	水泥砂浆楼梯面		
19	1.20厚1:2水泥砂浆压平抹光	011101001	水泥砂浆楼梯面;水泥楼面二
20	2.素水泥浆一道	11-2-2	1:2水泥砂浆楼梯20
21		1-4-6	毛砂过筛
7	地砖楼面:楼面四用于2层至顶层门厅		
22	1.8~10厚防滑地砖铺实拍平,稀水泥浆擦缝	011102003	块料楼地面;门厅地砖楼面(楼面四)

序号	项目名称	编码	清单/定额名称
23	2. 20 厚 1:3 干硬性水泥砂浆	11-3-33	干硬 1:3 水泥砂浆地板砖楼地面 L1200 内
24	3. 素水泥浆一道	1-4-6	毛砂过筛
25	4. 60 厚 LC7.5 轻骨料混凝土填充层	010404001	垫层；LC7.5 轻骨料混凝土填充层 60
26	5. 现浇钢筋混凝土楼板	10-1-15	混凝土板上干铺炉、矿渣混凝土
8	地砖楼面：楼面六用于 2 层至顶层卫生间		
27	1. 8～10 厚防滑地砖铺实拍平，稀水泥浆擦缝	011102003	块料楼地面；卫生间地砖楼面（楼面六）
28	2. 20 厚 1:3 干硬性水泥砂浆	11-3-33	干硬 1:3 水泥砂浆地板砖楼地面 L1200 内
29	3. 1.5 厚合成高分子防水砂浆	9-2-51	平面聚合物水泥防水涂料 1
30	4. 最薄处 50mm 厚 C15 豆石混凝土随打随抹平（上下配 ϕ3 双向@50 钢丝网片，中间敷散热管）坡向地漏	9-2-53	平面聚合物水泥防水涂料增减 0.5
31	5. 0.2 厚真空镀铝聚酯薄膜	9-2-65	C20 细石混凝土防水层 40
32	6. 20 厚挤塑聚苯乙烯泡沫塑料板	9-2-66	C20 细石混凝土防水层增减 10
33	7. 300 厚 LC7.5 轻骨料混凝土填充层	5-4-71	地面铺钉钢丝网
34	8. 0.7 厚聚乙烯丙纶防水卷材用 1.3 厚专用粘结料满粘	1-4-6	毛砂过筛
35	9. 现浇钢筋混凝土楼板（基层处理平整）	010904001	楼面卷材防水；卫生间防水
36		10-1-27	地面耐碱纤维网格布
37		10-1-16H	混凝土板上干铺聚苯保温板 20
38		9-2-27	平面一层聚氯乙烯卷材热风焊接法
39		010404001	垫层；LC7.5 轻骨料混凝土填充层 300
40		10-1-15	混凝土板上干铺炉、矿渣混凝土
9	地砖楼面：楼面七用于厨房、封闭阳台		
41	1. 8～10 厚防滑地砖铺实拍平，稀水泥浆擦缝	011102003	块料楼地面；厨房、封闭阳台地砖楼面（楼面七）
42	2. 20 厚 1:3 干硬性水泥砂浆	11-3-33	干硬 1:3 水泥砂浆地板砖楼地面 L1200 内
43	3. 1.5 厚合成高分子防水砂浆	9-2-51	平面聚合物水泥防水涂料 1
44	4. 最薄处 50 厚 C15 豆石混凝土随打随抹平（上下配 ϕ3 双向@50 钢丝网片，中间敷散热管）坡向地漏	9-2-53	平面聚合物水泥防水涂料增减 0.5
45	5. 0.2 厚真空镀铝聚酯薄膜	9-2-65	C20 细石混凝土防水层 40
46	6. 20 厚挤塑聚苯乙烯泡沫塑料板	9-2-66	C20 细石混凝土防水层增减 10
47	7. 1.5 厚合成高分子防水涂料防潮层	5-4-71	地面铺钉钢丝网
48	8. 20 厚 1:3 水泥砂浆找平层	1-4-6	毛砂过筛
49	9. 素水泥浆一道	010904001	楼面卷材防水；厨房、封闭阳台楼面
50	10. 现浇钢筋混凝土屋面板	10-1-27	地面耐碱纤维网格布
51		10-1-16H	混凝土板上干铺聚苯保温板 20
52		9-2-51	平面聚合物水泥防水涂料 1
53		9-2-53	平面聚合物水泥防水涂料增减 0.5
54		11-1-1	1:3 水泥砂浆混凝土或硬基层上找平 20
55		1-4-6	毛砂过筛

序号	项目名称	编码	清单/定额名称
10	水泥砂浆保温楼面:楼面八用于餐厅、客厅、卧室		
56	1. 20厚1:2水泥砂浆抹平压光	011101001	水泥砂浆楼面;楼面八(卧室、走廊、餐厅)
57	2. 素水泥浆一道	11-2-1	1:2水泥砂浆楼地面20
58	3. 50厚C15豆石混凝土(上下配φ3双向@50钢丝网片,中间敷散热管)	9-2-65	C20细石混凝土防水层40
59	4. 0.2厚真空镀铝聚酯薄膜	9-2-66	C20细石混凝土防水层增减10
60	5. 20厚挤塑聚苯乙烯泡沫塑料板	5-4-71	地面铺钉钢丝网
61	6. 20厚1:3水泥砂浆找平层	1-4-6	毛砂过筛
62	7. 素水泥浆一道	011001005	保温隔热楼地面;楼面八
63	8. 现浇钢筋混凝土楼板	10-1-27	地面耐碱纤维网格布
64		10-1-16H	混凝土板上干铺聚苯保温板20
65		11-1-1	1:3水泥砂浆混凝土或硬基层上找平20
66		1-4-6	毛砂过筛
11	地砖楼面:楼面九用于阳台		
67	1. 8~10厚防滑地砖铺实拍平,稀水泥浆擦缝	011102003	块料楼地面;阳台楼面(楼面九)
68	2. 30厚1:3干硬性水泥砂浆	11-3-33	干硬1:3水泥砂浆地板砖楼地面L1200内
69	3. 1.5厚合成高分子防水涂料	1-4-6	毛砂过筛
70	4. 最薄处20mm厚1:3水泥砂浆找坡层抹平	010702001	阳台卷材防水;开敞阳台楼面
71	5. 素水泥浆一道	9-2-51	平面聚合物水泥防水涂料1
72	6. 现浇钢筋混凝土楼板	9-2-53	平面聚合物水泥防水涂料增减0.5
73		11-1-1	1:3水泥砂浆混凝土或硬基层上找平20
74		1-4-6	毛砂过筛
12	水泥砂浆楼面:用于设备间、机房层		
75	1. 20厚1:2水泥砂浆抹平压光	011101001	水泥砂浆楼地面;20厚1:2水泥砂浆
76	2. 素水泥浆一道20厚	11-2-1	1:2水泥砂浆楼地面20
77	3. 现浇钢筋混凝土楼板	1-4-6	毛砂过筛
13	刮腻子顶棚:顶棚二(顶2)		
78	1. 现浇钢筋混凝土板底清理干净	011407002	天棚喷刷涂料;2~3厚柔韧型腻子
79	2. 2~3厚柔韧型腻子分遍批刮	14-4-3	天棚抹灰面满刮调制腻子二遍
14	石质板材踢脚(高120)踢4用于一层门厅		
80	1. 刷专用界面剂一遍	011105003	块料踢脚线;大理石板踢脚(一层门厅)
81	2. 9厚1:3水泥砂浆	11-3-20	水泥砂浆石材踢脚板直线形
82	3. 6厚1:2水泥砂浆	1-4-6	毛砂过筛
15	面砖踢脚(高120)踢3用于2层至顶层门厅		
83	1. 刷专用界面剂一遍	011105003	块料踢脚线;面砖踢脚(2层至顶层候梯厅)
84	2. 9厚1:3水泥砂浆	11-3-45	水泥砂浆地板砖踢脚板直线形
85	3. 6厚1:2水泥砂浆	1-4-6	毛砂过筛
16	面砖墙面:内墙二用于一层候梯厅、进厅内墙		
86	1. 2厚配套专用界面剂一遍	011204003	块料墙面;面砖墙面(一层候梯厅、进厅)

序号	项目名称	编码	清单/定额名称
87	2. 7厚1∶1∶6水泥石灰砂浆	12-2-26	墙、柱面水泥砂浆粘贴全瓷墙面砖 L1800 内
88	3. 6厚1∶0.5∶2.5水泥石灰砂浆	14-4-19	干粉界面剂毛面
89	4. 素水泥浆一道	1-4-6	毛砂过筛
90	5. 4～5厚1∶1水泥砂浆加水重20%建筑胶粘结层	17-2-6-1	双排里钢管脚手架3.6m内[装饰]
17	釉面砖墙面:内墙三用于厨房、卫生间、封闭阳台		
91	1. 刷专用界面剂一遍	011204003	块料墙面;釉面砖(厨房、卫生间、封闭阳台)
92	2. 9厚1∶3水泥砂浆压实抹平	12-2-25	墙、柱面水泥砂浆粘贴全瓷墙面砖 L1500 内
93	3. 1.5厚聚合物水泥防水涂料(I型)高出地面250mm,淋浴花洒周围1m范围内墙防水层高出地面1800mm	14-4-19	干粉界面剂毛面
94	4. 素水泥浆一道	1-4-6	毛砂过筛
95	5. 3～4厚1∶1水泥砂浆加水重20%建筑胶粘结层	17-2-6-1	双排里钢管脚手架3.6m内[装饰]
96	6. 4～5厚釉面砖,白水泥浆擦缝	010903002	墙面涂膜防水;聚合物水泥复合涂料
97		9-2-52	立面聚合物水泥防水涂料1
98		9-2-54	立面聚合物水泥防水涂料增减0.5
18	刮腻子墙面:内墙四(内墙5轻质隔墙)		
99	1. 轻质隔墙	011201001	墙面一般抹灰;刮腻子墙面(内墙四)
100	2. 满贴涂塑8目中碱玻璃纤维网布一层,石膏胶粘剂横向粘贴	14-4-9	内墙抹灰面满刮成品腻子二遍
101	3. 2～3厚柔性耐水腻子分遍批刮,磨平	10-1-73	墙面一层耐碱纤维网格布
102	4. 楼梯厅内墙刷白色涂料	17-2-6-1	双排里钢管脚手架3.6m内[装饰]
103		011407001	墙面喷刷涂料;白色涂料
104		14-3-37	刷石灰大白浆三遍
19	真石漆外墙面		
105	1. 基层墙体	011201004	立面砂浆找平层;真石漆外墙聚合物水泥砂浆20
106	2. 20厚聚合物水泥砂浆找平层	9-2-73	聚合物水泥防水砂浆10
107	3. 40厚挤塑板(XPS板),特用胶粘剂+固定件方式固定	9-2-74×2	聚合物水泥防水砂浆增5×2
108	4. 2厚配套专用界面砂浆批刮	1-4-6	毛砂过筛
109	5. 9厚2∶1∶8水泥石灰砂浆[以下含不保温]	011001003	保温隔热墙面;40厚挤塑板(XPS板)
110	6. 6厚1∶2.5水泥砂浆找平	10-1-48H	立面胶粘剂点粘聚苯保温板40
111	7. 5厚干粉类聚合物水泥防水砂浆,中间压入一层耐碱玻璃纤维网布	011203001	檐板、零星项目一般抹灰
112	8. 涂饰底层涂料	12-1-14	装饰线条混浆9+6
113	9. 喷涂主层涂料	13-1-3	混凝土面天棚混浆抹灰5+3
114	10. 涂饰面层涂料二遍	12-1-12	零星项目混浆9+6
115		1-4-6	毛砂过筛
116		011201001	墙面一般抹灰;9厚混浆,6厚水泥砂浆
117		12-1-3	砖墙面水泥砂浆9+6

序号	项目名称	编码	清单/定额名称
118		1-4-6	毛砂过筛
119		010903003	墙面砂浆防水;5厚干粉类聚合物水泥防水砂浆
120		10-1-67	墙面抗裂砂浆5内
121		10-1-27	地面耐碱纤维网格布
122		011407001	墙面喷刷涂料;真石漆外墙面
123		14-3-5	墙柱面喷真石漆三遍成活
20	面砖外墙面		
124	1. 基层墙体	011201004	立面砂浆找平层;面砖墙面聚合物水泥砂浆20
125	2. 20厚聚合物水泥砂浆找平层	9-2-73	聚合物水泥防水砂浆10
126	3. 40厚挤塑板(XPS板),特用胶粘剂＋固定件方式固定	9-2-74×2	聚合物水泥防水砂浆增5×2
127	4. 2厚配套专用界面砂浆批刮	1-4-6	毛砂过筛
128	5. 9厚2:1:8水泥石灰砂浆〔以下含不保温〕	011001003	保温隔热墙面;40厚挤塑板(XPS板)
129	6. 6厚1:2.5水泥砂浆找平	10-1-48H	立面胶粘剂点粘聚苯保温板40
130	7. 5厚干粉类聚合物水泥防水砂浆,中间压入一层热镀锌电焊网	011201001	墙面一般抹灰;9厚混浆,6厚水泥砂浆
131	8. 配套专用胶粘剂粘结	12-1-3	砖墙面水泥砂浆9＋6
132	9. 5~7厚外墙面砖,填缝剂填缝	1-4-6	毛砂过筛
133		010903003	墙面砂浆防水;5厚干粉类聚合物水泥防水砂浆,中间压镀锌网
134		10-1-67	墙面抗裂砂浆5内
135		5-4-70	墙面钉钢丝网
136		011204003	块料墙面;面砖外墙
137		12-2-45	水泥砂浆粘贴瓷质外墙砖60×240灰缝5内
138		1-4-6	毛砂过筛
21	台阶:L13J9-1		
139	1. 水泥台阶面	011107004	水泥砂浆台阶面
140		11-2-3	1:2水泥砂浆台阶20
141		1-4-6	毛砂过筛
22	楼梯栏杆;建施-20		
142	1. 钢管扶手方钢栏杆	011503001	金属扶手栏杆;钢管扶手方钢栏杆(建施-20)
143	2. 防锈漆二遍	15-3-9	钢管栏杆钢管扶手
144	3. 调合漆二遍	14-2-32	红丹防锈漆一遍金属构件
145		14-2-2	调和漆二遍金属构件
23	屋面铸铁栏杆		
146	1. 铸铁成品栏杆	011503001	铸铁成品栏杆800
147		15-3-3	不锈钢管扶手不锈钢栏杆
24	室内钢梯L13J8		
148	1. 钢梯L13J8-74	010606008	钢梯;L13J8-74
149		6-1-26	踏步式钢梯
150		14-2-2	调和漆二遍金属构件

序号	项目名称	编码	清单/定额名称
25	阳台栏杆		
151	1. 成品铸铁栏杆	011503001	成品铸铁栏杆 200
152	2. 成品玻璃栏板栏杆	15-3-3	不锈钢管扶手不锈钢栏杆
153		011503001	成品铸铁栏杆 700
154		15-3-3	不锈钢管扶手不锈钢栏杆
155		011503001	成品玻璃栏板栏杆 700
156		15-3-2	不锈钢管扶手钢化全玻璃栏板
157		011503001	成品铸铁栏杆 900
158		15-3-3	不锈钢管扶手不锈钢栏杆

6.6 辅助计算表与实物量表

6.6.1 辅助计算表

辅助计算表见表 6-23～表 6-26。

挖坑表（C 表）　　　　　　　　　　　　　　　　　　　　　　　表 6-23

说明	坑长	坑宽	加宽	垫层厚	垫层面	基础面	坑深	放坡	数量	挖坑	垫层	模板	钎探
C1													
大开挖	52.9	18	0.1	0.15	0.4	0.1	6.43	0.33	1	7484.74	96.64	14.26	967
										7484.74	96.64	14.26	967
C2													
电梯井	2.92	3.02	0.1	0.15	0.4	0.1	1.47	0.5	2	57.57	2.01	2.54	22
										57.57	2.01	2.54	22
C3													
阴影部分加深 0.42	6.4	3.99	0	0	0.15	0	0.42		2	24.14			
	3	5	0	0	0.15	0	0.42		2	14.69			
										38.83			

截头方锥体（E 表）　　　　　　　　　　　　　　　　　　　　　表 6-24

说明	底长	底宽	底高	顶长	顶宽	顶高	数量	体积	模板
E1									
电梯井外	4.62	4.72	0	3.02	3.02	2.92	2	43.6	
								43.6	

构造柱表（H 表）　　　　　　　　　　　　　　　　　　　　　　表 6-25

说明	型号	长	宽	高	数量	筋①	筋②	筋③	筋④	柱体积	模板
H1：1～11 层											
M5,6,7,C10,11	端型	0.18	0.2	2.4	24×11	1056				26.23	443.52
⑮轴	端型	0.1	0.2	2.5	11	44				0.63	17.05
①、⑬、⑯、㉙、㉚、Ⓖ	┴型	0.18	0.2	2.5	7×11	308	616			10.16	107.8
Ⓐ轴	┗型	0.18	0.2	2.5	4×11	352				5.21	68.2
						1760	616			42.23	636.57

说明	a 边	b 边	高	增垛扣墙	立面洞口	间数	踢脚线（m）	墙面	平面	脚手架
J1:地下 2 层装修										
储藏 1	3.34	6.44	2.88		M1	1	18.76	54.65	21.51	56.33
	1.2	−0.7				1			−0.84	
储藏 2	3.34	4.84	2.88		M1	1	15.56	45.44	16.17	47.12
	1.2	−0.71				1			−0.85	
储藏 3	1.7	4.13	2.88		M1	2	21.72	63.8	14.04	67.16
	1.7	4.13	2.88	−2	M1	1	8.86	26.14	7.02	27.82
储藏 4	3.1	4.24	2.88		M1	4	55.52	162.39	52.58	169.11
储藏 5	1.45	4.3	2.88		M1	3	32.1	94.32	18.71	99.36
储藏 6	4.3	5.84	2.87		M1	2	38.96	113.05	50.22	116.41
	4.3	5.84	2.88		M1	2	38.96	113.45	50.22	116.81
	1.35	−1.45				4			−7.83	
储藏 7	2.74	5.14	2.88		M1	2	29.92	87.42	28.17	90.78
	1.2	−0.91				2			−2.18	
	2	0.2				1			0.4	
储藏 8	3.69	2.89	2.88		M1	2	24.72	72.44	21.33	75.8
	1.2	0.2				1			0.24	
储藏 9	1.7	4.2	2.88		M1	1	11	32.3	7.14	33.98
储藏 10	4.4	4.2	2.88	0.64×2	M1	1	17.68	51.54	18.48	49.54
	2.26	−0.87				1			−1.97	
储藏 11	2.8	4.24	2.88		M1	1	13.28	38.87	11.87	40.55
储藏 12	3.34	7.15	2.88		M1	1	20.18	58.74	23.88	60.42
	1.3	−1.31				1			−1.7	
储藏 13	3.34	3.33	2.88		M1	1	12.54	36.74	11.12	38.42
窗井	2.01	1	3		C5	3	18.06	48.84	6.03	54.18
	2.31	1	3		C5	1	6.62	18.08	2.31	19.86
设备间	1.11	0.61	2.88		M13	4	10.16	32.43	2.71	39.63
楼梯间	2.42	3.6	2.88	−2.42		2	19.24	55.41	17.42	55.41
门厅	1.61	4.4	2.88	−1.61	M12+MD1	4	32.44	100.16	28.34	119.92
	0.22	−2.1				4			−1.85	
	2.42	1.21	2.88	−2.42	2M12+2M13	2	1.28	10.6	5.86	27.88
过道 1	16.9	1.21	2.88	−1.2−1.25×2−1.61×2−2.7	6M1	1	21.8	66.53	20.45	76.61
	1.25	4.4	2.88	−1.25	2M1+C5	2	16.9	47.61	11	57.89
	1.25	4.4	2.88	−1.25	M1+C5	1	9.25	25.48	5.5	28.94
	1.2	4.4	2.88	−1.2	M1+C5	1	9.2	25.34	5.28	28.8
	3.69	4.16	2.88	−1.2+0.79×2	2M1+M10	1	13.28	40.43	15.35	41.76
	3.69	4.16	2.88	−1.2−1.25+0.79×2	2M1	1	13.23	39.35	15.35	38.16
	2.59	−1.01				2			−5.23	
过道 2	20	1.21	2.88	−1.2×2−2.7−1.61×2−1.25	7M1	1	27.25	82.85	24.2	94.61
	2.7	1.45	2.88	−2.7		2	11.2	32.26	7.83	32.26

说明	a边	b边	高	增垛扣墙	立面洞口	间数	踢脚线（m）	墙面	平面	脚手架
					141.64		569.67	1676.66	498.28	1805.52

J2：地下1层装修

说明	a边	b边	高	增垛扣墙	立面洞口	间数	踢脚线（m）	墙面	平面	脚手架
储藏1	3.34	6.44	2.73		M1	1	18.76	51.72	21.51	53.4
	1.2	−0.7				1			−0.84	
储藏2	3.34	4.84	2.73		M1	1	15.56	42.98	16.17	44.66
	1.2	−0.71				1			−0.85	
储藏3	1.7	4.13	2.73		M1	2	21.72	60.3	14.04	63.66
	1.7	4.13	2.73	−2	M1	1	8.86	24.69	7.02	26.37
储藏4	3.1	4.24	2.73		M1	4	55.52	153.59	52.58	160.31
热表、储5	1.45	4.3	2.73		M1	3	32.1	89.15	18.71	94.19
储藏6	4.3	5.84	2.73		M1	2	38.96	107.37	50.22	110.73
	1.35	−1.5				2			−4.05	
储藏7	2.74	5.14	2.73		M1	2	29.92	82.69	28.17	86.05
	1.2	−0.91				2			−2.18	
	2	0.2				1			0.4	
储藏8	3.69	2.89	2.73		M1	2	24.72	68.49	21.33	71.85
	1.2	0.2				1			0.24	
储藏9	1.7	4.2	2.73		M1	1	11	30.53	7.14	32.21
储藏10	4.4	4.2	2.73	0.64×2	M1	1	17.68	48.77	18.48	46.96
	2.26	−0.87				1			−1.97	
储藏11	2.8	4.24	2.73		M1	1	13.28	36.76	11.87	38.44
储藏12	3.34	7.15	2.73		M1	1	20.18	55.6	23.88	57.28
	1.3	−1.31				1			−1.7	
储藏13	3.34	3.33	2.73		M1	1	12.54	34.74	11.12	36.42
配电	2.9	3.54	2.73		M14	2	24.16	67.12	20.53	70.32
电表	2.9	2	2.73		M14	2	18	50.31	11.6	53.51
窗井	2.01	−1	2.91		C5	3	18.06	47.21		52.55
	2.31	−1	2.91		C5	1	6.62	17.48		19.26
设备间	1.11	0.61	2.79		M13	4	10.16	31.19	2.71	38.39
楼梯间	2.42	3.6	2.88	−2.42		2	19.24	55.41	17.42	55.41
门厅	1.61	4.4	2.73	−1.61	M12+MD1	4	32.44	93.92	28.34	113.68
	2.1	−0.22				4			−1.85	
	2.42	1.21	2.73		2M12+2M13	2	6.12	22.36	5.86	39.64
过道1	16.9	1.21	2.73	−1.2−1.25×2−1.61×2−2.65	5M1+M14	1	21.85	62.75	20.45	72.75
	1.25	4.4	2.73	−1.25	2M1+C5	2	16.9	44.59	11	54.87
	1.25	4.4	2.73	−1.25	M1+C5	1	9.25	23.98	5.5	27.44
	1.2	4.4	2.73	−1.2	M1+C5	1	9.2	23.84	5.28	27.3
	3.69	4.16	2.73	−1.2+0.79×2	2M1+M10	1	13.28	38.02	15.35	39.59
	3.69	4.16	2.73	−1.2×2+0.79×2	2M1	1	13.28	37.26	15.35	36.31
	2.59	−1.01				2			−5.23	

说明	a 边	b 边	高	增垛扣墙	立面洞口	间数	踢脚线(m)	墙面	平面	脚手架
过道2	20	1.21	2.73	−1.2×2−1.25−1.61×2−2.65	6M1+M14	1	27.3	78.14	24.2	89.82
	2.65	5.94	2.73	−2.65	M14	2	27.46	76.13	31.48	79.33
	1.45	−4.54				2			−13.17	
J3:2~10层装修							147.72	594.12	1657.09	486.11	1792.7
卧1	3.42	5.82	2.68		MD2+MD3+C1	1	16.78	42.38	19.9	49.53
	2.31	−1.5				1			−3.47	
卧2	3.42	3.16	2.68		MD2+C2	1	12.26	30.47	10.81	35.27
卧3	3.12	4.32	2.68		MD2+C1	4	55.92	138.51	53.91	159.51
卧4	2.82	3.12	2.68		MD2+C3	2	21.96	54.96	17.6	63.68
卧5	3.72	5.82	2.68		MD2+MD3+C1	2	34.76	87.97	43.3	102.27
	2.61	−1.5				2			−7.83	
卧6	2.82	4.32	2.68		MD2+C2	1	13.38	33.47	12.18	38.27
卧7	3.42	5.9	2.68		MD2+MD3+C1	1	16.94	42.81	20.18	49.96
	2.21	−1.58				1			−3.49	
卧8	3.42	3.42	2.68		MD2+C2	1	12.78	31.86	11.7	36.66
E客厅走廊	8.91	6.86	2.65	−2.82	3MD2+MD3+M11+M5	1	20.92	57.92	61.12	76.11
	4.59	−4.5				1			−20.66	
	7.8	−1.14				1			−8.89	
D客厅走廊	8.91	6.9	2.65	−2.82	3MD2+MD3+M11+M5	2	42	116.26	122.96	152.64
	4.59	−4.5				2			−41.31	
	7.8	−1.18				2			−18.41	
G客厅走廊	12.01	5.72	2.65	−3.12	4MD2+MD3+M11+M5	1	23.64	65.37	68.7	85.7
	7.69	−4.5				1			−34.61	
餐厅	2.82	3.2	2.68	−2.82	M7+MD4	3	15.96	46.29	27.07	74.13
	3.12	3.2	2.68	−3.12	M6+MD4	1	5.32	15.52	9.98	25.51
卫1,2,3	2.21	2.02	2.38		MD3+C8	1	7.66	17.23	4.46	20.13
	2.21	1.66	2.38		MD3+2C8	1	6.94	14.52	3.67	18.42
	2.51	1.72	2.38		MD3+C9	2	15.32	34.75	8.63	40.27
卫4,5,6	1.61	1.92	2.38		MD3+C8	2	12.52	27.81	6.18	33.61
	2.02	3.42	2.38		MD3+C6	1	10.08	22.66	6.91	25.89
	2.11	2.72	2.38		MD3+3C8	1	8.86	18.09	5.74	22.99
厨1,2	1.72	4.22	2.68		MD4+C5	3	30.24	77.34	21.78	95.52
	2.22	4.22	2.68		MD4+C3	1	11.08	28.02	9.37	34.52
封闭阳台	3.12	1.32	2.68		MD2+C1+C10	3	23.94	43.65	12.36	71.4
	2.42	1.32	2.68		MD2+C1+C11	1	6.58	11.1	3.19	20.05
门厅	1.62	4.22	2.69		M11+M4+MD1+C4	4	32.32	87.32	27.35	125.68

说明	a边	b边	高	增垛扣墙	立面洞口	间数	踢脚线（m）	墙面	平面	脚手架
	0.2	−2.1				4			−1.68	
	2.42	1.21	2.69	−2.42	2M4＋2M13	2	1.28	8.76	5.86	26.04
设备	1.12	0.61	2.78		M13	4	10.24	31.28	2.73	38.48
楼梯	2.42	3.6	2.78	−2.42	C301	2	19.24	48.99	17.42	53.49
					340.42		488.92	1235.31	474.71	1575.73

J4:1层装修

说明	a边	b边	高	增垛扣墙	立面洞口	间数	踢脚线（m）	墙面	平面	脚手架
卧1	3.42	5.82	2.68		MD2＋MD3＋C1	1	16.78	42.38	19.9	49.53
	2.31	−1.5				1			−3.47	
卧2	3.42	3.16	2.68		MD2＋C2	1	12.26	30.47	10.81	35.27
卧3	3.12	4.32	2.68		MD2＋C1	4	55.92	138.51	53.91	159.51
卧4	2.82	3.12	2.68		MD2＋C3	2	21.96	54.96	17.6	63.68
卧5	3.72	5.82	2.68		MD2＋MD3＋C1	2	34.76	87.97	43.3	102.27
	2.61	−1.5				2			−7.83	
卧6	2.82	4.32	2.68		MD2＋C2	1	13.38	33.47	12.18	38.27
卧7	3.42	5.9	2.68		MD2＋MD3＋C1	1	16.94	42.81	20.18	49.96
	2.21	−1.58				1			−3.49	
卧8	3.42	3.42	2.68		MD2＋C2	1	12.78	31.86	11.7	36.66
E客厅走廊	8.91	6.86	2.65	−2.82	3MD2＋MD3＋M11＋M5	1	20.92	57.92	61.12	76.11
	4.59	−4.5				1			−20.66	
	7.8	−1.14				1			−8.89	
D客厅走廊	8.91	6.9	2.65	−2.82	3MD2＋MD3＋M11＋M5	2	42	116.26	122.96	152.64
	4.59	−4.5				2			−41.31	
	7.8	−1.18				2			−18.41	
G客厅走廊	12.01	5.72	2.65	−3.12	4MD2＋MD3＋M11＋M5	1	23.64	65.37	68.7	85.7
	7.69	−4.5				1			−34.61	
餐厅	2.82	3.2	2.68	−2.82	M7＋MD4	3	15.96	46.29	27.07	74.13
	3.12	3.2	2.68	−3.12	M6＋MD4	1	5.32	15.52	9.98	25.51
卫1,2,3	2.21	2.02	2.38		MD3＋C8	1	7.66	17.23	4.46	20.13
	2.21	1.66	2.38		MD3＋2C8	1	6.94	14.52	3.67	18.42
	2.51	1.72	2.38		MD3＋C9	2	15.32	34.75	8.63	40.27
卫4,5,6	1.61	1.92	2.38		MD3＋C8	2	12.52	27.81	6.18	33.61
	2.02	3.42	2.38		MD3＋C6	1	10.08	22.66	6.91	25.89
	2.11	2.72	2.38		MD3＋3C8	1	8.86	18.09	5.74	22.99
厨1,2	1.72	4.22	2.68		MD4＋C5	3	30.24	77.34	21.78	95.52
	2.22	4.22	2.68		MD4＋C3	1	11.08	28.02	9.37	34.52
封闭阳台	3.12	1.32	2.68		MD2＋C1＋C10	3	23.94	43.65	12.36	71.4
	2.42	1.32	2.68		MD2＋C1＋C11	1	6.58	11.1	3.19	20.05

说明	a边	b边	高	增垛扣墙	立面洞口	间数	踢脚线（m）	墙面	平面	脚手架
门厅	1.62	4.22	2.69		M11+M9+ M12+MD1	2	13.56	42.04	13.67	62.84
	1.62	4.22	2.69	−1.21	M11+M9+MD1	2	13.54	40.57	13.67	56.33
	0.2	−2.1				4			−1.68	
	1.16	1.21	2.69	−1.16	M12+M13	2	2.96	10.62	2.81	19.26
	1.16	1.21	2.69	−1.16−1.21	M13	2	2.94	9.15	2.81	12.75
设备	1.12	0.61	2.78		M13	4	10.24	31.28	2.73	38.48
楼梯	2.42	3.6	2.78	−2.42	C301	2	19.24	48.99	17.42	53.49
进厅	2.22	4.12	2.78	−1.5×2	M9	4	33.52	96.72	36.59	107.64
						344.5	521.84	1338.33	511.05	1682.83
J5:11层装修										
卧1	3.42	5.82	2.8		MD2+MD3+C1	1	16.78	44.59	19.9	51.74
	2.31	−1.5				1			−3.47	
卧2	3.42	3.16	2.8		MD2+C2	1	12.26	32.05	10.81	36.85
卧3	3.12	4.32	2.8		MD2+C1	4	55.92	145.66	53.91	166.66
卧4	2.82	3.12	2.8		MD2+C3	2	21.96	57.81	17.6	66.53
卧5	3.72	5.82	2.8		MD2+MD3+C1	2	34.76	92.55	43.3	106.85
	2.61	−1.5				2			−7.83	
卧6	2.82	4.32	2.8		MD2+C2	1	13.38	35.18	12.18	39.98
卧7	3.42	5.9	2.8		MD2+MD3+C1	1	16.94	45.04	20.18	52.19
	2.21	−1.58				1			−3.49	
卧8	3.42	3.42	2.8		MD2+C2	1	12.78	33.5	11.7	38.3
E客厅 走廊	8.91	6.86	2.8	−2.82	3MD2+MD3+ M11+M5	1	20.92	62.23	61.12	80.42
	4.59	−4.5				1			−20.66	
	7.8	−1.14				1			−8.89	
D客厅 走廊	8.91	6.9	2.8	−2.82	3MD2+MD3+ M11+M5	2	42	124.9	122.96	161.28
	4.59	−4.5				2			−41.31	
	7.8	−1.18				2			−18.41	
G客厅 走廊	12.01	5.72	2.8	−3.12	4MD2+MD3+ M11+M5	1	23.64	70.22	68.7	90.55
	7.69	−4.5				1			−34.61	
墙面 加高	4.5		0.1			8		3.6		3.6
餐厅	2.82	3.2	2.8		M7+MD4	3	24.42	73.3	27.07	101.14
	3.12	3.2	2.8		M6+MD4	1	8.44	25.4	9.98	35.39
卫1,2,3	2.21	2.02	2.8		MD3+C8	1	7.66	20.79	4.46	23.69
	2.21	1.66	2.8		MD3+2C8	1	6.94	17.77	3.67	21.67
	2.51	1.72	2.8		MD3+C9	2	15.32	41.86	8.63	47.38
卫4,5,6	1.61	1.92	2.8		MD3+C8	2	12.52	33.74	6.18	39.54

说明	a边	b边	高	增垛扣墙	立面洞口	间数	踢脚线（m）	墙面	平面	脚手架
	2.02	3.42	2.8		MD3＋C6	1	10.08	27.23	6.91	30.46
	2.11	2.72	2.8		MD3＋3C8	1	8.86	22.15	5.74	27.05
厨1,2	1.72	4.22	2.8		MD4＋C5	3	30.24	81.61	21.78	99.79
	2.22	4.22	2.8		MD4＋C3	1	11.08	29.56	9.37	36.06
封闭阳台	3.12	1.32	2.8		MD2＋C1＋C10	3	23.94	46.84	12.36	74.59
	2.42	1.32	2.8		MD2＋C1＋C11	1	6.58	11.99	3.19	20.94
门厅	1.62	4.22	2.8		M11＋M4＋1.1×2.2＋C4	4	36.72	92.46	27.35	130.82
	0.2	−2.1				4			−1.68	
	2.42	1.21	2.8	−2.42	2M4＋2M13	2	1.28	9.82	5.86	27.1
设备	1.12	0.61	2.8		M13	4	10.24	31.55	2.73	38.75
楼梯	2.42	3.6	2.78	−2.42	C301	2	19.24	48.99	17.42	53.49
					340.42		504.9	1362.39	474.71	1702.81
J6:机房装修										
客厅	4.32	7.22	2.925		C101＋C302＋C7＋M2	4	87.12	233.04	124.76	270.04
	4.32	−4.92				4			−85.02	
客厅山尖	4.32		3.175			4		54.86		54.86
平台	2.42	1.92	3.125		M3	2	15.36	50.25	9.29	54.25
楼梯	2.42	3.6	3.125	−2.42	C301	2	19.24	55.63	17.42	60.13
楼梯山尖	1.21		1.095			4		5.3		5.3
					45.5		121.72	399.08	66.45	444.58

6.6.2 实物量表

实物量表见表6-27、表6-28。

工程名称：框剪高层架住宅建筑		实物量表		表 6-27
序号	部位	项目名称/计算式		工程量
		建筑(不计超高)		
1	C	挖坑	m³	7355.72
2	C	垫层	m³	93.78
3	C	模板	m²	14.02
4	C	钎探	个	990
5	E	体积	m³	43.6
		建筑(计超高)		
1	H1	1~11层:柱体积	m³	42.23
2	H1	1~11层:模板	m²	636.57
3	H1	1~11层:拉结筋	t	1.357

序号	部位	项目名称/计算式		工程量
		装饰(不计超高)		
1	J1	地下2层装修:踢脚线	m	569.67
2	J1	地下2层装修:墙面	m²	1676.66
3	J1	地下2层装修:平面	m²	498.28
4	J1	地下2层装修:脚手架	m²	1805.52
5	J2	地下1层装修:踢脚线	m	594.12
6	J2	地下1层装修:墙面	m²	1657.09
7	J2	地下1层装修:平面	m²	486.11
8	J2	地下1层装修:脚手架	m²	1792.7
9		校核:扣地下1~2层门窗		0
1	地下2层	[门窗表]69.8×2-M10-4MD1+8C5=141.64		
2	地下1层	[门窗表]72.84×2-M10-4MD1+8C5=147.72		
3	校核表中扣量	[J1]141.64-H1=0		
4		[J2]147.72-H2=0		
10		校核:地下1层平面		0
1	地下2层平面	R02-DTF-D3=-0.01		
2	地下1层平面	R01-DTF-D7=-0.01		
		装饰(计超高)		
1	J3	2~10层装修:踢脚线	m	488.92
2	J3	2~10层装修:墙面	m²	1235.31
3	J3	2~10层装修:平面	m²	474.71
4	J3	2~10层装修:脚手架	m²	1575.73
5	J4	1层装修:踢脚线	m	521.84
6	J4	1层装修:墙面	m²	1338.33
7	J4	1层装修:平面	m²	511.05
8	J4	1层装修:脚手架	m²	1682.83
9	J5	11层装修:踢脚线	m	504.9
10	J5	11层装修:墙面	m²	1362.39
11	J5	11层装修:平面	m²	474.71
12	J5	11层装修:脚手架	m²	1699.21
13	J6	机房装修:踢脚线	m	121.72
14	J6	机房装修:墙面	m²	399.08
15	J6	机房装修:平面	m²	66.45
16	J6	机房装修:脚手架	m²	444.58
17		校核:扣地上门窗		3794.2
1	表中扣量	[J3,J5]340.42×10+[J4]344.5+[J6]45.5	3794.2	
2	外门窗	M<18W>+C<18W>=1458.8		
3	内门窗	2(M<18N>+C<18N>+44MD2+77MD3+44M13)+44MD1=2335.4		
4	校核	H1-H2-H3=0		
18		校核:2~11层楼面		4747.27

163

序号	部位	项目名称/计算式		工程量
1	2~11层平面	(R-DT)×10	4747.27	
2	校核	D3×10-H1=-0.17		
19		墙面抹灰		14217.59
1	抹灰面	D6+9D2+D10+D14	14217.59	
20		抹灰脚手		18008.19
1	脚手架	D8+9D4+D12+D16	18008.19	

6.7 钢筋明细表与汇总表

6.7.1 钢筋明细表

钢筋明细表见表6-29、表6-30。

工程名称：框剪高层住宅（不计超高）　　　　　**钢筋明细表**　　　　　表6-29

序号	构件名称	数量	筋号	规格	图形	长度(mm)	根数	重量(kg)
1	筏板基础							
		1	筏板底筋	Φ16	30996	30996	136	6651.99
			筏板面筋	Φ12	49532 / 395	49927	89	7011.85
			筏板底筋	Φ16	395 12133	12528	322	6365.68
			筏板面筋	Φ16	14552 / 395	14947	284	6698.53
			筏板面筋	Φ12	6340	6340	48	270.24
			筏板面筋	Φ12	4359	4359	14	54.19
			筏板面筋	Φ12	3721	3721	48	158.6
			筏板底筋	Φ18	3200	3200	12	76.8
			……					
2	基坑							
		1	宽方向坑底筋	Φ16	3492	3492	13	71.63
			长方向基底筋（弯起）	Φ16	782 782 1692 620 2940 1692	7796	17	209.14
			宽方向基底筋（弯起）	Φ16	782 782 1692 620 2840 1692	7696	17	206.45
			长方向坑底筋	Φ16	3592	3592	12	68.02
			坑壁水平筋	Φ16	3622	3622	36	205.76

序号	构件名称	数量	筋号	规格	图形	长度(mm)	根数	重量(kg)
			坑基侧边长向水平筋(弯起)	Φ16	782 782 866 3886 866	7090	19	212.57
			坑基侧边宽向水平筋(弯起)	Φ16	782 782 866 3786 866	6990	19	209.57
			……					
3	构造柱							
		1	柱截高方向拉筋	Φ6	56	157	11	0.38
			竖向纵筋	Φ12	3076	3226	2	5.73
			柱插筋	Φ12	958	1108	2	1.97
			……					
4	梁							
	KL27(1)	1	受力锚固面筋[0跨]	Φ16	3098	3098	2	9.78
			梁底直筋[0跨]	Φ16	3098	3098	3	14.67
			抗扭腰筋[0跨]	Φ12	2826	2826	2	5.02
			矩形箍(2)[1跨]	Φ8	352 152	1223	17	8.21
			截宽方向拉筋[1跨]	Φ6	166	357	6	0.48
			节点加密箍(矩形2)[1跨]	Φ8	352 152	1223	6	2.9
	L1(1)	1	受力锚固面筋[0跨]	Φ16	3984 240 240	4464	2	14.09
			梁底直筋[0跨]	Φ14	3676	3676	3	13.32
			矩形箍(2)[1跨]	Φ8	352 152	1143	18	8.13
			……					
5	圈梁							
	QL	1	圈梁主筋	Φ12	40	190	2	0.34
			梁宽拉筋	Φ6	56	157	2	0.07
			……					
6	过梁							
	GL1	1	矩形箍(2)	Φ6	44 44	277	7	0.43
			梁底直筋	Φ10	1250	1250	2	1.54
			受力锚固面筋	Φ10	1250	1250	2	1.54

序号	构件名称	数量	筋号	规格	图形	长度(mm)	根数	重量(kg)
			……					
7	挡土墙							
	DTQ-1	1	垂直分布筋	Φ10	3318	3318	28	57.32
			水平分布筋	Φ12	180 3760 120	4060	32	115.37
			墙拉筋(梅花点)	Φ6	176	367	46	3.75
			墙插筋	Φ10	60 1068	1128	28	19.49
			墙内插筋水平分布筋	Φ12	180 3760 120	4060	4	14.42
			墙插筋内拉筋	Φ6	176	367	10	0.81
			……					
8	暗柱							
	GBZ1	1	拉筋 3	Φ6	226	417	32	2.96
			拉筋 4	Φ6	226	417	32	2.96
			竖向纵筋	Φ12	3400	3400	8	24.15
			竖向纵筋	Φ12	3400	3400	8	24.15
			外箍 1	Φ6	214 514	1647	34	12.43
			外箍 2	Φ6	214 514	1647	34	12.43
			柱插筋	Φ12	150 1650	1800	8	12.79
			柱插筋	Φ12	150 2640	2790	8	19.82
			……					
9	板							
	LB120	1	板负筋[7:A~B]	Φ10	2429 115 105	2649	19	31.05
			板负筋[22:A~B]	Φ10	2450 115 105	2670	23	37.89
			板底筋[A~A:1~2]	Φ6	3565	3565	33	26.12
			板底筋[B~B:1~2]	Φ8	3570	3570	33	46.54
			板面筋[2:A~C]	Φ8	3770 120 100	3990	33	52.01

序号	构件名称	数量	筋号	规格	图形	长度(mm)	根数	重量(kg)
			板底筋[A～A:7～10]	Φ8	4510	4510	17	30.28
			板面筋[10:A～B]	Φ8	100 4689 100	4889	17	32.83
			板底筋[A～A:12～15]	Φ6	4210	4210	21	19.63
			……					
10	楼梯							
	AT-2	1	梯板底筋	Φ8	2687	2687	11	11.68
			梯板底分布筋	Φ8	1130	1230	14	6.8
			板上端负弯筋	Φ8	85 811 120	1016	7	2.81
			板上端负弯筋分布筋	Φ8	1130	1230	5	2.43
			板下端负弯筋	Φ8	85 931	1016	7	2.81
			板下端负弯筋分布筋	Φ8	1130	1230	5	2.43
			……					
11	独立基础							
	DJ1	1	长方向基底筋	Φ12	1120	1120	8	7.96
			宽方向基底筋	Φ12	1120	1120	8	7.96
			……					
12	框架柱							
	KZ1	1	拉筋3	Φ8	148	362	7	1.0
			拉筋4	Φ8	148	362	7	1.0
			竖向纵筋	Φ16	2275	2275	2	7.18
			竖向纵筋	Φ16	1617	1617	4	10.21
			竖向纵筋	Φ16	1617	1617	2	5.1
			竖向纵筋	Φ16	2275	2275	4	14.36
			外箍1	Φ8	132 2275 492	1462	9	5.2
			外箍2	Φ8	132 2275 492	1462	9	5.2
			柱插筋	Φ16	150 1487	1637	2	5.17

序号	构件名称	数量	筋号	规格	图形	长度(mm)	根数	重量(kg)
			柱插筋	Φ16	240 1519	1759	4	11.1
			柱插筋	Φ16	150 1487	1637	2	5.17
			柱插筋	Φ16	240 1519	1759	4	11.1
			……					

注：为节省篇幅，本表只摘录了部分构件钢筋明细，供读者了解钢筋图形和长度计算式以及重量计算。

工程名称：框剪高层住宅（计超高）　　　　　　**钢筋明细表**　　　　**表 6-30**

序号	构件名称	数量	筋号	规格	图形	长度(mm)	根数	重量(kg)
1	框架柱							
	KZ1	1	拉筋 3	Φ8	148	36	33	4.72
			拉筋 4	Φ8	148	36	33	4.72
			竖向纵筋	Φ16	3662	366	6	34.67
			竖向纵筋	Φ16	3995	399	6	37.82
			外箍 1	Φ8	132 492	146	33	19.06
			外箍 2	Φ8	132 492	146	33	19.06
			……					
2	构造柱							
	GZ1	1	竖向纵筋	Φ12	2450	245	4	8.7
			柱插筋	Φ12	960	96	4	3.41
			柱顶预留筋	Φ12	1056	106	4	3.75
			矩形箍(2×2)	Φ6	124 144	64	13	1.84
			……					
3	梁							
	KL27A(3)	1	受力锚固面筋[0 跨]	Φ16	10420 240	10660	2	33.64
			梁底直筋[0 跨]	Φ16	240 10420	10660	3	50.46
			矩形箍(2)[1 跨]	Φ8	352 132	1183	11	5.14
			中间支座负筋[12 跨]	Φ16	3174	3174	1	5.01
			矩形箍(2)[2 跨]	Φ8	352 132	1183	27	12.62
			节点加密箍（矩形 2)[2 跨，3 跨]	Φ8	352 132	1183	18	8.41

序号	构件名称	数量	筋号	规格	图形	长度(mm)	根数	重量(kg)
			中间支座负筋[2 3跨]	Φ16	3224	3224	1	5.09
			矩形箍(2)[3跨]	Φ8	352 132	1183	19	8.88
			右端支座负筋[3跨]	Φ16	1314	1314	1	2.07
	L2	1	受力锚固面筋[0跨]	Φ16	240 4092 240	4572	2	14.43
			梁底直筋[0跨]	Φ16	3804	3804	3	18.01
			矩形箍(2)[1跨]	Φ8	352 132	1103	18	7.84
	XL2	1	纯悬挑面筋(一排)[0跨]	Φ18	2956 216	3172	2	12.69
			纯悬挑面筋带下弯(一排)[0跨]	Φ18	180 509 2417	3106	1	6.21
			悬挑底筋[0跨]	Φ14	2590	2590	2	6.26
			矩形箍(2)[100跨]	Φ8	352 132	1103	24	10.46
	WKL1(1)	1	受力锚固面筋[0跨]	Φ16	430 4536 430	5396	2	17.03
			梁底直筋[0跨]	Φ14	210 7271 210	7691	3	27.87
			矩形箍(2)[1跨]	Φ8	402 132	1283	27	13.68
			端支座负筋[1跨]	Φ16	1625 430	2055	1	3.24
			……					
4	剪力墙							
	Q-3	1	垂直分布筋	Φ8	3226	3226	12	15.29
			水平分布筋	Φ8	80 1860 142	2082	30	24.67
			墙拉筋(梅花点)	Φ6	156	347	18	1.39
			……					
5	暗柱							
	GBZ2	1	拉筋3	Φ6	156	347	32	2.47
			拉筋4	Φ6	156	347	32	2.47
			拉筋5	Φ6	156	347	32	2.47
			竖向纵筋	Φ12	3390	3390	3	9.03
			竖向纵筋	Φ12	3390	3390	3	9.03

序号	构件名称	数量	筋号	规格	图形	长度(mm)	根数	重量(kg)
			竖向纵筋	Φ12	3390	3390	5	15.05
			竖向纵筋	Φ12	3390	3390	5	15.05
			外箍1	Φ8	142 852	2203	32	27.85
			外箍2	Φ6	142 442	1359	32	9.65
			……					
6	暗梁							
	AL1	1	受力锚固面筋[跨]	Φ14	1935 210	2145	4	10.36
			梁底直筋[跨]	Φ14	210 1935	2145	4	10.36
			矩形箍(2)[跨]	Φ6	1264 364	3447	13	9.95
			……					
7	板							
	LB110	1	板底筋[12～14:B～B]	Φ8	3900	3900	22	33.89
			板负筋[12:A～A]	Φ8	1165 115 95	1375	7	3.8
			构造分布筋[A:12～12]	Φ6	560	560	5	0.62
			板负筋[14:A～B]	Φ8	1168 95 120	1383	22	12.02
			构造分布筋[B:14～14]	Φ6	2620	2620	5	2.91
			板底筋[15～17:B～B]	Φ8	3900	3900	22	33.89
			板负筋[15:A～B]	Φ8	1168 120 95	1383	22	12.02
			构造分布筋[A:15～15]	Φ6	2620	2620	5	2.91
			板负筋[17:A～A]	Φ8	1165 95 115	1375	7	3.8
			构造分布筋[A:17～17]	Φ6	560	560	5	0.62
			……					
8	楼梯							
	AT-1	1	梯板底筋	Φ8	2659	2659	10	10.5
			梯板底分布筋	Φ8	1130	1230	14	6.8

序号	构件名称	数量	筋号	规格	图形	长度(mm)	根数	重量(kg)
			板上端负弯筋	Φ8	804 85 120	1009	7	2.79
			板上端负弯筋分布筋	Φ8	1130	1230	5	2.43
			板下端负弯筋	Φ8	924 85	1009	7	2.79
			板下端负弯筋分布筋	Φ8	1130	1230	5	2.43
			……					
9	雨篷							
	YP1	1	悬挑受力筋	Φ8	995 50 40 -50 -50	975	8	3.08
			悬挑分布筋	Φ6	990	990	5	1.1
			……					
10	压顶							
		1	分布筋	Φ8	1495	1495	19	11.22
			压顶主筋	Φ8	320 2010 320	2650	12	12.56
			……					
11	过梁							
	GL1	1	受力锚固面筋	Φ12	1533	1533	2	2.72
			梁底直筋	Φ12	1533	1533	2	2.72
			矩形箍(2)	Φ6	44 44	277	7	0.43
			……					
12	圈梁							
	QL1	1	圈梁主筋	Φ12	—	4910	2	8.72
			梁宽拉筋	Φ6	136	237	17	0.89
			……					

注：为节省篇幅，本表只摘录了部分构件钢筋明细，供读者了解钢筋图形和长度计算式以及重量计算。

6.7.2 钢筋汇总表

钢筋汇总表见表6-31、表6-32。

工程名称：框剪高层住宅（不计超高）　　　　　**钢筋汇总表**　　　　　　　**表6-31**

规格	基础	柱	构造柱	墙	梁、板	圈梁	过梁	楼梯	其他筋	拉结筋	合计(kg)
Φ6G			40	907	19	47	49				1062
Φ6										369	369
Φ8							93				93
Φ10G		424									424

规格	基础	柱	构造柱	墙	梁、板	圈梁	过梁	楼梯	其他筋	拉结筋	合计(kg)
Φ12			676			174					850
Φ6					346						346
Φ6G		3501			39						3540
Φ8					4692			274			4966
Φ8G		2474			1368			68			3910
Φ10				3366	7218		276				10860
Φ12G		1932									1932
Φ12	1010	10424		37891	287						49612
Φ14	296	551			318			178			1344
Φ16	30395	321			2804						33521
Φ18	296				430						726
Φ20		1119			199						1318
合计(kg)	31997	20747	716	42164	17719	221	324	613		369	114872

注：Φ表示Ⅰ级钢，Φ表示Ⅱ级钢，Φ6G表示Ⅰ级钢箍筋。

工程名称：框剪高层住宅（计超高）　　　　**钢筋汇总表**　　　　表 6-32

规格	基础	柱	构造柱	墙	梁、板	圈梁	过梁	楼梯	其他筋	拉结筋	合计(kg)
Φ6G			1348	981	289	407	95				3120
Φ6										4629	4629
Φ8								751			516
Φ12			4012			3681					7694
Φ6G		16291			592						16883
Φ6					11035				844		11879
Φ8				26083	38185			1402	1658		67328
Φ8G		15578			13842			716	98		30234
Φ10G					442						442
Φ10				743	3014						3757
Φ12		36758	6305		2887		805				46755
Φ14		5923			4803			1892			12619
Φ16		2338			22948						25286
Φ18					9614						9614
Φ20					5282						5282
Φ22					1028						1028
Φ25					212						212
合计(kg)	76889	11665	27807	114173	4089	900	4761	2601	4629		247513

注：Φ表示Ⅰ级钢，Φ表示Ⅱ级钢，Φ6G表示Ⅰ级钢箍筋。

6.8 工程量计算书

6.8.1 建筑部分

建筑部分工程量计算书见表 6-33。

序号		编号/部位	项目名称/计算式		工程量	BIM 校核
			地下部分			
1	1	010101001001	平整场地	m²	650.05	650.05
			SM			
2		1-4-2	机械平整场地	=	650.05	650.05
3		19-3-35	履带式推土机场外运输	台次	1	1
4	2	010101004001	挖基坑土方；大开挖，普通土，外运 1km 内	m³	6655.14	7158.3
	1	大开挖−0.45 挖至−6.88	$(53.63+0.33×6.43)×(18.73+0.33×6.43)×6.43$ $+0.33^2×6.43^3/3$　　　　　7484.74			
	2	扣Ⓐ轴	$−(3×0.1+3.1)×1.5=−5.1$			
	3	扣Ⓕ～Ⓗ轴	$−5.8×4.4−(6.1+9.9+3)×3.6−(4×3+4.3)×3=−142.82$			
	4	扣体积	$\sum ×6.43$　　　　　−951.13			
	5	电梯井加深 1.47	$[(3.62+0.5×1.47)×(3.72+0.5×1.47)×1.47+0.5^2×1.47^3/3]×2$ 　　　　　57.57			
	6	阴影部分加深 0.42：①	$6.7×4.29×0.42×2$　　　　　24.14			
	7	阴影部分加深 0.42：②	$3.3×5.3×0.42×2$　　　　　14.69			
	8	集水坑加深 0.87	$3.8×3.8×0.87×2$　　　　　25.13			
5		1-2-41-6	挖掘机挖装普通土[机械挖人工清]	m³	6655.14	7158.3
			D4			
6		1-2-58	自卸汽车运土方 1km 内	=	6655.14	7158.3
7		1-4-4	基底钎探	m²	784.1	784.1
		大开挖	D10.4/0.1			
8		1-4-9	机械原土夯实两遍	m²	784.1	784.1
9		19-3-34	履带式挖掘机履带式液压锤场外运输	台次	1	1
			1			
10	3	010501001001	垫层；C15	m³	86.38	86.42
	1	外围面	$52.1×18=937.8$			
	2	扣Ⓐ轴	$−(3×0.7+3.7)×1.5=−8.7$			
	3	扣Ⓕ～Ⓗ轴	$−5.8×4.4−(6.1+10.5+3)×3.6−(4×3+4.3)×3=−144.98$			
	4		$\sum ×0.1$　　　　　78.41			
	5	斜坡面积 （电梯井垫层）	$15.7×0.1×2$　　　　　3.14			
	6	集水井壁垫层	$(1.5×2+0.92)×0.502[60°斜边长]×0.1×2$　　　　　0.39			
	7	楼梯窗井垫层	$3.12×1.3×0.1×2$　　　　　0.81			
	8	独基垫层	$1.4×1.4×0.1×4$　　　　　0.78			
	9	1层进厅 基础垫层	$(2.49+1.79)×0.38×0.1×4$　　　　　0.65			
	10	1层进厅 地面垫层	$2.22×4.12×0.06×4$　　　　　2.2			

序号		编号/部位	项目名称/计算式		工程量	BIM校核
11		2-1-28	C154 现浇无筋混凝土垫层	m³	86.38	86.42
12		18-1-1	混凝土基础垫层木模板	m²	22.74	21.52
	1	外围	2×(52.1+18)×0.1　　　　14.02			
	2	加凹	(1.5×8+3.6×2)×0.1　　　　1.92			
	3	楼梯窗井	(3.12+2×1.3)×0.1×2　　　　1.14			
	4	独基	2×(1.4+1.4)×0.1×4　　　　2.24			
	5	一层进厅	4×(2.49+1.79)×0.1×2　　　　3.42			
13	4	010904002001	垫层面涂膜防水;建施-20 地下防水大样	m²	819.4	802.343
			(D10.4+D10.5+D10.6)/0.1			802.343
14		11-1-1.11	1:3 水泥砂浆混凝土或硬基层上找平 20mm[换水泥抹灰砂浆 1:2.5] =		819.4	802.343
15		9-2-51	平面聚合物水泥防水涂料 1mm		819.4	802.343
16		11-1-1.11	1:3 水泥砂浆混凝土或硬基层上找平 20mm[换水泥抹灰砂浆 1:2.5] =		819.4	802.343
17		9-2-55	平面水泥基渗透结晶型防水涂料 1mm =		819.4	802.343
18		1-4-6	毛砂过筛	m³	40.31	40.31
			(D14+D16)×0.0205×1.2			
19	5	010501004001	满堂基础;C30P6	m³	559.88	566.64
	1	外围	51.9×17.8=923.82			
	2	扣 A 轴	−(3×0.9+3.9)×1.5=−9.9			
	3	⑤、⑥轴以上	−5.8×4.4−(6.1+10.7+3)×3.6−(4×3+4.3)×3=−145.7			
	4		∑×0.7　　　　537.75			
	5	电梯井基础体积	1.47×[2.92×3.02+(2.92+2×0.8487)×(3.02+2×0.8487)+(2× 2.92+2×0.8487)×(2×3.02+2×0.8487)]/6−2.02×2.12× 0.62=19.13			
	6		H5×2　　　　38.26			
	7	扣井心	−2.02×2.12×1.5×2　　　　−12.85			
	8	集水坑加深	(0.92+0.45)×0.87/2×(1.5×2+0.92)×2　　　　4.67			
	9	扣后浇带	−14.2×0.8×0.7　　　　−7.95			
20		5-1-8H	C304 现浇混凝土无梁式满堂基础	m³	559.88	566.64
21		18-1-17	无梁式满堂基础复合木模板木支撑	m²	129.78	137.03
	1	外围长	2×(51.9+17.8)+1.5×8+3.6×2=158.6			
	2	后浇带	2×(14.2-0.8)=26.8			
	3		∑×0.7　　　　129.78			
22	6	010501003001	独立基础;C30	m³	4.69	4.7
	1	基础 DJb-M	1.2×1.2×0.45×4　　　　2.59			
	2	进厅基础	(3.1+2.4)×0.18×0.53×4　　　　2.1			
23		5-1-6	C304 现浇混凝土独立基础 =		4.69	4.7
24		18-1-15	钢筋混凝土独立基础复合木模板木支撑	m²	31.96	31.96
	1	DJb-M	4×1.2×0.45×4　　　　8.64			
	2	进厅基础	(3.1+2.4)×0.53×2×4　　　　23.32			
25	7	010504004001	挡土墙;C35	m³	249.45	252.53
	1		L0×5.91×0.25　　　　250.11			
	2	加深 0.3 部分	[2×3.6+6.4)+5.8×3.99+5×3]×0.3×2			

序号	编号/部位	项目名称/计算式		工程量	BIM 校核
3	楼梯消防箱加固	$[1.47×(2.91−1.1+0.2)−0.75×1.81]×0.1×2$	0.32		
4	楼梯窗井	$(2×1.1+2.72)×0.2×1.55×2$	3.05		
5	扣楼梯墙	$−2.42×1.38×0.25×2$	−1.67		
6	扣后浇带	$−0.8×0.25×5.91×2$	−2.36		
26	5-1-25.81	C35 现浇混凝土挡土墙	m³	249.45	252.53
27	18-1-74	直形墙复合木模板钢支撑	m²	1956.72	1957.6
1		$W0×5.91+(L0-1)×(5.91-0.3[板厚])$	1950.41		
2	楼梯窗井	$2×(2×1.1+2.72)×1.55×2$	30.5		
3	扣后浇带	$−(0.8+0.25)×(5.91+5.61)×2$	−24.19		
28	18-1-132	地下暗室模板拆除增加	m²	963.11	966.25
		$(D27−D27.2)/2$			
29	5-4-77	对拉螺栓增加	=	975.21	966.25
30	18-1-133	对拉螺栓端头处理增加	=	975.21	966.25
31	17-1-7	双排外钢管脚手架 6m 内	m²	1006.35	1006.35
		$W0×5.91$			
32	8	010504001001	直形墙;电梯井壁 C35	m³	15.47	15.41
1		$2×(2.2+2.3)×5.91×2=106.38$			
2	扣洞口	$−(MD1+1.1×0.12)×8=−20.42$			
3		$Σ×0.18$	15.47		
33	5-1-30.81	C35 现浇混凝土电梯井壁	m³	15.47	15.41
34	18-1-82	电梯井壁复合木模板钢支撑	m²	171.89	169.95
		$D32/0.18×2$			
35	18-1-132	地下暗室模板拆除增加	=	171.89	169.95
36	17-8-3	电梯井字架 40m 内	座	2	2
		2			
37	9	010504003001	短肢剪力墙;C35	m³	105.52	108.61
1	地下 1、2 层	$DQ×0.2×5.91$	20.99		
2		$(DJZ+DQD)×0.2×5.91$	83.95		
3	加深 300 处	$(1.51+0.91[0.89+0.02 电梯井壁位置])×0.2×0.3×4$	0.58		
38	5-1-27.81	C35 现浇混凝土轻型框剪墙	m³	105.52	108.61
39	18-1-88	轻型框剪墙复合木模板钢支撑	m²	1051.96	1104.78
1		$DQ×(5.61+5.91)$	204.6		
2		$(D37.2+D37.3)/0.2×2×5.61/5.91$	802.39		
3	地下 2 层墙侧	$NZC×0.2×2.5$	22		
4	地下 1 层墙侧	$NZC×0.2×2.61$	22.97		
40	18-1-132	地下暗室模板拆除增加	=	1051.96	1104.78
41	17-1-7	双排外钢管脚手架 6m 内	m²	506.28	509.88
1		$DQ×5.91$	104.96		
2		$(DJZ+DQD)×(5.91−0.3)$	398.42		
3	加深 300 处	$(1.51+0.91)×0.3×4$	2.9		
42	10	010502003001	异形柱;C35	m³	0.41	0.41

序号		编号/部位	项目名称/计算式		工程量	BIM校核
		KZ1	0.9×0.18×0.63×4			
43		5-1-16.81	C35 现浇混凝土异形柱	m³	0.41	0.41
44		18-1-44	异形柱复合木模板钢支撑	m²	5.44	5.44
			0.54×4×0.63×4			
45	11	010503002001	矩形梁;C30	m³	21.48	20.44
	1	一1层梁	DL20×0.2×0.4	9.54		
	2		DL18×0.18×0.4	3.48		
	3		L1823×0.18×0.3×2	0.11		
	4	扣后浇带	−0.8×2×0.2×0.4	−0.13		
	5	1层梁	SL20×0.2×0.4	9.48		
	6		SL18×0.18×0.4	5.16		
	7		WL30×0.18×0.3	0.07		
	8		−D57.13	−6.47		
	9	扣后浇带	−0.2×0.4×0.8×3	−0.19		
	10	空调板挑梁	0.7×0.1×0.3×18	0.38		
	11	Ⓐ轴	0.63×0.18×0.4	0.05		
46		5-1-19	C303 现浇混凝土框架梁、连续梁	=	21.48	20.44
47		18-1-56	矩形梁复合木模钢支撑	m²	197.11	185.32
	1		DL20×(0.28×2+0.2)	90.67		
	2		DL18×(0.28×2+0.18)	35.8		
	3		L1823×(0.18×2+0.18)×2	1.14		
	4		SL20×(0.22×2+0.2)	75.83		
	5		SL18×(0.22×2+0.18)	44.47		
	6		WL30×(0.12×2+0.18)	0.55		
	7		−D59.9	−48.59		
	8	扣后浇带	−0.8×(0.28×2+0.2)×2	−1.22		
	9		−0.8×(0.22×2+0.2)×3	−1.54		
	10	空调板挑梁	0.7×(0.1+0.3+0.2)×18=7.56			
	11	Ⓐ轴	0.63×(0.18+0.4+0.3)=0.55			
48	12	010505001001	有梁板;厨卫阳台防水,C30P6	m³	6.65	7.98
	1	卫生间	3.24×3.6+1.11×(1.32+2.32)+2.43×1.72+1.53×1.92×2+1.11×2.32+1.12×(1.32+1.22)+2.12×2.72=36.95			
	2		H1×0.18	6.65		
49		5-1-31H	C302 现浇混凝土有梁板 P6	=	6.65	7.98
50		18-1-92	有梁板复合木模板钢支撑	m²	36.95	44.35
			D48.1			
51		18-1-132	地下暗室模板拆除增加	=	36.95	44.35
52	13	010505003001	平板;厨房阳台防水 C30P6	m³	8.82	7.6
	1	厨房	1.72×4.22×3+2.22×4.32=31.37			
	2	卫生间	2.43×1.72+1.11×1.32=5.64			
	3	封闭阳台	3.1×1.32+3×1.32+2.99×1.32=12			

序号		编号/部位	项目名称/计算式		工程量	BIM校核
	4		$\sum\times 0.18$	8.82		
53		5-1-33H	C302 现浇混凝土平板 P6	=	8.82	7.6
54		18-1-100	平板复合木模板钢支撑	m²	49	42.22
			D52.4/0.18			
55		18-1-132	地下暗室模板拆除增加	=	49	42.22
56	14	010505001002	有梁板;C30	m³	37.2	35.24
	1	一1层有梁板	[1-2]3.34×(6.44+4.84)+[3-5/E]4.22×(1.21+1.41)×2+[SB]2.24×0.53×2+[7-10/B]4.3×(3.54+2)×2+[18-20/E]4.22×(1.22+1.41)+[24-26/E]4.22×1×(0.71+1.21)=129.01			
	2		(H1+2.01×1.02×2[窗井])×0.12	15.97		
	3	1层有梁板	[1-2/C]3.34×4.24+3.14×3.56+[3-5/E]2.8×4.04×2+[6-8/G]2.42×1.21×2+[SB]2.24×0.53×2+[12-14/D]1.1×1.3+2.4×1.7+1.1×2.3+1.46×1.9+[15-17/D]2.39×1.7+1.1×1.3+1.44×1.9+1.1×2.3+2.74×3.04+[18-20/E]2.81×4.04+[24-26/E]3.1×4.04+[25-27/A]2.85×1.32+[29-30/D]3.14×2.71=122.25			
	4		(H3+2.01×1.02[窗井])×0.18	22.37		
	5	扣后浇带	-(3.04+2.3+1.3)×0.8×0.18	-0.96		
	6		-D49	-6.65		
	7	200×400	(3.34+4.3×2)×0.2×0.4=0.96			
	8	180×400	(2.01×2+2.42×2+4.22×2)×0.18×0.4=1.25			
	9	180×300	0.53×2=1.06			
	10	200×400	(3.76+3.6×2+2.7+3.34+2.05+2.8×2+2.74)×0.2×0.4=2.19			
	11	180×300	0.53×2×0.18×0.3=0.06			
	12	180×400	(2.01×3+2.31+2.42×2)×0.18×0.4=0.95			
	13		$\sum$	6.47		
57		5-1-31	C302 现浇混凝土有梁板	=	37.2	35.24
58		18-1-92	有梁板复合木模板钢支撑	m²	257.59	255.31
	1		D56.1+D56.3-D50	214.31		
	2	扣后浇带	-(3.04+2.3+1.3)×0.8	-5.31		
	3	200×400	(3.34+4.3×2)×(0.28×2+0.2)=9.07			
	4	180×400	(2.01×2+2.42×2+4.22×2)×(0.28×2+0.18)=12.8			
	5	180×300	0.53×2×(0.18×2+0.18)=0.57			
	6	200×400	(3.76+3.6×2+2.7+3.34+2.05+2.8×2+2.74)×(0.22×2+0.2)=17.53			
	7	180×300	0.53×2×(0.12×2+0.18)=0.45			
	8	180×400	(2.01×3+2.31+2.42×2)×(0.22×2+0.18)=8.17			
	9		$\sum$	48.59		
59		18-1-132	地下暗室模板拆除增加	=	257.59	255.31
60	15	010505003002	平板;C30	m²	92.22	95.45
	1	一1层板	[1/10/17/25]3.1×4.24×4+[2/7/17]7.6×1.21×3+[2]1.7×4.22+[4]4.3×5.74×2+[MT]1.61×2.12×4+1.39×2.1×4+[LT]2.42×1.21×2+[11]1.7×4.13+[12]3.69×5.9×2+2.74×5.14×2+[17]1.69×4.13+[22]10.59×1.21+[26]2.19×4.2-0.05×0.87+[27]2.8×4.24+[28]2.01×3.33+[29]3.34×10.28=328.47			

序号	编号/部位	项目名称/计算式		工程量	BIM校核
	2	H1×0.12	39.42		
	3 扣后浇带	−(5.14+5.94)×0.8×0.12	−1.06		
	4 130增加	4.3×5.74×0.01×2	0.49		
	5 1层板	[1]3.34×3.08+[2]3.1×5.61+1.7×4.13+[4]4.3×5.74×4+7.6×1.21×3+[MT]1.61×2.12×4+1.39×2.1×4+[11]1.7×4.13+[10]3×5.61+[12]3.69×4.24+2.74×3.04+[15]3.7×4.24+[17]3.09×4.24+1.69×4.13+[22]10.6×1.21+[25]3.1×4.24+[26]2.19×4.2−0.05×0.87+[27]2.8×4.24+[28]2.01×3.33+[29]3.34×(4.24+3.33)=348.91			
	6	H5×0.18	62.8		
	7 扣后浇带	−4.24×0.8×0.18	−0.61		
	8	−D53	−8.82		
61	5-1-33	C302 现浇混凝土平板	=	92.22	95.45
62	18-1-100	平板复合木模板钢支撑	m²	628.17	640.83
	1	D60.1+D60.5		677.38	
	2 扣后浇带	−(5.14+5.94+4.24)×0.8−D51	−49.21		
63	18-1-132	地下暗室模板拆除增加	=	628.17	640.83
64	16 010503002002	矩形梁;C30	m³	0.38	0.38
	1 ⑮轴挑梁	2.33×0.18×0.4	0.17		
	2 楼梯墙梁	(1.21+2.26TLD)×0.15×0.18×2	0.21		
65	5-1-20	C303 现浇混凝土单梁、斜梁、异形梁、拱形梁	=	0.38	0.38
66	18-1-56	矩形梁复合木模板钢支撑	m²	5.41	5.41
	1 ⑮轴挑梁	2.33×(0.4×2+0.18)	2.28		
	2 楼梯墙梁	2×[1.21×0.18×2+2.26TLD×(0.06+0.18×2)]	3.13		
67	17 010503005001	过梁;C25	m³	1.64	1.61
	1 20 墙过梁	28GL201+10GL202	1.34		
	2 10 墙过梁	22GL101+8GL102	0.3		
68	5-1-22.15	C252 现浇混凝土过梁	=	1.64	1.61
69	18-1-65	过梁复合木模板木支撑	m²	29.7	31.08
	1 GL201	(1.3×0.1×2+0.8×0.2)×28=11.76			
	2 GL202	(1.7×0.15×2+1.2×0.2)×10=7.5			
	3 ∑		19.26		
	4 GL101	(1.3×0.1×2+0.8×0.1)×22=7.48			
	5 GL102	(1.4×0.1×2+0.9×0.1)×8=2.96			
	6 ∑		10.44		
70	18-1-132	地下暗室模板拆除增加	=	29.7	31.08
71	18 010502002001	构造柱;C25 门口抱框	m³	3.16	3.04
	1 20 墙 24M1	0.2×0.1×2.1×42=1.76			
	2 4M14	0.2×0.1×2×8=0.32			
	3 ∑		2.08		
	4 10 墙 22M1	0.1×0.1×2.1×44=0.92			
	5 8M13	0.1×0.1×2×8=0.16			
	6 ∑		1.08		

序号	编号/部位		项目名称/计算式		工程量	BIM校核
72		5-1-17.17	C253 现浇混凝土构造柱	=	3.16	3.04
73		18-1-41	构造柱复合木模板木支撑	m²	74.2	75.25
	1	20墙24M1	$(0.1×2+0.2)×2.1×42=35.28$			
	2	4M14	$(0.1×2+0.2)×2×8=6.4$			
	3	10墙22M1	$(0.1×3)×2.1×44=27.72$			
	4	8M13	$(0.1×3)×2×8=4.8$			
	5	∑		74.2		
74		18-1-132	地下暗室模板拆除增加	=	74.2	75.25
75	19	010503004001	圈梁;C25 水平系梁	m³	0.88	0.87
	1	地下20系梁	$DXL×0.2×0.1$	0.57		
	2	10系梁	$DXL1×0.1×0.1$	0.31		
76		5-1-21.15	C252 现浇混凝土圈梁及压顶	=	0.88	0.87
77		18-1-61	圈梁直形复合木模板木支撑	m²	11.8	12.22
	1	地下20系梁	$DXL×0.1×2$	5.69		
	2	10系梁	$DXL1×0.1×2$	6.11		
78		18-1-132	地下暗室模板拆除增加	=	11.8	12.22
79	20	010506001001	直形楼梯;C25	m²	34.85	34.85
			$LT×2$			
80		5-1-39.15	C252 现浇混凝土直形楼梯无斜梁100	=	34.85	34.85
81		5-1-43.15	C252 现浇混凝土楼梯板厚每增减10	m²	20.33	20.33
		息板厚120	$2.42×2.1×2×2$			
82		5-1-43.15×2	C252 现浇混凝土楼梯板厚每增10×2	m²	14.52	14.52
		息板	$2.42×1.5×2×2$			
83		18-1-110	楼梯直形木模板木支撑	m²	34.85	34.85
			D79			
84		18-1-132	地下暗室模板拆除增加	=	34.85	34.85
85	21	010402001001	砌块墙;加气混凝土砌块墙 M5.0 水泥砂浆	m³	101.39	102.91
	1	一2层梁下墙	$(DL202+DL182)×(3-0.4)+L1823×2.7=214.06$			
	2	120板下墙	$DQ20×(3-0.12)=6.91$			
	3	一1层梁下墙	$(SL202+SL182)×(2.91-0.4)+L1823×2.61=211.05$			
	4	180板下墙	$SQ20×(2.91-0.18)=72.97$			
	5	20墙面积	$∑=504.99$			
	6	一2层梁下墙	$(DL201+DL181)×2.6=93.31$			
	7	板下10墙	$DQ10×2.88=70.33$			
	8	一1层梁下墙	$(SL201+SL181)×2.51=67.34$			
	9	板下10墙	$SQ10×2.73=53.45$			
	10	10墙面积	$∑=284.43$			
	11	门窗200	$24M1+2M10+8M12+4M14+8C5=86.16$			
	12	门窗100	$22M1+8M13=51.36$			
	13		$(H5-H11)×0.2+(H10-H12)×0.1$	107.07		
	14	一GL/QL/GZ	$-(D68+D72+D76)$	-5.68		

序号	编号/部位		项目名称/计算式		工程量	BIM校核
86		4-2-1.11	M5.0砂浆加气混凝土砌块墙	=	101.39	102.91
87		1-4-6	毛砂过筛	m³	10.49	10.49
			D86×0.1019×1.015			
88		17-2-6	双排里钢管脚手架3.6m内	m²	789.42	806.41
			D85.5+D85.10			
89	22	010508001001	后浇带;C35基础底板	m³	7.95	7.95
			—D20.9			
90		5-1-57.81	C35现浇混凝土后浇带基础底板	m³	7.95	7.95
91	23	010508001002	后浇带;C35楼板	m³	2.95	1.89
			—(D45.4+D45.9+D57.5+D61.3+D61.7)			
92		5-1-55.81	C35现浇混凝土后浇带楼板	=	2.95	1.89
93		18-1-125	后浇带有梁板复合木模板钢支撑	m²	18.79	18.79
			—(D51.7+D51.12+D55.2)			
94		18-1-132	地下暗室模板拆除增加	=	18.79	18.79
95	24	010508001003	后浇带;C40墙	m³	2.36	2.36
			—D26.6			
96		5-1-56.83	C40现浇混凝土后浇带墙	=	2.36	2.36
97		18-1-119	后浇带直形墙复合木模板钢支撑	m²	24.19	24.19
			—D28.3			
98		18-1-132	地下暗室模板拆除增加	=	24.19	24.19
99	25	010903002001	墙面涂膜防水;建施-20地下防水大样	m²	1235.71	1249.13
	1		W0×5.6+(WJ+1.5×8+4×1.11)×1.81+4×1.11×0.7 1235.71			
	2	筏板周长	(137.72[WJ]+1.5×8+8×1.11)=158.6			
100		12-1-4	混凝土墙、砌块墙面水泥砂浆9+6	=	1235.71	1249.13
101		12-1-16.11×5	1:3水泥砂浆抹灰层增1[换水泥抹灰砂浆1:2.5]×5	=	1235.71	1249.13
102		9-2-52	立面聚合物水泥防水涂料1mm	=	1235.71	1249.13
103		12-1-4	混凝土墙、砌块墙面水泥砂浆9+6	=	1235.71	1249.13
104		12-1-16.11×5	1:3水泥砂浆抹灰层增1[换水泥抹灰砂浆1:2.5]×5	=	1235.71	1249.13
105		9-2-56	立面水泥基渗透结晶型防水涂料1mm	=	1235.71	1249.13
106		1-4-6	毛砂过筛	m³	67.08	67.08
			(D100+D103)×0.01044×1.2+(D100+D103)×0.00696×1.1+(D101+D104)×0.00116×5×1.2			
107	26	010103001001	回填方;3:7灰土	m³	546.45	546.45
	1	地下外围3:7灰土	(W0+4×0.5)×(6.73-0.45)×0.5 540.96			
	2	进厅灰土垫层	2.22×4.12×0.15×4 5.49			
108		2-1-30-1	夯填灰土[基础回填]	m³	540.96	540.96
			D107.1			
109		2-1-1	3:7灰土垫层机械振动	m³	5.49	5.49
			D107.2			
110		1-2-52	装载机装车土方	m³	497.48	497.48

序号	编号/部位		项目名称/计算式		工程量	BIM 校核
			(D107＋D152)×1.01×1.15×0.77			
111		1-2-58	自卸汽车运土方 1km 内	＝	497.48	497.48
112	27	010103001002	回填方;素土	m³	2595	2672.67
	1		D4-S0×5.55-D10-D19-D108	2588.05		
	2	进厅地面回填土	2.22×4.12×4×0.19	6.95		
113		1-4-13	槽坑机械夯填土	＝	2595	2672.67
114		1-4-12	地坪机械夯填土	m³	6.95	6.95
			D112.2			
115		1-2-52	装载机装车土方	m³	2984.25	3073.57
			D112×1.15			
116		1-2-58	自卸汽车运土方 1km 内	＝	2984.25	3073.57
117	28	010512008001	集水坑盖板;C30	m³	0.48	0.48
			1.6×0.5×0.1×6			
118		5-2-24	C302 预制混凝土零星盖板	＝	0.48	0.48
119		18-2-27	现场预制小型构件木模板	＝	0.48	0.48
120		5-5-139	0.1m³ 内其他混凝土构件人力安装	m³	0.48	0.48
			D117×1.005			
121		5-5-130	其他构件灌缝	m³	0.48	0.48
			D117			
122	29	010507007001	其他构件;C20 水簸箕	m³	0.21	0.21
	1	C20 混凝土水簸箕	0.5×0.5×0.05×8	0.1		
	2	翻边	(0.5×2+0.4)×0.2×0.05×8	0.11		
123		5-1-51.07	C202 现浇混凝土小型构件	＝	0.21	0.21
124		18-2-27	现场预制小型构件木模板	＝	0.21	0.21
125	30	010901004001	玻璃钢屋面	m²	15.45	15.45
		采光井盖	(2.5×3+2.8)×1.5			
126		9-1-18	钢檩条上铺钉小波石棉瓦	＝	15.45	15.45
127	31	010606012001	钢支架;L13J9-1②	t	0.169	0.169
	1	采光井∠63×5	1.6×3×4×4.822＝92.582			
	2	∠50×5	(2.2×3+2.5)×3.77＝34.307			
	3	檩条∠30×3	(2.5×3+2.8)×3×1.373＝42.426			
	4		∑/1000	0.169		
128		6-1-10	钢托架 3t 内	＝	0.169	0.169
129		6-5-17	钢平台安装	＝	0.169	0.169
130	32	010516002001	预埋铁件	t	0.406	0.406
	1	楼梯埋件 [L13J8-71③]	[－6×100×100]0.1×0.1×47.1＝0.471			
	2		[Φ8]0.344×0.395×2＝0.272			
	3	每跑 8 个	∑×8×2×2/1000	0.024		
	4	柱预埋件 [L13J3-30②M-1]	[－6×100×150]0.1×0.15×47.1＝0.707			

序号	编号/部位	项目名称/计算式		工程量	BIM校核
	5	$[\phi6]0.43\times0.222=0.095$			
	6	$\sum\times NZC\times5\times2/1000$	0.353		
	7	窗井支架预埋件 K[L13J9-1]	$[-5\times90\times90]0.09\times0.09\times39.25=0.318$			
	8		$[\phi8]0.3\times2\times0.395=0.237$			
	9	窗井支架预埋件 H[L13J9-1]	$[-5\times100\times100]0.1\times0.1\times39.25=0.393$			
	10		$[\phi6]0.26\times2\times0.222=0.115$			
	11		$\sum\times3\times4/1000$		0.013	
	12	栏杆预埋件 [L13J12-21A]	$[-6\times80\times80]0.08\times0.08\times47.1=0.301$			
	13		$[\phi10]0.15\times2\times0.617=0.185$			
	14		$\sum\times8\times4/1000$	0.016		
131		5-4-64	铁件制作 =		0.406	0.406
132	33	010515001001	现浇构件钢筋;砌体拉结筋 t		0.37	0.37
			0.37			
133		5-4-67	砌体加固筋焊接 $\phi6.5$ 内 =		0.37	0.37
134	34	010515001002	现浇构件钢筋;HPB300级钢 t		2.844	2.844
			D135+...+D137			
135		5-4-1	现浇构件钢筋 HPB300$\phi10$ 内 t		0.404	0.404
			0.311+0.093			
136		5-4-2	现浇构件钢筋 HPB300$\phi18$ 内 t		0.848	0.848
			0.823+0.025			
137		5-4-30	现浇构件箍筋 $\phi10$ 内 t		1.592	1.592
			1.181+0.411			
138		5-4-78	植筋 $\phi10$ 内 根		78	78
			78			
139		5-4-75	马凳钢筋 $\phi8$ t		0.115	0.115
			0.115			
140	35	010515001003	现浇构件钢筋;HPB400级钢 t		108.759	108.759
			D141+...+D145			
141		5-4-5	现浇构件钢筋 HRB335/400$\phi10$ 内 t		16.096	16.096
			0.2+5.032+10.864			
142		5-4-6	现浇构件钢筋 HRB335/400$\phi18$ 内 t		80.87	80.87
			50.799+1.526+27.816+0.729			
143		5-4-7	现浇构件钢筋 HRB335/400$\phi25$ 内 t		1.449	1.449
			1.449			
144		5-4-30	现浇构件箍筋 $\phi10$ 内 t		7.79	7.79
			3.616+4.174			
145		5-4-31	现浇构件箍筋 >$\phi10$ t		2.554	2.554
			2.554			

序号	编号/部位	项目名称/计算式		工程量	BIM校核
146	36	010507001001 散水、坡道	m²	120.16	120.16
	1	17.58×2+(2.9-1.5)×4+49.68×2+1.5×2	143.12		
	2	-2.51×3-2.81[窗井]-7.18×2[楼梯窗井]	-24.7		
	3	1.45×4×0.3	1.74		
147	16-6-81	C20细石混凝土散水3：7灰土垫层	=	120.16	120.16
148	18-1-1	混凝土基础垫层木模板	m²	10.27	10.27
		(D172+4)×0.1			
149	37	010507004001 台阶；C25	m²	3.84	3.84
		L13J9-103②	1.6×0.6×4			
150	5-1-52.15	C252现浇混凝土台阶	m³	0.52	0.52
		1.6×0.6×(0.15/2+0.06)×4			
151	18-1-115	台阶木模板木支撑	m²	3.84	3.84
		L13J9-103②	1.6×0.6×4			
152	38	010404001001 垫层；3：7灰土	m³	9.79	9.79
	1	D151×0.3	1.15		
	2	坡道 4.5×1.6×0.3×4	8.64		
153	2-1-1	3：7灰土垫层机械振动	=	9.79	9.79
154	39	010501001002 垫层；C15混凝土	m³	2.52	2.52
		坡道 4.5×1.4×0.1×4			
155	2-1-28	C154现浇无筋混凝土垫层	m³	2.52	2.52
156	40	01B001 竣工清理		3558.5	3558.8
		地下建筑体积 JTD			
157	1-4-3	竣工清理	=	3558.5	3558.8
158	1	011705001001 大型机械设备进出场及安拆	台次	1	1
159	19-3-1	C303现浇混凝土独立式大型机械基础	m³	10	10
		4×2.5×1			
160	19-3-4	大型机械混凝土基础拆除	=	10	10
161	19-3-6	自升式塔式起重机安拆100m内	台次	1	1
162	19-3-19	自升式塔式起重机场外运输100m内	台次	1	1
163	19-3-10	卷扬机、施工电梯安拆100m内	台次	1	1
164	19-3-23	卷扬机、施工电梯场外运输100m内	台次	1	1
165	2	011703001001 垂直运输	m²	1177.83	1177.83
		地下 2S0-JC			
166	19-1-10	±0.00以下地下室底层建筑面积1000m²内含基础混凝土地下室垂直运输	=	1177.83	1177.83
167	5-3-9	基础固定泵泵送混凝土	m³	567.83	574.59
		D20+D89			
168	5-3-16	基础管道安拆输送混凝土高50m内	=	567.83	574.59
169	5-3-11	柱、墙、梁、板固定泵泵送混凝土	m³	546.71	551.83
	1	混凝土墙 (D25+D32+D37)×0.988	365.99		
	2	D42+D71	3.57		

序号	编号/部位	项目名称/计算式		工程量	BIM校核
	3	梁、板	(D45＋D48＋D52＋D56＋D60＋D64＋D67＋D75)×1.015	171.81	
	4	后浇带梁、板、墙	(D91＋D95)×1.005	5.34	
170	5-3-17	柱、墙、梁、板管道安拆输送混凝土高50m内	＝	546.71	551.83
171	5-3-13	其他构件固定泵泵送混凝土	m³	98.67	98.71
	1		(D10＋D154)×1.01	89.79	
	2		D80×0.219＋D81×0.011＋D82×0.011×2	8.18	
	3		(D117＋D122)×1.015	0.7	
172	5-3-18	其他构件管道安拆输送混凝土高50m内	＝	98.67	98.71
		地上部分			
1	41 010504003002	短肢剪力墙;C35(1～2层)	m³	141.23	141.16
	1	1～2层混凝土墙	(WQ＋NQ)×5.8×0.18	16.91	
	2	1～2层外	(WSJZ＋WSKZ＋WJZ＋WKZ)×2.9×0.18	54.35	
	3	1～2层内	(NSJZ＋NJZ)×2.9×0.18	69.97	
2	5-1-27.81	C35 现浇混凝土轻型框剪墙	m³	141.23	141.16
3	18-1-88	轻型框剪墙复合木模板钢支撑	m²	1604.03	1646.41
	1	外	WQ×5.8	31.67	
	2	内	(WQ＋2NQ)×5.6	150.86	
	3	1～2层外	(WSJZ＋WSKZ＋WJZ＋WKZ)×(2.9＋2.8)	593.48	
	4	1～2层内	(NSJZ＋NJZ)×2.8×2	750.62	
	5	内外柱端侧	(WZC＋NZC)×0.18×2.5×2	77.4	
4	17-1-7	双排外钢管脚手架6m内	m²	450.23	473.92
	1		NQ×5.6	60.14	
	2	内柱脚手	(NSJZ＋NJZ)×2.8	375.31	
	3	⑦、㉒轴	1.32×2×2.8×2	14.78	
5	42 010504003003	短肢剪力墙;C30(3层至屋顶)	m³	679.52	674.26
	1	3～11层混凝土墙	(WQ＋NQ)×(2.9×8＋3.02)×0.18	76.46	
	2	屋面混凝土墙	WMQ×1.4×0.18	1.69	
	3	女儿墙	NVQ×1.4×0.15	15.8	
	4	1层女儿墙	NVSQ×0.9×0.15	3.89	
	5	3～11层	(WJZ＋WKZ＋NJZ)×(2.9×8＋3.02)×0.18	562.01	
	6	机房	2×(JWZ＋JNZ)×2.325×0.18	12.94	
	7	⑦、㉒轴墙	2×(0.5＋2.11＋0.81)×3.775×0.18	4.65	
	8	屋顶	WMJZ×1.4×0.18	2.08	
6	5-1-27	C302 现浇混凝土轻型框剪墙	＝	679.52	674.26
7	18-1-88	轻型框剪墙复合木模板钢支撑	m²	7774.83	7707.96
	1	外	WQ×26.22	143.16	
	2	内	(WQ＋2NQ)×(26.22－0.1×8－0.12)	681.58	
	3	女儿墙	(WMQ＋NVQ)×1.4×2	229.49	
	4	1层女儿墙	NVSQ×0.9×2	51.84	
	5	3层至顶层外	(WJZ＋WKZ)×(2.9×8＋3.02＋2.8×8＋2.9)	2855.24	
	6	3层至顶层内	NJZ×(2.8×8＋2.9)×2	3221.2	

序号	编号/部位	项目名称/计算式		工程量	BIM 校核
7	内外柱端侧	(WZC＋NZC)×0.18×2.5×9	348.3		
8	机房	2×(JWZ+0.18×10+JNZ+0.18×2)×2.325×2	163.87		
9	山墙	2×(0.5+2.11+0.81+0.18×2)×3.775×2	57.08		
10	屋顶	WMJZ×1.4×2	23.07		
8		17-1-7 双排外钢管脚手架 6m 内	m²	1996.31	2069.25
1		NQ×(2.8×8+2.9)	271.72		
2	3～11 层	NJZ×(2.8×8+2.9)	1610.6		
3	⑦、㉒轴	1.32×2×(2.8×8+2.9)	66.79		
4	机房	2JNZ×2.33	13.61		
5	山墙	2×(2.11+0.81)×3.775	22.05		
6	屋顶	WMJZ×1.4	11.54		
9	43	010504001002 直形墙;电梯井壁 C35	m³	15.12	14.16
1	1～2 层	2×(2.2+2.3)×5.8×2-8×(MD1+1.1×0.12)=83.98			
2		H1×0.18	15.12		
10		5-1-30.81 C35 现浇混凝土电梯井壁	m³	15.12	14.16
11		18-1-82 电梯井壁复合木模板钢支撑	m²	168	157.12
		D9/0.18×2			
12	44	010504001003 直形墙;电梯井壁 C30	m³	79.11	87.42
1	3 层至机房层	2×(2.2+2.3)×2(36-5.8)-40×(MD1+1.1×0.12)=441.52			
2	扣山墙	-2.2×1.1×TAN(40)/2×2=-2.03			
3		∑×0.18	79.11		
13		5-1-30 C302 现浇混凝土电梯井壁	＝	79.11	87.42
14		18-1-82 电梯井壁复合木模板钢支撑	m²	879	824.22
		D12/0.18×2			
15	45	010502003002 异形柱;C35(1～2 层)	m³	3.68	3.68
1	1 层 KZ1,17	(WSZ＋NSZ)×0.18×2.9	2.78		
2	2 层 KZ17	WZ×0.18×2.9	0.9		
16		5-1-16.81 C35 现浇混凝土异形柱	＝	3.68	3.68
17		18-1-44 异形柱复合木模板钢支撑	m²	49.19	49.19
1	1 层 KZ1	0.54×4×2.9×4	25.06		
2	1～2 层 KZ17	(0.64+0.4)×2×2.9×2×2	24.13		
18	46	010502003003 异形柱;C30(3 层至屋面)	m³	9.84	9.9
1	3～11 层 KZ17	WZ×0.18×(2.9×8+3.02)	8.12		
2	屋顶花园	WHZ×0.18×1.925	1.72		
19		5-1-16 C303 现浇混凝土异形柱	＝	9.84	9.9
20		18-1-44 异形柱复合木模板钢支撑	m²	133.72	133.7
1	3 层至顶层 KZ17	(0.64+0.4)×2×(2.9×8+3.02)×2	109.08		
2	屋顶花园	0.4×4×1.925×8	24.64		
21	47	010503002003 矩形梁;框架梁,C30	m³	222.97	225.67
1	2 层梁	WL45×0.18×0.45=0.81			
2		WSL40×0.18×0.4=8.21			

序号		编号/部位	项目名称/计算式	工程量	BIM 校核
	3		WSL400×0.18×0.4＝1.81		
	4		WL30×0.18×0.3＝0.07		
	5		NSL60×0.18×0.6＝0.41		
	6		NL600×0.18×0.6＝0.26		
	7		NL50×0.18×0.5＝0.77		
	8		NL45×0.18×0.45＝1.12		
	9		NL450×0.18×0.45＝0.4		
	10		NSL40×0.18×0.4＝7.22		
	11		NL400×0.18×0.4＝1.25		
	12		NL401×0.18×0.4＝1.84		
	13		NL30×0.18×0.3＝0.07		
	14		LL×0.18×1.05＝0.28		
	15		∑－D33.6	21.05	
	16	3~11 层梁	LL×0.18×1.05＝0.28		
	17		WL60×0.18×0.6＝0.41		
	18		WL45×0.18×0.45＝0.81		
	19		WL40×0.18×0.4＝6.81		
21	20		WL400×0.18×0.4＝1.94		
	21		WL30×0.18×0.3＝0.07		
	22		NL60×0.18×0.6＝0.26		
	23		NL50×0.18×0.5＝0.77		
	24		NL45×0.18×0.45＝1.12		
	25		NL450×0.18×0.45＝0.4		
	26		NL40×0.18×0.4＝6.67		
	27		NL400×0.18×0.4＝1.25		
	28		NL401×0.18×0.4＝1.84		
	29		NL30×0.18×0.3＝0.07		
	30		∑×9－D33.9	169.06	
	31	顶层梁	LL×0.18×1.05＝0.28		
	32		WL60×0.18×0.6＝0.41		
	33		WL52×0.18×0.52＝4.61		
	34		WL520×0.18×0.52＝0.95		
	35		WDL40×0.18×0.4＝3.15		
	36		WDL400×0.18×0.4＝1.57		
	37		NL60×0.18×0.6＝0.26		
	38		NDL52×0.18×0.52＝0.79		
	39		NL50×0.18×0.5＝0.77		
	40		NL45×0.18×0.45＝1.12		
	41		NL450×0.18×0.45＝0.4		
	42		NDL40×0.18×0.4＝6.06		
	43		NL401×0.18×0.4＝1.84		

序号		编号/部位	项目名称/计算式		工程量	BIM校核
21	44		NL400×0.18×0.4＝1.25			
	45		NL30×0.18×0.3＝0.07			
	46		∑－D33.12	21.06		
	47	机房梁	JWL60×0.18×0.48＝0.54			
	48		JWL40×0.18×0.28＝1.32			
	49		JNL40×0.18×0.28＝0.22			
	50	屋顶花园梁	2×2.7TW×0.18×0.4＝0.51			
	51		2×1.68×0.18×0.4＝0.24			
	52	山墙加长	([A]4.16×2＋[D]3.22×2)×(TW－1)×0.18×0.25＝0.2			
	53		∑×2	6.06		
	54	屋面⑫～⑰梁 WKL9	2.1×0.18×0.27×2	0.2		
	55	屋面⑫～⑰梁 L1(1)	3.72×(0.09×0.4＋0.09×0.2)×2	0.4		
	56	[A-]WKL8	(WML40-2.1×2)×0.18×0.4	0.91		
	57	空调板挑梁	0.7×0.1×0.3×180	3.78		
	58	Ⓐ轴挑梁	0.63×0.18×0.4×10	0.45		
22		5-1-19	C303 现浇混凝土框架梁、连续梁	＝	222.97	225.67
23		18-1-56	矩形梁复合木模板钢支撑	m²	3037.22	2567.07
	1	2层梁	WL45×(0.18＋0.45＋0.35)＝9.86			
	2		(WSL40＋WSL400)×(0.18＋0.4＋0.3)＝122.43			
	3		WL30×(0.18＋0.2＋0.3)＝0.9			
	4		(NSL60＋NL600)×(0.18＋0.48×2)＝7.07			
	5		NL50×(0.18＋0.37×2)＝7.91			
	6		(NL45＋NL450)×(0.18＋0.35×2)＝16.49			
	7		(NSL40＋NL400＋NL401)×(0.18＋0.3×2)＝111.62			
	8		NL30×(0.18＋0.2×2)＝0.71			
	9		LL×(0.18＋0.95＋0.93)＝3.09			
	10		∑	280.08		
	11	3～11层外梁	LL×(0.18＋1.05＋0.93)＝3.24			
	12		WL60×(0.18＋0.6＋0.48)＝4.76			
	13		WL45×(0.18＋0.45＋0.35)＝9.86			
	14		(WL40＋WL400)×(0.18＋0.4＋0.3)＝106.91			
	15		WL30×(0.18＋0.2＋0.3)＝0.9			
	16		∑×9	1131.03		
	17	3～11层内梁	NL60×(0.18＋0.48×2)＝2.76			
	18		NL50×(0.18＋0.37×2)＝7.91			
	19		(NL45＋NL450)×(0.18＋0.35×2)＝16.49			
	20		(NL40＋NL400＋NL401)×(0.18＋0.3×2)＝105.66			
	21		NL30×(0.18＋0.2×2)＝0.71			
	22		∑×9	1201.77		

序号	编号/部位	项目名称/计算式	工程量	BIM 校核
23	23 顶层外梁	LL×(0.18+1.05+0.93)=3.24		
	24	WL60×(0.18+0.6+0.48)=4.76		
	25	(WL52+WL520)×(0.18+0.52+0.42)=66.54		
	26	(WDL40+WDL400)×(0.18+0.4+0.3)=57.75		
	27 顶层内梁	NL60×(0.18+0.48×2)=2.76		
	28	NDL52×(0.18+0.4×2)=8.23		
	29	NL50×(0.18+0.38×2)=8.08		
	30	(NL45+NL450)×(0.18+0.33×2)=15.74		
	31	(NDL40+NL400+NL401)×(0.18+0.28×2)=94.02		
	32	NL30×(0.18+0.18×2)=0.66		
	33	$\sum$ 261.78		
	34	−D36.9−D36.12		
	35 楼梯顶层外梁	JWL60×(0.18+0.48×2)=7.07		
	36 客厅、楼梯外梁	JWL40×(0.18+0.28×2)=19.43		
	37 客厅内梁	JNL40×(0.18+0.28×2)=3.18		
	38 屋顶花园梁	2×2.7×TW×(0.18+0.28×2)=5.21		
	39	2×1.68×(0.18+0.28×2)=2.49		
	40 山墙加长	([A]4.16×2+[D]3.22×2)×(TW-1)×(0.18+0.28×2)=3.33		
	41 机房层	$\sum$×2 81.42		
	42 空调板挑梁	0.7×(0.1+0.2+0.3)×180 75.6		
	43 Ⓐ轴	0.63×(0.18+0.3+0.4)×10 5.54		
24	50 010505001003	有梁板;厨卫阳台防水 C30P6 m³	40.04	40.04
	1 卫生间	3.24×3.6+1.11×(1.32+2.32)+2.43×1.72+1.53×1.92×2+1.11×2.32+1.12×(1.32+1.22)+2.12×2.72=36.95		
	2 封闭阳台/27 轴	2.34×1.32=3.09		
	3	$\sum$×0.1×10 40.04		
25	5-1-31H	C302 现浇混凝土有梁板 P6 =	40.04	40.04
26	18-1-92	有梁板复合木模板钢支撑 m²	400.4	400.4
		D24/0.1		
27	49 010505003003	平板;厨卫阳台防水 C30P6 m³	46.35	46.35
	1 卫生间	2.43×0.72+1.11×1.32=3.21		
	2 厨房	1.72×4.22×3+2.22×4.22=31.14		
	3 封闭阳台	3.1×1.32+3×1.32+2.99×1.32=12		
	4	$\sum$×0.1×10 46.35		
28	5-1-33H	C302 现浇混凝土平板 P6 =	46.35	46.35
29	18-1-100	平板复合木模板钢支撑 m²	463.5	463.5
		D27/0.1		
30	50 010505003004	平板;C30 m³	374.46	374.46

序号		编号/部位	项目名称/计算式		工程量	BIM校核
30	1		[1]3.42×3.16+[2]3.12×4.32+[4](4.32×7.04+3.3×1.22)×3+[5](1.62×2.12+1.42×2.1)×4+[10]3.12×1.32+[12]3.12×4.32+[15]3.72×4.32×2+[17]3.12×4.32+[22]4.32×7.04+6.3×1.22+2.82×4.32+2.02×3.42+3.12×4.32+3.42×3.42=298.85			
	2		H1×0.1×10	298.85		
	3		{[3.12×(1.32+4.32+1.22)+1.72×4.22+2.82×4.22+4.32×1.32]×2+(1.42×2.1+1.62×2.12)×4+4.32×1.32×2+3.12×(1.32+4.32+1.22)+2.82×4.22+1.72×4.22+(1.11×1.32+2.43×1.72)×2+(3.72×4.32)×2+0.72×1.32×2+3.12×(1.32+4.32)+6.12×1.22+(3.12+2.22)×4.22+2.82×4.32+2.02×3.42+3.42×3}×0.12	35.09		
	4	130加厚	(4.32×5.72+3.3×1.22)×4×0.03×9	31.04		
	5	110加厚	(3.72×4.32)×2×0.01×9	2.89		
	6	120加厚	2.22×4.12×4×0.02×9	6.59		
31		5-1-33	C302现浇混凝土平板	=	374.46	374.46
32		18-1-100	平板复合木模板钢支撑	m²	3280.92	3280.92
			D30.1×10+D30.3/0.12			
33	51	010505001004	有梁板;C30	m³	162.29	163.78
	1		[1]3.42×4.32+[3]2.82×4.04×3+[6](1.21×2.42+2.24×0.53)×2+[12]2.82×3.12×2+3.12×4.04+3.42×4.32=102.16			
	2		H1×0.1×10	102.16		
	3		[3.42×4.32+2.13×0.76+1.11×1.32+2.13×(1.08+1.58)+1.11×2.28+3.42×2.1+2.42×1.21×2+1.16×0.53×2×2+(1.11×2.32+1.53×1.92+2.82×3.12)×2+3.42×4.32+1.12×(2.72+0.24)+2.12×(2.72+0.24)]×0.12	11.34		
	4	180×400	(3.42+3.78+2.13+1.32×4+2.82×5+2.42×2+1.72+1.92+3.12+3.42+2.72)×0.18×0.4=3.34			
	5	180×300	(0.53×2+1.32)×0.18×0.3=0.13			
	6		Σ	3.47		
	7	180×400	(3.42+3.78+2.13+1.32×4+2.82×5+2.42×2+1.72+1.92+3.12+0.7+3.42+2.72)×0.18×0.4×10=33.95			
	8	180×300	(0.53×2+1.32)×0.18×0.3×10=1.29			
	9		Σ	35.24		
	10	180×400	(3.42+2.13×2+3.42×2+2.1+2.42×2+2.82×2+3.42+2.96)×0.18×0.4=2.41			
	11	180×300	0.53×2×0.18×0.3=0.06			
	12		Σ	2.47		
	13	北面空调板	1.06×0.7×0.1×40	2.97		
	14	南面空调板	1.04×0.7×0.1×30	2.18		
	15		1.6×0.7×0.1×22	2.46		
34		5-1-31	C302现浇混凝土有梁板	=	162.29	163.78
35		18-1-92	有梁板复合木模板钢支撑	m²	1589.91	1564.19
	1		D33.1×10+D33.3/0.12	1116.1		

序号	编号/部位		项目名称/计算式		工程量	BIM校核
35	2	北面空调板	1.06×0.7×40＝29.68			
	3	南面空调板	1.04×0.7×30＝21.84			
	4		1.6×0.7×22＝24.64			
	5		1.32×0.63×20＝16.63			
	6		∑	92.79		
	7	180×400	(3.42＋3.78＋2.13＋1.32×4＋2.82×5＋2.42×2＋1.72＋1.92＋3.12＋3.42＋2.72)×(0.3×2＋0.18)＝36.23			
	8	180×300	(0.53×2＋1.32)×(0.2×2＋0.18)＝1.38			
	9		∑	37.61		
	10	180×400	(3.42＋3.78＋2.13＋1.32×4＋2.82×5＋2.42×2＋1.72＋1.92＋3.12＋0.7＋3.42＋2.72)×(0.3×2＋0.18)×9＝330.99			
	11	180×300	(0.53×2＋1.32)×(0.2×2＋0.18)×9＝12.42			
	12		∑	343.41		
36	52	010505001005	有梁板;C30屋面斜板	m³	39.86	39.58
	1	客厅	4.59TW×7.58×4×0.15	27.24		
	2	电梯	2.38TW×2.12×2＝13.17			
	3	楼梯	2.78TW×5.52×2＝40.05			
	4		∑×0.12	6.39		
	5	屋顶花园	3.5TW×2.48×2＝22.65			
	6	32.1 山墙坡顶板	0.86TW×3.5×2＝7.86			
	7	31.9 封闭阳台顶板	(3.3×3＋5.4)×1.59TW＝31.75			
	8		∑×0.1	6.23		
37		5-1-35	C302 现浇混凝土斜板、折板(坡屋面)	＝	39.86	39.58
38		18-1-92	有梁板复合木模板钢支撑	m²	297.15	291.28
	1		D36.1/0.15	181.6		
	2		D36.4/0.12	53.25		
	3		D36.8/0.1	62.3		
39		18-1-104	板钢支撑高＞3.6m 增1m	m²	85.02	85.1
			2TK			
40	53	010505007001	天沟(檐沟)、挑檐板;C30	m³	41.34	41.34
	1	北面半层空调板	1.06×0.7×0.1×44	3.26		
	2	32.3 挂板	1.26×0.1×(0.6＋0.9)×4	0.76		
	3	南面	1.04×0.7×0.1×33	2.4		
	4	32.3 挂板	1.24×0.1×(0.6＋0.9)	0.19		
	5		1.6×0.7×0.1×22	2.46		
	6	31.9 挂板	1.8×0.1×(0.6＋0.5)×2	0.4		
	7	㉙轴	1.32×0.7×0.1×22	2.03		
	8	C1 窗下檐	2.1×0.1×0.1×44	0.92		
	9	C2 窗下檐	1.8×0.1×0.1×33	0.59		
	10	C3 窗下檐	1.5×0.1×0.1×33	0.5		

序号		编号/部位	项目名称/计算式		工程量	BIM 校核
	11	C4 窗下檐	1.3×0.1×0.1×36	0.47		
	12	C5 窗下檐	1.2×0.1×0.1×33	0.4		
	13	C6 窗下檐	0.9×0.1×0.1×11	0.1		
	14	山墙 8F 以下 2-2	2.5×0.2×0.1×26	1.3		
	15	8F20.18 处底板	2.5×0.5×0.1×2	0.25		
	16	8F 顶板	2.5×0.6×0.12×2	0.36		
	17	8F 立板	2.5×0.1×0.28×2	0.14		
	18	山墙 8F 以上 2-2	2.5×0.48×0.1×16	1.92		
	19	窗檐	2.1×0.4×0.1×16	1.34		
	20	山墙线角 1-1 上	0.68×0.1×0.1×32	0.22		
	21	山墙线角 1-1 下	0.6×0.1×0.15×32	0.29		
	22	封闭阳台檐	2.7×0.3×0.08×33	2.14		
	23		2.5×0.3×0.08×11	0.66		
	24	顶花园山檐 300	4.5TW×SYJ×4	1.36		
	25	顶花园平檐	2.48×YJ×4	0.61		
	26	Ⓐ轴客厅 山檐 300	10.18TW×SYJ×2	1.54		
	27	Ⓓ轴客厅 山檐 900	10.18TW×SYJ9×2	3.14		
	28	4~25 客厅平檐	7.58×YJ×4	1.85		
	29	Ⓗ轴楼梯山檐	3.78TW×YJ×2	0.6		
	30	6~23 梯平檐	8×YJ×4	1.95		
	31	6~23 电梯加宽	2.12×0.2TW×0.1×4	0.22		
	32	32.1 山檐头	(3.5+1.2×2)×SYT×2	0.44		
	33	阳台大样三挑檐	2.79×SYJ×3	0.49		
	34		5.4×SYJ	0.31		
	35	⑫~⑰墙身 大样一	4.38×1.84TW×0.13×2V2.73			
	36	檐口	(4.38+1.84TW)×0.17×0.12×2	0.28		
	37	31.9 山墙底板	3.5×1.2×0.1×2	0.84		
	38	客厅楼梯上挑板	3×0.7×0.1×4	0.84		
	39	女儿墙檐	NVQ×0.1×0.1	0.75		
	40	1 层女儿墙檐	NVSQ×0.1×0.1	0.29		
41		5-1-49	C302 现浇混凝土挑檐、天沟	=	41.34	41.34
42		18-1-107	天沟、挑檐木模板木支撑	m²	571.75	571.75
	1	北面半层空调板	[1.06×0.7+(1.06+0.7×2)×0.1]×44	43.47		
	2	32.3 挂板	[1.26×(0.7+0.9+0.8)+0.1×2(0.6+0.9)]×4	13.3		
	3	南面	[1.04×0.7+(1.04+0.7×2)×0.1]×33	32.08		
	4	32.3 挂板	1.24×(0.7+0.9+0.8)+0.1×2(0.6+0.9)	3.28		
	5	⑦、㉒轴	[1.6×0.7+(1.6+0.7×2)×0.1]×22	31.24		
	6	31.9 挂板	[1.6×(0.7+0.5+0.4)+0.1×2(0.6+0.5)]×2	5.56		

序号	编号/部位	项目名称/计算式		工程量	BIM校核
7	㉙轴	[1.32×0.7+(1.32+0.7×2)×0.1]×22	26.31		
8	C1 窗下檐	2.1×0.2×44	18.48		
9	C2 窗下檐	1.8×0.2×33	11.88		
10	C3 窗下檐	1.5×0.2×33	9.9		
11	C4 窗下檐	1.3×0.2×36	9.36		
12	C5 窗下檐	1.2×0.2×33	7.92		
13	C6 窗下檐	0.9×0.2×11	1.98		
14	山墙 8F 以下 2-2	[2.5×0.2+(2.5+0.2×2)×0.1]×27	21.33		
15	8F20.18处底板	[2.5×0.5+(2.5+0.5×2)×0.1]×2	3.2		
16	8F 顶板	[2.5×0.5+(2.5+0.6×2)×0.12]×2	3.39		
17	8F 立板	2.5×(0.4+0.1+0.28)×2	3.9		
18	山墙 8F 以上 2-2	[2.5×0.48+(2.5+0.48×2)×0.1]×16	24.74		
19	窗檐	[2.1×0.4+(2.1+0.4×2)×0.1]×16	18.08		
20	山墙线角 1-1 上	0.68×0.1×3×32	6.53		
21	山墙线角 1-1 下	0.6×(0.1+0.15×2)×32	7.68		
22	封闭阳台檐	2.7×(0.3+0.08)×33	33.86		
23		2.5×(0.3+0.08)×11	10.45		
24	顶花园山檐 300	4.5TW×SYM×4	18.79		
25	顶花园平檐	2.48×YM×4	8.92		
26	Ⓐ轴客厅山檐 300	10.18TW×SYM×2	21.26		
27	Ⓓ轴客厅山檐 900	10.18TW×SYM9×2	37.2		
28	4～25 客厅平檐	7.58×YM×4	27.26		
29	Ⓗ轴楼梯山檐	3.78TW×YM×2	8.87		
30	6～23 梯平檐	8×YM×4	28.77		
31	6～23 电梯加宽	2.12×0.2TW×4	2.21		
32	32.1 山檐头	(3.5+1.2×2)×SYTM×2	6.61		
33	阳台大样三挑檐	2.79×SYM×3	6.7		
34		5.4×SYM	4.32		
35	12～17 墙身 大样一	4.38×0.76TW×2	8.69		
36	檐口	(4.38+1.84TW)×(0.06+0.17×2)×2	5.42		
37	31.9 山墙底板	3.5×1.2×2	8.4		
38	客厅楼梯上挑板	3×(0.7+0.1)×4	9.6		
39	女儿墙檐	NVQ×0.1×2	15.05		
40	1 层女儿墙檐	NVSQ×0.1×2	5.76		
43	54	010505006001 栏板;C30	m³	16.02	16.02
1	封闭阳台大样三	2.7×1.02×0.1×33	9.09		
2		2.5×1.02×0.1×11	2.81		
3	出檐	2.7×0.1×0.1×66	1.78		
4		2.5×0.1×0.1×22	0.55		
5	山墙 F8	2.3×0.82×0.1×2	0.38		

序号		编号/部位	项目名称/计算式		工程量	BIM 校核
	6	山墙 F9~11	2.3×1.02×0.1×6	1.41		
44		5-1-48	C302 现浇混凝土栏板	=	16.02	16.02
45		18-1-106	栏板木模板木支撑	m²	320.4	320.4
			D53×2/0.1			
46	55	010503002004	矩形梁；C30	m³	2.1	2.1
	1	⑮轴	2.4×0.18×0.4×11	1.9		
	2	屋面造型挑板	0.5×0.5×0.2×4	0.2		
47		5-1-20	C303 现浇混凝土单梁、斜梁、异形梁、拱形梁	=	2.1	2.1
48		18-1-56	矩形梁复合木模板钢支撑	m²	27.67	27.67
	1	⑮轴	2.4×(0.18+0.4×2)×11	25.87		
	2	屋面造型挑板	0.5×(0.2×2+0.5)×4	1.8		
49	56	010506001002	直形楼梯；C25	m²	191.66	191.66
		1~11 层	2.42×3.6×2×11			
50		5-1-39.15	C252 现浇混凝土直形楼梯无斜梁 100	=	191.66	191.66
51		5-1-43.15	C252 现浇混凝土楼梯板厚每增减 10	m²	111.8	111.8
			2.42×2.1×2×11			
52		5-1-43.15×2	C252 现浇混凝土楼梯板厚每增 10×2	m²	79.86	79.88
			2.42×1.5×2×11			
53		18-1-110	楼梯直形木模板木支撑	m²	191.66	191.66
			D49			
54	57	010503005002	过梁；现浇 C25	m³	4.93	5.44
			GL<18>+44GL102			
55		5-1-22.15	C252 现浇混凝土过梁	=	4.93	5.44
56		18-1-65	过梁复合木模板木支撑	m²	90.55	96.06
	1	GL102	44×(1.4×0.1×2+0.9×0.1)	16.28		
	2	GL181	52×(1.8×0.15×2+1.3×0.18)	40.25		
	3	GL182	2×(1.5×0.1×2+1×0.18)	0.96		
	4	GL183	42×(1.7×0.1×2+1.2×0.18)	23.35		
	5	GL184	2.9×0.15×2+2.4×0.18	1.3		
	6	GL185	3×(2.6×0.15×2+2.1×0.18)	3.47		
	7	GL186	4×(2×0.15×2+1.5×0.18)	3.48		
	8	GL187	4×(1.2×0.1×2+0.7×0.18)	1.46		
57	58	010507005001	扶手、压顶；C25	m³	10.63	9.06
	1	8F 以下山墙	2.3×0.18×0.1×16=0.66			
	2	非封闭阳台大样二	3×0.28×0.1×44=3.7			
	3		3×0.12×0.1×44=1.58			
	4	北立面 1 层阳台	1.66×0.28×0.1×3=0.14			
	5		1.66×0.12×0.1×3=0.06			
	6		1.96×0.28×0.1=0.05			
	7		1.96×0.12×0.1=0.02			

序号	编号/部位	项目名称/计算式	工程量	BIM校核
	8	北立面阳台	$2.1\times0.28\times0.1\times30=1.76$		
	9		$2.1\times0.12\times0.1\times30=0.76$		
	10		$2.4\times0.28\times0.1\times10=0.67$		
	11		$2.4\times0.12\times0.1\times10=0.29$		
	12		$\sum$	9.69	
	13	屋面造型压顶	$1.45\times0.7\times0.4\times2$	0.81	
	14		$0.325^2\times\pi/4\times0.4\times4$	0.13	
58		5-1-21.15	C252 现浇混凝土圈梁及压顶	$=$	10.63	9.06
59		18-1-116	压顶木模板木支撑	$=$	10.63	9.06
60	59	010503004002	圈梁;水平系梁 C25	m^3	15.55	15.55
	1	XL 半层空调板Ⓐ轴	$0.42\times0.18\times0.3\times33=0.75$		
	2	Ⓖ轴⑫、⑰	$0.74\times0.18\times0.3\times22=0.88$		
	3	㉙轴	$1.26\times0.18\times0.3\times11=0.75$		
	4	㉗轴	$1.32\times0.18\times0.3\times11=0.78$		
	5	C1 窗下混凝土及窗台	$2.1\times0.18\times0.1\times88=3.33$		
	6	C2 窗下混凝土	$1.8\times0.18\times0.1\times33=1.07$		
	7	C3 窗下混凝土	$1.5\times0.18\times0.1\times33=0.89$		
	8	C4 窗下混凝土	$1.5\times0.18\times0.1\times36=0.97$		
	9	C5 窗下混凝土	$1.2\times0.18\times0.1\times33=0.71$		
	10	C6 窗下混凝土	$0.9\times0.18\times0.1\times11=0.18$		
	11	山墙大样 2-2	$2.5\times0.18\times0.1\times16=0.72$		
	12	结施-24 中 1-1	$3.4\times0.18\times0.4\times4=0.98$		
	13	18 系梁	$XL\times0.18\times0.1\times11=2.37$		
	14		$\sum$	14.38	
	15	10 系梁	$XL1\times0.1\times0.1\times11$	1.17	
61		5-1-21.15	C252 现浇混凝土圈梁及压顶	$=$	15.55	15.55
62		18-1-61	圈梁直形复合木模板木支撑	m^2	183.14	183.14
	1	XL 半层空调板Ⓐ轴	$0.42\times(0.3\times2)\times33$	8.32	
	2	Ⓖ轴⑫、⑰	$0.74\times(0.3\times2)\times22$	9.77	
	3	㉙轴	$1.26\times(0.3\times2)\times11$	8.32	
	4	㉗轴	$1.32\times(0.3\times2)\times11$	8.71	
	5	C1 窗下混凝土及窗台	$2.1\times0.2\times88$	36.96	
	6	C2 窗下混凝土	$1.8\times0.2\times33$	11.88	
	7	C3 窗下混凝土	$1.5\times0.2\times33$	9.9	
	8	C4 窗下混凝土	$1.5\times0.2\times36$	10.8	
	9	C5 窗下混凝土	$1.2\times0.2\times33$	7.92	
	10	C6 窗下混凝土	$0.9\times0.2\times11$	1.98	

序号		编号/部位	项目名称/计算式		工程量	BIM 校核
	11	山墙大样 2-2	2.5×0.2×16	8		
	12	18 系梁	XL×0.2×11	26.29		
	13	10 系梁	XL1×0.2×11	23.41		
	14	结施-24 中 1-1	3.4×0.4×2×4	10.88		
63	60	010502002002	构造柱;C25	m³	68.08	70.24
	1	M5,6,7,C10,11	［端型］(0.18×0.2+0.06×0.18/2)×2.4×24×11=26.23			
	2	①、⑬、⑯、㉙、㉚、⑥轴	［⊥型］(0.18×0.2+0.18×0.06+0.2×0.06/2)×2.5×7×11=10.16			
	3	Ⓐ	［L型］[0.18×0.2+0.06(0.18+0.2)/2]×2.5×4×11=5.21			
	4	18 墙 m²	0.18×0.1×2.1×8=0.3			
	5	m³	0.18×0.1×2×2=0.07			
	6	MD2,3	0.18×0.1×2.38×264=11.31			
	7	M9	0.18×0.1×2.1×8=0.3			
	8	M4,11	0.18×0.1×2.1×168=6.35			
	9	18 墙构造柱抱框	Σ	59.93		
	10	⑮轴	［端型］(0.1×0.2+0.06×0.1/2)×2.5×11=0.63			
	11	10 墙 MD2,3	0.1×0.1×2.38×242=5.76			
	12	M13	0.1×0.1×2×88=1.76			
	13	10 墙构造柱抱框	Σ	8.15		
64		5-1-17.17	C253 现浇混凝土构造柱	=	68.08	70.24
65		18-1-41	构造柱复合木模板木支撑	m²	1250.78	1255.86
	1	M5,6,7,C10,11	［端型］(0.18+2×0.2+2×0.06)×2.4×24×11=443.52			
	2	⑮轴	［端型］(0.1+2×0.2+2×0.06)×2.5×11=17.05			
	3	①、⑬、⑯、㉙、㉚、⑥轴	［⊥型］(0.2+6×0.06)×2.5×7×11=107.8			
	4	Ⓐ轴	［L型］(0.18+0.2+4×0.06)×2.5×4×11=68.2			
	5	构造柱模板	Σ	636.57		
	6	18 墙 m²	(0.18+0.1×2)×2.1×8=6.38			
	7	m³	(0.18+0.1×2)×2×4=3.04			
	8	MD2,3	(0.18+0.1×2)×2.38×264=238.76			
	9	M9	(0.18+0.1×2)×2.1×8=6.38			
	10	M4,11	(0.18+0.1×2)×2.1×168=134.06			
	11	10 墙 MD2,3	0.1×3×2.38×242=172.79			
	12	10 墙 M13	0.1×3×2×88=52.8			
	13	抱框模板	Σ	614.21		
66	61	010402001002	砌块墙;加气混凝土砌块墙 M5.0 混浆	m³	793.26	790.03

序号	编号/部位	项目名称/计算式	工程量	BIM 校核
1	1 层外墙	WL45×2.45＋WSL40×2.5＋WL30×2.6＝313.03		
2	2 层外墙	LL×2.15＋WL60×2.3＋WL45×2.45＋WL40×2.5＋WL30×2.6＝276.45		
3	顶层外墙	LL×2.27＋WL60×2.42＋WL52×2.5＋WDL40×2.62＋Q18×2.9＝287.87		
4	1 层内墙	LL×2.15＋NL50×2.4＋NL45×2.45＋NSL40×2.5＋NL30×2.6＝311.52		
5	2 层内墙	NL60×2.3＋NL50×2.4＋NL45×2.45＋NL40×2.5＋NL30×2.6＝294.76		
6	顶层内墙	NL60×2.42＋NL52×2.5＋NL50×2.52＋NL45×2.57＋NDL40×2.62＋NL30×2.72＝286.99		
7	3～10 层内外墙	(H2＋H5)×8＝4569.68		
8	8F 到顶山墙 2-2 内	−2.1×(0.72＋0.97×3)×2＝−15.25		
9	＞31.9 机房	(JWL60×2.525＋JWL40×1.925＋JNL40×3.1)×2＝159.07		
10	18 墙面积	$\sum$＝6484.12		
11	门窗面积	M＜18＞＋C＜18＞＝2253.6		
12	砌体体积	(H10−H11)×0.18	761.49	
13	非封闭阳台挡墙	(2.9×4＋2.1×3＋2.4)×0.42×0.18×11	16.88	
14	封闭阳台顶墙	(2.81×3＋2.41＋1.8)×0.776×0.18	1.77	
15	1～10 层内墙	NL401×2.5×10＝638.75		
16	顶层内墙	NL401×2.62＝66.94		
17	⑮轴外墙	2.4×(2.6×10＋2.72)＝68.93		
18	8F 到顶山墙 2-2 内	2.1×(0.72＋0.97×3)×2＝15.25		
19	8F 到顶山墙 2-2 外	2.1×(0.72＋1.27×3＋0.67)×2＝21.84		
20	10 墙面积	$\sum$＝811.71		
21	10 墙门	44MD2＋77MD3＋44M13＝319.66		
22	10Q 墙砌体体积	(H20−H21)×0.1	49.21	
23	扣过梁、系梁、抱框	−(D55＋D61＋D64)	−88.56	
24	1 层楼梯中间墙	3.31×2.78×2＝18.4		
25	空调板 大样一侧墙	0.7×5×2×(33.32−21×0.1)＝218.54		
26	空调板大样二 ⑦、㉒轴	0.7×4×2×(31.92−21×0.1)＝166.99		
27	墙身大样二	0.7×2×2×(32.02＋0.3＋0.61/2−21×0.1)＝85.47		
28	百叶窗侧⑦、㉒轴	0.6×2×(31.92−0.4−21×0.1)＝35.3		
29		$\sum$×0.1	52.47	

序号	编号/部位	项目名称/计算式		工程量	BIM校核
67	4-2-1	M5.0 混浆加气混凝土砌块墙	=	793.26	790.03
68	17-2-6	双排里钢管脚手架 3.6m 内	m²	3975.44	4062.02
		D66.4＋D66.5×9＋D66.6＋D66.15＋D66.16＋D66.24			
69	1-4-6	毛砂过筛	m³	82.05	82.05
		D67×0.1019×1.015			
70	62 010402002001	砌块柱;加气混凝土砌块柱	m³	3.43	3.43
	1	0.5×0.5×(6.4−0.4)×2		3	
	2 屋面以上	0.85×0.5×0.5×2		0.43	
71	4-2-1	M5.0 混浆加气混凝土砌块墙	=	3.43	3.43
72	1-4-6	毛砂过筛	m³	0.35	0.35
		D71×0.1019×1.015			
73	63 010514001001	厨房烟道;PC12(L09J104)	m	134.8	134.8
		(31.9＋1.8)×4			
74	4-2-10	M5.0 混浆砌变压式排烟气道半周长 800mm 内	=	134.8	134.8
75	64 010902008001	屋面变形缝;L13J5-1	m	6.58	6.58
		6.58			
76	9-4-15	平面铝合金盖板变形缝	=	6.58	6.58
77	9-4-3	沥青玛琋脂蹄嵌变形缝	=	6.58	6.58
78	65 010903004001	墙面变形缝;L07J109-40	m	63.8	63.8
		2×31.9			
79	9-4-16	立面铝合金盖板变形缝	=	63.8	63.8
80	9-4-8	油浸木丝板变形缝	=	63.8	63.8
81	66 010515001004	现浇构件钢筋;砌体拉结筋	t	4.63	4.63
		4.63			
82	5-4-67	砌体加固筋焊接 φ6.5 内	=	4.63	4.63
83	67 010515001005	现浇构件钢筋;HPB300 级钢	t	12.12	12.12
		D84＋...＋D87			
84	5-4-1	现浇构件钢筋 HPB300φ10 内	t	1.12	1.12
		1.12			
85	5-4-2	现浇构件钢筋 HPB300φ18 内	t	7.69	7.69
		7.69			
86	5-4-30	现浇构件箍筋 φ10 内	t	2.75	2.75
		2.75			
87	5-4-75	马凳钢筋 φ8	t	0.56	0.56
		0.56			
88	5-4-78	植筋 φ10 内	根	280	280

序号		编号/部位	项目名称/计算式		工程量	BIM校核
			280			
89	68	010515001006	现浇构件钢筋;HPB400级钢	t	231.319	231.319
			D90+...+D93			
90		5-4-5	现浇构件钢筋 HRB335/400φ10内	t	82.964	82.964
			82.964			
91		5-4-6	现浇构件钢筋 HRB335/400φ18内	t	94.274	94.274
			94.274			
92		5-4-7	现浇构件钢筋 HRB335/400φ25内	t	6.522	6.522
			6.522			
93		5-4-30	现浇构件箍筋φ10内	t	47.559	47.559
			47.559			
94	69	010516002002	预埋铁件	t	0.853	0.853
	1	楼梯埋件 [L13J8-71③]	[−6×100×100]0.1×0.1×47.1=0.471			
	2		[φ8]0.344×0.395×2=0.272			
	3	每跑8个	Σ×8×11×2/1000	0.131		
	4	系梁预埋件 [L13J3-30②M-1]	[−6×100×150]0.1×0.15×47.1=0.707			
	5		[φ6]0.43×0.222=0.095			
	6		Σ×900/1000	0.722		
95		5-4-64	铁件制作	=	0.853	0.853
96	70	011101001001	屋面水泥砂浆保护层;1:2.5水泥砂浆20	m²	36.15	36.59
		进厅屋面	(2.22×4.12-0.61×0.18)×4			
97		9-2-67.11	水泥砂浆二次抹压防水层20[换水泥抹灰砂浆1:2.5]	=	36.15	36.59
98		1-4-6	毛砂过筛	m³	0.82	0.82
			D97×0.0205×1.1			
99	71	010902001001	屋面卷材防水;聚乙烯薄膜,SBS防水卷材,防水涂料,C20混凝土找平30	m²	48.98	49.06
	1	进厅屋面	(2.22×4.12-0.4×0.18)×4	36.3		
	2	泛水	2×(2.22+4.12)×0.25×4	12.68		
100		9-2-10	平面一层改性沥青卷材热熔	=	48.98	49.06
101		9-2-55	平面水泥基渗透结晶型防水涂料1mm	=	48.98	49.06
102		9-2-65	C20细石混凝土防水层40mm	m²	36.3	36.59
			D99.1			
103		9-2-66×-2	C20细石混凝土防水层减10mm×2	=	36.3	36.59
104	72	011001001001	保温隔热屋面;30厚保温砂浆,水泥珍珠岩找坡	m²	36.3	36.59
			D99.1			

序号		编号/部位	项目名称/计算式		工程量	BIM校核
105		10-1-21	混凝土板上无机轻集料保温砂浆 30mm	＝	36.3	36.59
106		11-1-1.11	1:3水泥砂浆混凝土或硬基层上找平 20mm[换水泥抹灰砂浆1:2.5]	＝	36.3	36.59
107		10-1-11	混凝土板上现浇水泥珍珠岩 1:10	m³	3.34	3.37
			D104×TH1			
108		1-4-6	毛砂过筛	m³	0.89	0.89
			D106×0.0205×1.2			
109	73	010902002001	屋面涂膜防水;聚氨酯防水	m²	36.3	36.59
			D104			
110		9-2-47	平面聚氨酯防水涂膜 2mm	＝	36.3	36.59
111		9-2-49×-1	平面聚氨酯防水涂膜减 0.5mm	＝	36.3	36.59
112		11-1-1.11	1:3水泥砂浆混凝土或硬基层上找平 20mm[换水泥抹灰砂浆1:2.5]	＝	36.3	36.59
113		1-4-6	毛砂过筛	m³	0.89	0.89
			D112×0.0205×1.2			
114	74	011001001002	保温隔热屋面;岩棉板防火隔离带	m²	38.93	38.93
	1	北面隔离带	49.32－2.78×2－2.38＝41.38			
	2	南面隔离带	49.32－9.18×2－0.48+1.5×4＝36.48			
	3		∑×0.5	38.93		
115		10-1-16	混凝土板上干铺聚苯保温板 100	＝	38.93	38.93
116	75	011001003001	保温隔热墙面;岩棉板防火隔离带	m²	250.32	250.32
			W×0.3×5			
117		10-1-47	立面粘结剂满粘聚苯保温板 50	m²	10.01	10.01
			D116×0.04			
118	76	011102003001	屋面防滑地砖	m²	321.27	316.86
	1		49.32×11.62－2.28×3.9－6.4×0.4[变形缝]			
			－5.8×0.8＝557.01			
	2	屋顶花园	－2.3×3.5×2＝－16.1			
	3	阳台	－(3.3×3+6.3)×1.5＝－24.3			
	4	客厅、梯上空	－2×(9.18×7.4+2.38×2.12+2.78×2.1)＝－157.63			
	5		∑	358.98		
	6	屋面排水道	－(49.32－2.78×2－2.38+3.42×2+3.8×3+6.8+1.5×4+1.5×0.5 ×4)×0.5			
				－37.71		
119		11-3-33	干硬1:3水泥砂浆地板砖楼地面 L1200mm 内	＝	321.27	316.86
120		11-1-3	1:3水泥砂浆增减 5mm	＝	321.27	316.86
121		1-4-6	毛砂过筛	m³	11.62	11.62
			D119×0.025×1.2+D120×0.00513×1.2			
122	77	010902001002	屋面卷材防水;聚乙烯薄膜,SBS防水卷材,防水涂料,C20混凝土找平30	m²	406.76	396.86
	1		D118.5	358.98		
	2	泛水横向	11.62×8＝92.96			
	3	泛水纵向	2.3×4+9.92×2+10.22×4+12.92×2＝95.76			
	4	排烟道	0.4×6＝2.4			
	5		∑×0.25	47.78		

序号	编号/部位	项目名称/计算式		工程量	BIM校核
123		9-2-10	平面一层改性沥青卷材热熔	m²	406.76	396.86
124		9-2-55	平面水泥基渗透结晶型防水涂料1mm	=	406.76	396.86
125		9-2-65	C20细石混凝土防水层40mm	m²	358.98	355.79
			D122.1			
126		9-2-66×-2	C20细石混凝土防水层减10mm×2	=	358.98	355.79
127	78	011001001003	保温隔热屋面;75厚挤塑板,水泥珍珠岩找坡	m²	321.27	316.86
			D118			
128		10-1-16H	混凝土板上干铺聚苯保温板75	m²	321.27	316.86
129		11-1-1.11	1:3水泥砂浆混凝土或硬基层上找平20mm[换水泥抹灰砂浆1:2.5]	=	321.27	316.86
130		10-1-11	混凝土板上现浇水泥珍珠岩1:10	m³	26.99	26.62
			D127×TH2			
131		1-4-6	毛砂过筛	m³	7.9	7.9
			D129×0.0205×1.2			
132	79	010902002002	屋面涂膜防水;聚氨酯防水	m²	358.98	355.79
			D118.5			
133		9-2-47	平面聚氨酯防水涂膜2mm	=	358.98	355.79
134		9-2-49×-1	平面聚氨酯防水涂膜减0.5mm	=	358.98	355.79
135		11-1-1.11	1:3水泥砂浆混凝土或硬基层上找平20mm[换水泥抹灰砂浆1:2.5]	=	358.98	355.79
136		1-4-6	毛砂过筛	m³	8.83	8.83
			D135×0.0205×1.2			
137	80	010901001001	瓦屋面;块瓦坡屋面	m²	425.91	423.01
	1	客厅	10.18TW×8.78×2	233.28		
	2	电梯、楼梯	3.78TW×8.3×2	81.89		
	3	屋顶花园	4.5TW×3.08×2	36.17		
	4	31.9山墙顶板	3.5×1.1TW×2	10.05		
	5	31.9封闭阳台顶板	(3.3×3+5.4)×1.89TW	37.74		
	6	墙身大样一12～17	2×4.5×2.28TW	26.78		
138		9-1-1	屋面板、椽子挂瓦条上铺设黏土瓦	=	425.91	423.01
139	81	010902003001	屋面刚性层;35mm厚细石混凝土配φ4@100×100钢筋网	m²	425.91	423.01
			D137			
140		9-2-65	C20细石混凝土防水层40mm	=	425.91	423.01
141		9-2-66×-5	C20细石混凝土防水层减10mm×5	=	425.91	423.01
142		5-4-1	现浇构件钢筋HPB300φ10内	t	0.843	0.843
			D139/0.1×2×0.099/1000			
143	82	010902001003	屋面卷材防水	m²	425.91	423.01
			D139			
144		9-2-10	平面一层改性沥青卷材热熔	=	425.91	423.01
145		9-3-3	镀锌铁皮天沟、泛水	m	80.64	80.64
			80.64			
146	83	011101006001	平面砂浆找平层;1:2.5水泥砂浆	m²	425.91	423.01
			D137			

序号	编号/部位		项目名称/计算式		工程量	BIM校核
147		11-1-1.11	1:3水泥砂浆混凝土或硬基层上找平20mm[换水泥抹灰砂浆1:2.5]=		425.91	423.01
148		1-4-6	毛砂过筛	m³	10.48	10.48
			D147×0.0205×1.2			
149	84	011001001004	保温隔热屋面;XPS板	m²	385.59	382.69
			D146-D152			
150		10-1-16H	混凝土板上干铺聚苯保温板75	m²	385.59	382.69
151		5-4-78	植筋φ10内	根	476	476
			476			
152	85	011001001005	隔热屋面;30厚玻化微珠防火隔离带	m²	40.32	40.32
	1	客厅	8.78×4=35.12			
	2	电梯、楼梯	8.3×4=33.2			
	3	屋顶花园	3.08×4=12.32			
	4		∑×0.5	40.32		
153		10-1-16H	混凝土板上干铺30厚玻化微珠	m²	40.32	40.32
154	86	010902004001	屋面排水管;塑料水落管φ100	m	266.8	266.8
	1	L13J5-1-6/E2	31.9×8	255.2		
	2	L13J5-1-7/E2	2.9×4	11.6		
155		9-3-10	塑料水落管φ≤110mm	=	266.8	266.8
156		9-3-9	铸铁管弯头落水口(含算子板)	个	4	4
			4			
157		9-3-7	铸铁管雨水口	个	12	12
			12			
158		9-3-13	塑料管落水斗	个	8	8
			8			
159	87	010507004002	台阶;C25	m²	8.76	8.82
	1	客厅门口	1.6×0.6×4	3.84		
	2	楼梯门口	1.3×0.6×4	3.12		
	3	变形缝处	1.5×0.6×2	1.8		
160		5-1-52.15	C252现浇混凝土台阶	m³	1.97	1.97
			D159×0.15+D159/2×0.15			
161		18-1-115	台阶木模板木支撑	m²	8.76	8.82
			D159			
162	88	01B001	竣工清理		20095.06	20095.06
			JT			
163		1-4-3	竣工清理	=	20095.06	20095.06
164	3	011703001002	垂直运输	m²	6774.69	6774.69
			JM-(2S0-JC)			
165		19-1-23	檐高20m上40m内现浇混凝土结构垂直运输	=	6774.69	6774.69
166		5-3-11	柱、墙、梁、板固定泵泵送混凝土	m³	1907.78	1916.48
	1	柱	(D15+D18+D63)×1	81.6		

序号		编号/部位	项目名称/计算式		工程量	BIM校核
	2	混凝土墙	(D1＋D5＋D9＋D12)×0.988	904		
	3	梁、板	(D21＋D24＋D27＋D30＋D33＋D36＋D46＋D54＋D60)×1.015	922.18		
167		5-3-17	柱、墙、梁、板管道安拆输送混凝土高50m内	＝	1907.78	1916.48
168		5-3-13	其他构件固定泵泵送混凝土	m³	64.64	64.64
	1	楼梯	D49×0.219＋D51×0.011＋D52×0.022	44.96		
	2	压顶、台阶	(D57＋D159)×1.015	19.68		
169		5-3-18	其他构件管道安拆输送混凝土高50m内	＝	64.64	64.64
170	4	011701001001	综合脚手架	m²	6774.69	6774.69
		D164				
171		17-1-12	双排外钢管脚手架50m内	m²	5696.48	5696.48
	1	外围	W×(33.3＋0.45)	5632.2		
	2	南立面客厅	9.18×(0.925＋3.775/2)×2	51.64		
	3	北立面楼梯	2.78×(1.725＋1.095/2)×2	12.64		
172		17-1-7	双排外钢管脚手架6m内	m²	317.58	317.58
	1	1层进厅	(4.3＋2.58＋0.7)×(0.45＋2.9＋0.9)×4	128.86		
	2	机房层客厅	7.4×2.325×4	68.82		
	3	机房层楼梯	4.22×3.125×4	52.75		
	4	屋顶花园	3.5×(1.925＋1.395/2)×2＋2.3×1.925×4	36.07		
	5	机房层阳台顶	(3.3×3＋6.3＋1.5×4)×1.4	31.08		

6.8.2 装饰部分

装饰部分工程量计算书见表6-34。

工程名称：框剪高层架住宅装饰　　　　　　**工程量计算书**　　　　　　表6-34

序号		编号/部位	项目名称/计算式		工程量	BIM校核
			地下部分			
1	1	010801001001	木质门；平开夹板百叶门，L13J4-1(78)	m²	77.28	77.28
			46M1			
2		8-1-2	成品木门框安装	m	230	230
			(2.1×2＋0.8)×46			
3		8-1-3	普通成品门扇安装	m²	77.28	77.28
			D1			
4		8-6-4	百叶窗	m²	13.8	13.8
			0.5×0.6×46			
5		15-9-22	门扇L形执手插锁安装	个	46	46
			46			
6	2	011401001001	木门油漆	m²	77.28	77.28
			D1			
7		14-1-1	底油一遍调和漆二遍单层木门	＝	77.28	77.28
8	3	010802003001	钢质防火门	m²	46	46
			2M10＋8M12＋8M13＋4M14			

序号	编号/部位		项目名称/计算式		工程量	BIM 校核
9		8-2-7	钢质防火门	=	46	46
10	4	010807001001	铝合金中空玻璃窗	m²	14.24	14.24
			8C5			
11		8-7-2	铝合金平开窗	=	14.24	14.24
12	5	011101001001	水泥砂浆地面;1:2 水泥砂浆 30	m²	976.07	949.36
	1	一2层	R02-DTF	498.27		
	2	一1层	R01-DTF-LT	468.68		
	3	空调板地面	(1.04×3+1.6×2+1.32×2+1.06×4)×0.7	9.24		
	4	扣⑦、㉒轴洞口踩	−0.6×0.1×2	−0.12		
13		11-2-1	1:2 水泥砂浆楼地面 20mm	=	976.07	949.36
14		11-1-3.09×2	1:3 水泥砂浆增 5mm[换水泥抹灰砂浆 1:2]×2	m²	976.07	949.36
15		1-4-6	毛砂过筛	m³	27.52	27.52
			(D13×0.0205+D14×0.00513)×1.1			
16	6	011102003001	块料地面;大理石(地 204)	m²	38.75	37.68
	1	1层进厅	2.22×4.12×4	36.59		
	2	增洞口	1.5×0.18×8	2.16		
17		11-3-5	1:3 干硬性水泥砂浆块料楼地面不分色	=	38.75	37.68
18		1-4-6	毛砂过筛	m³	1.43	1.43
			D17×0.03075×1.2			
19	7	011101001002	水泥砂浆楼面;楼梯面	m²	34.85	34.85
		一2、一1层楼梯	2LT			
20		11-2-2	1:2 水泥砂浆楼梯 20mm	=	34.85	34.85
21		1-4-6	毛砂过筛	m³	1.05	1.05
			D20×0.02727×1.1			
22	8	011102003002	块料楼地面;大理石楼面	m²	34.82	35.13
	1	1层门厅	T+1.21×(0.18-0.1)×2	31.72		
	2	增门洞口	([M11,9]1.3×8+[M12]1.2×2+[MD1]1.1×4)×0.18	3.1		
23		11-3-5	1:3 干硬性水泥砂浆块料楼地面不分色	=	34.82	35.13
24		1-4-6	毛砂过筛	m³	1.28	1.28
			D23×0.03075×1.2			
25	9	010404001001	垫层;60 厚 LC7.5 炉渣混凝土	m³	1.9	1.88
			D22.1×0.06			
26		10-1-14	混凝土板上干铺石灰炉、矿渣 1:10	=	1.9	1.88
27	10	011102003003	块料楼地面;卫生间地砖楼面(楼面五)	m²	36.3	36.3
	1	卫生间	RW	35.6		
	2	增门口	[MD3].8×0.1×7+0.8×0.18	0.7		
28		11-3-33	干硬 1:3 水泥砂浆地板砖楼地面 L1200mm 内	=	36.3	36.3
29		11-1-3	1:3 水泥砂浆增减 5mm	=	36.3	36.3
30		9-2-51	平面聚合物水泥防水涂料 1mm	=	36.3	36.3
31		9-2-53	平面聚合物水泥防水涂料增减 0.5mm	=	36.3	36.3
32		9-2-65	C20 细石混凝土防水层 40mm	m²	35.6	35.6
			D27.1			

序号	编号/部位	项目名称/计算式		工程量	BIM校核
33	9-2-66	C20细石混凝土防水层增减10mm	=	35.6	35.6
34	1-4-6	毛砂过筛	m³	1.12	1.12
		(D28×0.0205＋D29×0.00513)×1.2			
35	11 010904001001	楼面卷材防水；卫生间防水	m²	35.6	35.6
		RW			
36	10-1-27	地面耐碱纤维网格布	=	35.6	35.6
37	10-1-16H	混凝土板上干铺聚苯保温板20mm	m²	35.6	35.6
38	9-2-51	平面聚合物水泥防水涂料1mm	=	35.6	35.6
39	9-2-53	平面聚合物水泥防水涂料增减0.5mm	=	35.6	35.6
40	11-1-1	1：3水泥砂浆混凝土或硬基层上找平20mm	=	35.6	35.6
41	1-4-6	毛砂过筛	m³	0.88	0.88
		D40×0.0205×1.2			
42	12 011102003004	块料楼地面；厨房、阳台地砖楼面（楼面七）	m²	48.63	49.39
	1 厨房＋封闭阳台	RC	46.69		
	2 增门口	（[MD4]1.8＋[MD2].9）×0.18×4	1.94		
43	11-3-33	干硬1：3水泥砂浆地板砖楼地面L1200mm内	=	48.63	49.39
44	11-1-3	1：3水泥砂浆增减5mm	=	48.63	49.39
45	9-2-51	平面聚合物水泥防水涂料1mm	=	46.69	46.69
		D42.1			
46	9-2-53	平面聚合物水泥防水涂料增减0.5mm	=	46.69	46.69
47	9-2-65	C20细石混凝土防水层40mm	=	46.69	46.69
48	9-2-66	C20细石混凝土防水层增减10mm	=	46.69	46.69
49	1-4-6	毛砂过筛	m³	1.5	1.5
		（D43×0.0205＋D44×0.00513）×1.2			
50	13 010904001002	楼面卷材防水；厨房、阳台楼面防水	m²	46.69	46.69
		RC			
51	10-1-27	地面耐碱纤维网格布	=	46.69	46.69
52	10-1-16H	混凝土板上干铺聚苯保温板20mm	m²	46.69	46.69
53	9-2-51	平面聚合物水泥防水涂料1mm	=	46.69	46.69
54	9-2-53	平面聚合物水泥防水涂料增减0.5mm	=	46.69	46.69
55	11-1-1	1：3水泥砂浆混凝土或硬基层上找平20mm	=	46.69	46.69
56	1-4-6	毛砂过筛	m³	1.15	1.15
		D55×0.0205×1.2			
57	14 011101001003	水泥砂浆楼地面；楼面八（低温热辐射供暖楼面）	m²	340.76	340.76
	卧室、走廊、餐厅	RQ			
58	11-2-1	1：2水泥砂浆楼地面20mm	=	340.76	340.76
59	9-2-65	C20细石混凝土防水层40mm	=	340.76	340.76
60	9-2-66	C20细石混凝土防水层增减10mm	=	340.76	340.76
61	1-4-6	毛砂过筛	m³	7.68	7.68
		D58×0.0205×1.1			
62	15 011001005001	保温隔热楼地面	m²	340.76	340.76
		RQ			

序号		编号/部位	项目名称/计算式		工程量	BIM校核
63		10-1-16H	混凝土板上干铺聚苯保温板20	m²	340.76	340.76
64		11-1-1	1∶3水泥砂浆混凝土或硬基层上找平20mm	=	340.76	340.76
65		10-1-78	垫层、楼板地暖埋管增加	=	340.76	340.76
66		1-4-6	毛砂过筛	m³	8.38	8.38
			D64×0.0205×1.2			
67	16	011102003005	块料楼地面;阳台楼面(楼面九)	m²	34.62	34.62
		非封闭阳台	4.32×4×1.32+(2.82×3+3.12)×1.02			
68		11-3-33	干硬1∶3水泥砂浆地板砖楼地面 L1200mm内	=	34.62	34.62
69		1-4-6	毛砂过筛	m³	0.85	0.85
			D68×0.0205×1.2			
70	17	010702001001	阳台卷材防水;楼面九	m²	34.62	34.62
			D67			
71		9-2-51	平面聚合物水泥防水涂料1mm	=	34.62	34.62
72		9-2-53	平面聚合物水泥防水涂料增减0.5mm	=	34.62	34.62
73		11-1-1	1∶3水泥砂浆混凝土或硬基层上找平20mm	=	34.62	34.62
74		1-4-6	毛砂过筛	m³	0.85	0.85
			D73×0.0205×1.2			
75	18	011201001001	墙面一般抹灰;水泥砂浆内墙面(混凝土墙)	m²	3333.75	3241.9
	1	储藏1	2×(3.34+6.44)×2.88−M1=54.65			
	2	储藏2	2×(3.34+4.84)×2.88−M1=45.44			
	3	储藏3	[2×(1.7+4.13)×2.88−M1]×2=63.8			
	4		[2×(1.7+4.13)−2]×2.88−M1=26.14			
	5	储藏4	[2×(3.1+4.24)×2.88−M1]×4=162.39			
	6	储藏5	[2×(1.45+4.3)×2.88−M1]×3=94.32			
	7	储藏6	[2×(4.3+5.84)×2.87−M1]×2=113.05			
	8		[2×(4.3+5.84)×2.88−M1]×2=113.45			
	9	储藏7	[2×(2.74+5.14)×2.88−M1]×2=87.42			
	10	储藏8	[2×(3.69+2.89)×2.88−M1]×2=72.44			
	11	储藏9	2×(1.7+4.2)×2.88−M1=32.3			
	12	储藏10	[2×(4.4+4.2)+0.64×2]×2.88−M1=51.54			
	13	储藏11	2×(2.8+4.24)×2.88−M1=38.87			
	14	储藏12	2×(3.34+7.15)×2.88−M1=58.74			
	15	储藏13	2×(3.34+3.33)×2.88−M1=36.74			
	16	窗井	[2×(2.01+1)×3−C5]×3=48.84			
	17		2×(2.31+1)×3−C5=18.08			
	18	设备间	[2×(1.11+0.61)×2.88−M13]×4=32.43			
	19	楼梯间	[2×(2.42+3.6)−2.42]×2.88×2=55.41			
	20	门厅	{[2×(1.61+4.4)−1.61]×2.88−M12−MD1}×4=100.16			
	21		{[2×(2.42+1.21)−2.42]×2.88−2M12−2M13}×2=10.6			
	22	过道1	[2×(16.9+1.21)−1.2−1.25×2−1.61×2−2.7]×2.88 −6M1=66.53			
	23		{[2×(1.25+4.4)−1.25]×2.88−2M1−C5}×2=47.61			

続表

序号	编号/部位	项目名称/计算式	工程量	BIM校核
24		$[2\times(1.25+4.4)-1.25]\times2.88-M1-C5=25.48$		
25		$[2\times(1.2+4.4)-1.2]\times2.88-M1-C5=25.34$		
26		$[2\times(3.69+4.16)-1.2+0.79\times2]\times2.88-2M1-M10=40.43$		
27		$[2\times(3.69+4.16)-1.2-1.25+0.79\times2]\times2.88-2M1=39.35$		
28	过道2	$[2\times(20+1.21)-1.2\times2-2.7-1.61\times2-1.25]\times2.88-7M1=82.85$		
29		$[2\times(2.7+1.45)-2.7]\times2.88\times2=32.26$		
30	地下2层	Σ	1676.66	
31	储藏1	$2\times(3.34+6.44)\times2.73-M1=51.72$		
32	储藏2	$2\times(3.34+4.84)\times2.73-M1=42.98$		
33	储藏3	$[2\times(1.7+4.13)\times2.73-M1]\times2=60.3$		
34		$[2\times(1.7+4.13)-2]\times2.73-M1=24.69$		
35	储藏4	$[2\times(3.1+4.24)\times2.73-M1]\times4=153.59$		
36	热表、储藏5	$[2\times(1.45+4.3)\times2.73-M1]\times3=89.15$		
37	储藏6	$[2\times(4.3+5.84)\times2.73-M1]\times2=107.37$		
38	储藏7	$[2\times(2.74+5.14)\times2.73-M1]\times2=82.69$		
39	储藏8	$[2\times(3.69+2.89)\times2.73-M1]\times2=68.49$		
40	储藏9	$2\times(1.7+4.2)\times2.73-M1=30.53$		
41	储藏10	$[2\times(4.4+4.2)+0.64\times2]\times2.73-M1=48.77$		
42	储藏11	$2\times(2.8+4.24)\times2.73-M1=36.76$		
43	储藏12	$2\times(3.34+7.15)\times2.73-M1=55.6$		
44	储藏13	$2\times(3.34+3.33)\times2.73-M1=34.74$		
45	配电	$[2\times(2.9+3.54)\times2.73-M14]\times2=67.12$		
46	电表	$[2\times(2.9+2)\times2.73-M14]\times2=50.31$		
47	窗井	$[2\times(2.01+1)\times2.91-C5]\times3=47.21$		
48		$2\times(2.31+1)\times2.91-C5=17.48$		
49	设备间	$[2\times(1.11+0.61)\times2.79-M13]\times4=31.19$		
50	楼梯间	$[2\times(2.42+3.6)-2.42]\times2.88\times2=55.41$		
51	门厅	$\{[2\times(1.61+4.4)-1.61]\times2.73-M12-MD1\}\times4=93.92$		
52		$[2\times(2.42+1.21)\times2.73-2M12-2M13]\times2=22.36$		
53	过道1	$[2\times(16.9+1.21)-1.2-1.25\times2-1.61\times2-2.65]\times2.73-5M1-M14=62.75$		
54		$\{[2\times(1.25+4.4)-1.25]\times2.73-2M1-C5\}\times2=44.59$		
55		$[2\times(1.25+4.4)-1.25]\times2.73-M1-C5=23.98$		
56		$[2\times(1.2+4.4)-1.2]\times2.73-M1-C5=23.84$		
57		$[2\times(3.69+4.16)-1.2+0.79\times2]\times2.73-2M1-M10=38.02$		
58		$[2\times(3.69+4.16)-1.2\times2+0.79\times2]\times2.73-2M1=37.26$		
59	过道2	$[2\times(20+1.21)-1.2\times2-1.25-1.61\times2-2.65]\times2.73-6M1-M14=78.14$		
60		$\{[2\times(2.65+5.94)-2.65]\times2.73-M14\}\times2=76.13$		
61	地下1层	Σ	1657.09	
76	14-4-19	干粉界面剂毛面　　　　　　　　　　　　　　=	3333.75	3241.9
77	12-1-4	混凝土墙、砌块墙面水泥砂浆(9+6)mm　　　=	3333.75	3241.9
78	17-2-6-1	双排里钢管脚手架3.6m内[装饰]　　　m²	3598.22	3594.14

206

序号	编号/部位	项目名称/计算式	工程量	BIM 校核
1	储藏 1	$2\times(3.34+6.44)\times2.88=56.33$		
2	储藏 2	$2\times(3.34+4.84)\times2.88=47.12$		
3	储藏 3	$2\times(1.7+4.13)\times2.88\times2=67.16$		
4		$[2\times(1.7+4.13)-2]\times2.88=27.82$		
5	储藏 4	$2\times(3.1+4.24)\times2.88\times4=169.11$		
6	储藏 5	$2\times(1.45+4.3)\times2.88\times3=99.36$		
7	储藏 6	$2\times(4.3+5.84)\times2.87\times2=116.41$		
8		$2\times(4.3+5.84)\times2.88\times2=116.81$		
9	储藏 7	$2\times(2.74+5.14)\times2.88\times2=90.78$		
10	储藏 8	$2\times(3.69+2.89)\times2.88\times2=75.8$		
11	储藏 9	$2\times(1.7+4.2)\times2.88=33.98$		
12	储藏 10	$2\times(4.4+4.2)\times2.88=49.54$		
13	储藏 11	$2\times(2.8+4.24)\times2.88=40.55$		
14	储藏 12	$2\times(3.34+7.15)\times2.88=60.42$		
15	储藏 13	$2\times(3.34+3.33)\times2.88=38.42$		
16	窗井	$2\times(2.01+1)\times3\times3=54.18$		
17		$2\times(2.31+1)\times3=19.86$		
18	设备间	$2\times(1.11+0.61)\times2.88\times4=39.63$		
19	楼梯间	$[2\times(2.42+3.6)-2.42]\times2.88\times2=55.41$		
20	门厅	$[2\times(1.61+4.4)-1.61]\times2.88\times4=119.92$		
21		$[2\times(2.42+1.21)-2.42]\times2.88\times2=27.88$		
22	过道 1	$[2\times(16.9+1.21)-9.62]\times2.88=76.61$		
23		$[2\times(1.25+4.4)-1.25]\times2.88\times2=57.89$		
24		$[2\times(1.25+4.4)-1.25]\times2.88=28.94$		
25		$[2\times(1.2+4.4)-1.2]\times2.88=28.8$		
26		$[2\times(3.69+4.16)-1.2]\times2.88=41.76$		
27		$[2\times(3.69+4.16)-2.45]\times2.88=38.16$		
28	过道 2	$[2\times(20+1.21)-9.57]\times2.88=94.61$		
29		$[2\times(2.7+1.45)-2.7]\times2.88\times2=32.26$		
30	地下 2 层	Σ	1805.52	
31	储藏 1	$2\times(3.34+6.44)\times2.73=53.4$		
32	储藏 2	$2\times(3.34+4.84)\times2.73=44.66$		
33	储藏 3	$2\times(1.7+4.13)\times2.73\times2=63.66$		
34		$[2\times(1.7+4.13)-2]\times2.73=26.37$		
35	储藏 4	$2\times(3.1+4.24)\times2.73\times4=160.31$		
36	热表、储藏 5	$2\times(1.45+4.3)\times2.73\times3=94.19$		
37	储藏 6	$2\times(4.3+5.84)\times2.73\times2=110.73$		
38	储藏 7	$2\times(2.74+5.14)\times2.73\times2=86.05$		
39	储藏 8	$2\times(3.69+2.89)\times2.73\times2=71.85$		
40	储藏 9	$2\times(1.7+4.2)\times2.73=32.21$		
41	储藏 10	$2\times(4.4+4.2)\times2.73=46.96$		
42	储藏 11	$2\times(2.8+4.24)\times2.73=38.44$		

序号	编号/部位	项目名称/计算式		工程量	BIM校核
	43	储藏12	$2\times(3.34+7.15)\times2.73=57.28$		
	44	储藏13	$2\times(3.34+3.33)\times2.73=36.42$		
	45	配电	$2\times(2.9+3.54)\times2.73\times2=70.32$		
	46	电表	$2\times(2.9+2)\times2.73\times2=53.51$		
	47	窗井	$2\times(2.01+1)\times2.91\times3=52.55$		
	48		$2\times(2.31+1)\times2.91=19.26$		
	49	设备间	$2\times(1.11+0.61)\times2.79\times4=38.39$		
	50	楼梯间	$[2\times(2.42+3.6)-2.42]\times2.88\times2=55.41$		
	51	门厅	$[2\times(1.61+4.4)-1.61]\times2.73\times4=113.68$		
	52		$2\times(2.42+1.21)\times2.73\times2=39.64$		
	53	过道1	$[2\times(16.9+1.21)-9.57]\times2.73=72.75$		
	54		$[2\times(1.25+4.4)-1.25]\times2.73\times2=54.87$		
	55		$[2\times(1.25+4.4)-1.25]\times2.73=27.44$		
	56		$[2\times(1.2+4.4)-1.2]\times2.73=27.3$		
	57		$[2\times(3.69+4.16)-1.2]\times2.73=39.59$		
	58		$[2\times(3.69+4.16)-2.4]\times2.73=36.31$		
	59	过道2	$[2\times(20+1.21)-9.52]\times2.73=89.82$		
	60		$[2\times(2.65+5.94)-2.65]\times2.73\times2=79.33$		
	61	地下1层	Σ	1792.7	
79		1-4-6	毛砂过筛	m³	67.29	67.29
			$D77\times0.01044\times1.2+D77\times0.00696\times1.1$		
80	19	011407002001	天棚喷刷涂料;刮腻子	m²	1088.03	1050.45
	1		$D12.1+D12.2$	966.95	
	2		$D19\times1.37$	47.74	
	3	一1层梁下	$(DL200+DL180)\times0.28\times2$	28.31	
	4	1层梁下	$(SL200+SL180)\times0.28\times2$	45.03	
81		14-4-3	天棚抹灰面满刮调制腻子二遍	=	1088.03	1050.45
82	20	011102001001	石材楼地面;花岗石坡道	m²	25.2	25.2
			$4.5\times1.4\times4$		
83		16-6-85	C204 现浇混凝土花岗石坡道60厚3:7灰土垫层	=	25.2	25.2
84	21	011107001001	花岗岩台阶面	m²	3.84	3.84
			$1.6\times0.6\times4$		
85		11-3-18	水泥砂浆石材台阶	=	3.84	3.84
86		1-4-6	毛砂过筛	m³	0.14	0.14
			$D85\times0.03034\times1.2$		
87	22	011503001001	金属扶手栏杆;钢管扶手方钢栏杆(建施-20)	m	19.76	19.76
	1	楼梯斜长	$2.08TLD\times2=4.94$		
	2	2层楼梯斜长	$H1\times2[层]\times2$	19.76	
88		15-3-9	钢管栏杆钢管扶手	=	19.76	19.76
89		14-2-32	红丹防锈漆一遍金属构件	t	0.415	0.415

序号		编号/部位	项目名称/计算式		工程量	BIM校核
	1	钢管 50×3	D87×3.48/1000	0.069		
	2	方钢 25×25 立杆	1.05×8×4.91＝41.244			
	3	方钢 20×20	0.95×12×3.14＝35.796			
	4	方钢 10×10	1×12×0.785＝9.42			
	5		∑×2×2/1000	0.346		
90		14-2-2	调和漆二遍金属构件	＝	0.415	0.415
91	23	011503001002	金属扶手栏杆;钢管喷塑栏杆 L13J12	m	38.4	38.4
		坡道栏杆⑤	4.8×8			
92		15-3-9	钢管栏杆钢管扶手	＝	38.4	38.4
93		14-2-9	过氯乙烯漆五遍成活金属面	m²		
			地上部分			
1	24	010801001002	木质门;平开夹板门,L13J4-1(78)	m²	104.8	104.8
			2M3＋40M4			
2		8-1-2	成品木门框安装	m	226	226
			2×(2×2+1)+40×(2.1×2+1.2)			
3		8-1-3	普通成品门扇安装	m²	104.8	104.8
			D1			
4		15-9-22	门扇 L 形执手插锁安装	个	42	42
			42			
5	25	011401001002	木门油漆	m²	104.8	104.8
			D1			
6		14-1-1	底油一遍调和漆二遍单层木门	＝	104.8	104.8
7	26	010802004001	防盗对讲门	樘	4	4
			4			
8		8-2-9	钢质防盗门	m²	10.92	10.92
			4M9			
9	27	010802004002	防盗防火保温进户门	樘	48	48
			48			
10		8-2-9	钢质防盗门	m²	131.04	131.04
			4M2＋44M11			
11	28	010802003002	钢质防火门	m²	84.24	84.24
			2M12＋44M13			
12		8-2-7	钢质防火门	＝	84.24	84.24
13	29	010802001001	金属门;隔热铝合金中空玻璃门	m²	541.97	541.97
			44M5＋11M6＋33M7			
14		8-2-1	铝合金推拉门	＝	541.97	541.97
15	30	010807001002	隔热铝合金窗中空玻璃窗	m²	944.59	944.59
			C<18>			
16		8-7-2	铝合金平开窗	＝	944.59	944.59
17	31	010807003001	铝合金百叶	m²	312.45	312.45
	1	空调板大样一	(31.52-0.1×21)×(1.06×4＋1.04)	155.34		

序号	编号/部位	项目名称/计算式		工程量	BIM 校核
	2	空调板大样二	$(31.52-0.1\times21)\times(1.04+1\times2)$　89.44		
	3	㉗、㉙轴	$(31.52-0.1\times21)\times1.15\times2$　67.67		
18	8-7-4	铝合金百叶窗	＝	312.45	312.45
19	32　011101001004	水泥砂浆楼梯面;水泥楼面二	m^2	191.66	191.66
		1层至顶层楼梯	LT×11		
20	11-2-2	1:2水泥砂浆楼梯20	＝	191.66	191.66
21	1-4-6	毛砂过筛	m^3	5.75	5.75
			D20×0.02727×1.1		
22	33　011102003006	块料楼地面;门厅地砖楼面(楼面四)	m^2	347.26	347.04
	1	2~11层门厅	10T　315.22		
	2	加门口	$([MD1]1.1\times4+[M4]1.2\times6+[M11]1.3\times4)\times0.18\times10$ $+[M13]0.9\times2\times0.1\times10$　32.04		
23	11-3-33	干硬1:3水泥砂浆地板砖楼地面 L1200内	＝	347.26	347.04
24	1-4-6	毛砂过筛	m^3	8.54	8.54
			D23×0.0205×1.2		
25	34　010404001002	垫层;LC7.5轻骨料混凝土填充层60	m^3	20.84	20.82
			D22×0.06		
26	10-1-15	混凝土板上干铺炉、矿渣混凝土	＝	20.84	20.82
27	35　011102003007	块料楼地面;卫生间地砖楼面(楼面六)	m^2	363.01	363
	1	卫生间	10RW　355.97		
	2	增门口	$[M3](0.1\times7+0.18)\times0.8\times10$　7.04		
28	11-3-33	干硬1:3水泥砂浆地板砖楼地面 L1200内	＝	363.01	363
29	9-2-51	平面聚合物水泥防水涂料1	m^2	355.97	355.96
			D27.1		
30	9-2-53	平面聚合物水泥防水涂料增减0.5	＝	355.97	355.96
31	9-2-65	C20细石混凝土防水层40	＝	355.97	355.96
32	9-2-66	C20细石混凝土防水层增减10	＝	355.97	355.96
33	5-4-71	地面铺钉钢丝网	＝	355.97	355.96
34	1-4-6	毛砂过筛	m^3	8.93	8.93
			D28×0.0205×1.2		
35	36　010904001003	楼面卷材防水;卫生间防水	m^2	355.97	356
			D27.1		
36	10-1-27	地面耐碱纤维网格布	＝	355.97	356
37	10-1-16H	混凝土板上干铺聚苯保温板20	m^2	355.97	356
38	9-2-27	平面一层聚氯乙烯卷材热风焊接法	＝	355.97	356
39	37　010404001003	垫层;LC7.5轻骨料混凝土填充层300	m^3	106.79	106.8
			RW×0.3×10		
40	10-1-15	混凝土板上干铺炉、矿渣混凝土	＝	106.79	106.8
41	38　011102003008	块料楼地面;厨房、封闭阳台地砖楼面(楼面七)	m^2	486.38	487.5
	1	厨房、封闭阳台	10RC　466.94		
	2	增门口	$4([MD4]1.8+[MD2]0.9)\times0.18\times10$　19.44		

序号	编号/部位	项目名称/计算式		工程量	BIM校核
42	11-3-33	干硬1：3水泥砂浆地板砖楼地面 L1200内	＝	486.38	487.5
43	9-2-51	平面聚合物水泥防水涂料1	m²	466.94	466.94
		D41.1			
44	9-2-53	平面聚合物水泥防水涂料增减0.5	＝	466.94	466.94
45	9-2-65	C20细石混凝土防水层40	＝	466.94	466.94
46	9-2-66	C20细石混凝土防水层增减10	＝	466.94	466.94
47	5-4-71	地面铺钉钢丝网	＝	466.94	466.94
48	1-4-6	毛砂过筛	m³	11.96	11.96
		D42×0.0205×1.2			
49	39 010904001004	楼面卷材防水；厨房、封闭阳台楼面	m²	466.94	468.1
		10RC			
50	10-1-27	地面耐碱纤维网格布	＝	466.94	468.1
51	10-1-16H	混凝土板上干铺聚苯保温板20	m²	466.94	468.1
52	9-2-51	平面聚合物水泥防水涂料1	＝	466.94	468.1
53	9-2-53	平面聚合物水泥防水涂料增减0.5	＝	466.94	468.1
54	11-1-1	1：3水泥砂浆混凝土或硬基层上找平20	＝	466.94	468.1
55	1-4-6	毛砂过筛	m³	11.49	11.49
		D54×0.0205×1.2			
56	40 011101001005	水泥砂浆楼面；楼面八（卧室、走廊、餐厅）	m²	3407.57	3456.96
	2～11层卧室走廊餐厅	RQ×10			
57	11-2-1	1：2水泥砂浆楼地面20	＝	3407.57	3456.96
58	9-2-65	C20细石混凝土防水层40	＝	3407.57	3456.96
59	9-2-66	C20细石混凝土防水层增减10	＝	3407.57	3456.96
60	5-4-71	地面铺钉钢丝网	＝	3407.57	3456.96
61	1-4-6	毛砂过筛	m³	76.84	76.84
		D57×0.0205×1.1			
62	41 011001005002	保温隔热楼地面；楼面八	m²	3407.57	3456.96
		D56			
63	10-1-27	地面耐碱纤维网格布	＝	3407.57	3456.96
64	10-1-16H	混凝土板上干铺聚苯保温板20	m²	3407.57	3456.96
65	11-1-1	1：3水泥砂浆混凝土或硬基层上找平20	＝	3407.57	3456.96
66	1-4-6	毛砂过筛	m³	83.83	83.83
		D65×0.0205×1.2			
67	42 011102003009	块料楼地面；阳台楼面（楼面九）	m²	346.22	346.2
	1 南面阳台	4.32×4×1.32×10	228.1		
	2 北面阳台	(2.82×3+3.12)×1.02×10	118.12		
68	11-3-33	干硬1：3水泥砂浆地板砖楼地面 L1200内	＝	346.22	346.2
69	1-4-6	毛砂过筛	m³	8.52	8.52
		D68×0.0205×1.2			
70	43 010702001002	阳台卷材防水；开敞阳台楼面	m²	346.22	346.2

序号	编号/部位		项目名称/计算式		工程量	BIM校核
			D67			
71		9-2-51	平面聚合物水泥防水涂料1	=	346.22	346.2
72		9-2-53	平面聚合物水泥防水涂料增减0.5	=	346.22	346.2
73		11-1-1	1:3水泥砂浆混凝土或硬基层上找平20	=	346.22	346.2
74		1-4-6	毛砂过筛	m³	8.52	8.52
			D73×0.0205×1.2			
75	44	011101001006	水泥砂浆楼面;20厚1:2水泥砂浆	m²	254.37	254.34
	1	设备间	10SB	27.33		
	2	机房层平台	(4.32×1.5+3×0.8)×4[客厅上空]	35.52		
	3	空调板面	(1.04×3+1.6×2+1.32×2+1.06×4)×0.7×21	194.04		
	4	扣⑦、㉒轴洞口跺	-0.6×0.1×2×21	-2.52		
76		11-2-1	1:2水泥砂浆楼地面20	=	254.37	254.34
77		1-4-6	毛砂过筛	m³	5.74	5.74
			D76×0.0205×1.1			
78	45	011407002002	天棚喷刷涂料;2~3厚柔韧型腻子	m²	6462.46	6362.78
	1	1~11层基数面积	R1+10R+D67[阳台]-11DT-11LT-2TK	5335.32		
	2	11层阳台	D67/10	34.62		
	3	机房层天棚	2RD×TW	208.86		
	4	屋顶花园天棚	2RD1×TW	17.37		
	5	1层梁侧	NL600×0.48×2+NL450×(0.32+0.35)+NL400×0.3×3+WL4010×0.28	21.2		
	6	2~10层梁侧	[NL450×(0.32+0.35)+NL400×0.3×2+WL400×0.28+WL400×0.3]×9	263.53		
	7	顶层梁侧	NL450×0.33×2+NL400×0.28×2+WL520×0.4+WDL400×0.28	23.1		
	8	楼梯底面	11LT×1.37	262.58		
	9	空调板顶棚	(1.04×3+1.6×2+1.32×2+1.06×4)×0.7×22	203.28		
	10	扣⑦、㉒轴洞口跺	-0.6×0.1×2×22	-2.64		
	11	阳台梁内侧	(4.32×4+2.82×3+3.12)×0.3×11	95.24		
79		14-4-3	天棚抹灰面满刮调制腻子二遍	=	6462.46	6362.78
80	46	011105003001	块料踢脚线;大理石板踢脚(1层门厅)	m	66.72	66.8
	1	门厅	[2×(1.62+4.22)-1.3-1.3-1.2-1.1]×2=13.56			
	2		[2×(1.62+4.22)-1.21-1.3-1.3-1.1]×2=13.54			
	3		[2×(2.42+1.21)-1.21-1.2-2×0.9]×2=6.1			
	4	进厅	[2×(2.22+4.12)-1.5×2-1.3]×4=33.52			
	5		Σ	66.72		
81		11-3-20	水泥砂浆石材踢脚板直线形	m²	8.01	8.03
			D80×0.12			
82		1-4-6	毛砂过筛	m³	0.17	0.17
			D81×0.00513×0.76+D81×0.00615×1.1+D81×0.00923×1.2			
83	47	011105003002	块料踢脚线;面砖踢脚(2层至顶层候梯厅)	m	336	335.2
	1	2层至顶层门厅	[2×(1.62+4.22)-1.3-1.2-1.1]×4=32.32			

序号	编号/部位		项目名称/计算式		工程量	BIM 校核
	2	2 层至顶层门厅	$[2\times(2.42+1.21)-2.42-2\times1.2-2\times0.9]\times2=1.28$			
	3		$\Sigma\times10$	336		
84		11-3-45	水泥砂浆地板砖踢脚板直线形	m²	40.32	40.22
			D83×0.12			
85		1-4-6	毛砂过筛	m³	0.88	0.88
			D84×0.00513×0.76+D84×0.00615×1.1+D84×0.00923×1.2			
86	48	011204003001	块料墙面；面砖墙面(1 层候梯厅、进厅)	m²	199.1	178.91
	1	进厅	$\{[2\times(2.22+4.12)-1.5\times2]\times2.78-M9\}\times4$	96.72		
	2	门厅	$[2\times(1.62+4.22)\times2.69-M11-M9-M12-MD1]\times2=42.04$			
	3		$\{[2\times(1.62+4.22)-1.21]\times2.69-M11-M9-MD1\}\times2=40.57$			
	4		$\{[2\times(1.16+1.21)-1.16]\times2.69-M12-M13\}\times2=10.62$			
	5		$\{[2\times(1.16+1.21)-1.16-1.21]\times2.69-M13\}\times2=9.15$			
	6		Σ	102.38		
87		12-2-26	墙、柱面水泥砂浆粘贴全瓷墙面砖 L1800 内	=	199.1	178.91
88		14-4-19	干粉界面剂毛面	=	199.1	178.91
89		1-4-6	毛砂过筛	m³	3.07	3.07
			D87×0.00446×0.76+D87×0.01004×1.2			
90		17-2-6-1	双排里钢管脚手架 3.6m 内[装饰]	m²	258.82	260.6
	1	进厅	$[2\times(2.22+4.12)-3]\times2.78\times4$	107.64		
	2	1 层门厅	$2\times(1.62+4.22)\times2.69\times2=62.84$			
	3		$[2\times(1.62+4.22)-1.21]\times2.69\times2=56.33$			
	4		$[2\times(1.16+1.21)-1.16]\times2.69\times2=19.26$			
	5		$[2\times(1.16+1.21)-2.37]\times2.69\times2=12.75$			
	6		Σ	151.18		
91	49	011204003002	块料墙面；釉面砖(厨房、卫生间、封闭阳台)	m²	3285.24	3277.39
	1	卫 1,2,3	$2\times(2.21+2.02)\times2.38-MD3-C8=17.23$			
	2		$2\times(2.21+1.66)\times2.38-MD3-2C8=14.52$			
	3		$[2\times(2.51+1.72)\times2.38-MD3-C9]\times2=34.75$			
	4	卫 4,5,6	$[2\times(1.61+1.92)\times2.38-MD3-C8]\times2=27.81$			
	5		$2\times(2.02+3.42)\times2.38-MD3-C6=22.66$			
	6		$2\times(2.11+2.72)\times2.38-MD3-3C8=18.09$			
	7	厨 1,2	$[2\times(1.72+4.22)\times2.68-MD4-C5]\times3=77.34$			
	8		$2\times(2.22+4.22)\times2.68-MD4-C3=28.02$			
	9	封闭阳台	$[2\times(3.12+1.32)\times2.68-MD2-C1-C10]\times3=43.65$			
	10		$2\times(2.42+1.32)\times2.68-MD2-C1-C11=11.1$			
	11	1~10 层	$\Sigma\times10$	2951.7		
	12	卫 1,2,3	$2\times(2.21+2.02)\times2.8-MD3-C8=20.79$			
	13		$2\times(2.21+1.66)\times2.8-MD3-2C8=17.77$			
	14		$[2\times(2.51+1.72)\times2.8-MD3-C9]\times2=41.86$			
	15	卫 4,5,6	$[2\times(1.61+1.92)\times2.8-MD3-C8]\times2=33.74$			
	16		$2\times(2.02+3.42)\times2.8-MD3-C6=27.23$			

序号	编号/部位	项目名称/计算式	工程量	BIM校核
17		$2×(2.11+2.72)×2.8-MD3-3C8=22.15$		
18	厨1,2	$[2×(1.72+4.22)×2.8-MD4-C5]×3=81.61$		
19		$2×(2.22+4.22)×2.8-MD4-C3=29.56$		
20	封闭阳台	$[2×(3.12+1.32)×2.8-MD2-C1-C10]×3=46.84$		
21		$2×(2.42+1.32)×2.8-MD2-C1-C11=11.99$		
22	11层	Σ	333.54	
92	12-2-25	墙、柱面水泥砂浆粘贴全瓷墙面砖 L1500内 =	3285.24	3277.39
93	14-4-19	干粉界面剂毛面 =	3285.24	3277.39
94	1-4-6	毛砂过筛	m^3	50.72	50.72
		$D92×0.00446×0.76+D92×0.01004×1.2$		
95	17-2-6-1	双排里钢管脚手架3.6m内[装饰]	m^2	4249.17	4197.16
1	卫1,2,3	$2×(2.21+2.02)×2.38=20.13$		
2		$2×(2.21+1.66)×2.38=18.42$		
3		$2×(2.51+1.72)×2.38×2=40.27$		
4	卫4,5,6	$2×(1.61+1.92)×2.38×2=33.61$		
5		$2×(2.02+3.42)×2.38=25.89$		
6		$2×(2.11+2.72)×2.38=22.99$		
7	厨1,2	$2×(1.72+4.22)×2.68×3=95.52$		
8		$2×(2.22+4.22)×2.68=34.52$		
9	封闭阳台	$2×(3.12+1.32)×2.68×3=71.4$		
10		$2×(2.42+1.32)×2.68=20.05$		
11	1~10层	$\Sigma×10$	3828	
12	卫1,2,3	$2×(2.21+2.02)×2.8=23.69$		
13		$2×(2.21+1.66)×2.8=21.67$		
14		$2×(2.51+1.72)×2.8×2=47.38$		
15	卫4,5,6	$2×(1.61+1.92)×2.8×2=39.54$		
16		$2×(2.02+3.42)×2.8=30.46$		
17		$2×(2.11+2.72)×2.8=27.05$		
18	厨1,2	$2×(1.72+4.22)×2.8×3=99.79$		
19		$2×(2.22+4.22)×2.8=36.06$		
20	封闭阳台	$2×(3.12+1.32)×2.8×3=74.59$		
21		$2×(2.42+1.32)×2.8=20.94$		
22	11层	Σ	421.17	
96	50 010903002001	墙面涂膜防水;聚合物水泥复合涂料	m^2	3285.24	3277.39
		D91		
97	9-2-52	立面聚合物水泥防水涂料1 =	3285.24	3277.39
98	9-2-54	立面聚合物水泥防水涂料增减0.5 =	3285.24	3277.39
99	51 011201001002	墙面一般抹灰;刮腻子墙面(内墙四)	m^2	11652.1	11589.42
1	卧1	$2×(3.42+5.82)×2.68-MD2-MD3-C1=42.38$		
2	卧2	$2×(3.42+3.16)×2.68-MD2-C2=30.47$		
3	卧3	$[2×(3.12+4.32)×2.68-MD2-C1]×4=138.51$		

214

序号	编号/部位	项目名称/计算式	工程量	BIM校核
4	卧4	$[2\times(2.82+3.12)\times2.68-MD2-C3]\times2=54.96$		
5	卧5	$[2\times(3.72+5.82)\times2.68-MD2-MD3-C1]\times2=87.97$		
6	卧6	$2\times(2.82+4.32)\times2.68-MD2-C2=33.47$		
7	卧7	$2\times(3.42+5.9)\times2.68-MD2-MD3-C1=42.81$		
8	卧8	$2\times(3.42+3.42)\times2.68-MD2-C2=31.86$		
9	E客厅走廊	$[2\times(8.91+6.86)-2.82]\times2.65-3MD2-MD3-M11-M5=57.92$		
10	D客厅走廊	$\{[2\times(8.91+6.9)-2.82]\times2.65-3MD2-MD3-M11-M5\}\times2=116.26$		
11	G客厅走廊	$[2\times(12.01+5.72)-3.12]\times2.65-4MD2-MD3-M11-M5=65.37$		
12	餐厅	$\{[2\times(2.82+3.2)-2.82]\times2.68-M7-MD4\}\times3=46.29$		
13		$[2\times(3.12+3.2)-3.12]\times2.68-M6-MD4=15.52$		
14	门厅	$[2\times(1.62+4.22)\times2.69-M11-M4-MD1-C4]\times4=87.32$		
15		$\{[2\times(2.42+1.21)-2.42]\times2.69-2M4-2M13\}\times2=8.76$		
16	设备	$[2\times(1.12+0.61)\times2.78-M13]\times4=31.28$		
17	楼梯	$\{[2\times(2.42+3.6)-2.42]\times2.78-C301\}\times2=48.99$		
18	1~10层	$\sum\times10$	9401.4	
19	扣1层门厅	$-H14-H15$	−96.08	
20	1层楼梯中间墙	$2.1\times2.78\times2\times2$	23.35	
21	卧1	$2\times(3.42+5.82)\times2.8-MD2-MD3-C1=44.59$		
22	卧2	$2\times(3.42+3.16)\times2.8-MD2-C2=32.05$		
23	卧3	$[2\times(3.12+4.32)\times2.8-MD2-C1]\times4=145.66$		
24	卧4	$[2\times(2.82+3.12)\times2.8-MD2-C3]\times2=57.81$		
25	卧5	$[2\times(3.72+5.82)\times2.8-MD2-MD3-C1]\times2=92.55$		
26	卧6	$2\times(2.82+4.32)\times2.8-MD2-C2=35.18$		
27	卧7	$2\times(3.42+5.9)\times2.8-MD2-MD3-C1=45.04$		
28	卧8	$2\times(3.42+3.42)\times2.8-MD2-C2=33.5$		
29	E客厅走廊	$[2\times(8.91+6.86)-2.82]\times2.8-3MD2-MD3-M11-M5=62.23$		
30	D客厅走廊	$\{[2\times(8.91+6.9)-2.82]\times2.8-3MD2-MD3-M11-M5\}\times2=124.9$		
31	G客厅走廊	$[2\times(12.01+5.72)-3.12]\times2.8-4MD2-MD3-M11-M5=70.22$		
32	墙面加高	$4.5\times0.1\times8=3.6$		
33	餐厅	$[2\times(2.82+3.2)\times2.8-M7-MD4]\times3=73.3$		
34		$2\times(3.12+3.2)\times2.8-M6-MD4=25.4$		
35	门厅	$[2\times(1.62+4.22)\times2.8-M11-M4-MD1-C4]\times4=92.46$		
36		$\{[2\times(2.42+1.21)-2.42]\times2.8-2M4-2M13\}\times2=9.82$		
37	设备	$[2\times(1.12+0.61)\times2.8-M13]\times4=31.55$		
38	楼梯	$\{[2\times(2.42+3.6)-2.42]\times2.78-C301\}\times2=48.99$		
39	11层	$\sum$	1028.85	
40	客厅	$[2\times(4.32+7.22)\times2.925-C101-C302-C7-M2]\times4=233.04$		
41	客厅山尖	$4.32\times3.175\times4=54.86$		
42	平台	$[2\times(2.42+1.92)\times3.125-M3]\times2=50.25$		
43	楼梯	$\{[2\times(2.42+3.6)-2.42]\times3.125-C301\}\times2=55.63$		

序号	编号/部位	项目名称/计算式		工程量	BIM校核
	44	楼梯山尖	1.21×1.095×4=5.3		
	45		∑	399.08	
	46	空调板内墙面	[(1.6+0.6)×2+1.32×2+0.7×4×2]×(31.92-0.1×21)	376.92	
	47		(1.04×3+1.06×4+0.7×7×2)×(32.32-0.1×21)	518.58	
100		14-4-9	内墙抹灰面满刮成品腻子二遍 =	11652.1	11589.42
101		10-1-73	墙面一层耐碱纤维网格布 =	11652.1	11589.42
102		17-2-6-1	双排里钢管脚手架3.6m内[装饰] m²	13523.55	13518.73
	1	卧1	2×(3.42+5.82)×2.68=49.53		
	2	卧2	2×(3.42+3.16)×2.68=35.27		
	3	卧3	2×(3.12+4.32)×2.68×4=159.51		
	4	卧4	2×(2.82+3.12)×2.68×2=63.68		
	5	卧5	2×(3.72+5.82)×2.68×2=102.27		
	6	卧6	2×(2.82+4.32)×2.68=38.27		
	7	卧7	2×(3.42+5.9)×2.68=49.96		
	8	卧8	2×(3.42+3.42)×2.68=36.66		
	9	E客厅走廊	[2×(8.91+6.86)-2.82]×2.65=76.11		
	10	D客厅走廊	[2×(8.91+6.9)-2.82]×2.65×2=152.64		
	11	G客厅走廊	[2×(12.01+5.72)-3.12]×2.65=85.7		
	12	餐厅	[2×(2.82+3.2)-2.82]×2.68×3=74.13		
	13		[2×(3.12+3.2)-3.12]×2.68=25.51		
	14	设备	2×(1.12+0.61)×2.78×4=38.48		
	15	楼梯	[2×(2.42+3.6)-2.42]×2.78×2=53.49		
	16	1~10层	∑×10	10412.1	
	17	2~10层门厅	2×(1.62+4.22)×2.69×4=125.68		
	18		[2×(2.42+1.21)-2.42]×2.69×2=26.04		
	19		∑×9	1365.48	
	20	1层楼梯中间墙	2.1×2.78×2×2	23.35	
	21	卧1	2×(3.42+5.82)×2.8=51.74		
	22	卧2	2×(3.42+3.16)×2.8=36.85		
	23	卧3	2×(3.12+4.32)×2.8×4=166.66		
	24	卧4	2×(2.82+3.12)×2.8×2=66.53		
	25	卧5	2×(3.72+5.82)×2.8×2=106.85		
	26	卧6	2×(2.82+4.32)×2.8=39.98		
	27	卧7	2×(3.42+5.9)×2.8=52.19		
	28	卧8	2×(3.42+3.42)×2.8=38.3		
	29	E客厅走廊	[2×(8.91+6.86)-2.82]×2.8=80.42		
	30	D客厅走廊	[2×(8.91+6.9)-2.82]×2.8×2=161.28		
	31	G客厅走廊	[2×(12.01+5.72)-3.12]×2.8=90.55		
	32	餐厅	2×(2.82+3.2)×2.8×3=101.14		
	33		2×(3.12+3.2)×2.8=35.39		
	34	门厅	2×(1.62+4.22)×2.8×4=130.82		

序号	编号/部位	项目名称/计算式		工程量	BIM 校核
35		$[2×(2.42+1.21)-2.42]×2.8×2=27.1$			
36	设备	$2×(1.12+0.61)×2.8×4=38.75$			
37	楼梯	$[2×(2.42+3.6)-2.42]×2.78×2=53.49$			
38	11 层	$\sum$	1278.04		
39	客厅	$2×(4.32+7.22)×2.925×4=270.04$			
40	客厅山尖	$4.32×3.175×4=54.86$			
41	平台	$2×(2.42+1.92)×3.125×2=54.25$			
42	楼梯	$[2×(2.42+3.6)-2.42]×3.125×2=60.13$			
43	楼梯山尖	$1.21×1.095×4=5.3$			
44	机房层	$\sum$	444.58		
103	52 011407001001	墙面喷刷涂料;白色涂料	m²	1566.79	1571.59
1	门厅	$[2×(1.62+4.22)×2.69-M11-M4-MD1-C4]×4=87.32$			
2		$\{[2×(2.42+1.21)-2.42]×2.69-2M4-2M13\}×2=8.76$			
3	2~10 层门厅	$\sum×9$	864.72		
4	门厅	$[2×(1.62+4.22)×2.8-M11-M4-MD1-C4]×4=92.46$			
5		$\{[2×(2.42+1.21)-2.42]×2.8-2M4-2M13\}×2=9.82$			
6	11 层门厅	$\sum$	102.28		
7	1~11 层楼梯间	$\{[2×(2.42+3.6)-2.42]×2.78-C301\}×2×11$	538.86		
8	机房层楼梯间	$\{[2×(2.42+3.6)-2.42]×3.125-C301\}×2$	55.63		
9	楼梯山墙	$1.21×1.095×4$	5.3		
104	14-3-37	刷石灰大白浆三遍	$=$	1566.79	1571.59
105	53 011201004001	立面砂浆找平层;真石漆外墙聚合物水泥砂浆20	m²	241.27	220.01
1	立面窗下墙	$([C1]2.1×4+[C2]1.8×3+[C3]1.5×5+[C5]1.2×3$ $+[C6]0.9)×0.5×11$	141.9		
2	山墙立面窗间墙	$2.1×(1.35+1.47×10+0.57)×2$	69.8		
3	山墙立面侧墙	$(32.1-19.78)×0.6×4$	29.57		
106	9-2-73	聚合物水泥防水砂浆10	$=$	241.27	220.01
107	9-2-74×2	聚合物水泥防水砂浆增5×2	$=$	241.27	220.01
108	1-4-6	毛砂过筛	m³	5.44	5.44
		$D106×0.01025×1.1+D107×2×0.00513×1.1$			
109	54 011001003001	保温隔热墙面;40 厚挤塑板(XPS板)	m²	241.27	220.01
		$D105$			
110	10-1-48H	立面胶粘剂点粘聚苯保温板40	$=$	241.27	220.01
111	55 011203001001	檐板;零星项目一般抹灰	m²	677.27	603.11
1	客厅、梯斜檐	$10.18TW×4+3.78TW×2=63.01$			
2	客厅、梯平檐	$8.78×4+8.3×4=68.32$			
3	屋顶花园斜平檐	$(4.5TW+3.08)×4=35.81$			
4	⑫~⑰轴大样图一斜平檐	$(1.84TW+4.5)×2=13.8$			
5	阳台平檐	$2.79×3+5.4=13.77$			
6	①、㉚轴山墙平檐	$(3.5+1.2×2)×2=11.8$			
7	檐头抹灰	$\sum×(0.3+0.06)$	74.34		

序号	编号/部位	项目名称/计算式		工程量	BIM校核
8	客厅、梯斜檐底	10.18TW×(0.3+0.9)×2=31.88			
9	客厅、梯平檐底	4×(7.58+8)×0.5TW+4×2.12×2TW=62.8			
10	屋顶花园斜檐底	4.5TW×0.26×4=6.11			
11	屋顶花园平檐底	2.48×0.5TW×4=6.47			
12	⑫～⑰轴大样图一平檐底	4.5×0.96TW×2=11.28			
13	⑫～⑰轴大样图一斜檐底	1.94TW×3×2=15.19			
14	阳台平檐底	(2.79×3+5.4)×0.3TW=5.39			
15	①、㉚轴山墙平檐底	(3.5+1.2×2)×0.3×2=3.54			
16	封闭阳台檐底	(2.7×33+2.5×11)×0.3=34.98			
17	檐底抹灰	∑		177.64	
18	空调板正面	(1.3×4+1.28+1.84×2+1.28×2+1.5×2)×31.52-D17		183.04	
19	C1、C2、C3 窗下檐	2.1×44[C1]+1.8×33[C2]+1.5×33[C3]=201.3			
20	C4、C5、C6 窗下檐	1.3×36[C4]+1.2×33[C5]+0.9×11[C6]=96.3			
21	窗下檐抹灰	∑×(0.14+0.06×2)		77.38	
22	山墙 8F 以下 2-2	2.5×(0.14+0.2×2)×27=36.45			
23	8F20.18 处底板	2.5×(0.14+0.5×2)×2=5.7			
24	8F 顶板面	2.5×0.4×2=2			
25	8F 立面	(2.5+0.6×2)×0.65×2=4.81			
26	山墙 8F 以上 2-2	2.5×(0.58+0.2+0.14)×16=36.8			
27	窗檐	2.1×(0.4+0.2+0.14)×16=24.86			
28	封闭阳台檐	(2.7×33+2.5×11)×(0.3+0.12)=48.97			
29	空调板顶檐	(1.26×4+1.24)×(0.7+0.14)=5.28			
30		∑		164.87	
112	12-1-14	装饰线条混浆 9+6	m	206.5	176.19
		D111.7/0.36			
113	13-1-3	混凝土面天棚混浆抹灰 5+3	m²	177.64	180.64
		D111.17			
114	12-1-12	零星项目混浆 9+6	m²	384.36	338.25
		D111.18+D111.22+D111.30			
115	1-4-6	毛砂过筛	m³	11.14	11.14
1		D112×0.00134×1.1+D112×0.00357×1.2		1.19	
2		D113×0.00564×1.1+D113×0.00558×1.1		2.19	
3		D114×0.01044×1.2+D114×0.00696×1.1		7.76	
116	56 011201001003	墙面一般抹灰;9厚混浆,6厚水泥砂浆	m²	1024.05	1065.71
1		D105		241.27	
2	女儿墙内面抹灰	(NVQ+WMQ)×(1.4-0.4[泛水+防水防火])		81.96	
3	1层女儿墙内抹灰	NVSQ×(0.9-0.4[泛水+防水])		14.4	
4	南外阳台抹灰	[A]3×4(31.9+0.45-1.88×11)		140.04	
5	北外阳台抹灰	[G](2.4×3+2.7)×(31.38+0.45-1.88×11)		110.39	
6	南阳台内抹灰	[A](4.32×2.8-3×1.88)×4×11		284.06	
7	北阳台内抹灰	[G][(2.82×3+3.12)×2.8-(2.4×3+2.7)×1.88]×11		151.93	

序号	编号/部位	项目名称/计算式		工程量	BIM校核
117	12-1-3	砖墙面水泥砂浆 9+6	=	1024.05	1065.71
118	1-4-6	毛砂过筛	m³	20.67	20.67
		D117×0.01044×1.2+D117×0.00696×1.1			
119	57 010903003001	墙面砂浆防水;5厚干粉类聚合物水泥防水砂浆	m²	241.27	220.01
		D105			
120	10-1-67	墙面抗裂砂浆 5 内	=	241.27	220.01
121	10-1-27	地面耐碱纤维网格布	=	241.27	220.01
122	58 011407001002	墙面喷刷涂料;真石漆外墙面	m²	1701.32	1668.82
		D111+D116			
123	14-3-5	墙柱面喷真石漆 三遍成活	=	1701.32	1668.82
124	59 011201004002	立面砂浆找平层;面砖墙面聚合物水泥砂浆 20	m²	4875.08	4755.61
	1 外墙面	W×33.75=5632.2			
	2 1层增加	(W1−W)×4.25=51			
	3 机房山墙	4×9.18×(33.89−33.3)+[山]9.18×4.01×2=95.29			
	4 机房①轴山墙	4×3.3×(0.59+1.4−0.5[泛水保温])=19.67			
	5 机房檐墙	4×{7.58×1.99+8×3.125−(15.28+3.1) ×0.5[泛水保温]}=123.58			
	6 屋顶花园山墙	3.5×4×9.18×0.59+[山]9.18×4.01×2=149.45			
	7 南阳台扣板厚	−(1.5×4+8.82×2)×0.1×11=−26			
	8 北阳台扣板厚	−(1.2×8+2.82×3+3.12)×0.1×11=−23.3			
	9 扣门窗	−M<18W>-C<18W>=−1458.8			
	10	Σ	4563.09		
	11 窗边	[C1]2×(2.1+1.48)×4+[C2]2×(1.8+1.48)×3+[C3]2×(1.5+1.48)×3=66.2			
	12	[C301]2×(1.5+1.5)×2+[C5]2×(1.2+1.48)×3+[C6]2×(0.9+1.48)=32.84			
	13	[C8]2×(0.5+1.43)×8+[C9]2×(0.6+1.43)×2+[C10]2×(2.7+1.48)×3+[C11]2×(2.5+1.48)=72.04			
	14 门边	[MD2](2×2.38+0.9)×4+[M5](2×2.38+3)×4+[M6](2×2.38+2.4)+[M7](2×2.38+2.1)×3=81.42			
	15 1~11层门窗边	Σ×0.1×11	277.75		
	16 窗边 C4	[C4]2×(1.3+1.48)×40=222.4			
	17 机房窗边	[C101]2×(2.1+1.2)×4+[C301,302]2×(1.5+1.5)×6+[C7]2×(0.7+2.5)×4=88			
	18 机房门边	[M2](2×2.1+1.3)×4+[M3](2×2+1)×2=32			
	19	Σ×0.1	34.24		
125	9-2-73	聚合物水泥防水砂浆 10	=	4875.08	4755.61
126	9-2-74×2	聚合物水泥防水砂浆增 5×2	=	4875.08	4755.61
127	1-4-6	毛砂过筛	m³	109.99	109.99
		(D125×0.01025+D126×0.00513×2)×1.1			
128	60 011001003002	保温隔热墙面;40厚挤塑板(XPS板)	m²	4875.08	4755.61
		D124			
129	10-1-48H	立面胶粘剂点粘聚苯保温板 40	=	4875.08	4755.61

序号		编号/部位	项目名称/计算式		工程量	BIM校核
130	61	011201001004	墙面一般抹灰;9厚混浆,6厚水泥砂浆	m²	5358.99	5478.08
	1		D124	4875.08		
	2	女儿墙压顶	(NVQ+NVSQ)×(0.12+0.19)	32.25		
	3	空调板正面 ⑦、⑫轴	31.52×(1.8-1)×2	50.43		
	4	空调板侧面	31.52×0.7×18	397.15		
	5	空调板下部	(1.24×3+1.8×2+1.26×4)×0.33	4.08		
131		12-1-3	砖墙面水泥砂浆 9+6	=	5358.99	5478.08
132		1-4-6	毛砂过筛	m³	108.17	108.17
			D131×0.01044×1.2+D131×0.00696×1.1			
133	62	010903003002	墙面砂浆防水;5厚干粉类聚合物水泥防水砂浆,中间压镀锌网	m²	4875.08	4755.75
			D124			
134		10-1-67	墙面抗裂砂浆 5 内	=	4875.08	4755.75
135		5-4-70	墙面钉钢丝网	=	4875.08	4755.75
136	63	011204003003	块料墙面;面砖外墙	m²	5358.99	5478.08
			D130			
137		12-2-45	水泥砂浆粘贴瓷质外墙砖 60×240 灰缝 5 内	=	5358.99	5478.08
138		1-4-6	毛砂过筛	m³	146.59	146.59
			D137×0.0015×0.76+D137×0.00558×1.1+D137×0.01673×1.2			
139	64	011107004001	水泥砂浆台阶面	m²	8.76	8.82
	1	客厅门口	1.6×0.6×4	3.84		
	2	楼梯门口	1.3×0.6×4	3.12		
	3	变形缝处	1.5×0.6×2	1.8		
140		11-2-3	1:2 水泥砂浆台阶 20	=	8.76	8.82
141		1-4-6	毛砂过筛	m³	0.29	0.29
			D140×0.03034×1.1			
142	65	011503001003	金属扶手栏杆;钢管扶手方钢栏杆(建施-20)	m	107.8	107.8
	1	楼梯斜长	SQRT(1.5²+2.15²)×2=5.24			
	2	楼梯斜长	2.08×TL×2=4.9			
	3	1-11 层楼梯斜长	H2×2×11[层]	107.8		
143		15-3-9	钢管栏杆钢管扶手	=	107.8	107.8
144		14-2-32	红丹防锈漆一遍金属构件	t	2.277	2.77
	1	钢管 φ50×3	D142×3.48/1000	0.375		
	2	方钢 25×25 立杆	1.05×8×4.91=41.244			
	3	方钢 20×20	0.95×12×3.14=35.796			
	4	方钢 10×10	1×12×0.785=9.42			
	5		Σ×2/1000×11[层]	1.902		
145		14-2-2	调和漆二遍金属构件	=	2.277	2.77
146	66	011503001004	铸铁成品栏杆 800	m	27.4	27.4
		屋面	2×(10.4+3.3)			
147		15-3-3	不锈钢管扶手不锈钢栏杆	=	27.4	27.4

序号		编号/部位	项目名称/计算式		工程量	BIM校核
148	67	010606008001	钢梯；L13J8-74	t	1.108	1.108
	1	钢梯斜长	2.9×1.41+4=8.089			
	2	钢管φ50×3	(1.1×2+H1)×3.48=35.806			
	3	T2踏步-330×4.5	17×0.8×0.33×35.33=158.561			
	4	梯梁-180×8	2×(2.9+0.4)×0.18×62.8=74.606			
	5	室内钢梯	∑×4/1000	1.108		
149		6-1-26	踏步式钢梯	=	1.108	1.108
150		14-2-2	调和漆二遍金属构件	=	1.108	1.108
151	68	011503001005	成品铸铁栏杆200	m	116.6	116.6
		用于封闭阳台	(2.7×3+2.5)×11			
152		15-3-3	不锈钢管扶手不锈钢栏杆	=	116.6	116.6
153	69	011503001006	成品铸铁栏杆700	m	179.8	179.8
	1	北非封闭阳台	2.9×4×11	127.6		
	2	南非封闭阳台奇数层	(2.1×3+2.4)×6	52.2		
154		15-3-3	不锈钢管扶手不锈钢栏杆	=	179.8	179.8
155	70	011503001007	成品玻璃栏板栏杆700	m	43.5	43.5
		南非封闭阳台偶数层	(2.1×3+2.4)×5			
156		15-3-2	不锈钢管扶手钢化全玻璃栏板	=	43.5	43.5
157	71	011503001008	成品铸铁栏杆900	m	17.68	17.68
		东西山墙栏杆	(1.46+0.66+2.3)×4			
158		15-3-3	不锈钢管扶手不锈钢栏杆	=	17.68	17.68

6.9 图纸审核与审定记录

6.9.1 图纸审核

根据导则一般规定：3.0.3 在熟悉图纸过程中，应进行碰撞检查，做出计量备忘录。

碰撞检查可以通过 BIM 软件来完成。通过本案例和本节发现的问题可以作为检验 BIM 软件可行性和准确性的标本。

本节讲的是通过识图方法来完成。一般遇到的问题是：

（1）建筑面积不符。

（2）门窗统计不符。

（3）建筑与结构图纸矛盾。

（4）不同设计人员对同样问题的处理方法不一致。

（5）图纸遗漏或不完整。

（6）图纸明显错误，包括建筑不合理或结构前后图纸矛盾等。

以上是在编制招标控制价过程中发现的问题。上述问题应记录在案，一般称做"计量备忘录"。

在会审图纸时，经过设计单位、建设单位、监理单位和施工单位认证，签字形成图纸会审记录，与原施工图具有同等效力。

221

本案例发现的问题，通过与原设计人员沟通，基本上达成了一致意见，故称为"图纸审定记录"。

6.9.2 图纸审定记录

图纸审定记录见表 6-35。

图纸审定记录 表 6-35

图号	原图内容	修改内容	序号
建 施 图			
建施-01	总建筑面积 8045.86	7952.51	1
	地上建筑面积 6852.69	6774.69	2
	地下建筑面积 1193.17	1177.82	3
建施-02	门窗表设计编号不统一	改为统一 M,MD,C 打头,按顺序编号	4
	门高 2400 的 6 个门	改为 2380	5
	门窗表 C301 去掉地下 2 个	C301 合计由 26 改为 24	6
建施-04～10	平面图中的门窗编号	按新编号修改	7
建施 04、05	⑮轴洞口宽 1260	改为同⑭轴门宽 1200 一致	8
	⑰、㉙轴内墙为偏中 110,90	改为居中 100,100	9
	①轴②～⑫轴为居中 100,100	改为偏中 110,90	10
建施-05	楼梯间的窗和窗井属于1层	去掉	11
	地下 1 层建筑面积 600.09	改为 584.74(按新规范采光井只算一层)	12
建施-06	1 层建筑面积 643.03	改为 650.05	13
	说明第 10 条建筑面积同建施-01	按建施-01 数据修改	14
建施-16	Ⓐ轴⑦～⑩轴阳台墙 3000,600	改为 2900,700	15
建施-17	Ⓐ轴㉒～㉕轴阳台墙 3000,600	改为 2900,700	16
建施-18	空调板大样图一:百叶至女儿墙挑板与立面图不符	将挑板下降 1000,底高度与大样二一致,女儿墙顶做法同阳台大样一	17
	阳台大样图一女儿墙与结施-27 做法不符	按结施-27 做法改为 150 厚混凝墙	18
建施-19	D-D 大样图中 C4 应为 C3″,C8 应为 C8′	按新编号改为 C302,C7	19
建施-20	M5、M6 立面详图高 2400	改为 2380 与门窗表一致	20
建施-21	地下一层平面的窗井和窗 C3′	此处应取消,属于一层平面	21
结 施 图			
结施-02	说明七、1 中:填充墙与框架柱(剪力墙)拉结筋通常设置	改为:填充墙与框架柱(剪力墙)按 L13J3-3 设置水平系梁	22
	说明七、2 中洞口宽度≤2.1m	改为≥2.1m	23
结施-03	地面 100	改为 30	24
	筏板基底标高-6.800,高 1400	基底标高改为-6.730,高 1.400 改为 1.470	25
	明确加深 300 部分的回填材料	回填材料为 L7.5 炉渣混凝土	26
	㉑、㉓轴电梯外出踩	改为与⑥、⑧轴 GBZ7 一致,从结施-04 到结施-23 均取消	27
	㉕轴的外出踩 510	从结施-04 到结施-23 均取消,与⑩轴一致,将 1～11 层框剪墙长度由 1600 改为 1800	28
	集水坑做法大样	400 改为 330;7.100 改为 7.030;800 改为 870	29
	集坑做法大样	770 改为 700,-6.800 改为 6.730,1400 改为 1470	30
结施-04、05	㉒轴框剪墙长 4690 与⑦轴不同	改为 3700 与⑦轴一致	31
	⑰～㉒轴内墙为偏中 110,90	改为居中 100,100	32
	①轴②～⑫轴为居中 100,100	改为偏中 110,90	33

图号	原图内容	修改内容	序号
结施-04、05	㉕轴左拐角 GBZ19 可否去掉？	去掉，向上 1600 改为 1800	34
	⑧～⑪轴间走廊墙为偏中 110，90	改为居中 100，100	35
	⑲、㉕轴框剪柱长度 690	改为 700	36
	㉗轴①～Ⓕ轴间长度 100、740，洞口长 2060	改为 90、800；洞口长 2000	37
结施-04	㉒～㉕轴应同⑦～⑩轴一样加梁	增梁的点画线	38
结施-06、07	地下 1、2 层暗柱表	做相应修改	39
结施-07	GBZ24 大样在何处应用？	删除	40
	GBZ19 大样图如何修改？	去掉左拐角；向上 300 改为 500；增加纵筋 2 根；增加拉筋一道；纵筋 28 根改为 24 根；相应修改箍筋图	41
结施-08、09	㉕轴左拐角可否去掉？	结施 08 的 YBZ10 和结施 09 的 GZB22 左拐角均去掉	42
	㉕轴框剪柱尺寸与⑲轴不一致	由 1600 改为 1800	43
	㉑、㉓交①轴的 GBZ24	改为 GBZ9 与左边单元一致	44
	⑦轴框剪柱尺寸	由 500 改为 700	45
结施-10	⑦轴柱长 1690，与㉒轴不一致	改为 2200	46
结施-11	GBZ22 在 1～3 层没有？	去掉该项说明	47
	GBZ22 在 4 层以上应修改	GBZ22 去掉 510 拐角；删除左拐角配筋；向上 300 改为 500；增加纵筋两根；增拉筋 1 道；纵筋改为 14 Φ 12；修改箍筋示意图	48
	GBZ24 应去掉	删除	49
结施-12	YBZ10 大样图应改	去掉左拐角；向上 300 改为 500；增加纵筋两根；拉筋一道；纵筋改为 8 Φ 14＋6 Φ 12；修改箍筋示意图	50
结施-13、14	④轴和⑩轴处应增设承重梁	增设 L5(1)180×400	51
	⑮～⑰轴间 KL32、KL32a 梁宽 180 与框剪墙不符	均改为 200×400	52
	⑯～⑰轴交①轴的 KL37 不应存在	删掉	53
	⑱～㉖轴交①轴上的 KL38、KL39 梁宽 200 与③～⑪轴间不一致	KL38、KL39 尺寸改为 180×400，与电梯墙取平	54
	㉒～㉕轴间 L7 与建筑图不符	删除 L7	55
	㉒～㉕轴间 L33 与建筑图不符	㉒/㉕轴交Ⓑ轴位置 L33 下移与⑦/⑩轴交Ⓑ轴位置的 L4 齐平；删 L33、KL35 附加箍筋；移动 KL27 附加箍筋；删 L33 原抗扭腰筋	56
结施-15	⑱～㉖轴交①轴上的 KL40、KL41 梁宽 200 与③～⑪轴间不一致	改为 180×400	57
	L4(1)200×400 与 L5(1)不一致	L4(1)改为 180×400	58
	楼梯间增加楼梯墙梁及配筋	增楼梯墙梁 TL-2(2)150×300	59
结施-15、16	⑲～㉕轴的 KL37(2)可否去掉？与④～⑩轴一致	去掉	60
结施-15～21	㉙轴Ⓐ轴外挑的 XL1a 200×400	改为 180×400	61
结施-17～24	楼梯间⑥轴剪力墙与结施-08、09 的 1650 长度不一致	均按结施-08、09 长度改为 1650	62
	⑦轴梁 KL8(KL3)高与㉒轴梁 KL36(KL13)高不一致	⑦轴梁 KL8(KL3)高均由 400 改为 500	63
结施-23、24	北阳台 L12 与 L13 梁上无墙	去掉 L12、L13	64
结施-27	阳台大样图中女儿墙做法是否适用于 1 层女儿墙	适用于所有女儿墙，1 层女儿墙高度改为 900	65
	空调板大样一顶部修改	将挑板下降 1000，底高度与大样二一致，女儿墙顶做法同阳台大样一	66
结施-28	缺进厅基础大样	补进厅基础大样	67

复习思考题

1. 统计在基数表中共有多少校核项目，并简述其原理。
2. 简述本案例的基数变量命名规则。
3. 阐述基数计算表中的校核原理。
4. 简述实物量表中的校核原理。
5. 在建筑和装饰分部工程量计算中涉及哪些校核工作？
6. 探讨梁算到板底与梁算整高的合理性。
7. 谈谈您对表算为主、图算为辅理念的理解。
8. 谈谈图纸审查的必要性。

作　业　题

找出 5 项表算与图算结果不同的工程量，分析其不同的原因，写出分析报告。

7 框剪高层住宅工程计价

本章依招标控制价为例来介绍框剪高层住宅计价的全过程表格应用。

7.1 招标控制价编制流程

下面以英特计价 2017 软件的操作为例，介绍招标控制价的编制流程。

（1）在英特计价 2017 软件的【文件】菜单下，选择【打开统筹 e 算文件（＊tces）】，通过路径浏览，在统筹 e 算 2017 安装路径下的【用户文件】文件夹中找到"框剪高层住宅"算量文件。在弹出的【计税办法选择】窗口中，选择"一般计税"、"清单计价"。

（2）"项目管理"界面，框剪高层住宅建筑、装饰分别以两个单位工程的树形目录形式显示。右侧工程信息，专业修改为对应的建筑、装饰。工程类别建筑工程为Ⅱ类，装饰工程为Ⅲ类，地区选择：定额 17〔表示采用 2017 省价，建筑人工单价 95 元，装饰人工单价 103 元〕。

（3）根据 2017 年 3 月 1 日起施行的《山东省建设工程费用项目组成及计算规则》，建筑、装饰计费基础为省价人工费。

（4）本工程分地下部分和地上部分，地上部分为计超高部分，需要统一增加 20-2-1 人工其他机械超高施工增加 40m 内，通过工具条【插入】/超高降效定额/本标题内清单，对地上部分的每一个清单项内，添加本项超高定额。

（5）对临时换算进行处理

1）建筑工程

① 第 5 项清单中 5-1-8H 的处理，在材料 C304 现浇混凝土的名称中标注 P6，在价格中区分于普通商品混凝土，含税价格每立方米增加 20.00 元。

② 第 12、48 项清单中 5-1-31H 及第 13、49 项清单中 5-1-33H 的处理，在材料 C302 现浇混凝土的名称中标注 P6，在价格中区分于普通商品混凝土，含税价格每立方米增加 20.00 元。

③ 第 78、84 项清单中的 10-1-16H 的处理，将聚苯乙烯泡沫板 δ100 改为 75 厚，含税单价 19.00 元。

④ 第 85 项清单中的 10-1-16H 的处理，将聚苯乙烯泡沫板 δ100 改为 30 厚玻化微珠，含税单价 46.00 元。

2）装饰工程

① 第 11、13、15、36、39、41 项清单中的 10-1-16H 的处理，将聚苯乙烯泡沫板 δ100 换材为聚苯乙烯泡沫板 δ20，含税单价 6.40 元。

② 第 54、60 项清单中的 10-1-48H 的处理，将聚苯乙烯泡沫板 δ50 改为 40 厚，含税单价 13.00 元。

（6）"措施项目"界面，综合脚手架清单项，单位是平方米，地下部分按建筑面积 1177.83m² 录入；地上部分按建筑面积 6774.69m² 录入。垂直运输清单项，单位选择平方米，工程量输入同对应的地下、地上建筑面积。

（7）"其他项目"界面设置暂列金额费率：暂列金额是招标人暂定并包括在合同中的预测的一笔款项，一般按 10%～15% 列入。进"3.1 暂列金额"栏，在费率位置输入"10"。

（8）"材机汇总"界面，按（5）中说明调整换材含税单价。

(9)"费用汇总、全费价"界面，可以对总价进行对比。

(10)进"报表输出"页面，选中指定报表，输出成果。

7.2 招标控制价纸面文档

本案例作为一个单项工程含 2 个单位工程（建筑、装饰分列）来考虑，故本节含 5 类 7 个表即：1 个封面、1 个总说明、1 个单项工程招标控制价汇总表（表 7-3）、2 个单位工程招标控制价汇总表（表 7-6、表 7-7）和 2 个全费单价表（表 7-4、表 7-5）。

7.2.1 封面

<u>　　框剪高层住宅　　</u>工程

招 标 控 制 价

招标人：

造价咨询人：

2017 年 8 月 1 日

7.2.2 总说明

总　说　明

1. 工程概况

本工程为框剪高层住宅工程，建筑面积 7952.51m²。

2. 编制依据

(1) 框剪高层住宅施工图。

(2)《建设工程工程量清单计价规范》（GB 50500—2013）。

(3)《房屋建筑与装饰工程工程量计算规范》（GB 50854—2013）。

(4) 2016 版山东省建筑工程消耗量定额及其定额解释。

(5) 2017 山东省建筑工程消耗量定额价目表。

(6) 相关标准图集和技术资料。

3. 相关问题说明

(1) 现浇构件清单项目中按 2013 计量规范要求列入模板。

(2) 脚手架统一列入措施项目的综合脚手架清单内，按定额项目的工程量计价，以建筑面积为单位计取综合计价。

(3) 暂列金额按 10% 列入。

4. 施工要求

基层开挖后必须进行钎探验槽，经设计人员验收后方可继续施工。

5. 报价说明

招标控制价为全费综合单价的最高限价，如单价低于按规范规定编制的价格 3% 时，应在招标控制价公布后 5 天内向招投标监督机构和工程造价管理机构投诉。

7.2.3 清单全费模式计价表

清单全费模式计价表见表 7-1、表 7-2。

工程名称：框剪高层住宅建筑　　　　　建筑工程清单全费模式计价表　　　　　表 7-1

序号	项目编码	项 目 名 称	单位	工程量	全费单价 （元）	合价 （元）
		地下部分				
1	010101001001	平整场地	m²	650.05	1.58	1027
2	010101004001	挖基坑土方；大开挖，普通土，外运1km内	m³	6655.14	19.87	132238
3	010501001001	垫层；C15	m³	86.38	524.5	45306
4	010904002001	垫层面涂膜防水；建施-20 地下防水大样	m²	819.4	102.43	83931
5	010501004001	满堂基础；C30P6	m³	559.88	640.54	358626
6	010501003001	独立基础；C30	m³	4.69	2038.31	9560
7	010504004001	挡土墙；C35	m³	249.45	1817.27	453318
8	010504001001	直形墙；电梯井壁 C35	m³	15.47	1543.52	23878
9	010504003001	短肢剪力墙；C35	m³	105.52	1668.9	176102
10	010502003001	异形柱；C35	m³	0.41	2156.96	884
11	010503002001	矩形梁；C30	m³	21.48	1486.73	31935
12	010505001001	有梁板；厨卫阳台防水，C30P6	m³	6.65	1099.25	7310
13	010505003001	平板；厨房阳台防水 C30P6	m³	8.82	1152.58	10166
14	010505001002	有梁板；C30	m³	37.2	1193.47	44397
15	010505003002	平板；C30	m³	92.22	1240.99	114444
16	010503002002	矩形梁；C30	m³	0.38	1975.13	751
17	010503005001	过梁；C25	m³	1.64	3724.45	6108
18	010502002001	构造柱；C25 门口抱框	m³	3.16	4587.36	14496
19	010503004001	圈梁；C25 水平系梁	m³	0.88	2212.44	1947
20	010506001001	直形楼梯；C25	m²	34.85	483.81	16861
21	010402001001	砌块墙；加气混凝土砌块墙 M5.0 水泥砂浆	m³	101.39	597.23	60553
22	010508001001	后浇带；C35 基础底板	m³	7.95	718.55	5712
23	010508001002	后浇带；C35 楼板	m³	2.95	1887.59	5568
24	010508001003	后浇带；C40 墙	m³	2.36	2225.83	5253
25	010903002001	墙面涂膜防水；建施-20 地下防水大样	m²	1235.71	140.58	173716
26	010103001001	回填方；3：7 灰土	m³	546.45	280.02	153017
27	010103001002	回填方；素土	m³	2595	33.13	85972
28	010512008001	集水坑盖板；C30	m³	0.48	2455.86	1179
29	010507007001	其他构件；C20 水簸箕	m³	0.21	2490.66	523
30	010901004001	玻璃钢屋面	m²	15.45	43.99	680
31	010606012001	钢支架；L13J9-1②	t	0.169	10019.37	1693
32	010516002001	预埋铁件	t	0.406	7701.66	3127
33	010515001001	现浇构件钢筋；砌体拉结筋	t	0.37	6276.01	2322
34	010515001002	现浇构件钢筋；HPB300 级钢	t	2.844	7186.98	20440
35	010515001003	现浇构件钢筋；HRB400 级钢	t	108.759	6231.09	677687
36	010507001001	散水、坡道	m²	120.16	90.27	10847

序号	项目编码	项目名称	单位	工程量	全费单价（元）	合价（元）
37	010507004001	台阶；C25	m²	3.84	169.32	650
38	010404001001	垫层；3：7灰土	m³	9.79	259.54	2541
39	010501001002	垫层；C15混凝土	m³	2.52	512.58	1292
40	01B001	竣工清理	m³	3558.5	4.02	14305
		地上部分				
41	010504003002	短肢剪力墙；C35（1～2层）	m³	141.23	1811.19	255794
42	010504003003	短肢剪力墙；C30（3层至屋顶）	m³	679.52	1818.93	1235999
43	010504001002	直形墙；电梯井壁 C35	m³	15.12	1551.55	23459
44	010504001003	直形墙；电梯井壁 C30	m³	79.11	1551.55	122743
45	010502003002	异形柱；C35（1～2层）	m³	3.68	2217.79	8161
46	010502003003	异形柱；C30（3层至屋面）	m³	9.84	2241.37	22055
47	010503002003	矩形梁；框架梁 C30	m³	222.97	1932.62	430916
48	010505001003	有梁板；厨卫阳台防水 C30P6	m³	40.04	1483.56	59402
49	010505003003	平板；厨卫阳台防水 C30P6	m³	46.35	1552.94	71979
50	010505003004	平板；C30	m³	374.46	1419.91	531699
51	010505001004	有梁板；C30	m³	162.29	1443.08	234197
52	010505001005	有梁板；C30 屋面斜板	m³	39.86	1300.47	51837
53	010505007001	天沟（檐沟）、挑檐板；C30	m³	41.34	2630.97	108764
54	010505006001	栏板；C30	m³	16.02	4335.76	69459
55	010503002004	矩形梁；C30	m³	2.1	1908.35	4008
56	010506001002	直形楼梯；C25	m²	191.66	493.39	94563
57	010503005002	过梁；现浇 C25	m³	4.93	3803.99	18754
58	010507005001	扶手、压顶；C25	m³	10.63	3344.47	35552
59	010503004002	圈梁；水平系梁 C25	m³	15.55	2075.53	32274
60	010502002002	构造柱；C25	m³	68.08	3830.03	260748
61	010402001002	砌块墙；加气混凝土砌块墙 M5.0 混浆	m³	793.26	684.51	542994
62	010402002001	砌块柱；加气混凝土砌块柱	m³	3.43	612.56	2101
63	010514001001	厨房烟道；PC12（L09J104）	m	134.8	157.7	21258
64	010902008001	屋面变形缝；L13J5-1	m	6.58	77.14	508
65	010903004001	墙面变形缝；L07J109-40	m	63.8	71.59	4567
66	010515001004	现浇构件钢筋；砌体拉结筋	t	4.63	6390.86	29590
67	010515001005	现浇构件钢筋；HPB300 级钢	t	12.12	6464.36	78348
68	010515001006	现浇构件钢筋；HRB400 级钢	t	231.319	6543.09	1513541
69	010516002002	预埋铁件	t	0.853	7799.23	6653
70	011101001001	屋面水泥砂浆保护层；1：2.5 水泥砂浆 20	m²	36.15	28.52	1031
71	010902001001	屋面卷材防水；聚乙烯薄膜，SBS 防水卷材，防水涂料，C20 混凝土找平 30	m²	48.98	102.97	5043
72	011001001001	保温隔热屋面；30 厚保温砂浆，水泥珍珠岩找坡	m²	36.3	107.66	3908
73	010902002001	屋面涂膜防水；聚氨酯防水	m²	36.3	67.28	2442
74	011001001002	保温隔热屋面；岩棉板防火隔离带	m²	38.93	30.56	1190
75	011001003001	保温隔热墙面；岩棉板防火隔离带	m²	250.32	2.12	531

序号	项目编码	项目名称	单位	工程量	全费单价（元）	合价（元）
76	011102003001	屋面防滑地砖	m²	321.27	137.12	44053
77	010902001002	屋面卷材防水；聚乙烯薄膜，SBS 防水卷材，防水涂料，C20 混凝土找平 30	m²	406.76	106.27	43226
78	011001001003	保温隔热屋面；75 厚挤塑板，水泥珍珠岩找坡	m²	321.27	85.73	27542
79	010902002002	屋面涂膜防水；聚氨酯防水	m²	358.98	67.28	24152
80	010901001001	瓦屋面；块瓦坡屋面	m²	425.91	22.61	9630
81	010902003001	屋面刚性层；35 厚细石混凝土配 φ4@100×100 钢筋网	m²	425.91	15.64	6661
82	010902001003	屋面卷材防水	m²	425.91	69.04	29405
83	011101006001	平面砂浆找平层；1：2.5 水泥砂浆	m²	425.91	26.44	11261
84	011001001004	保温隔热屋面；XPS 板	m²	385.59	41.08	15840
85	011001001005	隔热屋面；30 厚玻化微珠防火隔离带	m²	40.32	53.13	2142
86	010902004001	屋面排水管；塑料水落管 φ100	m	266.8	34.19	9122
87	010507004002	台阶；C25	m²	8.76	243.81	2136
88	01B002	竣工清理	m³	20095.06	4.19	84198
		地下部分				
89	011701001001	综合脚手架	m²	1177.83	42.97	50611
90	011705001001	大型机械设备进出场及安拆	台次	1	84115.93	84116
91	011703001001	垂直运输	m²	1177.83	101.89	120009
		地上部分				
92	011701001002	综合脚手架	m²	6774.69	42.38	287111
93	011703001002	垂直运输	m²	6774.69	74.51	504782
94		其他项目费		1	874460.97	874461
95		合计				10876888

工程名称：框剪高层住宅装饰   装饰工程清单全费模式计价表   表 7-2

序号	项目编码	项目名称	单位	工程量	全费单价（元）	合价（元）
		地下部分				
1	010801001001	木质门；平开夹板百叶门，L13J4-1(78)	m²	77.28	659.02	50929
2	011401001001	木门油漆	m²	77.28	50.23	3882
3	010802003001	钢质防火门	m²	46	683.49	31441
4	010807001001	铝合金中空玻璃窗	m²	14.24	328.42	4677
5	011101001001	水泥砂浆地面；1：2 水泥砂浆 30	m²	976.07	40.69	39716
6	011102003001	块料地面；大理石（地 204）	m²	38.75	280.65	10875
7	011101001002	水泥砂浆楼面；楼梯面	m²	34.85	94.73	3301
8	011102003002	块料楼地面；大理石楼面	m²	34.82	280.64	9772
9	010404001001	垫层；60 厚 LC7.5 炉渣混凝土	m³	1.9	271.88	517
10	011102003003	块料楼地面；卫生间地砖楼面（楼面五）	m²	36.3	214.39	7782
11	010904001001	楼面卷材防水；卫生间防水	m²	35.6	80.11	2852
12	011102003004	块料楼地面；厨房、阳台地砖楼面（楼面七）	m²	48.63	212.04	10312
13	010904001002	楼面卷材防水；厨房、阳台楼面防水	m²	46.69	80.11	3740

序号	项目编码	项目名称	单位	工程量	全费单价（元）	合价（元）
14	011101001003	水泥砂浆楼地面；楼面八（低温热辐射供暖楼面）	m²	340.76	76.74	26150
15	011001005001	保温隔热楼地面	m²	340.76	39.7	13528
16	011102003005	块料楼地面；阳台楼面（楼面九）	m²	34.62	130.14	4505
17	010702001001	阳台卷材防水；楼面九	m²	34.62	62.18	2153
18	011201001001	墙面一般抹灰；水泥砂浆内墙面（混凝土墙）	m²	3333.75	43.23	144118
19	011407002001	天棚喷刷涂料；刮腻子	m²	1088.03	8.54	9292
20	011102001001	石材楼地面；花岗岩坡道	m²	25.2	358.26	9028
21	011107001001	花岗岩台阶面	m²	3.84	426.41	1637
22	011503001001	金属扶手栏杆；钢管扶手方钢栏杆（建施-20）	m	19.76	184.52	3646
23	011503001002	金属扶手栏杆；钢管喷塑栏杆 L13J12	m	38.4	166.33	6387
		地上部分				
24	010801001002	木质门；平开夹板门，L13J4-1(78)	m²	104.8	585.23	61332
25	011401001002	木门油漆	m²	104.8	51.96	5445
26	010802004001	防盗对讲门	樘	4	978.26	3913
27	010802004002	防盗防火保温进户门	樘	48	978.26	46956
28	010802003002	钢质防火门	m²	84.24	685.93	57783
29	010802001001	金属门；隔热铝合金中空玻璃门	m²	541.97	349.71	189532
30	010807001002	隔热铝合金窗中空玻璃窗	m²	944.59	330.8	312470
31	010807003001	铝合金百叶	m²	312.45	293.92	91835
32	011101001004	水泥砂浆楼梯面；水泥楼面二	m²	191.66	98.16	18813
33	011102003006	块料楼地面；门厅地砖楼面（楼面四）	m²	347.26	132.67	46071
34	010404001002	垫层；LC7.5 轻骨料混凝土填充层 60	m³	20.84	407.21	8486
35	011102003007	块料楼地面；卫生间地砖楼面（楼面六）	m²	363.01	230.57	83699
36	010904001003	楼面卷材防水；卫生间防水	m²	355.97	74.3	26449
37	010404001003	垫层；LC7.5 轻骨料混凝土填充层 300	m³	106.79	407.21	43486
38	011102003008	块料楼地面；厨房、封闭阳台地砖楼面（楼面七）	m²	486.38	228.55	111162
39	010904001004	楼面卷材防水；厨房、封闭阳台楼面	m²	466.94	81.46	38037
40	011101001005	水泥砂浆楼面；楼面八（卧室、走廊、餐厅）	m²	3407.57	95.95	326956
41	011001005002	保温隔热楼地面；楼面八	m²	3407.57	43.89	149558
42	011102003009	块料楼地面；阳台楼面（楼面九）	m²	346.22	132.67	45933
43	010702001002	阳台卷材防水；开敞阳台楼面	m²	346.22	63.12	21853
44	011101001006	水泥砂浆楼地面；20厚1：2水泥砂浆	m²	254.37	33.68	8567
45	011407002002	天棚喷刷涂料；2～3厚柔韧型腻子	m²	6462.46	8.85	57193
46	011105003001	块料踢脚线；大理石板踢脚（1层门厅）	m	66.72	29.65	1978
47	011105003002	块料踢脚线；面砖踢脚（2层至顶层候梯厅）	m	336	24.46	8219
48	011204003001	块料墙面；面砖墙面（1层候梯厅、进厅）	m²	199.1	173.84	34612
49	011204003002	块料墙面；釉面砖（厨房、卫生间、封闭阳台）	m²	3285.24	166.03	545448
50	010903002001	墙面涂膜防水；聚合物水泥复合涂料	m²	3285.24	41.42	136075
51	011201001002	墙面一般抹灰；刮腻子墙面（内墙四）	m²	11652.1	33.72	392909
52	011407001001	墙面喷刷涂料；白色涂料	m²	1566.79	5.27	8257

序号	项目编码	项目名称	单位	工程量	全费单价（元）	合价（元）
53	011201004001	立面砂浆找平层；真石漆外墙聚合物水泥砂浆 20	m²	241.27	33.07	7979
54	011001003001	保温隔热墙面；40 厚挤塑板（XPS 板）	m²	241.27	43.46	10486
55	011203001001	檐板、零星项目一般抹灰	m²	677.27	92.4	62580
56	011201001003	墙面一般抹灰；9 厚混浆，6 厚水泥砂浆	m²	1024.05	36.39	37265
57	010903003001	墙面砂浆防水；5 厚干粉类聚合物水泥防水砂浆	m²	241.27	38.28	9236
58	011407001002	墙面喷刷涂料；真石漆外墙面	m²	1701.32	98.07	166848
59	011201004002	立面砂浆找平层；面砖墙面聚合物水泥砂浆 20	m²	4875.08	33.08	161268
60	011001003002	保温隔热墙面；40 厚挤塑板（XPS 板）	m²	4875.08	43.47	211920
61	011201001004	墙面一般抹灰；9 厚混浆，6 厚水泥砂浆	m²	5358.99	36.41	195121
62	010903003002	墙面砂浆防水；5 厚干粉类聚合物水泥防水砂浆，中间压镀锌网	m²	4875.08	50.72	247264
63	011204003003	块料墙面；面砖外墙	m²	5358.99	168.81	904651
64	011107004001	水泥砂浆台阶面	m²	8.76	74.09	649
65	011503001003	金属扶手栏杆；钢管扶手方钢栏杆（建施-20）	m	107.8	186.49	20104
66	011503001004	铸铁成品栏杆 800	m	27.4	506.12	13868
67	010606008001	钢梯；L13J8-74	t	1.108	11945.18	13235
68	011503001005	成品铸铁栏杆 200	m	116.6	506.12	59014
69	011503001006	成品铸铁栏杆 700	m	179.8	506.12	91000
70	011503001007	成品玻璃栏板栏杆 700	m	43.5	433.77	18869
71	011503001008	成品铸铁栏杆 900	m	17.68	506.11	8948
		地下部分				
72	011701001001	综合脚手架	m²	1177.83	11.64	13710
		地上部分				
73	011701001002	综合脚手架	m²	6774.69	10.14	68695
74		其他项目费		1	532283.66	532284
75		合计	~			6138261

7.2.4 单项工程招标控制价汇总表

单项工程招标控制价汇总表见表 7-3。

工程名称：框剪高层住宅　　　　　　单项工程招标控制价汇总表　　　　　　表 7-3

序号	单位工程名称	金额（元）	其中（元）		
			暂列金额及特殊项目暂估价	材料暂估价	规费
1	建筑	10877379	743631		549449
2	装饰	6137661	450733		332108
	合　计	17015040			881557

注：该表的总价 17015040 与 2 个单位工程汇总表的合计一致；与全费价的 10876888（表 7-1）和 6138261（表 7-2）合计值差值在合理范围内。

7.3 招标控制价电子文档

电子文档的内容是一个计算过程，它的结果体现在纸面文档中。在招投标过程中，评标人员依纸面文档进行评标，遇到疑问时可通过电子文档进行核对。

7.3.1 全费单价分析表

全费单价分析表见表7-4、表7-5。

工程名称：框剪高层住宅建筑　　建筑工程全费单价分析表　　表7-4

序号	项目编码	项目名称	单位	直接工程费（元）	措施费（元）	管理费和利润（元）	规费（元）	税金（元）	全费单价（元）
		地下部分							
1	010101001001	平整场地	m²	1.29	0.01	0.05	0.07	0.16	1.58
2	010101004001	挖基坑土方；大开挖，普通土，外运1km内	m³	14.02	0.37	2.52	0.99	1.97	19.87
3	010501001001	垫层；C15	m³	393.53	6.81	45.69	26.49	51.98	524.5

注：为节约篇幅，下略。

（1）本表的3项单价与表7-1的3项单价完全一致。

（2）本表的直接工程费表示人、材、机的单价合计，措施费是按费率计取的部分，管理费和利润的计算基数是直接工程费和措施费之和（又称直接费）。

工程名称：框剪高层住宅装饰　　装饰工程全费单价分析表　　表7-5

序号	项目编码	项目名称	单位	直接工程费（元）	措施费（元）	管理费和利润（元）	规费（元）	税金（元）	全费单价（元）
		地下部分							
1	010801001001	木质门；平开夹板百叶门，L13J4-1(78)	m²	526.06	6.34	25.62	35.68	65.32	659.02
2	011401001001	木门油漆	m²	29.09	2.43	11.01	2.72	4.98	50.23
3	010802003001	钢质防火门	m²	559.37	4.14	15.27	36.98	67.73	683.49

注：为节约篇幅，下略。

7.3.2 单位工程招标控制价汇总表

单位工程招标控制价汇总表见表7-6、表7-7。

工程名称：框剪高层住宅建筑　　建筑工程单位工程招标控制价汇总表　　表7-6

序号	项目名称	计算基础	费率（%）	金额（元）
1	分部分项工程费			7436313
2	措施项目费			1070047
3	其他项目费			743631
4	清单计价合计	分部分项＋措施项目＋其他项目		9249991
5	其中人工费 R			2197594
6	规费			549449
7	安全文明施工费			342250
8	安全施工费	分部分项＋措施项目＋其他项目	2.34	216450
9	环境保护费	分部分项＋措施项目＋其他项目	0.11	10175

序号	项目名称	计算基础	费率(%)	金额(元)
10	文明施工费	分部分项+措施项目+其他项目	0.54	49950
11	临时设施费	分部分项+措施项目+其他项目	0.71	65675
12	社会保险费	分部分项+措施项目+其他项目	1.52	140600
13	住房公积金	分部分项+措施项目+其他项目	0.21	19425
14	工程排污费	分部分项+措施项目+其他项目	0.27	24975
15	建设项目工伤保险	分部分项+措施项目+其他项目	0.24	22200
16	设备费			
17	增值税	分部分项+措施项目+其他项目+规费	11	1077938
18	工程费用合计	分部分项+措施项目+其他项目+规费+税金		10877379

工程名称：框剪高层住宅装饰　　装饰工程单位工程招标控制价汇总表　　表 7-7

序号	项目名称	计算基础	费率(%)	金额(元)
1	分部分项工程费			4507329
2	措施项目费			239254
3	其他项目费			450733
4	清单计价合计	分部分项+措施项目+其他项目		5197316
5	其中人工费 R			1393334
6	规费			332108
7	安全文明施工费			215689
8	安全施工费	分部分项+措施项目+其他项目	2.34	121617
9	环境保护费	分部分项+措施项目+其他项目	0.12	6237
10	文明施工费	分部分项+措施项目+其他项目	0.1	5197
11	临时设施费	分部分项+措施项目+其他项目	1.59	82637
12	社会保险费	分部分项+措施项目+其他项目	1.52	78999
13	住房公积金	分部分项+措施项目+其他项目	0.21	10914
14	工程排污费	分部分项+措施项目+其他项目	0.27	14033
15	建设项目工伤保险	分部分项+措施项目+其他项目	0.24	12474
16	设备费			
17	增值税	分部分项+措施项目+其他项目+规费	11	608237
18	工程费用合计	分部分项+措施项目+其他项目+规费+税金		6137661

7.3.3　分部分项工程量清单与计价表

分部分项工程量清单与计价表见表 7-8、表 7-9。

工程名称：框剪高层住宅建筑　　建筑工程分部分项工程量清单与计价表　　表 7-8

序号	项目编码	项目名称	计量单位	工程量	综合单价	合价	其中：暂估价
		地下部分				2296853	
1	010101001001	平整场地	m²	650.05	1.34	871	
2	010101004001	挖基坑土方；大开挖，普通土，外运 1km 内	m³	6655.14	16.49	109743	

序号	项目编码	项目名称	计量单位	工程量	金额(元)		
					综合单价	合价	其中:暂估价
3	010501001001	垫层;C15	m³	86.38	438.34	37864	
4	010904002001	垫层面涂膜防水;建施-20 地下防水大样	m²	819.4	85.15	69772	
5	010501004001	满堂基础;C30P6	m³	559.88	538.27	301367	
6	010501003001	独立基础;C30	m³	4.69	1710.25	8021	
7	010504004001	挡土墙;C35	m³	249.45	1511.28	376989	
8	010504001001	直形墙;电梯井壁 C35	m³	15.47	1280.09	19803	
9	010504003001	短肢剪力墙;C35	m³	105.52	1382.25	145855	
10	010502003001	异形柱;C35	m³	0.41	1778.84	729	
11	010503002001	矩形梁;C30	m³	21.48	1236.9	26569	
12	010505001001	有梁板;厨卫阳台防水,C30P6	m³	6.65	918.21	6106	
13	010505003001	平板;厨房阳台防水 C30P6	m³	8.82	961.69	8482	
14	010505001002	有梁板;C30	m³	37.2	995.62	37037	
15	010505003002	平板;C30	m³	92.22	1034.17	95371	
16	010503002002	矩形梁;C30	m³	0.38	1641.84	624	
17	010503005001	过梁;C25	m³	1.64	3083.01	5056	
18	010502002001	构造柱;C25 门口抱框	m³	3.16	3811.91	12046	
19	010503004001	圈梁;C25 水平系梁	m³	0.88	1830.87	1611	
20	010506001001	直形楼梯;C25	m²	34.85	398.91	13902	
21	010402001001	砌块墙;加气混凝土砌块墙 M5.0 水泥砂浆	m³	101.39	494.22	50109	
22	010508001001	后浇带;C35 基础底板	m³	7.95	600.55	4774	
23	010508001002	后浇带;C35 楼板	m³	2.95	1577.82	4655	
24	010508001003	后浇带;C40 墙	m³	2.36	1850.85	4368	
25	010903002001	墙面涂膜防水;建施-20 地下防水大样	m²	1235.71	115.99	143330	
26	010103001001	回填方;3∶7 灰土	m³	546.45	231.58	126547	
27	010103001002	回填方;素土	m³	2595	27.19	70558	
28	010512008001	集水坑盖板;C30	m³	0.48	2016.61	968	
29	010507007001	其他构件;C20 水簸箕	m³	0.21	2055.74	432	
30	010901004001	玻璃钢屋面	m²	15.45	36.8	569	
31	010606012001	钢支架;L13J9-1②	t	0.169	8327.22	1407	
32	010516002001	预埋铁件	t	0.406	6486.49	2634	
33	010515001001	现浇构件钢筋;砌体拉结筋	t	0.37	5225.22	1933	
34	010515001002	现浇构件钢筋;HPB300 级钢	t	2.844	5944.52	16906	
35	010515001003	现浇构件钢筋;HRB400 级钢	t	108.759	5200.81	565635	
36	010507001001	散水、坡道	m²	120.16	74.56	8959	
37	010507004001	台阶;C25	m²	3.84	140	538	
38	010404001001	垫层;3∶7 灰土	m³	9.79	214.76	2103	
39	010501001002	垫层;C15 混凝土	m³	2.52	428.43	1080	
40	01B001	竣工清理	m³	3558.5	3.24	11530	
		地上部分				5139460	

序号	项目编码	项目名称	计量单位	工程量	金额(元)		
					综合单价	合价	其中:暂估价
41	010504003002	短肢剪力墙;C35(1~2层)	m³	141.23	1499.55	211781	
42	010504003003	短肢剪力墙;C30(3层至屋顶)	m³	679.52	1505.96	1023330	
43	010504001002	直形墙;电梯井壁 C35	m³	15.12	1286.54	19452	
44	010504001003	直形墙;电梯井壁 C30	m³	79.11	1286.54	101778	
45	010502003002	异形柱;C35(1~2层)	m³	3.68	1827.97	6727	
46	010502003003	异形柱;C30(3层至屋面)	m³	9.84	1847.36	18178	
47	010503002003	矩形梁;框架梁,C30	m³	222.97	1605.4	357956	
48	010505001003	有梁板;厨卫阳台防水 C30P6	m³	40.04	1236.09	49493	
49	010505003003	平板;厨卫阳台防水 C30P6	m³	46.35	1292.31	59899	
50	010505003004	平板;C30	m³	374.46	1181.86	442559	
51	010505001004	有梁板;C30	m³	162.29	1202.09	195087	
52	010505001005	有梁板;C30 屋面斜板	m³	39.86	1083.43	43186	
53	010505007001	天沟(檐沟)、挑檐板;C30	m³	41.34	2161.21	89344	
54	010505006001	栏板;C30	m³	16.02	3597.68	57635	
55	010503002004	矩形梁;C30	m³	2.1	1585.8	3330	
56	010506001002	直形楼梯;C25	m²	191.66	406.61	77931	
57	010503005002	过梁;现浇 C25	m³	4.93	3147.93	15519	
58	010507005001	扶手、压顶;C25	m³	10.63	2737.22	29097	
59	010503004002	圈梁;水平系梁 C25	m³	15.55	1716.99	26699	
60	010502002002	构造柱;C25	m³	68.08	3180.25	216511	
61	010402001002	砌块墙;加气混凝土砌块墙 M5.0 混浆	m³	793.26	565.11	448279	
62	010402002001	砌块柱;加气混凝土砌块柱	m³	3.43	506.71	1738	
63	010514001001	厨房烟道;PC12(L09J104)	m	134.8	131.26	17694	
64	010902008001	屋面变形缝;L13J5-1	m	6.58	63.72	419	
65	010903004001	墙面变形缝;L07J109-40	m	63.8	59.13	3772	
66	010515001004	现浇构件钢筋;砌体拉结筋	t	4.63	5318.34	24624	
67	010515001005	现浇构件钢筋;HPB300 级钢	t	12.12	5366.15	65038	
68	010515001006	现浇构件钢筋;HRB400 级钢	t	231.319	5444.37	1259386	
69	010516002002	预埋铁件	t	0.853	6567.14	5602	
70	011101001001	屋面水泥砂浆保护层;1:2.5 水泥砂浆 20	m²	36.15	23.43	847	
71	010902001001	屋面卷材防水;聚乙烯薄膜,SBS 防水卷材,防水涂料,C20 混凝土找平 30	m²	48.98	86.63	4243	
72	011001001001	保温隔热屋面;30 厚保温砂浆,水泥珍珠岩找坡	m²	36.3	89.14	3236	
73	010902002001	屋面涂膜防水;聚氨酯防水	m²	36.3	56.22	2041	
74	011001001002	保温隔热屋面;岩棉板防火隔离带	m²	38.93	25.7	1001	
75	011001003001	保温隔热墙面;岩棉板防火隔离带	m²	250.32	1.79	448	
76	011102003001	屋面防滑地砖	m²	321.27	113.55	36480	
77	010902001002	屋面卷材防水;聚乙烯薄膜,SBS 防水卷材,防水涂料,C20 混凝土找平 30	m²	406.76	89.34	36340	

序号	项目编码	项目名称	计量单位	工程量	金额（元）		
					综合单价	合价	其中：暂估价
78	011001001003	保温隔热屋面；75厚挤塑板，水泥珍珠岩找坡	m²	321.27	71.11	22846	
79	010902002002	屋面涂膜防水；聚氨酯防水	m²	358.98	56.22	20182	
80	010901001001	瓦屋面；块瓦坡屋面	m²	425.91	18.71	7969	
81	010902003001	屋面刚性层；35厚细石混凝土配φ4@100×100钢筋网	m²	425.91	12.76	5435	
82	010902001003	屋面卷材防水	m²	425.91	58.33	24843	
83	011101006001	平面砂浆找平层；1∶2.5水泥砂浆	m²	425.91	21.72	9251	
84	011001001004	保温隔热屋面；XPS板	m²	385.59	34.02	13118	
85	011001001005	隔热屋面；30厚玻化微珠防火隔离带	m²	40.32	44.89	1810	
86	010902004001	屋面排水管；塑料水落管φ100	m	266.8	28.62	7636	
87	010507004002	台阶；C25	m²	8.76	201.94	1769	
88	01B002	竣工清理	m³	20095.06	3.38	67921	
		合计				7436313	

工程名称：框剪高层住宅装饰　　　　**装饰工程分部分项工程量清单与计价表**　　　　表7-9

序号	项目编码	项目名称	计量单位	工程量	金额（元）		
					综合单价	合价	其中：暂估价
		地下部分				326094	
1	010801001001	木质门；平开夹板百叶门，L13J4-1(78)	m²	77.28	550.95	42577	
2	011401001001	木门油漆	m²	77.28	39.79	3075	
3	010802003001	钢质防火门	m²	46	574.19	26413	
4	010807001001	铝合金中空玻璃窗	m²	14.24	274.06	3903	
5	011101001001	水泥砂浆地面；1∶2水泥砂浆30	m²	976.07	32.87	32083	
6	011102003001	块料地面；大理石（地204）	m²	38.75	234.38	9082	
7	011101001002	水泥砂浆楼面；楼梯面	m²	34.85	74.96	2612	
8	011102003002	块料楼地面；大理石楼面	m²	34.82	234.36	8160	
9	010404001001	垫层；60厚LC7.5炉渣混凝土	m³	1.9	217.93	414	
10	011102003003	块料楼地面；卫生间地砖楼面（楼面五）	m²	36.3	175.75	6380	
11	010904001001	楼面卷材防水；卫生间防水	m²	35.6	65.7	2339	
12	011102003004	块料楼地面；厨房、阳台地砖楼面（楼面七）	m²	48.63	173.8	8452	
13	010904001002	楼面卷材防水；厨房、阳台楼面防水	m²	46.69	65.7	3068	
14	011101001003	水泥砂浆楼地面；楼面八（低温热辐射供暖楼面）	m²	340.76	62.26	21216	
15	011001005001	保温隔热楼地面	m²	340.76	31.99	10901	
16	011102003005	块料楼地面；阳台楼面（楼面九）	m²	34.62	106.26	3679	
17	010702001001	阳台卷材防水；楼面九	m²	34.62	51.18	1772	
18	011201001001	墙面一般抹灰；水泥砂浆内墙面（混凝土墙）	m²	3333.75	34.61	115381	
19	011407002001	天棚喷刷涂料；刮腻子	m²	1088.03	6.72	7312	
20	011102001001	石材楼地面；花岗石坡道	m²	25.2	297.41	7495	

序号	项目编码	项目名称	计量单位	工程量	综合单价	合价	其中：暂估价
21	011107001001	花岗岩台阶面	m²	3.84	355.5	1365	
22	011503001001	金属扶手栏杆；钢管扶手方钢栏杆(建施-20)	m	19.76	154.25	3048	
23	011503001002	金属扶手栏杆；钢管喷塑栏杆 L13J12	m	38.4	139.77	5367	
		地上部分				4203939	
24	010801001002	木质门；平开夹板门，L13J4-1(78)	m²	104.8	490.02	51354	
25	011401001002	木门油漆	m²	104.8	41.17	4315	
26	010802004001	防盗对讲门	樘	4	816.65	3267	
27	010802004002	防盗防火保温进户门	樘	48	816.64	39199	
28	010802003002	钢质防火门	m²	84.24	576.1	48531	
29	010802001001	金属门；隔热铝合金中空玻璃门	m²	541.97	293.19	158900	
30	010807001002	隔热铝合金窗中空玻璃窗	m²	944.59	275.93	260641	
31	010807003001	铝合金百叶	m²	312.45	246.42	76994	
32	011101001004	水泥砂浆楼梯面；水泥楼面二	m²	191.66	77.67	14886	
33	011102003006	块料楼地面；门厅地砖楼面(楼面四)	m²	347.26	108.29	37605	
34	010404001002	垫层；LC7.5轻骨料混凝土填充层60	m³	20.84	333.86	6958	
35	011102003007	块料楼地面；卫生间地砖楼面(楼面六)	m²	363.01	188.89	68569	
36	010904001003	楼面卷材防水；卫生间防水	m²	355.97	61.73	21974	
37	010404001003	垫层；LC7.5轻骨料混凝土填充层300	m³	106.79	333.86	35653	
38	011102003008	块料楼地面；厨房、封闭阳台地砖楼面(楼面七)	m²	486.38	187.22	91060	
39	010904001004	楼面卷材防水；厨房、封闭阳台楼面	m²	466.94	66.79	31187	
40	011101001005	水泥砂浆楼面；楼面八(卧室、走廊、餐厅)	m²	3407.57	77.95	265620	
41	011001005002	保温隔热楼地面；楼面八	m²	3407.57	35.42	120696	
42	011102003009	块料楼地面；阳台楼面(楼面九)	m²	346.22	108.29	37492	
43	010702001002	阳台卷材防水；开敞阳台楼面	m²	346.22	51.95	17986	
44	011101001006	水泥砂浆楼地面；20厚1：2水泥砂浆	m²	254.37	27.12	6899	
45	011407002002	天棚喷刷涂料；2~3厚柔韧型腻子	m²	9523.81	6.97	66381	
46	011105003001	块料踢脚线；大理石板踢脚(1层门厅)	m	66.72	24.29	1621	
47	011105003002	块料踢脚线；面砖踢脚(2层至顶层候梯厅)	m	336	19.83	6663	
48	011204003001	块料墙面；面砖墙面(1层候梯厅、进厅)	m²	199.1	142.15	28302	
49	011204003002	块料墙面；釉面砖(厨房、卫生间、封闭阳台)	m²	3285.24	135.36	444690	
50	010903002001	墙面涂膜防水；聚合物水泥复合涂料	m²	3285.24	34.58	113604	
51	011201001002	墙面一般抹灰；刮腻子墙面(内墙四)	m²	11652.1	27.53	320782	
52	011407001001	墙面喷刷涂料；白色涂料	m²	1566.79	4.14	6487	
53	011201004001	立面砂浆找平层；真石漆外墙聚合物水泥砂浆20	m²	241.27	26.76	6456	
54	011001003001	保温隔热墙面；40厚挤塑板(XPS板)	m²	241.27	35.59	8587	
55	011203001001	檐板、零星项目一般抹灰	m²	677.27	72.52	49116	
56	011201001003	墙面一般抹灰；9厚混浆，6厚水泥砂浆	m²	1024.05	28.91	29605	
57	010903003001	墙面砂浆防水；5厚干粉类聚合物水泥防水砂浆	m²	241.27	31.26	7542	
58	011407001002	墙面喷刷涂料；真石漆外墙面	m²	1701.32	81.12	138011	

序号	项目编码	项目名称	计量单位	工程量	金额(元)		其中：暂估价
					综合单价	合价	
59	011201004002	立面砂浆找平层；面砖墙面聚合物水泥砂浆20	m²	4875.08	26.76	130457	
60	011001003002	保温隔热墙面；40厚挤塑板(XPS板)	m²	4875.08	35.59	173504	
61	011201001004	墙面一般抹灰；9厚混浆，6厚水泥砂浆	m²	5358.99	28.91	154928	
62	010903003002	墙面砂浆防水；5厚干粉类聚合物水泥防水砂浆，中间压镀锌网	m²	4875.08	41.48	202218	
63	011204003003	块料墙面；面砖外墙	m²	5358.99	135.64	726893	
64	011107004001	水泥砂浆台阶面	m²	8.76	58.99	517	
65	011503001003	金属扶手栏杆；钢管扶手方钢栏杆(建施-20)	m	107.8	156.61	16883	
66	011503001004	铸铁成品栏杆800	m	27.4	422.79	11584	
67	010606008001	钢梯；L13J8-74	t	1.108	9796.66	10855	
68	011503001005	成品铸铁栏杆200	m	116.6	422.79	49297	
69	011503001006	成品铸铁栏杆700	m	179.8	422.79	76018	
70	011503001007	成品玻璃栏板栏杆700	m	43.5	360.38	15677	
71	011503001008	成品铸铁栏杆900	m	17.68	422.79	7475	
		合计				4530033	

7.3.4 工程量清单综合单价分析表

工程量清单综合单价分析表见表7-10、表7-11。

工程名称：框剪高层住宅建筑　　　　　建筑工程量清单综合单价分析表　　　　　表7-10

序号	项目编码	项目名称	单位	工程量	综合单价组成(元)					综合单价(元)
					人工费	材料费	机械费	计费基础	管理费和利润	
		地下部分								
1	010101001001	平整场地	m²	650.05	0.1		1.19	0.1	0.05	1.34
	1-4-2	机械平整场地	10m²	65.005	0.1		1.19	0.1	0.05	
2	010101004001	挖基坑土方；大开挖，普通土，外运1km内	m³	6655.14	4.49	0.13	9.4	4.49	2.47	16.49
	1-2-41-6	挖掘机挖装普通土[机械挖人工清]	10m³	665.514	3.64		3.88	3.64	2	
	1-2-58	自卸汽车运土方1km内	10m³	665.514	0.29	0.05	5.33	0.29	0.16	
	1-4-4	基底钎探	10m²	78.41	0.47	0.08	0.17	0.47	0.26	
	1-4-9	机械原土夯实两遍	10m²	78.41	0.09		0.02	0.09	0.05	
3	010501001001	垫层；C15	m³	86.38	81.48	311.41	0.64	81.48	44.81	438.34
	2-1-28	C15现浇无筋混凝土垫层	10m³	8.638	78.85	305.58	0.63	78.85	43.37	
	18-1-1	混凝土基础垫层木模板	10m²	2.274	2.63	5.83	0.01	2.63	1.44	
		......								
		地上部分								
41	010504003002	短肢剪力墙；C35(1～2层)	m³	141.23	445.3	807.57	1.77	445.3	244.91	1499.55
	5-1-27.81	C35现浇混凝土轻型框剪墙	10m³	14.123	160.55	373.42	1	160.55	88.3	
	18-1-88	轻型框剪墙复合木模板钢支撑	10m²	160.403	266.51	434.15	0.7	266.51	146.58	

序号	项目编码	项目名称	单位	工程量	综合单价组成(元)					综合单价(元)
					人工费	材料费	机械费	计费基础	管理费和利润	
	20-2-1	人工其他机械超高施工增加 40m 内	%	1	18.24		0.07	18.24	10.03	
42	010504003003	短肢剪力墙;C30(3层至屋顶)	m³	679.52	447.35	810.79	1.78	447.35	246.04	1505.96
	5-1-27	C302 现浇混凝土轻型框剪墙	10m³	67.952	160.55	373.42	1	160.55	88.3	
	18-1-88	轻型框剪墙复合木模板钢支撑	10m²	777.483	268.48	437.37	0.71	268.48	147.66	
	20-2-1	人工其他机械超高施工增加 40m 内	%	1	18.32		0.07	18.32	10.08	

......

注:为节约篇幅,······代表省略。

工程名称:框剪高层住宅装饰　　　　装饰工程量清单综合单价分析表　　　　表 7-11

序号	项目编码	项目名称	单位	工程量	综合单价组成(元)					综合单价(元)
					人工费	材料费	机械费	计费基础	管理费和利润	
		地下部分								
1	010801001001	木质门;平开夹板百叶门,L13J4-1(78)	m²	77.28	50.29	475.77		50.29	24.89	550.95
	8-1-2	成品木门框安装	10m	23	13.29	28.13		13.29	6.58	
	8-1-3	普通成品门扇安装	10m²	7.728	13.78	384.62		13.78	6.82	
	8-6-4	百叶窗	10m²	1.38	3.36	21.91		3.36	1.66	
	15-9-22	门扇 L 形执手插锁安装	10 个	4.6	19.86	41.11		19.86	9.83	
2	011401001001	木门油漆	m²	77.28	21.63	7.46		21.63	10.7	39.79
	14-1-1	底油一遍调和漆二遍单层木门	10m²	7.728	21.63	7.46		21.63	10.7	
3	010802003001	钢质防火门	m²	46	29.93	529.44		29.93	14.82	574.19
	8-2-7	钢质防火门	10m²	4.6	29.93	529.44		29.93	14.82	

......

		地上部分								
24	010801001002	木质门;平开夹板门,L13J4-1(78)	m²	104.8	38.35	432.68		38.35	18.99	490.02
	8-1-2	成品木门框安装	10m	22.6	9.63	20.38		9.63	4.77	
	8-1-3	普通成品门扇安装	10m²	10.48	13.78	384.62		13.78	6.82	
	15-9-22	门扇 L 形执手插锁安装	10 个	4.2	13.37	27.68		13.37	6.62	
	20-2-1	人工其他机械超高施工增加 40m 内	%	1	1.57			1.57	0.78	
25	011401001002	木门油漆	m²	104.8	22.55	7.46		22.55	11.16	41.17
	14-1-1	底油一遍调和漆二遍单层木门	10m²	10.48	21.63	7.46		21.63	10.7	
	20-2-1	人工其他机械超高施工增加 40m 内	%	1	0.92			0.92	0.46	
26	010802004001	防盗对讲门	樘	4	85.19	688.52	0.73	85.19	42.16	816.6
	8-2-9	钢质防盗门	10m²	1.092	81.7	688.52	0.7	81.7	40.44	
	20-2-1	人工其他机械超高施工增加 40m 内	%	1	3.49		0.03	3.49	1.72	

......

注:为节约篇幅,······代表省略。

7.3.5 措施项目清单计价与汇总表

措施项目清单计价与汇总表见表 7-12～表 7-17。

工程名称：框剪高层住宅建筑　　建筑工程总价措施项目清单与计价表　　表 7-12

序号	编号	项目名称	计费基础	费率（%）	金额（元）	备注
1	011707002001	夜间施工费	定额人工费	2.55	56711	
2	011707004001	二次搬运费	定额人工费	2.18	48482	
3	011707005001	冬雨季施工增加费	定额人工费	2.91	64717	
4	011707007001	已完工程及设备保护费	定额基价	0.15	10049	
		合计			179959	

工程名称：框剪高层住宅装饰　　装饰工程总价措施项目清单与计价表　　表 7-13

序号	编号	项目名称	计费基础	费率（%）	金额（元）	备注
1	011707002001	夜间施工费	定额人工费	3.64	53921	
2	011707004001	二次搬运费	定额人工费	3.28	48588	
3	011707005001	冬雨季施工增加费	定额人工费	4.1	60735	
4	011707007001	已完工程及设备保护	定额基价	0.15	6202	
		合计			169446	

工程名称：框剪高层住宅建筑　　建筑工程单价措施项目清单与计价表　　表 7-14

序号	项目编码	项目名称/项目特征描述	计量单位	工程量	金额（元） 综合单价	金额（元） 合价	其中：暂估价
1	011701001001	综合脚手架	m²	1177.83	36.53	43026	
2	011705001001	大型机械设备进出场及安拆	台次	1	71531.18	71531	
3	011703001001	垂直运输	m²	1177.83	86.65	102059	
4	011701001002	综合脚手架	m²	6774.69	36.06	244295	
5	011703001002	垂直运输	m²	6774.69	63.35	429177	
		合　计				890088	

工程名称：框剪高层住宅装饰　　装饰工程单价措施项目清单与计价表　　表 7-15

序号	项目编码	项目名称/项目特征描述	计量单位	工程量	金额（元） 综合单价	金额（元） 合价	其中：暂估价
1	011701001001	综合脚手架	m²	1177.83	9.86	11613	
2	011701001002	综合脚手架	m²	6774.69	8.59	58195	
		合　计				69808	

工程名称：框剪高层住宅建筑　　建筑工程措施项目清单计价汇总表　　表 7-16

序号	项目名称	金额（元）
1	单价措施项目费	890088
2	总价措施项目费	179959
	合计	1070047

工程名称：框剪高层住宅装饰　　装饰工程措施项目清单计价汇总表　　表 7-17

序号	项目名称	金额（元）
1	单价措施项目费	69808
2	总价措施项目费	169446
	合计	239254

7.3.6　措施项目清单综合单价分析表

措施项目清单综合单价分析表见表7-18、表7-19。

工程名称：框剪高层住宅建筑　　　　建筑工程措施项目清单综合单价分析表　　　　表 7-18

序号	项目编码	项目名称	单位	工程量	综合单价组成（元）					综合单价（元）
					人工费	材料费	机械费	计费基础	管理费和利润	
		地下部分								
1	011701001001	综合脚手架	m²	1177.83	14.15	10.89	3.71	14.15	7.78	36.53
	17-1-7	双排外钢管脚手架 6m 内	m²	1006.35	5.19	5.72	1.7	5.19	2.85	
	17-8-3	电梯井字架 40m 内	座	2	2.4	1.85	0.29	2.4	1.32	
	17-1-7	双排外钢管脚手架 6m 内	m²	506.28	2.61	2.88	0.85	2.61	1.44	
	17-2-6	双排里钢管脚手架 3.6m 内	m²	789.42	3.95	0.44	0.87	3.95	2.17	
2	011705001001	大型机械设备进出场及安拆	台次	1	17234.9	8434.13	36382.96	17234.9	9479.19	71531.18
	19-3-1	C303 现浇混凝土独立式大型机械基础	m³	10	1604.55	6976.49	94.29	1604.55	882.5	
	19-3-4	大型机械混凝土基础拆除	m³	10	1570.35	3.84	453.48	1570.35	863.69	
	19-3-6	自升式塔式起重机安拆 100m 内	台次	1	5700	524.36	7485.82	5700	3135	
	19-3-19	自升式塔式起重机场外运输 100m 内	台次	1	1900	189.84	10038.8	1900	1045	
	19-3-10	卷扬机、施工电梯安拆 100m 内	台次	1	3420	121.6	4525.03	3420	1881	
	19-3-23	卷扬机、施工电梯场外运输 100m 内	台次	1	1330	111.86	8254.45	1330	731.5	
	19-3-35	履带式推土机场外运输	台次	1	570	240.73	2647.56	570	313.5	
	19-3-34	履带式挖掘机履带式液压锤场外运输	台次	1	1140	265.41	2883.53	1140	627	
3	011703001001	垂直运输	m²	1177.83	18.4	3.66	54.48	18.4	10.11	86.65
	19-1-10	±0.00 以下地下室底层建筑面积 1000m² 内含基础混凝土地下室垂直运输	m²	1177.83	7.98		49.44	7.98	4.39	
	5-3-9	基础固定泵泵送混凝土	m³	567.83	2.98	0.69	2.04	2.98	1.63	
	5-3-16	基础管道安拆输送混凝土高 50m 内	m³	567.83	0.92	0.88		0.92	0.51	
	5-3-11	柱、墙、梁、板固定泵泵送混凝土	m³	546.71	3.35	0.66	2.36	3.35	1.84	
	5-3-17	柱、墙、梁、板管道安拆输送混凝土高 50m 内	m³	546.71	1.1	1.03		1.1	0.6	
	5-3-13	其他构件固定泵泵送混凝土	m³	98.67	1.78	0.12	0.64	1.78	0.98	

序号	项目编码	项目名称	单位	工程量	综合单价组成(元)					综合单价(元)
					人工费	材料费	机械费	计费基础	管理费和利润	
	5-3-18	其他构件管道安拆输送混凝土高 50m 内	m³	98.67	0.29	0.28		0.29	0.16	
		地上部分								
4	011701001002	综合脚手架	m²	6774.69	13.1	13.75	2	13.1	7.21	36.06
	17-1-7	双排外钢管脚手架 6m 内	m²	450.23	0.4	0.44	0.13	0.4	0.22	
	17-1-7	双排外钢管脚手架 6m 内	m²	1996.31	1.79	1.97	0.59	1.79	0.98	
	17-1-12	双排外钢管脚手架 50m 内	m²	5696.48	10.62	11.03	1.19	10.62	5.85	
	17-1-7	双排外钢管脚手架 6m 内	m²	317.58	0.29	0.31	0.09	0.29	0.16	
5	011703001002	垂直运输	m²	6774.69	8.82	1.06	48.62	8.82	4.85	63.35
	19-1-23	檐高 20m 上 40m 内现浇混凝土结构垂直运输	m²	6774.69	5.89		47.12	5.89	3.24	
	5-3-11	柱、墙、梁、板固定泵泵送混凝土	m³	1907.78	2.03	0.4	1.43	2.03	1.11	
	5-3-17	柱、墙、梁、板管道安拆输送混凝土高 50m 内	m³	1907.78	0.67	0.62		0.67	0.37	
	5-3-13	其他构件固定泵泵送混凝土	m³	64.64	0.2	0.01	0.07	0.2	0.11	
	5-3-18	其他构件管道安拆输送混凝土高 50m 内	m³	64.64	0.03	0.03		0.03	0.02	
6	011707002001	夜间施工费	项	1	12463.88	37391.64		12463.88	6855.14	56710.66
		分部分项省价人工合计 1955118.43×2.55%,其中人工 25%	元	1	12463.88	37391.64		12463.88	6855.14	
7	011707004001	二次搬运费	项	1	10655.4	31966.18		10655.4	5860.47	48482.05
		分部分项省价人工合计 1955118.43×2.18%,其中人工 25%	元	1	10655.4	31966.18		10655.4	5860.47	
8	011707005001	冬雨季施工增加费	项	1	14223.49	42670.46		14223.49	7822.92	64716.87
		分部分项省价人工合计 1955118.43×2.91%,其中人工 25%	元	1	14223.49	42670.46		14223.49	7822.92	
9	011707007001	已完工程及设备保护费	项	1	952.53	8572.75		952.53	523.89	10049.17
		分部分项省价合计 6350186.02×0.15%,其中人工 10%	元	1	952.53	8572.75		952.53	523.89	

注:垂直运输、施工组织设计中的大型机械设备进出场及安拆项目,由算量进入计价后自动划入措施项目界面,属于按定额计取的措施费。

工程名称:框剪高层住宅装饰   **装饰工程措施项目清单综合单价分析表**   表 7-19

序号	项目编码	项目名称	单位	工程量	综合单价组成(元)					综合单价(元)
					人工费	材料费	机械费	计费基础	管理费和利润	
		地下部分								
1	011701001001	综合脚手架	m²	1177.83	5.4	0.6	1.19	5.4	2.67	9.86
	17-2-6-1	双排里钢管脚手架 3.6m 内[装饰]	m²	3598.22	5.4	0.6	1.19	5.4	2.67	

序号	项目编码	项目名称	单位	工程量	综合单价组成（元）					综合单价（元）
					人工费	材料费	机械费	计费基础	管理费和利润	
		地上部分								
2	011701001002	综合脚手架	m²	6774.69	4.71	0.52	1.03	4.71	2.33	8.59
	17-2-6-1	双排里钢管脚手架 3.6m 内［装饰］	m²	258.82	0.07	0.01	0.01	0.07	0.03	
	17-2-6-1	双排里钢管脚手架 3.6m 内［装饰］	m²	4249.17	1.11	0.12	0.24	1.11	0.55	
	17-2-6-1	双排里钢管脚手架 3.6m 内［装饰］	m²	13523.55	3.53	0.39	0.78	3.53	1.75	
3	011707002001	夜间施工费	项	1	11995.68	35987.05		11995.68	5937.86	53920.59
		分部分项省价人工合计 1318206.74×3.64%，其中人工 25%	元	1	11995.68	35987.05		11995.68	5937.86	
4	011707004001	二次搬运费	项	1	10809.3	32427.88		10809.3	5350.6	48587.78
		分部分项省价人工合计 1318206.74×3.28%，其中人工 25%	元	1	10809.3	32427.88		10809.3	5350.6	
5	011707005001	冬雨季施工增加费	项	1	13511.62	40534.86		13511.62	6688.25	60734.73
		分部分项省价人工合计 1318206.74×4.1%，其中人工 25%	元	1	13511.62	40534.86		13511.62	6688.25	
6	011707007001	已完工程及设备保护	项	1	590.91	5318.2		590.91	292.5	6201.61
		分部分项省价合计 3939408.53×0.15%，其中人工 10%	元	1	590.91	5318.2		590.91	292.5	

7.3.7 其他项目清单计价与汇总表

其他项目清单计价与汇总表及暂列金额明细表见表 7-20～表 7-23。

工程名称：框剪高层住宅建筑　　　　建筑工程其他项目清单计价与汇总表　　　　表 7-20

序号	项目名称	计量单位	金额（元）	结算金额（元）
3.1	暂列金额	项	743631	
3.2	专业工程暂估价			
3.3	特殊项目暂估价	项		
3.4	计日工			
3.5	采购保管费			
3.6	其他检验试验费			
3.7	总承包服务费			
3.8	其他			
	合计		743631	

工程名称：框剪高层住宅装饰　　装饰工程其他项目清单计价与汇总表　　表 7-21

序号	项目名称	计量单位	金额（元）	结算金额（元）
3.1	暂列金额	项	450733	
3.2	专业工程暂估价			
3.3	特殊项目暂估价	项		
3.4	计日工			
3.5	采购保管费			
3.6	其他检验试验费			
3.7	总承包服务费			
3.8	其他			
	合计		450733	

工程名称：框剪高层住宅建筑　　建筑工程暂列金额明细表　　表 7-22

序号	项目名称	计量单位	暂定金额（元）	结算金额（元）
1	暂列金额	项	743631	
	合计		743631	

工程名称：框剪高层住宅装饰　　装饰工程暂列金额明细表　　表 7-23

序号	项目名称	计量单位	暂定金额（元）	结算金额（元）
1	暂列金额	项	450733	
	合计		450733	

7.3.8　规费、税金项目清单与计价表

规费、税金项目清单与计价表见表 7-24、表 7-25。

工程名称：框剪高层住宅建筑　　建筑工程规费、税金项目计价表　　表 7-24

序号	项目名称	计费基础	费率（%）	金额（元）
1	规费			549449
1.1	安全文明施工费			342250
1.1.1	安全施工费	分部分项＋措施项目＋其他项目	2.34	216450
1.1.2	环境保护费	分部分项＋措施项目＋其他项目	0.11	10175
1.1.3	文明施工费	分部分项＋措施项目＋其他项目	0.54	49950
1.1.4	临时设施费	分部分项＋措施项目＋其他项目	0.71	65675
1.2	社会保险费	分部分项＋措施项目＋其他项目	1.52	140600
1.3	住房公积金	分部分项＋措施项目＋其他项目	0.21	19425
1.4	工程排污费	分部分项＋措施项目＋其他项目	0.27	24975
1.5	建设项目工伤保险	分部分项＋措施项目＋其他项目	0.24	22200
2	增值税	分部分项＋措施项目＋其他项目＋规费	11	1077938
	合计			1627387

序号	项目名称	计费基础	费率(%)	金额(元)
1	规费			332108
1.1	安全文明施工费			215689
1.1.1	安全施工费	分部分项+措施项目+其他项目	2.34	121617
1.1.2	环境保护费	分部分项+措施项目+其他项目	0.12	6237
1.1.3	文明施工费	分部分项+措施项目+其他项目	0.1	5197
1.1.4	临时设施费	分部分项+措施项目+其他项目	1.59	82637
1.2	社会保险费	分部分项+措施项目+其他项目	1.52	78999
1.3	住房公积金	分部分项+措施项目+其他项目	0.21	10914
1.4	工程排污费	分部分项+措施项目+其他项目	0.27	14033
1.5	建设项目工伤保险	分部分项+措施项目+其他项目	0.24	12474
2	增值税	分部分项+措施项目+其他项目+规费	11	608237
	合计			940345

7.3.9 补充材料价格取定表

建筑、装饰工程补充材料价格取定表见表 7-26。

序号	工料机编码	名称、规格、型号	单位	数量	含税单价(元)	除税单价(元)	合价(元)
1	15130009	玻化微珠 δ30	m²	41.126	46.00	39.32	1617.07
2	15130009	聚苯乙烯泡沫板 δ75	m²	720.997	19.00	16.24	11708.99
3	80210021	C302 现浇混凝土 P6	m³	102.879	390.00	378.64	38954.10
4	80210025	C304 现浇混凝土 P6	m³	565.479	390.00	378.64	214112.97
5	15130007	聚苯乙烯泡沫板 δ40	m²	5218.677	13.00	11.11	57979.50
6	15130009	聚苯乙烯泡沫板 δ20	m²	4746.601	6.40	5.47	25963.91

复习思考题

1. 了解本章进行了哪些材料名称或价格的换算，在计价时是如何处理的？
2. 本案例对超高问题是如何处理的？
3. 我国实行招标控制价要求对单价控制，不能高于控制单价，也不能低于成本价，那么投标方的最大让利是多少，为什么？

作 业 题

应用你所熟悉的算量和计价软件，依据框剪高层住宅图纸和第 6 章的工程量计算结果，做出工程报价。并与本章结果进行对比，找出不同的原因。

13层框剪住宅图纸

配套图纸

建筑设计说明

一、设计依据

（1）本工程依据的主要设计规范：

1）《工程建设标准强制性条文》房屋建筑部分（2009年版）；

2）《建筑内部装修设计防火规范》（GB 50222—1995）（2001年修订版）；

3）《建筑装饰装修工程质量验收规范》（GB 50210—2001）；

4）《民用建筑设计通则》（GB 50352—2005）；

5）《屋面工程技术规范》（GB 50345—2012）；

6）《屋面工程质量验收规范》（GB 50207—2012）；

7）《无障碍设计规范》（GB 50763—2012）；

8）《住宅设计规范》（GB 50096—2011）；

9）《住宅建筑规范》（GB 50368—2005）；

10）《住宅设计规范》（DBJ 14-S1—2000）；

11）《地下工程防水技术规范》（GB 50108—2008）；

12）《建筑设计防火规范》（GB 50016—2014）；

13）《建筑玻璃应用技术规程》（JGJ 113—2015）；

14）《严寒和寒冷地区居住建筑节能设计标准》（JGJ 26—2010）；

15）《居住建筑节能设计标准》山东省工程建设标准（DBJ 12036—2012）；

16）《外墙外保温工程技术规程》（JGJ 144—2004）；

17）《外墙外保温应用技术规程》（DBJ 14-035—2007）；

18）《现行有关建筑热工建筑节能设计规范、规范及规定》。

（2）现行采用的坐标为1980西安坐标系坐标。

二、工程概况

（1）本工程为11层单元式住宅楼，地上11层，设两层地下室。地下室储藏室。总建筑面积7960.85m²。

（2）本工程耐火等级为二类居住建筑，耐火等级为二级。地下室耐火等级为一级。

（3）本工程按七度抗震设计，结构形式为钢筋混凝土剪力墙设计。

（4）本工程按民用建筑工程设计等级为二级。

结构：

（5）结构设计使用年限为50年。

三、总图设计

本图纸设计中庭及绿地地面标高的确定应根据初步设计总图的设计以不影响本设计的室外标高为原则。

四、主要技术指标

总建筑面积：7952.51m²		
地上建筑面积：总建筑面积7960.85m²		
地下建筑面积：1177.82m²	建筑高度（檐高）：33.75m	

五、竖向设计

（1）本建筑±0.000相当于绝对标高。

（2）室外道路及场地的标高及排水地面的标高设计。

（3）环境设计以环保为原则。

六、地下水位及防水设计

（1）场区勘察深度范围内未见地下水。地下2层用途包括车库、储藏室、排烟机房、送风机房、变配电室等，其中变电室等不允许渗水。地下工程防水等级为一级，采用钢筋混凝土自防水和水泥基渗透结晶型防水涂料。

具体详见建筑做法说明。屋面防水采用有组织的外排水形式。屋面排水采用有组织的外排水形式。

七、防火消防疏散设计

（一）设计依据

本工程依据的国家现行的相关规范有：

（1）《建筑设计防火规范》（GB 50016—2014）；

（2）《建筑内部装修设计防火规范》（GB 50222—1995）（2001年修订版）；

（3）《民用建筑外墙装饰及外墙装饰防火暂行规定》（公通字[2009]46号）。

（二）工程概况

（1）本工程耐火等级为二级，隔墙为180mm厚加气混凝土砌块，隔墙100mm厚加气混凝土砌块。

（2）本建筑高度为33.75m。

（3）本建筑活满足防火规范除计的有关要求。

（四）防火设计

（1）本建筑按二类高层建筑进行设计。

（2）本工程地上部分按自然层单元划分防火分区，每个自然层为一个防火分区。每个防火分区面积为360.09m²。按照明面积不超过500m²划分为防烟分区。

每单元一个防火分区，其中最大防火分区面积为303.71m²，地下室为储藏室，楼梯间靠外墙，可直接天然采光和直接天然通风。地下室为钢筋混凝土结构，主要承重构件均满足规范规定。建筑内的隔墙应砌至梁、板底部，且不留缝隙。

（3）地下至楼梯均在首层与地上首层有防火分隔，并设有紧急疏散标志。且在首层直通室外，地下楼梯间靠外墙可直接天然采光和直接天然通风。每单元一个防火分区，其中最大防火分区面积为303.71m²，地下室为钢筋混凝土结构。建筑内的隔墙应砌至梁、板底部，且不留缝隙。

（4）住宅建筑物间防火门靠外墙，每层采用有防火门楼梯间通至屋面，可直通楼梯间及屋面及窗盖墙（包括封闭阳台栏板）高度大于1.2m且为此类不燃烧墙体。

（5）该工程为剪力墙结构形式，主要承重构件均满足规范规定。建筑内部的隔墙均为不燃烧墙体。

（6）建筑物内走道、楼梯、安全出口宽度、数量及安全疏散距离均满足规范要求。通至室外的安全出口上方均设置宽度不少于1.0m的防火挑檐。

（7）该楼管井每层用混凝土板做防火分隔，管道穿墙及楼板处采用不燃材料将四周缝隙填实。管井每层用不低于楼板耐火极限的不燃烧材料封堵。

（8）管井门为丙级防火门。

（9）防火门应符合下列规定：1）应具有自闭功能，双扇防火门应具有按顺序关闭的功能；2）常开防火门应能在火灾时自行关闭，并应具有信号反馈的功能；3）防火门内外两侧能手动开启；4）设置在变形缝附近时，防火门应设置在楼层数较多的一侧，防火门开启后，其门扇不应跨越变形缝，并应设置在楼层数较多的一侧。

（10）本工程所用消防器材及各类防火门均需使用经消防部位鉴定合格的产品。

（11）装修设计中所有装修材料，其燃烧性能均满足《建筑内部装修设计防火规范》中的相关规定。其燃烧性能等级分别为：顶棚：A级；地面、隔墙：A级/固定家具、窗帘：B2级。其他装饰材料：B1级/电气设备井、电梯井、地面：B1级。维修墙体：A级。

八、建筑节能设计

（1）建筑采暖部位包括候梯厅、楼梯间、电梯井、地下储藏室，其余部位均采暖。

（2）按有关规定本建筑做建筑节能设计。

详见"节能设计专篇"及节能计算书。

（3）建筑外墙外保温系统的使用年限在正确使用和正常维护的条件下，不应少于25年。

九、无障碍设计

本工程主要出入口处利用出入口处符合下列规定。本工程厅、无障碍通道上相邻地面高差不大于15mm，并应以较小坡度的斜坡过渡。无障碍出入口通道上相邻地面高差均符合规范要求。轮椅坡道及路面坡度均符合规范要求。按残疾人使用的门的无障碍设计应满足《无障碍设计规范》（GB 50763—2012）第3.5.3条的规定。

（2）按照《无障碍设计规范》（GB 50763—2012）第3.16.1条的规定。

无障碍电梯的候梯厅应符合下列规定：①呼叫按钮的高度为0.9～1.10m；②电梯门洞净宽度≥0.90m；③候梯厅应设电梯运行显示装置和抵达音响。

无障碍电梯的轿厢应符合下列规定：①轿厢门开启净宽度≥0.80m；②轿厢的三面壁上应设高850～900mm带扶手；③轿厢内应设电梯运行显示装置和报层音响；④轿厢正面高900mm处至顶部应安装镜子或采用有镜面效果的材料；⑤电梯出入口位置应设无障碍标志。本工程设无障碍电梯运行。本工程电梯按钮高度应设置无障碍标志。

十、电梯选型

本工程电梯按照《平明水岸坡顶目单元式住宅及地下车库施工图》任务书设计。为无机房电梯，运行速度1.0m/s，电梯应通至各层。电梯、电梯载重量为800kg，并由厂家及型号，并由厂家根据本图纸要求供电梯详细图。如需调整与土建工程施工前通知设计人员作出调整，起吊电梯时应采取有效的隔声和减振措施，在电梯井内做吸声墙面。

十一、建筑材料及门窗

（1）为保证工程质量，主要建筑材料须选用优质绿色环保产品。屋面瓦、外墙面砖、地面砖、吊顶、门窗、铁艺栏杆、涂料等材料应有产品合格证书及必要的性能检测报告。材料的品种、规格、色彩、性能应符合现行国家产品标准相关规定。不合格的材料不得在工程中使用。

（3）所有门窗，其选用的玻璃厚度要求须满足安全强度要求，其抗风压变形、雨水渗透、空气渗透、平面内变形、保温、隔声及耐撞击性能均应符合国家现行产品标准的规定。本工程所有门窗的品种、规格应符合有关产品合格证，并应有产品合格证书。

（4）本工程见门窗表，分两门门。气密性等级不小于4级。各种门窗的品种、规格应见所需经建设单位、设计单位看样后经设计单位确认后方可施工。门窗立面分隔尺寸仅供参考，其具体尺寸以安装构造所需缝隙由深化设计厂家提供。

（5）二层及以上外墙窗底边最终装修完高度为900mm，当需外立面上铝窗扶手为900mm不锈钢扶手不锈层玻璃（6+12+6）mm的中空玻璃，应为内侧的（6+0.76+6）mm的钢化夹层玻璃。室内一单元之间固定尺寸安装构造所需缝隙加（6+0.76+6）mm的钢化玻璃，内侧玻璃防火窗乙级防火玻璃，其余玻璃见本工程立面详图，色彩经建设单位、设计单位看样后经设计单位同意后方可施工。

（6）建筑物需要以安全玻璃的部位必须使用安全玻璃或建筑玻璃底边最终装修完高度小于500mm面积大于1.5m²面积（全玻璃或玻璃隔扇1面积大于等装修大于0.5m²面积大于7层及以上建筑物2面积大于1.5m²（中庭栏板玻璃配置）3楼梯、各天窗（含天窗）采光窗7室内隔断、浴室隔扇和屏风7室内玻璃隔栏；6楼梯、阳台护拦风；8易受击中间而造成对人身伤害其他部位7室内玻璃采用安全玻璃技术规程《JGJ 113—2009》第7.2.1条规定。

（8）建筑门窗制作安装前需用现场校核尺寸及数量。门、窗安全玻璃应符合《建筑玻璃应用技术规程》（JGJ 113—2009）第7.2.1条的规定。

十二、室内装饰装修

室内装修按建筑工程室内环境污染控制规范《GB 50325—2010》的要求按现机构对建筑工程质量检查验收，委托经有机化合物（TVOC）的检测进行检测，含量等指标应符合规范规定的，不得投入使用。

（2）扩大承重墙上原有的门窗尺寸、拆除连接阳台的砖、混凝土墙体。

（3）扩大承重墙上原有的门窗尺寸、拆除连接阳台的砖、混凝土墙体。

（4）损坏房屋原有节能设施，降低节能效果。

（5）其他影响建筑物通至各层。

十三、其他

规划为住宅楼上网服务的房屋都不得从事加工和制造易燃易爆、剧毒、放射性等危险化学品、提供互联网上网服务场所，存在严重安全生产隐患，影响人民身体健康、污染环境，影响居民生命安全的经营活动。

（2）图中所注标高指建工完成后的面层标高。

（3）卫生间、厨房楼面均低于室内地坪20mm，且按1%坡坡向地漏。现浇楼板伸缩四周立墙250mm或阴角井壁端。以防渗漏。防水层应从地面延伸到墙面、高出地面≥250mm，浴室墙面应为可地面≥1800mm。

（4）楼梯、楼廊平台、阳台、室内回廊、内天井、上人屋面及室外楼梯等临空设置的栏杆应采用不燃材料构造，垂直栏杆间的净间距≤110mm，楼梯井、攀爬井一侧水平栏杆长度超过500mm时，其高度不得小于1100mm，护栏栏杆高度≥1100mm，楼梯踏步设置的栏杆水平不推大于不应小于1.0kN/m，楼梯踏步设置防护栏步路步筋以结构图为准。

（5）首层外窗应防盗。

（6）管道空墙等处均采用不燃材料（岩棉）将四周同墙密实填充。

φ1.6的填充钢网无，其结合处需设有必要的拉结，尚需钉挂钉每隔200～300mm网格交叉结扎，宽度大于300mm，用钢筋必须与墙同材，加滤钢网固定，做到网整、牢固。采用植筋法。

（8）落雨管下应做灰缝一致，采用C20细石混凝土堵头，采用高200mm（翻起高200mm）C20细石混凝土5φ6钢筋。配双向5φ4钢筋。

（9）库房采用有春性的塑料与玻璃等做面层材料。

（10）检修门均做50mm高C20素混凝土门槛，门洞均高2200mm，门洞式由申方另行委托有专门资格设计单位进行设计确定。

（11）木工程配件及2mm×20mm做防腐处理，防锈漆两遍、对颜色有特殊要求的铁件以油漆颜色加以区分，垫层和沥青、金属构造详见甲方定。

（13）烟道、室内风排气井均由产品标准详见山东省标准《住宅户用型集中排气系统》（1.09J104、1.09J105）。规范详见单体设计详图。卫生间及厨房均采用成品，产品标准按图施工。

（14）地下室内不能放置甲、乙、丙类危险物品，且不得占用通道。

（15）施工单位严格遵照国家现行施工及验收规范进行施工。若施工图纸有误或不明确之处及时与设计人员协商，待处理后方可进行后续施工。

（16）施工单位应认真参阅设备、电气施工图等通知预埋件、预留孔洞等。

（17）玻璃幕墙、钢结构、钢窗、电梯、扶梯等应由专业公司设计安装，设计图纸须经土建设计单位审核方可施工。具体做法详见该专业施工图审核后方可施工。

（18）本设计除注明外均应按照国家现行的有关标准、规范、规程和规定。

（19）本图纸室内装修设计为参考做法，如做二次装修、起吊吊装承承重体系及违反防火规范。

（20）轻钢结构玻璃雨篷的设计、制作、安装应满足《玻璃幕墙工程技术规范》《JGJ 102—2003》相关规定。门窗工程用内装修材料、其他装饰材料、地面材料等级应满足下列要求：地面A级（地下室A级）、窗帘B1级（地下室A级）、窗饰材料B2级（地下室A级）、注：A级不燃烧性能应满足《建筑内部装修设计防火规范》（GB 50222—1995）相关规定的要求。

（21）顶棚A级、墙面A级、地面B1级，其他装饰材料应满足下列要求：顶棚A级、隔断A级（地下室A级）、固定家具（地下室B1级）、窗帘B1级、其他装饰材料B2级可燃烧材料。

（22）本施工图中注明室外设置太阳能热水系统。

（23）本工程每户均设置太阳能热水系统。

（24）本工程中由专业厂家制作时应满足相关的规范要求。

十四、采用标准图

（1）L13J1 建筑工程做法；
（2）L13J2 地下工程防水；
（3）L13J4-1 常用门窗；
（4）L13J4-2 专用门窗；
（5）L13J5-1 平屋面；
（6）L13J5-2 坡屋面；
（7）L13J6 外装修；
（8）L13J8 楼地面；
（9）L13J12 民用建筑太阳能热能系统；
（10）L13J13 住宅太阳能集中供热水系统；
（11）L09J104 室内功能区间、防火分区间分隔墙均应做到板；
（12）L07J109 外墙外保温墙构造详图（二）。

十五、建筑材料图例

墙体名称	厚度(mm)	耐火极限(h)	用途	图例
钢筋混凝土墙	250	>5.5	承重墙	
钢筋混凝土墙	180	3.5	承重墙	
现浇钢筋混凝土楼板	100	2.0	楼板及屋面板	
加气混凝土砌块墙	250	>8.0	填充墙	
加气混凝土砌块墙	180	>5.75	填充墙	

说明：（1）除注明外钢筋混凝土墙、柱具体尺寸详见结构图。（2）不需注明时墙体，防火分区间分隔墙均应做到板（梁）底、墙拉结，砌体与结构主体拉结。门窗过梁尺寸、砌体强度、砂浆强度等级结合结构图。备、电气施工。

建筑工程做法 L13J1

序号	代号		名称	(页数)编号	用途、范围、备注
1	散水	散水	细石混凝土散水(宽度1000mm)	L13J1-152(散2)	用于所有散水
2	坡道	坡道	机器纹花岗石板坡道	L13J1-25(坡4)	用于1层入口坡道
3	地面	地面一	水泥砂浆地面FC(防潮面)	L13J1-24(地101FC)	用于地下室地面
		地面二	大理石地面	L13J1-36(地204)	用于1层进厅地面
4	楼面	楼面一	水泥砂浆楼面	L13J1-24(楼101)	用于地下室楼面、楼梯前及楼梯踏步处半层处休息平台楼面板
		楼面二	1.20mm厚1:2水泥砂浆抹平压光;2.素水泥浆一道;3.70mm厚1C7.5轻骨料混凝土填充层;4.现浇钢筋混凝土楼板		用于高处休息楼梯休息平台楼面板
		楼面三	1.20mm厚大理石铺实拍平、稀水泥浆擦缝;2.30mm厚1:3干硬性水泥砂浆;3.素水泥浆一道;4.60mm厚1C7.5轻骨料混凝土填充层;5.现浇钢筋混凝土楼板		用于1层候梯厅楼面
		楼面四	1.8～10mm厚防滑地砖铺实拍平、稀水泥浆擦缝;2.20mm厚1:3干硬性水泥砂浆;3.素水泥浆一道;4.60mm厚1C7.5轻骨料混凝土填充层;5.现浇钢筋混凝土楼板		用于2层至顶层候梯厅楼面
		楼面五	1.8～10mm厚防滑地砖铺实拍平、稀水泥浆擦缝;2.20mm厚1:3水泥砂浆;3.1.5mm厚聚氨酯防水涂料附加层;4.C15豆石混凝土坡向地漏;5.0.2mm厚真空镀铝聚酯薄膜;6.20mm厚1C7.5轻骨料混凝土填充层;7.1.5mm厚聚氨酯防水涂料;8.现浇钢筋混凝土楼板		用于住宅1层卫生间楼面
		楼面六	1.8～10mm厚防滑地砖铺实拍平、稀水泥浆擦缝;2.20mm厚1:3干硬性水泥砂浆随打随抹平;3.1.5mm厚聚氨酯防水涂料;4.最薄处50mm厚C15豆石混凝土坡向地漏;5.Φ6双向@50钢丝网片;6.0.2mm厚真空镀铝聚酯薄膜;7.0.7mm厚聚乙烯丙纶卷材防水层;8.现浇钢筋混凝土楼板		用于住宅2层至顶层卫生间楼面
		楼面七	1.8～10mm厚防滑地砖铺实拍平、稀水泥浆擦缝;2.20mm厚1:3干硬性水泥砂浆;3.Φ6双向@50钢丝网片;4.敷散热管;5.C15豆石混凝土填充层;中间敷设地暖管;6.0.2mm厚真空镀铝聚酯薄膜;7.20mm厚挤塑聚苯乙烯泡沫塑料板;8.现浇钢筋混凝土楼板		用于住宅厨房楼面
		楼面八	1.20mm厚1:2干硬性水泥砂浆抹平压光;2.素水泥浆一道;3.50mm厚C15豆石混凝土坡向地漏;4.0.2mm厚真空镀铝聚酯薄膜;5.20mm厚挤塑聚苯乙烯泡沫塑料板;6.现浇钢筋混凝土楼板		用于户内除卫生间、厨房、阳台外的低温热水辐射快暖楼面
		楼面九	1.8～10mm厚防滑地砖铺实拍平、稀水泥浆擦缝;2.30mm厚1:3干硬性水泥砂浆;3.1.5mm厚高分子防水涂料;4.最薄处20mm厚1:3水泥砂浆找平层;5.现浇钢筋混凝土楼板		用于无太阳能的开敞阳台楼面
		楼面十	1.8～10mm厚防滑地砖铺实拍平、稀水泥浆擦缝;2.30mm厚1:3水泥砂浆;3.1.5mm厚高分子防水涂料;4.20mm厚1:3水泥砂浆找平层;5.60mm厚现浇钢筋混凝土填充层坡向地漏;6.现浇钢筋混凝土楼板		用于挂瓦太阳能的阳台楼面
5	踢脚	踢脚一	石质板材踢脚(高120mm)	L13J1-62(踢4)	用于1层候梯厅,进厅踢脚
		踢脚二	面砖踢脚(高120mm)	L13J1-61(踢3)	用于2层至顶层候梯厅踢脚
		踢脚三	水泥砂浆踢脚(高120mm)	L13J1-59(踢1)	暗踢脚,用于除候梯厅之外的踢脚
6	内墙	内墙一	水泥砂浆内墙面	L13J1-77(内墙1)	用于地下室内墙
		内墙二	面砖内墙面	L13J1-82(内墙8)	用于1层候梯厅,进厅内墙,2层至顶层候梯厅内墙,其中楼梯间、候梯厅白色内墙涂料(通高)
		内墙三	水泥砂浆内墙面		1.刷专用界面剂一遍;2.9mm厚1:3水泥砂浆压实赶平;3.1.5mm厚聚合物水泥防水砂浆(I型)高出地面250mm;淋浴花洒周围1m范围内内墙防水层高出地面1800mm;4.素水泥浆一道;5.3厚面砖用水泥砂浆加水重20%建筑胶粘结;6.4～5mm厚擦缝
		内墙四	刮腻子墙面	L13J1-79(内墙5)	用于地上除厨房、卫生间、候梯厅、进厅之外的内墙
7	顶棚	顶棚一	刮腻子顶棚	L13J1-91(顶2)	保温做法详见节能设计专篇
8	外墙	真石漆外墙面	1.基层墙体;2.20mm厚聚合物水泥砂浆找平层;3.40mm厚挤塑板(XPS板),特用胶粘剂+固定件方式固定;4.2mm厚胶专用配套砂浆批刮;5.9mm厚1:8水泥砂浆专用界面剂找平;6.耐碱玻璃纤维网布;8.涂刷底层涂料;9.喷涂主层涂料;10.涂面层涂料	L07J109-13页,序号1	保温板选用燃烧性能为B1级的外墙保温材料,参L07J109-13页,序号1
		面砖外墙面	1.基层墙体;2.20mm厚聚合物水泥砂浆找平层;3.40mm厚挤塑板(XPS板),特用胶粘剂+固定件方式固定;4.2mm厚配套砂浆;5.9mm厚1:8水泥砂浆;6.6mm厚1:2.5水泥砂浆找平层;7.5mm厚干粉类聚合物水泥砂浆;中间压入一层热镀锌电焊网;9.5～7mm厚外墙面砖专用胶粘剂镶贴		保温板选用燃烧性能为B1级的保温材料,参L07J109-13页,序号1
9	屋面	屋面一	水泥砂浆保护层屋面(不上人)	L13J1-140(屋105)	进厅非上人平屋面,保温层为30mm厚玻化微珠保温砂浆
		屋面二	地砖保护层屋面(上人)	L13J1-136(屋101)	上人平屋面及顶层非上人屋面,保温层为75mm厚挤塑板(XPS板)
		屋面三	块瓦坡屋面	L13J1-146(屋301)	坡屋面,保温层为75mm厚挤塑板(XPS板)
10	油漆	金属铁件	1.防锈漆二道;2.刮腻子;3.调和合漆三遍		调合漆颜色待定

注：
1. 本表建筑做法主要参照山东省标准图集《建筑工程做法》(L13J1)。
2. 本表中建筑做法涉及节能做法的部位应符合《节能设计专篇》中的相关设计及相应图集施工。
3. 本表中建筑做法与《节能设计专篇》不符的应以设计人员沟通确定后方可施工。

门窗表

类型	设计编号	洞口尺寸(mm)	数量							合计	图集选用	备注
			地下2层	地下1层	1层	2~7层	8~10层	11层	机房			
普通门	M1	800×2100	24	22						46	L13J4-1(79)PM-0821	平开夹板门
	M2	1300×2100							4	4	多功能户门、甲方订货	防盗、保温、隔声
	M3	1000×2000							2	2	L13J4-1(78)PM-1021	平开夹板门
	MD2	900×2380			17	17×6=102	17×3=51	17		187	仅留门洞	
	MD3	800×2380			8	8×6=48	8×3=24	8		88	仅留门洞	
	M4	1200×2100			4	4×6=24	4×3=12			40	L13J4-1(78)PM-1221	平开夹板门
	M5	3000×2380			4	4×6=24	4×3=12	4		44	隔热铝合金中空玻璃门(6+12+6)mm	详大样图
	M6	2400×2380			1	1×6=6	1×3=3	1		11	隔热铝合金中空玻璃门(6+12+6)mm	详大样图
	M7	2100×2380			3	3×6=18	3×3=9	3		33	L13J4-1(6)TM4-2124	
	MD4	1800×2380			4	4×6=24	4×3=12	4		44	仅留门洞	
防火门	M9	1300×2100							4	4	可视对讲一体防盗门	甲级防火门
	M10	1200×2100		4	4	4×6=24	4×3=12			44	多功能户门、甲方订货	甲级防火门
	M11	1300×2100	1	4	4			1		10	L13J4-2(3)MFM01-1221	乙级防火门
	M12	1200×2100		4	4	4×6=24	4×3=12	4	4	52	L13J4-2(3)MFM01-1221	丙级防火门
	M13	900×2000		4						4	L13J4-2(3)MFM01-0920	甲级防火门
	M14	800×2000			8	8×6=48	8×3=24	8		88	L13J4-2(3)MFM01-0820	详大样图
普通窗	C1	2100×1480			8	8×6=48	8×3=24	8		88	隔热铝合金中空玻璃窗(6+12+6)mm	详大样图
	C101	2100×1480							4	4	隔热铝合金中空玻璃窗(6+12+6)mm	详大样图
	C2	1800×1480			3	3×6=18	3×3=9	3		33	隔热铝合金中空玻璃窗(6+12+6)mm	详大样图
	C3	1500×1480			3	3×6=18	3×3=9	3		33	隔热铝合金中空玻璃窗(6+12+6)mm	详大样图
	C301	1500×1500			2	2×6=12	2×3=6	2		24	隔热铝合金中空玻璃窗(6+12+6)mm	详大样图
	C302	1500×1500							4	4	隔热铝合金中空玻璃窗(6+12+6)mm	详大样图
	C4	13000×1480			4	4×6=24	4×3=12			40	隔热铝合金中空玻璃窗(6+12+6)mm	详大样图
	C5	1200×1480	4	4	3	3×6=18	3×3=9	3		41	隔热铝合金中空玻璃窗(6+12+6)mm	详大样图
	C6	900×1480			1	1×6=6	1×3=3	1		11	隔热铝合金中空玻璃窗(6+12+6)mm	详大样图
	C7	700×2500							4	4	隔热铝合金中空玻璃窗(6+12+6)mm	详大样图
	C8	700×1430			8	8×6=48	8×3=24	8		88	隔热铝合金中空玻璃窗(6+12+6)mm	详大样图
	C9	600×1430			10	10×6=60	10×3=30	10		110	隔热铝合金中空玻璃窗(6+12+6)mm	详大样图
	C10	2700×1480			3	3×6=18	3×3=9	3		33	隔热铝合金中空玻璃窗(6+12+6)mm	详大样图
	C11	2500×1480			1	1×6=6	1×3=3	1		11	隔热铝合金中空玻璃窗(6+12+6)mm	详大样图

注:1. 外门窗采用隔热铝合金中空玻璃门(6+12+6)mm,中空玻璃空气层12mm;用于外墙的窗均为内平开下悬窗,且需加装纱窗。
2. 凡窗台低于900mm时均加设防护栏杆。
3. 离地500mm以下及其相关部分的玻璃采用夹膜安全玻璃,厚度需经专业厂家经冲击计算后确定。
4. 门窗洞口尺寸及数量须满足安全、防火、保温、隔声等国家及地方相关规范的要求。本表所示尺寸均为洞口尺寸,施工中与实际尺寸不符时以实测尺寸为准。
5. 门窗安装尺寸以专业厂家细化设计为准,本图仅为示意。
6. 安装门窗时应提前与施工单位配合,做好预埋件不得遗漏。
7. 门窗式样以专业厂家细化设计为准,本图仅作大样图为示意。
8. 建筑立面的南向及东、西向外窗(包括活动外窗)的透明部分需设置活动遮阳帘。

C6立面详图 1:50
C301立面详图 1:50
C7立面详图 1:50
C3立面详图 1:50
C8立面详图 1:50
C2立面详图 1:50
C5立面详图 1:50
C101立面详图 1:50
C4立面详图 1:50
C1立面详图 1:50
C302立面详图 1:50

建筑工程做法门窗表(二)

建施-04

居住建筑节能设计专篇

一、设计依据

(1)《严寒和寒冷地区居住建筑节能设计标准》(JGJ 26—2010);
(2)国家标准《民用建筑热工设计规范》(GB 50176—2016);
(3)国家标准《外墙外保温应用技术规程》(JGJ 144—2004);
(4)山东省工程建设标准《居住建筑节能设计标准》(DBJ 14-037—2012);
(5)山东省工程建设标准《外墙外保温应用技术规程》(DBJ 14-035—2007);
(6)《民用建筑节能管理规定》(建设部令第143号)。

二、采暖期有关参数及住宅建筑耗热量指标

天数Z(d)	度日数(℃·d)	室外平均温度 t_e(℃)	计算温度 t_c(℃)	t_i-t_e(℃)
92	2221	1.8	16.2	

朝向	基本限值	最大限值	设计值
南	≤0.50	≤0.60	0.55
东	≤0.35	≤0.45	0.37
西	≤0.35	≤0.45	0.40
北	≤0.30	≤0.40	0.39

	耗热量指标 q_H(W/m²)
设计值	11.7(9~13层)

三、本工程有关建筑节能计算参数

建筑面对(A_0)	7952.51 m²
建筑体积(V_0)	17687.79 m³
建筑物外表面积(F_0)	5899.78 m²
建筑物体形系数(S)	0.33
不同朝向窗墙面积比	0.33

注:阳台(含阳台)透明部分计入窗户面积。

四、本工程应采取的其他节能措施

(1)外窗(含阳台门)的气密性能等级不应低于国家标准《建筑外门窗气密、水密、抗风压性能分级及检测方法》(GB/T 7106—2008)中规定的6级,其单位缝长空气渗透量为≤1.5m³/(m·h);单位面积空气渗透量为 q_L≤4.5m³/(m²·h)。

(2)围护结构的热桥部位的保温做法参《外墙外保温构造详图(二)》L07J109 中23页做法22,采用底部阳台门底板保温做法同屋面;质部阳台顶板保温做法同屋面。外门窗及阳台门采用75mm厚岩棉板的线脚,外挑构件、屋面玻璃化微珠保温砂浆周围圈抹。阳台栏板(距保温层600mm范围内的部分),装饰线等采用30mm厚玻化微珠保温层。做法参《居住建筑外墙外保温构造详图(节能65%)》L06J113 中43,63,64页。

(3)外门窗框与门窗洞口之间的缝隙,应采用高效能聚氨酯等泡沫塑料填充,并采用密封膏密封。不得采用普通水泥砂浆填抹。外门窗洞口周边应采用30mm厚玻化微珠保温砂浆圈抹。

(4)不采暖楼梯间入口处应设置自行关闭的单元门,其透明部分的传热系数不应大于4.00W/(m²·K),不透明部分的传热系数不应大于2.70W/(m²·K),接触室外空气的外门应按外窗的传热系数控制。

(5)变形缝处墙面、外墙转角处,应填充一定厚度的轻质保温材料,变形缝处两侧墙体女儿墙内侧保温采用30mm厚玻化微珠保温砂浆。

五、结论及建议

(1)该设计对建筑物各部分围护结构均做了节能设计,按此实施应能达到节能65%的目标。

(2)建筑施工单位应选用正规厂家的合格产品,严格按图纸施工。

居住建筑围护结构热工设计汇总表

结构类型	层数	体形系数 S	半地下室:有( )无(√)	地下室:有(√)无( )	设计最大窗墙面积比(C_Q)	阳台形式	封闭(√)不封闭( )凸阳台( )回阳台( )凸窗占墙面积率%
剪力墙	11	0.33				凸窗占总墙面积率	2.00

围护结构部位	节能做法	热工计算面积(A_0)m²	传热系数 K[W/(m²·K)] 限值	设计值
屋面	采用75mm厚挤塑板(XPS板)保温层,做法参《居住建筑外墙外保温构造详图(节能65%)》L06J113 中43,63,64 页	6099.24	0.45	0.44
外墙 主断面	采用40mm厚挤塑板(XPS板)保温层 做法参《外墙外保温构造详图(二)》L07J109 中第13 页做法1	南:0.55 北:0.39 东:0.37 西:0.40	0.70	$K_主$=0.59
梁、柱热桥及其他主要结构性热桥	采用40mm厚挤塑板(XPS板)保温层 做法参《外墙外保温构造详图(二)》L07J109 中第14 页做法4			K_m=0.65
分隔采暖与非采暖空间的隔墙	抹20mm厚外保温砂浆		1.5	1.31
分隔采暖与非采暖空间的户门	多功能门		2.0	2.0
外门及阳台下部的门芯板			1.7	
凸窗顶及底板	采用40mm厚挤塑板(XPS板)保温层 做法参《外墙外保温构造详图(二)》L07J109 中第13 页做法1		0.7	0.69
分户墙	两侧各抹15mm厚(共30mm厚)玻化微珠保温砂浆		1.7	1.05
外门窗洞口周边侧墙	抹30mm厚玻化微珠保温砂浆		—	—
层间楼板	采用20mm厚保温层		2.0	1.08
变形缝	采用20mm厚玻化微珠保温层		1.70	1.68
架空或外挑楼板	采用50mm厚挤塑板(XPS板)保温层		0.60	0.57
分隔采暖与非采暖空间楼板	采用70mm厚岩棉板		0.65	0.64
地板 周边地面		保温层热阻 R[(m²·K)/W],SC	—	—
半地下室、地下室外墙与土壤接触的外墙	采用30mm厚挤塑板(XPS板)保温层		0.56	0.61 ... 1.07

外窗	窗墙面积比(C_Q)	类型	限值K[W/(m²·K)],SC 平窗	凸窗	设计值(Π)K 平窗	凸窗	遮阳系数 SC
	C_Q≤0.20		3.1	2.6	2.7	2.7	0.69
	0.20<C_Q≤0.30		2.8	2.4			
	0.30<C_Q≤0.40		2.5	2.1	2.7	2.7	(东、西)0.45 (东、西)0.69
	0.40<C_Q≤0.50		2.3	2.0	2.7	2.7	(东、西)0.35 (东、西)0.69
气密性			6级(GB/T 7106-2008)				

耗热量指标 q_H(W/m²)	限值	计算值	判定方法
	11.70	10.80	直接判断(√)权衡判断( ) q_{HT}=9.53, q_{HNF}=5.07

其中:q_{HT}=9.53;q_{HNF}=5.07。

注:外墙外保温材料及屋面保温材料采用阻燃型聚苯板,其燃烧性能等级为B1级并每两层用300mm高防火隔离[40mm厚岩棉板(A级)],尼龙胀栓固定在基层墙体上。双向@600;屋面同周采用75mm厚岩棉板做宽度为500mm的防火隔离带,做法参《居住建筑外墙外保温构造详图(节能65%)》L06J113 中43,63,64页;涉及保温及外墙装饰所采用的材料及做法应满足公安部、住房和城乡建设部《民用建筑外保温系统及外墙装饰防火暂行规定》(公通字[2009]46号)的要求。

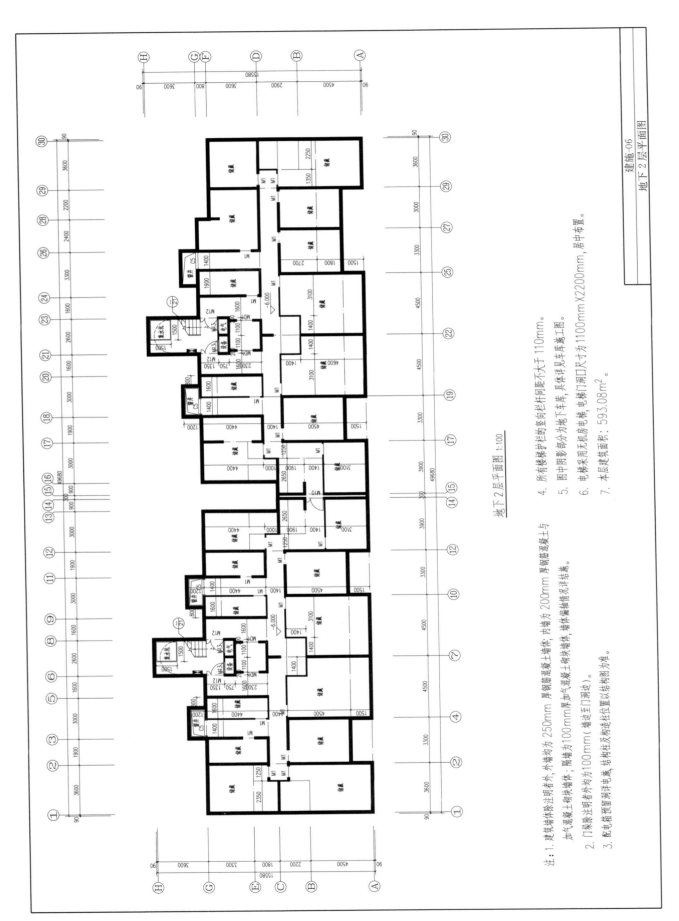

地下2层平面图 1:100

注：1. 建筑墙体除注明者外，外墙均为250mm厚钢筋混凝土墙体，内墙为200mm厚钢筋混凝土与加气混凝土砌块墙体，隔墙为100mm厚加气混凝土砌块墙体，墙体偏轴辅情况详结施。

2. 门窗除注明者外均为100mm（墙边至门洞边）。

3. 配电箱预留洞详电施，结构柱及构造柱位置以结构图为准。

4. 所有楼梯护栏的竖向栏杆间距不大于110mm。

5. 图中阴影部分为地下车库，具体详见车库施工图。

6. 电梯采用无机房电梯，电梯门洞尺寸为1100mm×2200mm，居中布置。

7. 本层建筑面积：593.08m²。

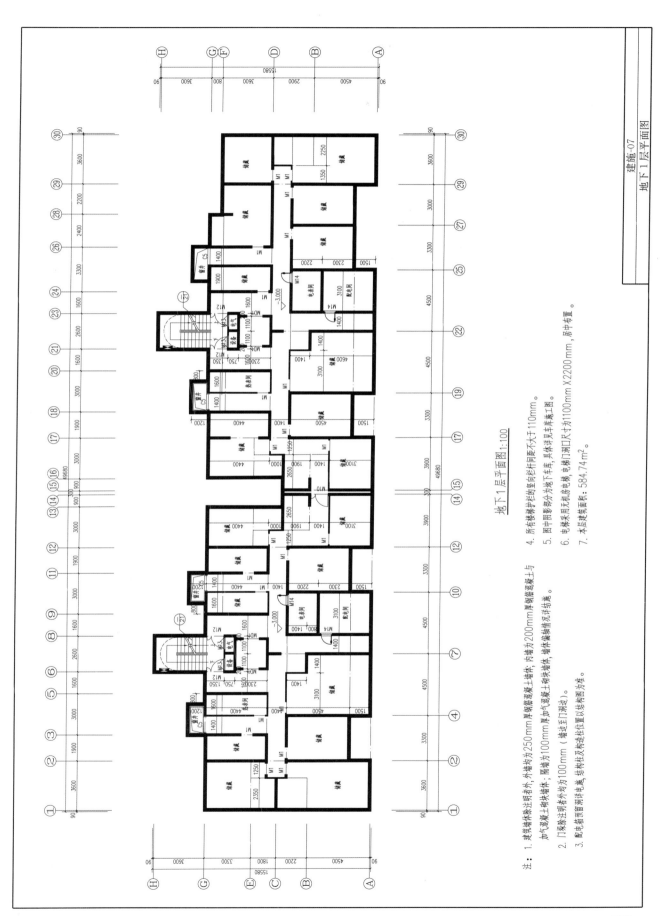

地下1层平面图 1:100

注：
1. 建筑墙体除注明者外，外墙均为250mm厚钢筋混凝土墙体，内墙为200mm厚钢筋混凝土与加气混凝土砌块墙体，隔墙为100mm厚加气混凝土砌块墙体，墙体墙体编制情况详结施。
2. 门除注明者外均为100mm（墙边至门洞边）。
3. 配电箱需留洞详电施，结构柱及构造柱位置以结构图为准。
4. 所有楼梯栏杆栏板竖向栏杆间距不大于110mm。
5. 图中阴影部分为地下车库，具体详见丰库施工图。
6. 电梯采用无机房电梯，电梯门洞口尺寸为1100mm×2200mm，居中布置。
7. 本层建筑面积：584.74 m²。

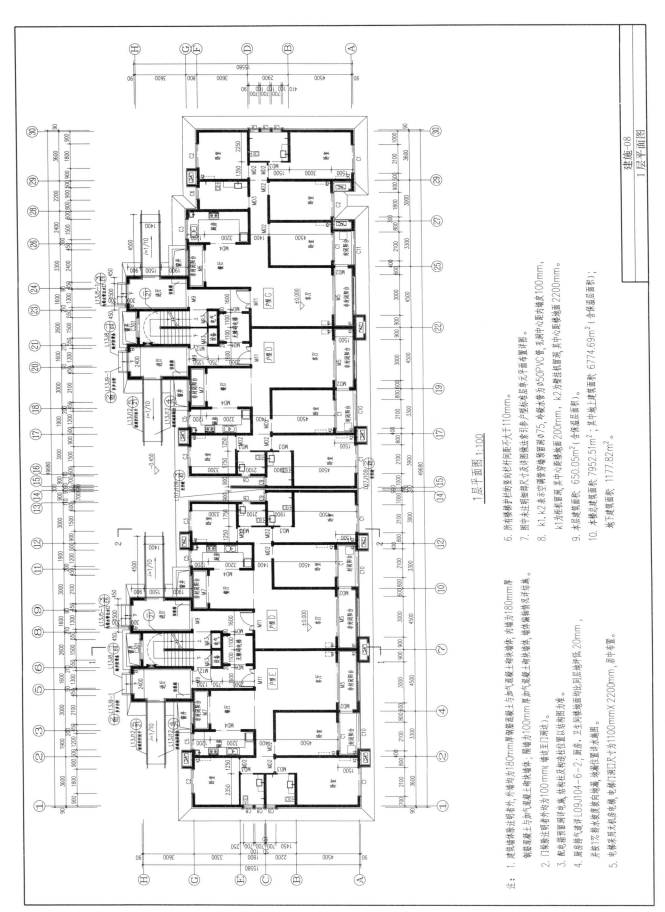

1层平面图 1:100

注：1. 建筑墙体除注明者外，外墙均为180mm厚钢筋混凝土与加气混凝土组合墙体，内墙为180mm厚钢筋混凝土与加气混凝土砌块墙体，隔墙为100mm厚加气混凝土砌块墙体，墙体编码情况详结施。

2. 门除注明者外均为100mm墙洞。结构柱及构造柱位置以结构图为准。

3. 配电箱照明详电施，结构住及构造柱位置以结构图为准。

4. 厨房排气道详L09J104-6-2；厨房、卫生间水面均比同层地面降低20mm，

5. 电梯采用无机房电梯，电梯门洞口尺寸为1100mm×2200mm，居中布置。

6. 所有楼梯护栏的竖向栏杆间距不大于110mm。

7. 图中未注明细部尺寸及详图做法请参户型标准层单元平面布置详图。

8. k1、k2表示空调洞预留Ø75，ΔΦ凝水管为Ø50PVC管，孔洞中心距内墙皮100mm，
k1为柜机留洞，其中心距楼面200mm，k2为壁挂机留洞，其中心距楼面2200mm。

9. 本层建筑面积 650.05m²（含保温层面积）。

10. 本楼总建筑面积 7952.51m²，其中地上建筑面积 6774.69m²（含保温层面积）；
地下室面积 1177.82m²。

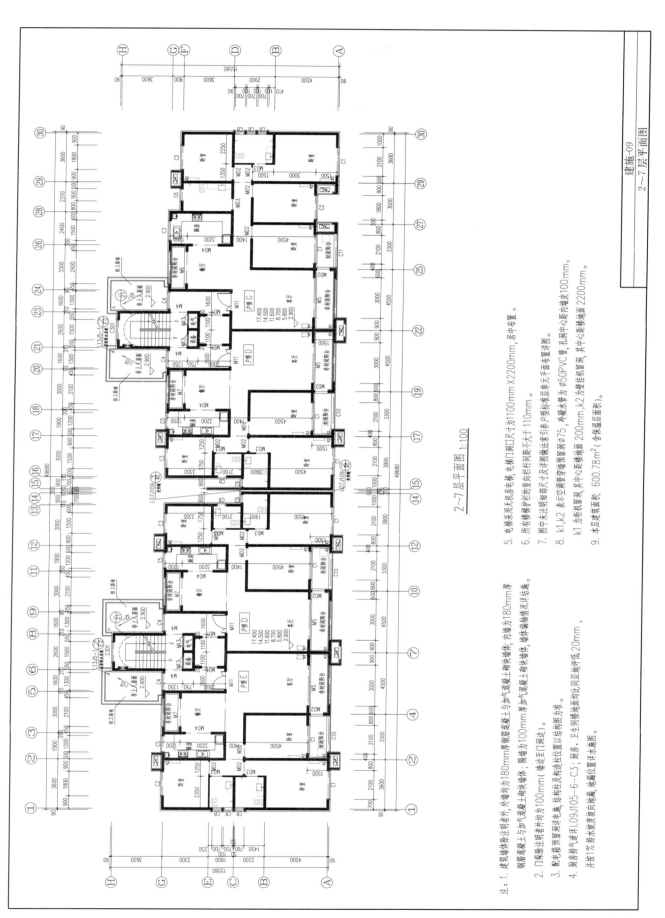

2~7层平面图 1:100

注：1. 建筑墙体除注明者外，外墙均为180mm厚钢筋混凝土剪力墙与混凝土砌块墙体，混凝土剪力墙为180mm厚钢筋混凝土与混凝土砌块墙体；隔墙为100mm厚加气混凝土砌块墙体，墙体详情况详结施。

2. 门窗除注明者外均为100mm（墙边至门洞边）。

3. 配电箱预留洞详电施，结构柱及构造柱位置设以结构图为准。

4. 厨房预留洞详L09J105-6-C3，厨房、卫生间楼地面均比同层地坪降20mm，并放1%坡排水坡度向地漏，地漏位置详水施图。

5. 电梯采用无机房电梯，电梯门洞尺寸为1100mm×2200mm，居中布置。

6. 所有楼梯护栏均采用向栏杆间距不大于110mm。

7. 图中未注明尺寸及详图做法请参引标准层单元平面布置详图。

8. k1,k2表示空调穿管预留洞Ø75，冷凝水管为Ø50PVC管，孔洞中心距内墙皮100mm，k1为柜机留洞，其中心距楼地面200mm，k2为壁挂机留洞，其中心距楼地面2200mm。

9. 本层建筑面积：600.78m²（含保温层面积）。

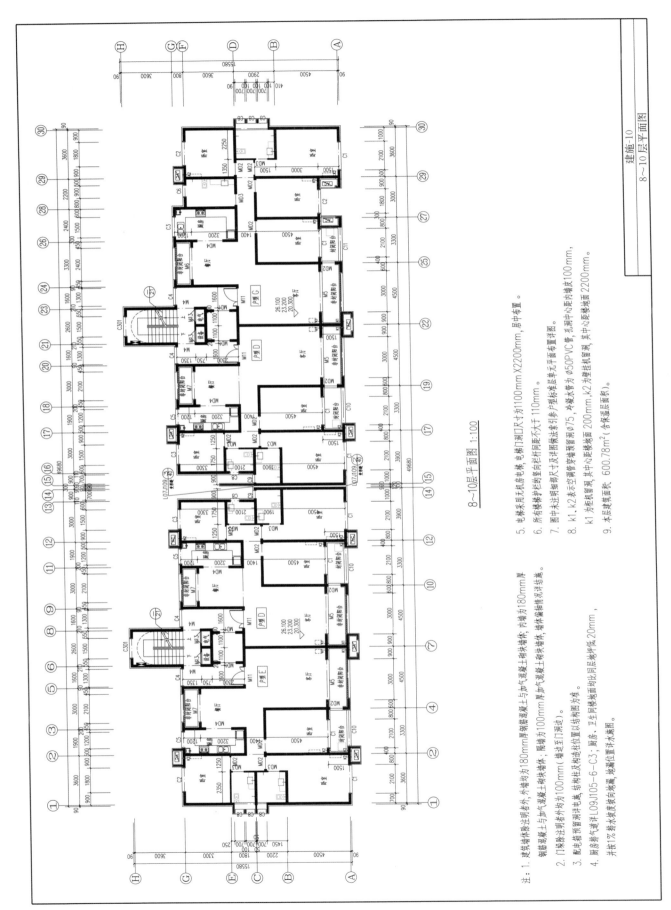

8~10层平面图 1:100

注:1. 建筑墙体除注明者外，外墙均为180mm厚钢筋混凝土与加气混凝土砌块墙体，内墙为180mm厚
钢筋混凝土与加气混凝土砌块墙体；隔墙为100mm厚加气混凝土砌块墙体，墙体保温情况详结构施工。

2. 门联除注明者外均为100mm（墙边至门洞边）。

3. 配电箱预留洞详电施，结构柱及构造柱位置以结构图为准。

4. 厨房排气道详L09J105-6-C3；厨房、卫生间楼地面均比同层地面低20mm，
并按1%排水坡度坡向地漏，地漏位置详水施。

5. 电梯采用无机房电梯，电梯门洞口尺寸为1100mm×2200mm，居中布置。

6. 所有楼梯护栏均须向室内安排。

7. 图中未注明细部尺寸及详图做法索引参户型标准层单元平面布置详图。

8. k1、k2表示空调穿墙预留洞为75，冷凝水管为Φ50PVC管，孔洞中心距内墙皮100mm，
k1为明机留洞，其中心距楼地面200mm，k2为挂机留洞，其中心距楼地面2200mm。

9. 本层建筑面积：600.78m²（含保温层面积）。

建施-10

8~10层平面图

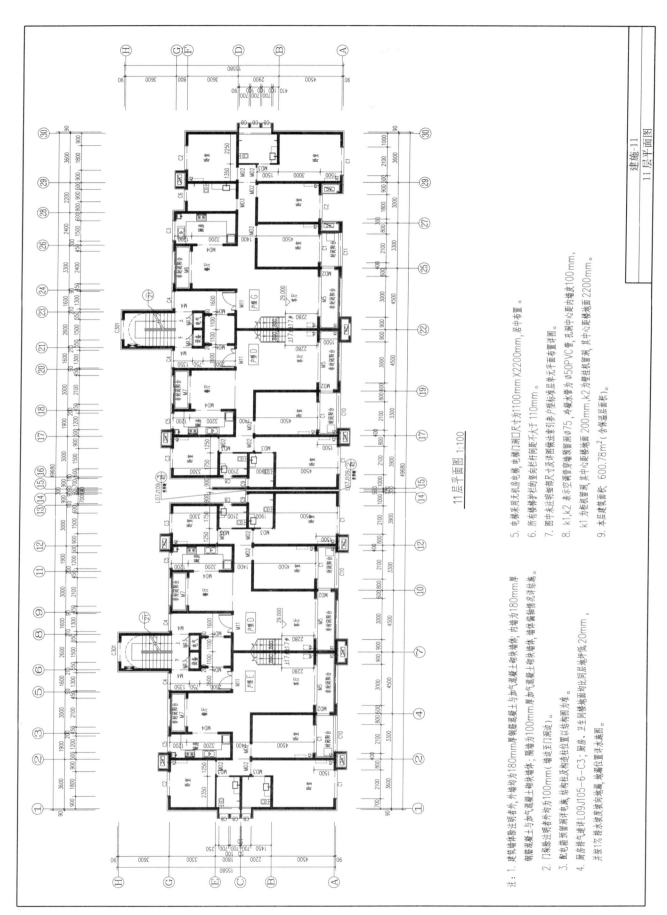

11层平面图 1:100

注: 1. 建筑墙体除注明者外,外墙均为180mm厚钢筋混凝土与加气混凝土砌块墙体,内墙为180mm厚钢筋混凝土与加气混凝土砌块墙体,隔墙为100mm厚加气混凝土砌块墙体,墙体详细情况详结施。

2. 门窗除注明者外均为100mm(墙边至门洞边)。

3. 配电箱预留调评电表,结构柱及构造柱位置以结构图为准。

4. 厨房排气道详L09J105-6-C3;厨房、卫生间楼地面均比同层地坪降低20mm,并按1%排水坡度坡向地漏,地漏位置详水施。

5. 电采用无机房电梯,电梯门洞口尺寸为1100mm×2200mm,居中布置。

6. 所有楼梯栏杆均由地面量至扶手间距不大于110mm。

7. 图中未注明墙跺尺寸及详图做法索引参户型标准层单元平面布置详图。

8. 空调冷凝水穿墙预留洞ф75,冷凝水管为ф50PVC管,孔洞中心距内墙皮100mm,孔洞中心距楼地面2200mm。

K1,K2为柜机留洞,其中K1为壁挂式机留洞,孔洞中心距楼地面200mm,K2为壁挂柜机留洞,其中心距楼地面2200mm。

9. 本层建筑面积:600.78m²(含保温层面积)。

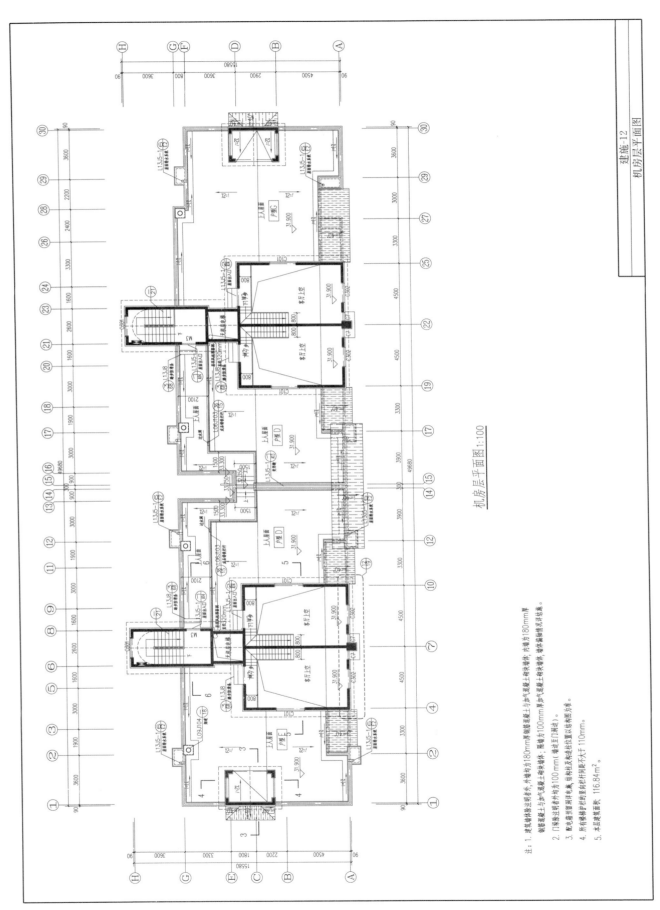

机房层平面图 1:100

注：
1. 建筑墙体除注明者外，外墙均为180mm厚混凝土墙体系，内墙为180mm厚钢筋混凝土与加气混凝土墙体墙体系，隔墙为100mm厚加气混凝土墙体墙体系，墙详墙体结构详图说明。
2. 凡敷墙注明者外均为100mm（墙注至门洞边）。
3. 配电箱预留洞详电气，结构墙体及构造柱位置以结构图为准。
4. 所有楼梯栏杆的室内栏杆杆间距不大于110mm。
5. 本层建筑面积 116.84m²。

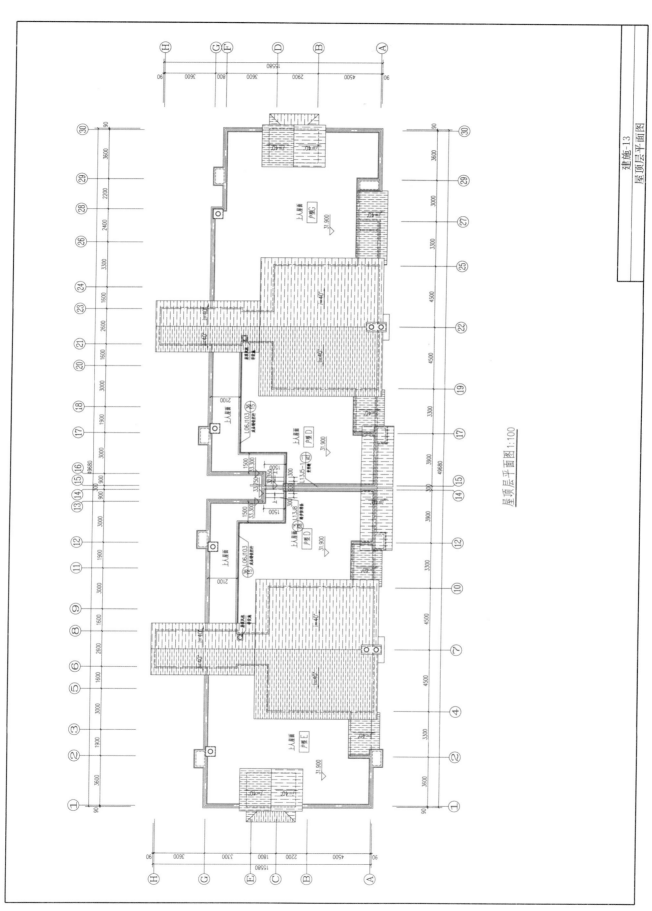

屋顶层平面图 1:100

南立面图 1:100

注：坡屋面檐口为真石漆涂料饰面，与坡屋面平瓦同色。

外立面做法图例：
面砖饰面 (GB-9.4R7/9.2-0214)
真石漆涂料饰面 (GB-10R3/3.2-0204)
坡屋面平瓦饰面 (GB-10R3/3.2-0204)
真石漆涂料饰面 (GB-3.1Y9/2.4-0122)

37.900
33.300
31.900 11F 29.000
10F 26.100
9F 23.200
8F 20.300
7F 17.400
6F 14.500
5F 11.600
4F 8.700
3F 5.800
2F 2.900
1F ±0.000
-0.450

建施-14
南立面图

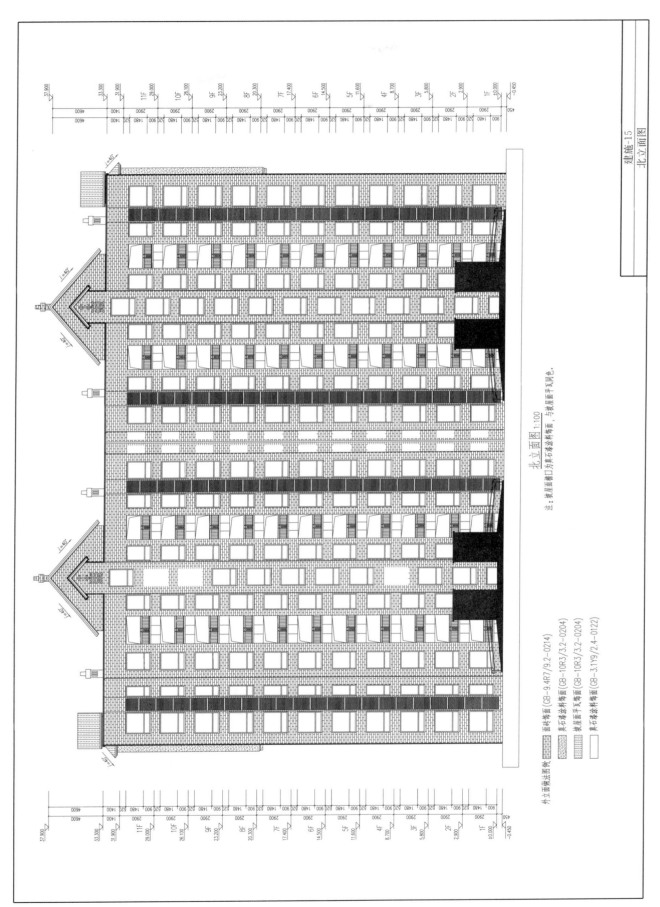

北立面图 1:100

注：坡屋面檐口为真石漆涂料饰面，与坡屋面平瓦同色。

外立面做法图例：
面砖饰面 (GB-9.4R7/9.2-0214)
真石漆涂料饰面 (GB-10R3/3.2-0204)
坡屋面平瓦饰面 (GB-10R3/3.2-0204)
真石漆涂料饰面 (GB-3.1Y9/2.4-0122)

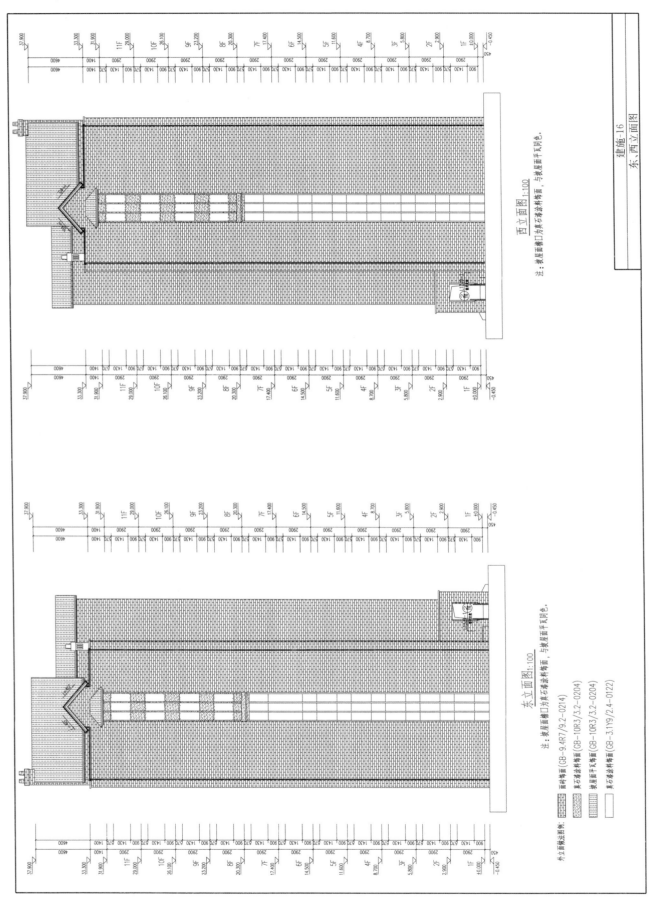

西立面图 1:100

注：坡屋面檐口为真石漆涂料饰面，与坡屋面瓦同色。

东立面图 1:100

注：坡屋面檐口为真石漆涂料饰面，与坡屋面瓦同色。

外立面做法图例：
面砖墙面 (GB-9.4R7/9.2-0214)
真石漆涂料墙面 (GB-10R3/3.2-0204)
坡屋面平瓦墙面 (GB-10R3/3.2-0204)
真石漆涂料墙面 (GB-3.1Y9/2.4-0122)

建施-16
东、西立面图

262

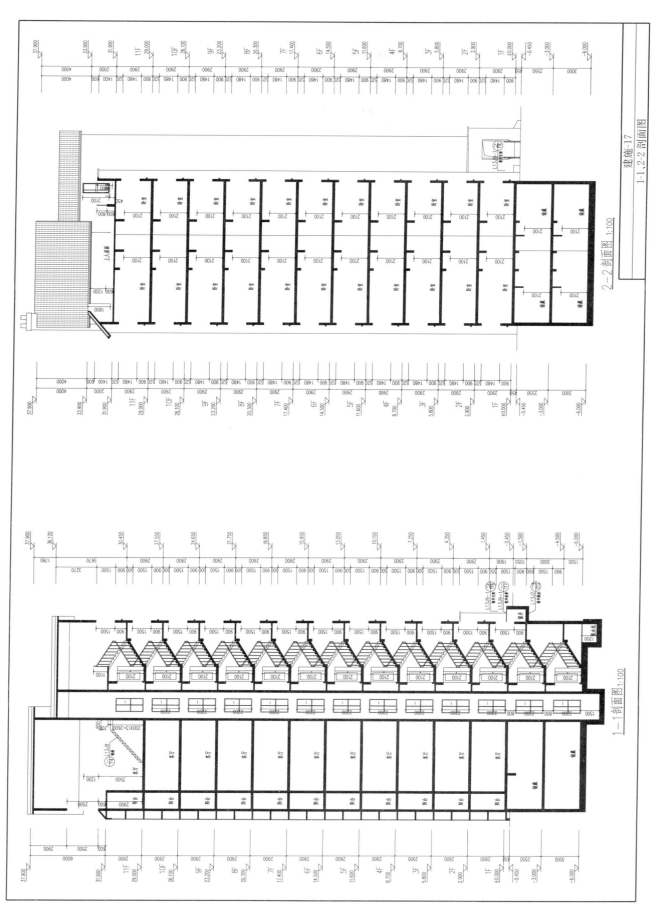

建施-17

1-1,2-2剖面图

2-2剖面图 1:100

1-1剖面图 1:100

263

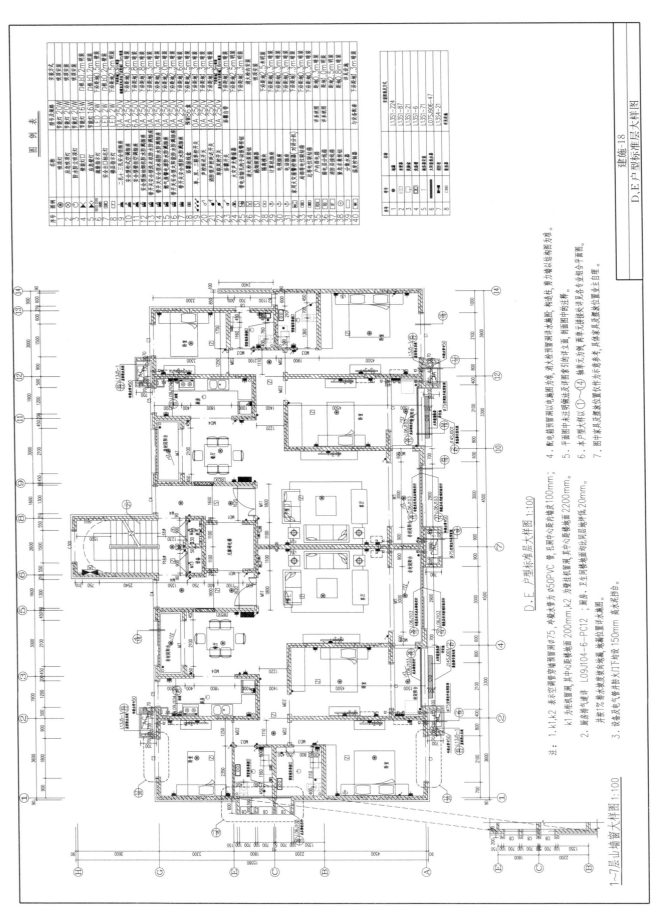

D、E 户型标准层大样图 1:100

注：1. k1、k2 未示空调管穿墙及预留洞 φ75，冷凝水管为 φ50PVC 管，孔洞中心距内墙皮 100mm；
    k1 为柜机留洞，其中心距楼地面 200mm，k2 为壁挂机留洞，其中心距楼地面 2200mm。
2. 厨房排气道详 L09J104-6-PC12；厨房、卫生间同楼地面均比同层楼地面比降样低 20mm。
    详水图详水墨图。
3. 设备及电气管井开枪门下设长 150mm 高水泥挡台。

建施-18

D、E 户型标准层大样图

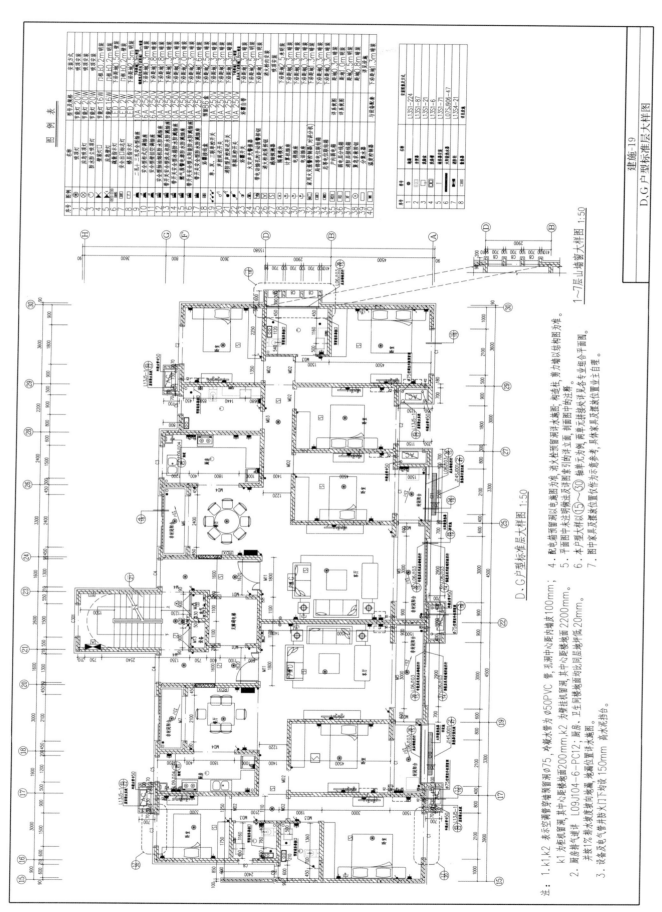

D.G户型标准层大样图 1:50

1~7层山墙窗大样图 1:50

建施19

D.G户型标准层大样图

265

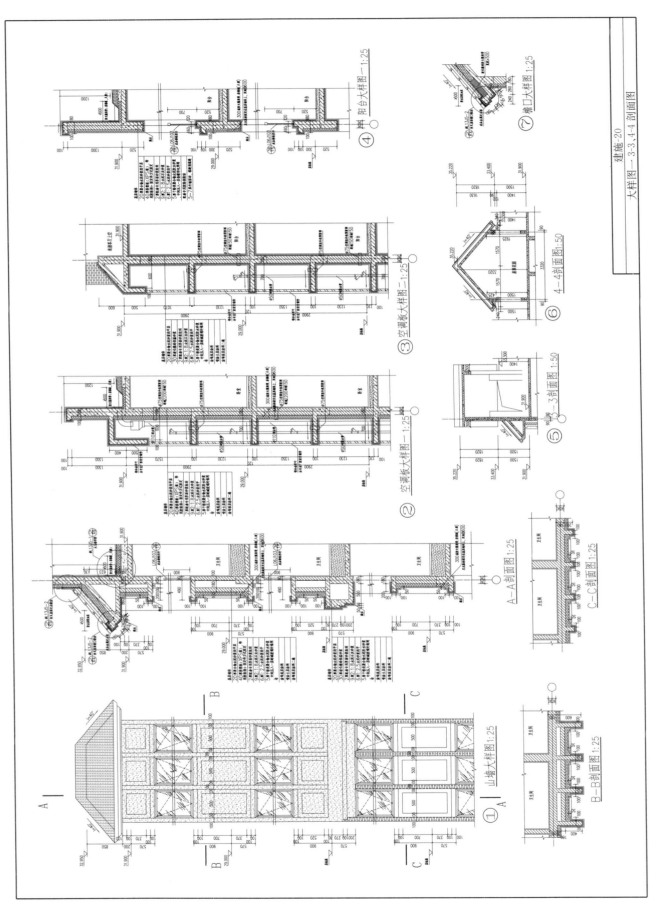

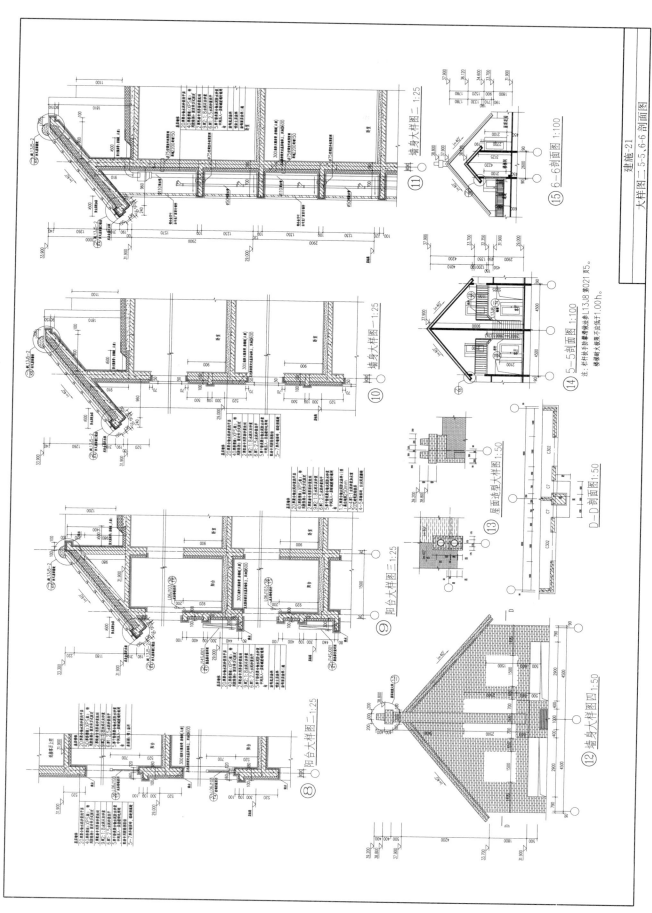

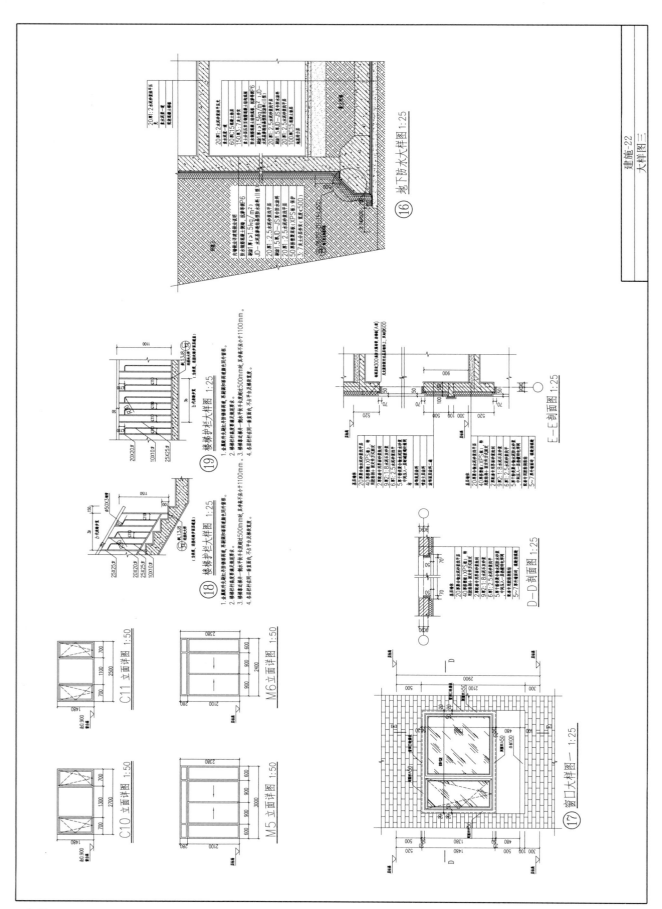

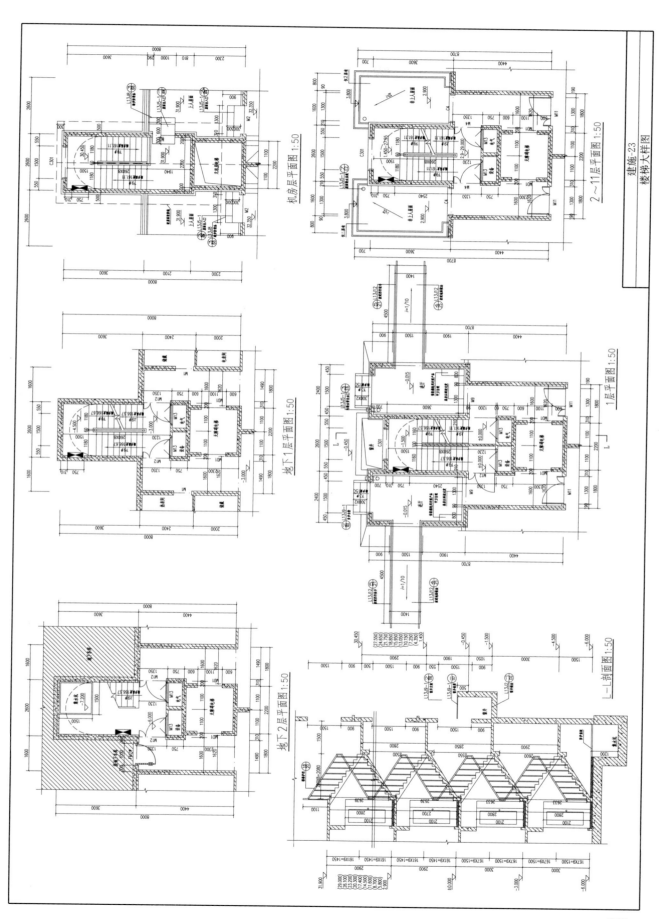

机房层平面图 1:50

2～11层平面图 1:50

地下1层平面图 1:50

1层平面图 1:50

地下2层平面图 1:50

L—L剖面图 1:50

建施-23
楼梯大样图

结构设计总说明(一)

一、工程概况

(1) 本工程主楼地下2层，建筑功能为储藏室及设备间。地上功能均为住宅；地上共11层加阁楼层。地上功能均为住宅；11层屋面及阁楼屋面层高为2.0~4.2m，11层屋面及阁楼屋面为坡屋面。阁楼屋顶建筑标高为49.680m。南北两侧建筑总高度32.350m。建筑东西总长70.500m，结构总高度32.350m，其平面位置详建筑图。地下2层层高均为3.0m；地下1层层高为3.0m，其他层高为2.9m，阁楼层面层高15.580m，其平面位置详建筑单元。本工程嵌固部位于地下1层顶板处。

(2) 本工程±0.000对应绝对标高70.500m。其地面超高差2.0~4.2m。室内外高差0.45m。以上±0.00以下不设永久结构缝。±0.00以上主楼将分为两个结构单元，主楼以上通过防震缝将主楼分为两个结构单元。

(3) 结构型式：上部结构，剪力墙结构；基础型式：平板式筏板基础。

二、建筑结构安全等级及使用年限

(1) 建筑结构安全等级为二级，结构重要性系数γ₀=1.0；建筑场地类别：Ⅱ类；场地特征周期0.40s；地下室结构的安全等级为一级；建筑防火等级为一级；结构设计使用年限：50年。

(2) 抗震设防烈度为7度(0.10g)；设计地震分组为第三组。

(3) 本经设计许可或技术鉴定，不得改变本结构的用途和使用环境。抗震设防类别为标准设防类。不得拆除结构和进行加层改造。

三、设计依据

1. 设计所遵循的主要技术标准、规范、规程
(1) 建筑结构荷载规范 (GB 50009—2012)
(2) 建筑地基基础设计规范 (GB 50007—2011)
(3) 混凝土结构设计规范 (GB 50010—2010)
(4) 砌体结构设计规范 (GB 50003—2011)
(5) 建筑结构抗震设计规范 (GB 50011—2010)
(6) 建筑工程抗震设防分类标准 (GB/T 50223—2008)
(7) 建筑抗震设计规范 (GB 50011—2010)
(8) 高层建筑混凝土结构技术规程 (JGJ 3—2010)
(9) 建筑地基基础设计规范 (GB 50068—2001)
(10) 建筑变形测量规范 (JGJ 8—2007)
(11) 工程结构可靠性设计统一标准 (GB 50153—2008)
(12) 混凝土结构工程施工质量验收规范 (GB 50204—2011)
(13) 钢结构工程施工质量验收规范 (GB 50205—2011)
(14) 建筑地基基础工程施工质量验收规范 (GB 50202—2002)
(15) 建筑工程施工质量验收统一标准 (GB 50300—2008)
(16) 工业建筑防腐蚀设计规范 (GB 50046—2008)
(17) 钢筋混凝土用钢 第1部分：热轧光圆钢筋 (GB 1499.1—2008)
(18) 高层混凝土结构技术规程 (JGJ 6—2011)
(19) 钢筋混凝土用钢 第2部分：热轧带肋钢筋 (GB 1499.2—2008)
(20) 混凝土结构工程施工质量验收规范 (GB 50204—2002(2011版)
(21) 多层和高层混凝土房屋：11G329-3；

2. 设计选用的标准图集
(1) G101系列标准图集施工图平法常见问题图解答疑图解：13G101-11；
(2) 钢筋混凝土过梁：L13G7；
(3) 混凝土结构预埋件：04G362；
(4) 现浇混凝土板式楼梯：11G101-2；
(5) 建筑物抗震构造详图：12SG614-1；
(6) 剪力墙、墙、板：11G101-1；
(7) 混凝土结构施工图平面整体表示方法制图规则和构造详图；
(8) 砌体填充墙结构构造：12SG614；
(9) 现浇混凝土板式楼梯：11G101-2；
(10) 独立基础、条形基础、桩基承台：11G101；
(11) 蒸压加气混凝土砌块应用技术规程 (JGJ/T 17—2008)

四、结构材料及耐久性要求

1. 主要结构材料详见表1 (详图中另有说明者除外)

表1

材料名称		基础及防水底板	基础素砼垫层	墙、柱			梁、板	填充墙构造柱腰梁及压顶	备注
				-2至2层以上	30	-2至2层间3层以上			
混凝土		C30P6	C15	C35		C25	C30	C25	基础、地下挡土墙、防水底板、卫生间/厨房/阳台现浇砼板采用防水混凝土，设计抗渗等级P6
钢筋	HPB300级钢	$f_{yk}=300kN/mm^2$			$f_y=270kN/mm^2$				图示Φ
	HRB400级钢	$f_{yk}=400kN/mm^2$			$f_y=360kN/mm^2$				图示Φ
填充墙	加气混凝土砌块			A3.5					干容重 7.0kN/m³
	黄河淤泥砖			Mu10					用于基础部分
砂浆				M5混合砂浆					用于基础部分
焊条				E43XX系列					基础焊接HPB300级钢
				E50XX系列					用于焊接HPB300级钢 用于焊接HRB400级钢 梁、柱中箍筋和构造钢筋采用冷加工钢筋，不得采用冷加工钢筋

注：1. 预埋铁件用的钢材牌号为Q235。吊钩、吊环用的一级钢均采用HPB300级钢筋；本工程中采用的钢筋和预埋伴件均采用HPB300级钢筋。
2. 混凝土及水泥不得含有尿素、氯盐、硫盖。当浓度及含碱量应严格控制在现行国家有关规定范围内。
3. 砌体中圈梁和构造柱当固定外装饰作件时其砼标号应不小于C30。

2. 环境类别及混凝土耐久性的要求
(1) 基础、地下室底板和地下室外墙、露天构件为一b类；厨房、卫生间为二a类，其余为一类。
(2) 一类、二类环境中结构混凝土耐久性的基本要求详见表2。

表2 混凝土耐久性的基本要求

环境类别		最大水胶比	最大氯离子含量(%)	最大碱含量 (kg/m³)
一		0.60	0.3	不限制
二	a	0.55	0.2	3.0
	b	0.50	0.15	3.0

3. 钢筋保护层厚度详见表3 (图中注明者除外)

表3 钢筋保护层厚度表

环境类别		墙、板		梁、柱	
		C25	C30	C25	C30
一		20	15	25	20
二	a	—	20	—	25
	b	—	25	—	35
三	a	—	30	—	40

注：1. 上述各受力钢筋混凝土保护层厚度同时应满足不小于钢筋公称直径的要求；
2. 基础底板、板中纵向受力钢筋的混凝土保护层厚度不应小于钢筋保护层厚度50mm；
3. 板中分布钢筋的混凝土保护层厚度不应小于15mm；梁、柱中箍筋和构造钢筋的保护层厚度不应小于10mm，且不应小于受力钢筋外边缘到混凝土表面距离；
4. 埋入基础内的柱，钢筋的混凝土保护层厚度不应小于15mm；柱保护层厚度为1:1水泥砂浆20mm厚；
5. 地下室顶板保护层厚度为20mm厚；
6. 本表不适用于本工程中有防腐蚀要求的结构部分；
7. 上表中保护层厚度为最外层钢筋的保护层厚度。

结构设计总说明（二）

4. 普通纵向受拉钢筋基本锚固长度及搭接长度

锚固长度详见表4、表5：

表4 锚固长度

钢筋种类与直径	C20		C25		C30		C35	
混凝土强度等级与抗震等级	三级	四级	三级	四级	三级	四级	三级	四级
HPB300 普通钢筋	33d	31d	27d	28d	25d	24d	23d	22d
HRB400 普通钢筋	49d	46d	40d	42d	37d	36d	34d	33d
环氧树脂涂层钢筋	61d	58d	50d	53d	47d	45d	43d	41d

注：1. d为钢筋直径；
2. 详见11G101-1。

表5 搭接长度

搭接接头百分率	25%	50%	100%
纵向受拉钢筋最小搭接长度(La)详见11G101-1	1.2LaE	1.4LaE	1.6LaE

注：1. 梁、板搭接长度接头率≤25%，柱、墙搭接头率≤50%；
2. 在任何情况下，搭接长度≥250mm，搭接长度≥300mm；
3. 本表亦适用于本工程的砌体填充墙结构部分。
注：非抗震受拉钢筋最小锚固长度(La)详见11G101-1。本表适用于本工程的砌体填充墙结构部分。

五、地基基础

(1) 根据地质报告对拟建场地建筑地基自上而下各土层的工程地质特征见表6。

表6 工程地质特征

土层编号	土层名称	层底标高(m)	层厚度(m)	特征值 f_{ak}(kPa)	压缩模量 ES(MPa)	f_{rk}(MPa)	备注
1	耕土	62.83~64.66	2.20~2.40	130	—	—	
2	黄土	60.06~60.65	2.50~4.60	150	50	—	
3	粉质黏土	57.56~58.55	2.50~2.10	1000	6.0	—	
4	强风化石灰岩			3000	40.0	—	基础持力层
4-1	岩溶充填物						
5	中风化石灰岩		未揭穿			30.0	

(2) 根据地质报告描述，描述拟建场地地形地貌起伏状态较大。地貌单元单一，勘察范围内除个别位置发生局部的地下水，可不考虑地下水、忠丰水对地下水、以丰承载时各点平均沉降点不小于3点，现场静载荷试验确定。
(3) 本工程根据建设单位提供的岩土工程勘察报告。本工程采用强夯处理地基，以强夯后第2层黄土第3层粉质黏土为基础持力层。强夯处理地基承载力特征值不小于 $f_{ak}=230$kPa。
(4) 本工程第1层均为耕土。应全部挖除才可进行强夯。为达到现承载力要求，强夯过程中可掺加碎石。强夯后现场载荷试验。
230kPa(根据现场验定)。强夯施工中或施工结束后，应按下列要求对强夯地基承载力不小于3.0m，强夯影响深度不小于5m。
(5) 强夯地基施工记录。基础坑底每个夯点的夯击次数不少于试验时各点平均沉降点不小于95%。
(6) 强夯施工单位应在强夯施工结束后28d后，在在现地基强夯结束后28d后对各点均满足强夯承载验收试验应满足建筑地基检测技术规范《JGJ 79-2012等相关规范的要求。

按有关规范观点，采取挖掘沟等其他隔振措施。
(7) 开挖基坑时应注意边坡稳定，定期观测其对周围道路市政设施和建筑物有无不利影响，非自然放坡开挖时，基坑护坡应由具有相应资质的专业公司专门设计。
(8) 本工程筏板应防水剂、掺量以试验为准。设计抗渗等级为≥b类。地下室的防水等级为I级。
(9) 地下室底板及周边外墙应一次整体浇筑完毕，不得有水平施工缝。周边外墙水平施工缝（施工后浇带除外）。
(10) 管道穿防水套管：群管穿墙处详图中注明外均按图2施工。

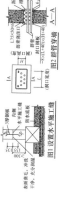

图1 设置水平施工缝

A—A
图2 群管穿墙

六、上部结构设计
1. 钢筋混凝土剪力墙构造

(11) 地下室顶板根据混凝土达到设计强度及防水层施工完成后，应尽早进行基坑回填，回填用素土回填，在基础和地下室外墙与基础外墙侧裂缝回填（施工后浇带除外），采用3:7灰土回填，回填宽度不小于1m，室内用素土回填。回填土应按地下室等级要求分层夯实，压实系数不小于0.95。
(12) 地下室施工缝混凝土应一次浇筑完，不得在水平墙内设置任何竖向施工缝。以1:2.5水泥砂浆掺入5%防水剂（水泥重量比）抹20mm厚。
(13) 地基与基础工程的施工应遵照现行《地基基础工程施工质量验收规范》有关规定施工。

剪力墙横筋在外，竖筋在内，并用Φ6拉结筋连接。拉结筋应与往外横筋和竖筋绑扎，且在外皮钢筋上（挡土墙(DWQ*)竖筋配筋构造见11G101-1第68~78页排列。四级抗震等级剪力墙构造执行。
(2)墙上孔洞必须预留，不得后凿。图中未注明加筋处，按下述要求（方洞加强法）施工；1D200<洞口尺寸≤300mm，剪力墙加强大样如图3所示。

2. 当矩形洞口各边长度为300~800mm时，洞边加强做法见11G101-1第78页。
3. 当圆形洞口直径为300~800mm时，洞边加强做法详图4。
4. 洞口尺寸大于800mm时，洞边另设竖向应力钢筋详剪力墙平面图。
5. 电梯井处剪力墙暗柱墙做法详图。
6. 剪力墙连梁钢筋（地下室暗柱中剪力墙水平分布筋单独设置时），梁纵筋做法详图7。
7. 基础埋深(地下室连梁)剪力墙变截面及加固加强做法详见11G101-1第70页要求施工。

2. 钢筋混凝土框架柱构造
(1)框架柱纵向钢筋连接、箍筋做法、变截面处配筋不应在往各层中弯折。纵向11G107-1第57~67页。
(2)框架柱纵向钢筋不应超过一个构造层中断接头。见中震时11G239-1第29页。
每层纵向钢筋接头数不超过钢筋连接方式优先采用机械连接，当受压钢筋直径≥22mm钢筋必须采用机械连接。机械连接接头应符合《钢筋机械连接通用技术规程》(JGJ107-2010)的II级及以上。
接头性能，如采用绑扎搭接，其接头位置应避开柱端部箍筋加密区。
(3)柱中纵向钢筋采用绑扎搭接。机械连接接头处，在每个个高范围内，柱的纵向受力钢筋接头率在任一连接区段内接头面积百分率不应大于50%。

图3 剪力墙洞口加强做法

图4 墙洞口加强立面图

结构设计总说明(三)

(9)所有楼层采暖管道上方垫层中设置成品抗裂钢筋网片(直径1mm,网格间距3cm),布置范围:超出采暖管道边缘不小于300mm,大样详见图22。

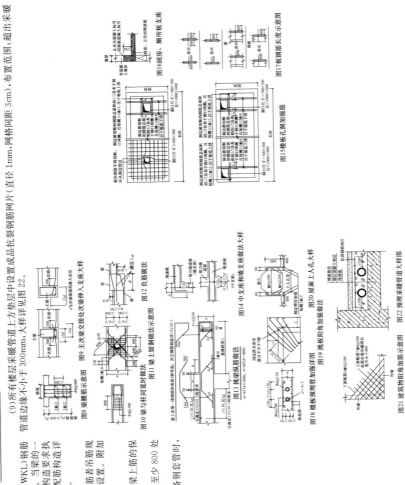

图15楼板孔洞加强筋

图16卫生间降板做法 厕所降板做法

图17板钢筋长度示意图

图9主次梁交接处次梁钢筋大样图

图10梁与柱同宽时做法

图11梁上留洞做法示意图

图12负筋做法

图13挑梁纵筋做法

图14中支座和端支座做法大样

图18楼板洞边加强筋示意图

图19板预留孔做法

图20屋面上人孔大样

图21建筑物阳角加强筋示意图

图22预埋采暖管道大样图

3.混凝土框架梁构造

4.混凝土现浇板构造

图5墙洞口堵实后,与电梯门套墙后方向施工

图6钢筋与剪力墙水平分布筋连接

图7加强做法

结施-03

结构设计总说明（四）

（8）本工程设置观测点进行沉降观测。观测点的设置及变形测量精度级别严格按照《建筑变形测量规程》（JGJ 8—2007）执行。在工程施工阶段由专人定期观测，每施工2～4层做一次观测，建筑物竣工后第一年4次，第二年3次，第三年每年后每年一次，直到沉降稳定为止。如遇特殊情况，应及时增加观测次数。观测日期数据应记录并存档保存。如发现异常情况应通知有关单位。

（9）悬挑构件需待后浇混凝土设计强度达到100%时方可拆除底模。

（10）建筑物如用图纸不明确或需变更时，施工期间楼面不得超负荷堆放建材施工垃圾。特别注意梁板集中荷载对结构受力的影响。

（11）严格按照国家现行的各专业施工及验收规范施工确保工程质量。如遇图纸设计人员意见不明确或有修改设计，禁未经设计人员及施工机具对主体结构的加强措施。施工单位及施工机具等施工，脚手架等必须满足对主体结构的影响，施工单位应对受影响的结构构件进行承载力、变形验算与满足加强措施。

（12）本设计未考虑塔式建筑荷载，施工用电梯、泵送设备、脚手架等必须满足对主体结构所采取的必要加强措施。

（13）本图纸构件代号：
柱：KZ—框架柱；LZ—梁上柱梁；GZ—构造柱；CJZ—构造边缘转角墙柱；
GZ—构造柱，剪力墙柱。
梁：KL—楼面框架梁；WKL—屋面框架梁；LL—剪力墙连梁；
L—非框架梁；GBZ—构造边缘构件梁；
XL—悬挑梁；TL—楼梯梁。

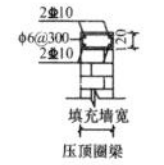

图26 压顶圈梁及墙内水平隔墙大样

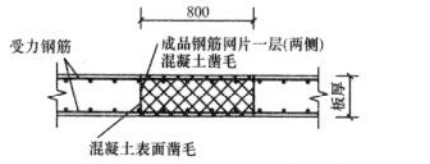

图27 内墙、板后浇带构造

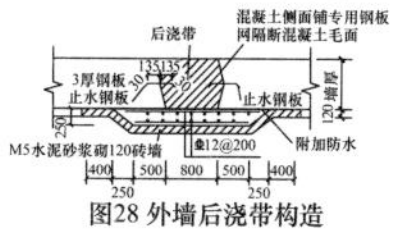

图28 外墙后浇带构造

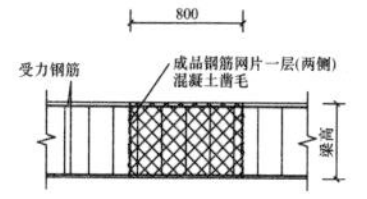

图29 观浇墙后浇带构造

图30 基础混凝土板后浇带构造

七、非结构构件

（1）填充墙与剪力墙或框架间拉结节点构造、窗台下加固做法、柱与结合结梁（板）连接均详见L13J3-3 第24～30。填充墙与混凝土墙接缝处设300 宽Φ@20双向钢丝网于抹灰层内防止收缩裂缝。

（2）凡后砌隔墙顶部应用砂浆并与顶板或梁顶塞实并不和梁顶应做或梁。当墙高大于4m时，在1/2墙高处设置一道圈梁。外墙接均详L13J3-3 第24页，第24 设置水平系梁。楼梯间和从通通用的填充墙应采用钢筋网做法。

（Φ4@300×300）砂浆面层加强。填充墙部位做法详见L13J3-3 第16 页。

填充墙与框架柱拉结做法详见L13J3-3 第24～25 页。

高为120，圈圈梁纵筋4Φ10。播筋为Φ6@200，当隔墙高度超过5m时、中间设置圈梁做质量。当墙高大于4m时，在1/2 墙高处该层高的1.5 倍或超过1.5 倍后加固做法，柱与结合结梁（板）连接均详见L13J3-3 第24～30。当隔墙高度不一致时，构造柱亦宜做自修设计。

内、下外墙交接处、测边无约束端、填充墙端头以及大天大洞口（洞口宽度≥2.1m）两侧及天洞口中按隔墙大以及大天大洞口（洞口宽度≥2.1m）两侧及天洞口中按隔墙大以及规定预埋拉结筋，一个隔墙设GZ。与构造边缘构件梁。

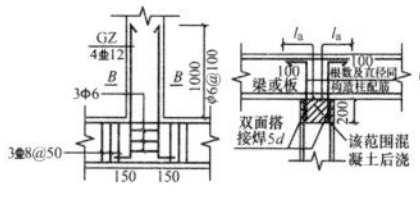

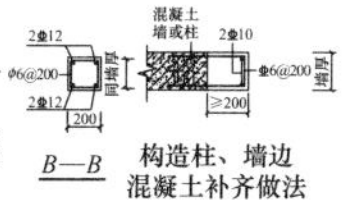

柱上、下墙面接拉结墙端头以及大天洞口按隔墙大以及规定预埋拉结筋。悬挑梁构件墙GZ。与构造柱拉结做按图24 做法执行。

墙上有梁柱或梁构件进行承载力、变形验算与满足加强措施。

相连的填充墙端长≤0.30m时、采用C20 细石混凝土浇灌。在各层门窗下挂设置圈梁门窗上梁、补矛做法按图24 做法执行。

（3）当梁、框架梁不能过过过墙相造，照填充墙的宽度做圈梁及配筋并不变：当每端不变、照填墙宽度做圈梁宽度≤0.7m无法设置过梁及门洞口或补矛做法，过梁高度及配筋与剪力墙门洞口无法浇制过梁时，按图25 在剪力墙或门洞口上有设备电洞浇制时，按图中标明处外构造柱顶应增设相应跨度2级过梁浇注做法详图26。

当过窗宽度大于2.7m无法设置过梁及门洞口时，均采用剪力墙或照墙宽度做圈梁宽度做圈梁厚。

板下设置挂板。

（4）砌体女儿墙顶端圈梁、压顶圈梁及墙内水平隔墙大样详图26。

（5）当进墙上开洞过大于洞口，均应加强混凝土构筋，除图中已注明外，均采用与洞口尺寸相应的二级荷载过洞筋配筋及作做法详图23；除图中标明处外构造墙边。

八、地下结构超长措施

（1）嵌进墙套管：后浇混凝土洞浇混凝土相遇时，其洞口上有设备电洞浇制的1级荷载的二级荷载过洞筋配筋及构造详法详图23。

（2）后浇混凝土填洞时，均应加强混凝土构筋。过梁配筋及插柱筋大样及插筋做法详图24。

（3）砌体女儿墙沿墙长水平隔墙内及天洞1.5m设置构造柱。构造柱水平隔墙内处外构造顶

沿墙压顶圈梁。压顶圈梁及墙内水平隔墙大样详图26。

图23 构造柱与梁连接做法

B—B

图24

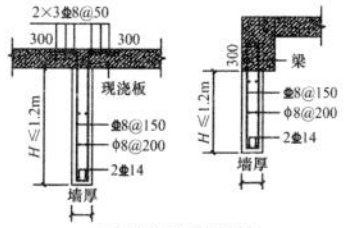

图25 设置挂板

八、地下结构超长措施

（1）本工程混凝土采用硅酸盐低水化热水泥。浇浇混凝土、砼浇、严格控制砂石骨料含泥量和级配。施工单位应采取可靠的砼养护措施。

（2）施工时应采取有效措施降温并应采取细部详细的施工技术方案。做好天面保温、外墙面的保温。

（3）主楼地下室施工应采用平面图，温一道－温度带设置平面图。施工期间同后浇带期间约为60 天。后浇带内应采用比两侧混凝土高一等级的微膨胀后浇混凝土浇注一道－温度带设计强度达到100%时可浇筑全部后浇。后浇带内应采用两侧将将混凝土表面加强养护加强养护。后

浇带的混凝土浇注后浇带、后浇带内应采用两侧混凝土表面加强养护和覆盖塑料膜，并每天天水养护，并应在后浇带内侧宜浇于温度时将混凝土表面低于温时将混凝土表面低于温时将混凝土浇筑。严禁施工完成后。

养护日不少于14，后浇带内应采用比两侧混凝土高一等级的微膨胀混凝土浇实后浇带。核实无误后方可浇注。

九、其他注意事项

（1）本工程施工前，施工单位应对设计单位切所切应合设计单位。结合施工现场及设备及提高经济效益。

（2）混凝土施工前应志，以保证施工质量、并应配合施工和有利于提高综合经济效益。

（3）混凝土搭接时，确定无误方可浇注。后浇带应浇注，一温差等度设计各专业图纸要求。施工阶段设计应配合各专业图纸切应配合设备细石图纸要求应当增加细石混凝土浇筑。

（4）施工前如有图纸上的预留洞，预埋件等施工应合设备到位等。施工单位应核配合设备到位等，核实无误方可浇注。

（5）施工现场如有现场测预埋构件相碰时，预埋件改为现浇构件。

管线等详见L13J3-3 第24～25 页。

（6）根据方案建筑女儿墙等外露结构每隔12m 伸缩缝、内塞防水油青、外墙钢雨篷每隔12m 设置20mm 伸缩缝，钢雨篷及屋顶构件改为现浇构件。

（7）外挑檐板、女儿墙等外露结构应设计每隔12m 设置20mm 伸缩缝、内塞防水油青，避免温度变化引起裂缝。

打。

（4）所有设备基础如有预留洞、预埋件应符合设备到位等，核实无误方可浇注。

（5）施工前如有现场测设预埋构件相碰破时、幕墙、外墙等工程施工前应经设计单位确认后方可施工。

（6）根据方案图纸如有现场装饰做法改变时应合结合施工现浇构件。

（7）装修方案经设计单位审定。本工程外露结构每隔12m 设置20mm 伸缩缝、内塞防水油青，避免温度变化引起裂缝。

等。装修图纸需经设计单位确认后方可施工。女儿墙檐板、女儿墙等外露结构应设计每隔12m 设置20mm 伸缩缝、钢雨篷及屋顶构件改为现浇构件。

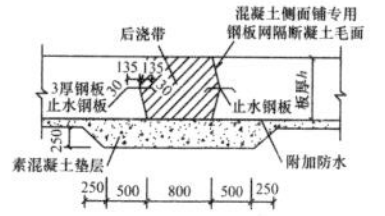

273

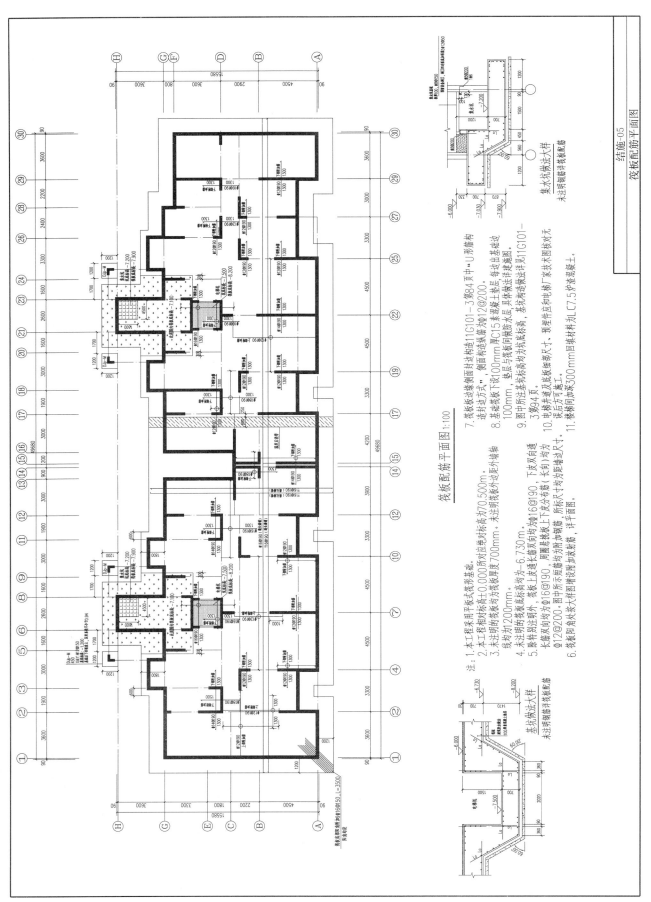

筏板配筋平面图 1:100

注：1. 本工程采用平板式筏形基础。
2. 本工程相对标高±0.000所对应绝对标高为70.500m。
3. 未注明的筏板均为筏板厚度700mm。未注明筏外边距外墙轴
线均为200mm。
4. 未注明的筏板底标高均为-6.730m。
5. 除特别注明外，筏板上皮双向均为Φ16@190，下皮双向通
长筋Φ12@200。图中所示短筋长均为上皮通长分布筋（长向）均为
Φ12@200。筏板阳角处均设附加放射筋，详平面图。
6. 筏板阳角处按大样图增设附加筋板底筋。

7. 筏板边缘侧面封边构造遵11G101-3第84页中"U"形筋构
造封边方式，侧面构造纵筋筋Φ12@200。
8. 基础筏板下设100mm厚C15素混凝土垫层，每边出基础边
100mm，至层与筏板同做防水层，具体做法详基坑详图。
图中所注基础底标高为垫板底标高，基坑构造做法详见11G101-
3第94页。
9. 电梯井壁及底板筋厂家技术图接做法无
误后方可施工。
10. 电梯井道及电梯厂家技术图接做法无
误后方可施工，预埋件和电梯井尺寸，详平面图。
11. 楼梯间加厚300mm回填材料加C7.5沟渣混凝土。

基坑做法大样
未注明钢筋详筏板配筋

集水坑做法大样
未注明钢筋详筏板底筋

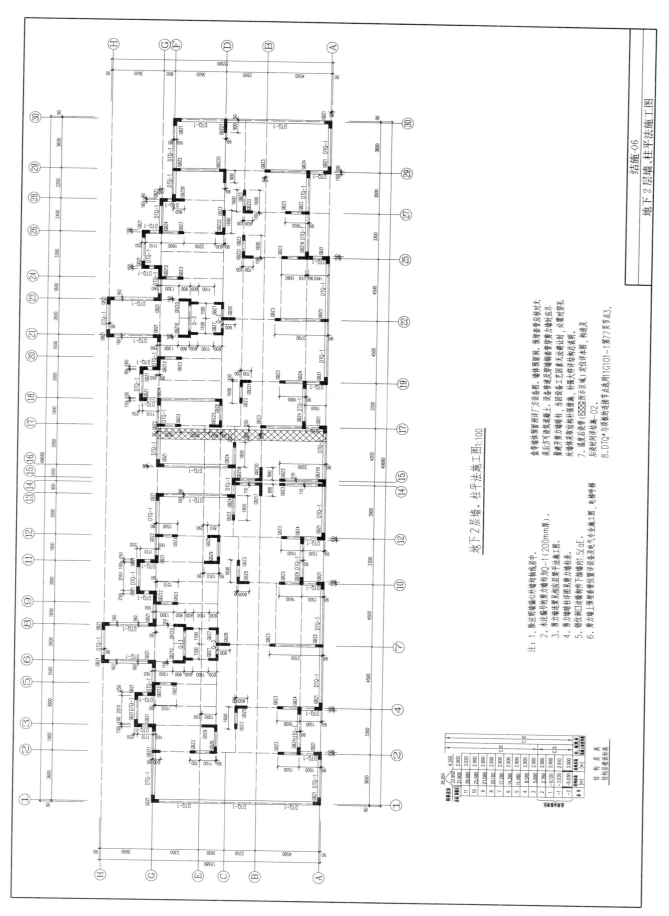

地下2层 墙、柱平法施工图 1:100

注：1. 除注明墙体中心线与轴线重合者外，其余详见各层平面图中。
2. 未注墙号剪力墙，其墙厚均为Q-1，200mm厚。
3. 剪力墙连梁只表见剪力墙连梁表。
4. 剪力墙暗柱详图只见剪力墙柱表。
5. 错位洞口边墙构件下插墙划.5乙OE。
6. 剪力墙上预留套管位置及洞口见各电气专业施工图，也梯井等。

全墙墙体预留详详详详方设备、设备预留洞、墙套预预留预留无
接后方可浇地墙混凝土。设备管道及设备穿墙套穿墙套穿墙设对接现无
3. 剪力墙剪力墙加墙构Q-工艺因素无法遮让时，当遮开设备工艺因素无法遮让时，必需对穿孔
火墙体采取轻补墙补墙墙、补图大详详详详结构总图。
7. 混凝土浇筑（■■■）所示区域）定详本图，构造及
后浇时间详注接02。
8. DTQ号与顶板构造连接节点选用1G101-1第77页节点.5.

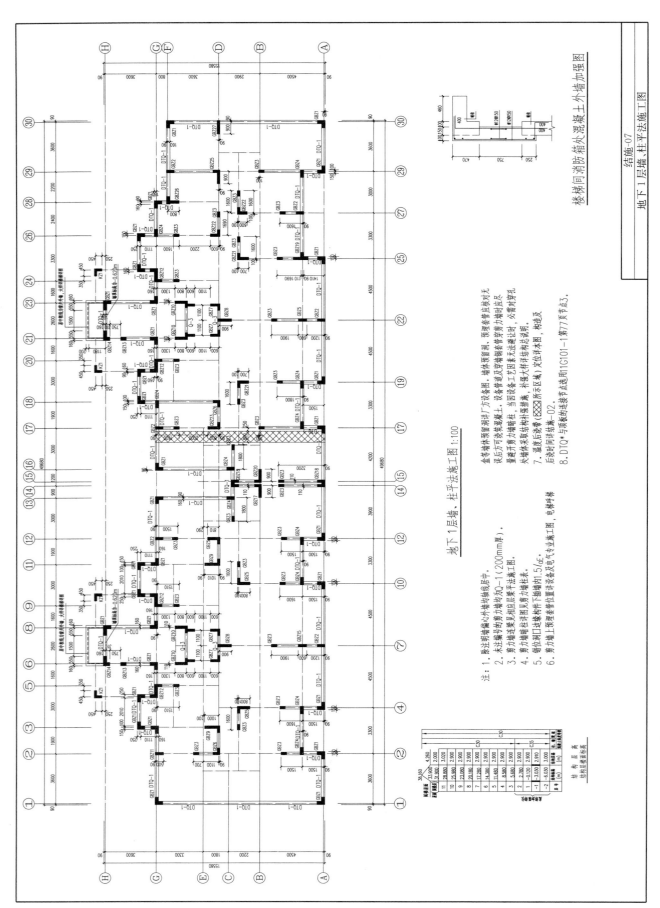

地下1层墙、柱平法施工图 1:100

注：1. 除注明墙心外墙均与轴线居中。
   2. 未注明的剪力墙均为Q-1(200mm厚)。
   3. 剪力墙连梁见相应层梁平法施工图。
   4. 剪力墙暗柱详图见剪力墙柱表。
   5. 错台洞口边线构件下详细墙构件，电梯吊梯
   6. 剪力墙上预埋套管位置及电气专业施工图，电梯吊梯

   含等墙体预留洞详厂方设备图，墙体预留洞、
   误历开发建筑混凝土，设备管道及穿墙钢套管穿剪力墙时应无
   量通开剪力墙暗柱，当四设备工艺图素无法通让时，火灾对穿孔
   火灾墙体采取结构补强措施，补强大详见结构总说明。
   7. 温度后浇带（区）所示区域）定位详本图，构造及
   后浇时详详结施-02。
   8. DTQ*与顶板的连接节点选用11G101-1第77页节点3。

楼梯间消防箱处混凝土外墙加强图

地下1层墙、柱平法施工图

地下1层、地下2层剪力墙暗柱表(1)

编号	截面	标高	纵筋	箍筋
GBZ1		地下1层、地下2层	16Φ12	Φ6@150
GBZ2		地下1层、地下2层	8Φ12	Φ6@150
GBZ3		地下1层、地下2层	6Φ12	Φ6@150
GBZ4		地下1层、地下2层	10Φ12	Φ6@150
GBZ5		地下1层、地下2层	16Φ12	Φ6@200
GBZ6		地下1层、地下2层	12Φ12	Φ6@200
GBZ7		地下1层、地下2层	14Φ12	Φ6@200
GBZ8		地下1层、地下2层	12Φ12	Φ6@200
GBZ9		地下1层、地下2层	18Φ12	Φ6@200
GBZ10		地下1层、地下2层	24Φ12	Φ8@200
GBZ11		地下1层、地下2层	8Φ12	Φ8@200
GBZ12		地下1层、地下2层	28Φ12	Φ8@200
GBZ13		地下1层、地下2层	10Φ12	Φ8@150
GBZ14		地下1层、地下2层	14Φ12	Φ8@200
GBZ15		地下1层、地下2层	8Φ12	Φ8@150
GBZ16		地下1层、地下2层	20Φ12	Φ8@200
GBZ17		地下1层、地下2层	18Φ12	Φ8@200
GBZ18		地下1层、地下2层	16Φ12	Φ8@150

剪力墙墙身表

编号	范围	墙厚	垂直分布筋	水平分布筋	排数	拉筋	备注
DTQ1	地下2层	250	外箍12@100 内箍12@150	Φ12@150	2	Φ6@450×450	用于主楼与室外相接的墙体
	地下1层	250	外箍12@150 内箍12@150	Φ12@150	2	Φ6@450×450	竖向钢筋在外侧，水平钢筋在内侧
Q1	地下2层	200	Φ10@200	Φ12@200	2	Φ6@600×600	
	地下1层	200	Φ10@200	Φ12@200	2	Φ6@600×600	竖向钢筋在内侧，水平钢筋在外侧
Q2	地下2层	250	Φ12@200	Φ12@200	2	Φ6@600×600	
	地下1层	250	Φ10@200	Φ12@200	2	Φ6@600×600	
Q3	地下2层	180	Φ10@200	Φ12@200	2	Φ6@600×600	
	地下1层	180	Φ10@200	Φ12@200	2	Φ6@600×600	
	1~2层	180	Φ8@200	Φ8@200	2	Φ6@600×600	
	四层及以上	180	Φ8@200	Φ8@200	2	Φ6@600×600	

挡土墙水平筋乙字形暗柱中搭接详图

结施-09

地下1层、地下2层剪力墙暗柱表(2)

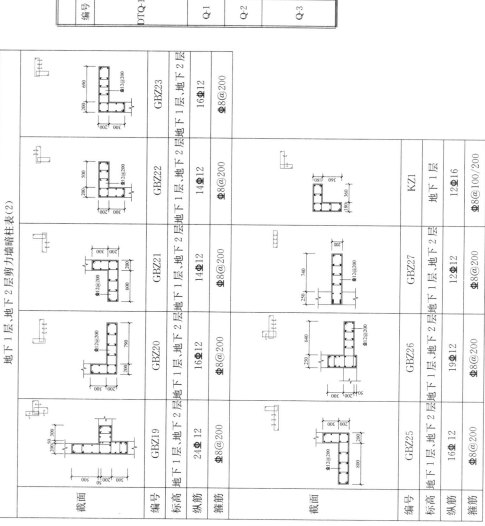

截面					
编号	GBZ19	GBZ20	GBZ21	GBZ22	GBZ23
标高	地下1层、地下2层	地下1层、地下2层	地下1层、地下2层	地下1层、地下2层	地下1层、地下2层
纵筋	24Φ12	16Φ12	14Φ12	14Φ12	16Φ12
箍筋	Φ8@200	Φ8@200	Φ8@200	Φ8@200	Φ8@200

截面			
编号	GBZ25	GBZ26	GBZ27	KZ1
标高	地下1层、地下2层	地下1层、地下2层	地下1层、地下2层	地下1层
纵筋	16Φ12	19Φ12	12Φ12	12Φ16
箍筋	Φ8@200	Φ8@200	Φ8@200	Φ8@100/200

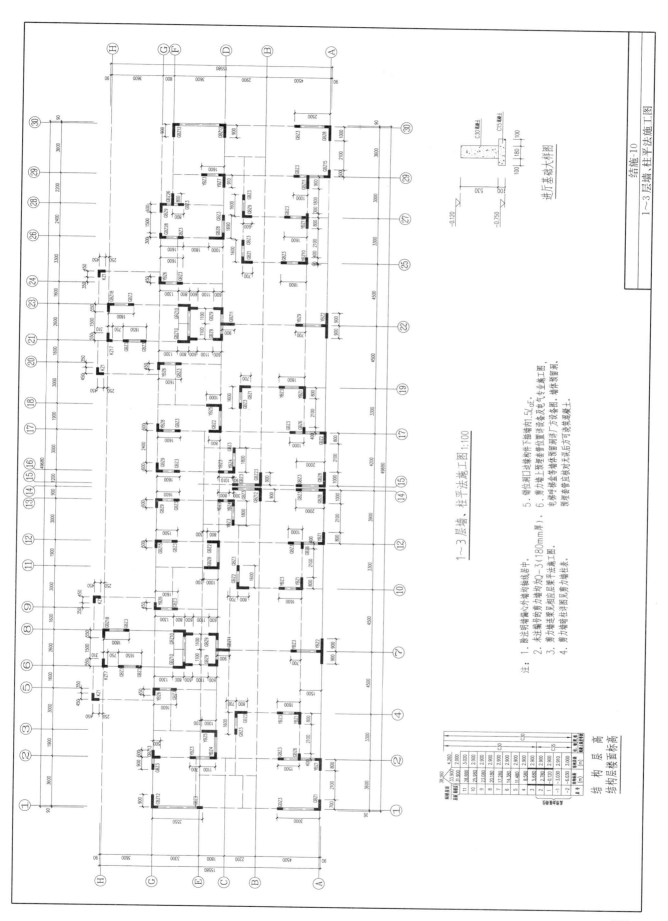

1～3层墙、柱平法施工图 1:100

注：1．除注明暗柱偏心外墙均沿构轴线居中。
2．未注编号的剪力墙均为Q～3(180mm厚)。
3．剪力墙连梁见梁平法施工图。
4．剪力墙暗柱详图见剪力墙柱表。
5．墙位洞口边墙件下端埋入墙内1.5LoE。
6．剪力墙上顶里套管设置详见电气专业施工图，电梯井墙套管等墙体预留洞详厂方设备图，墙体预留洞，预埋套管应核对无误后方可浇筑混凝土。

进厅基础大样图

结构层楼面标高

279

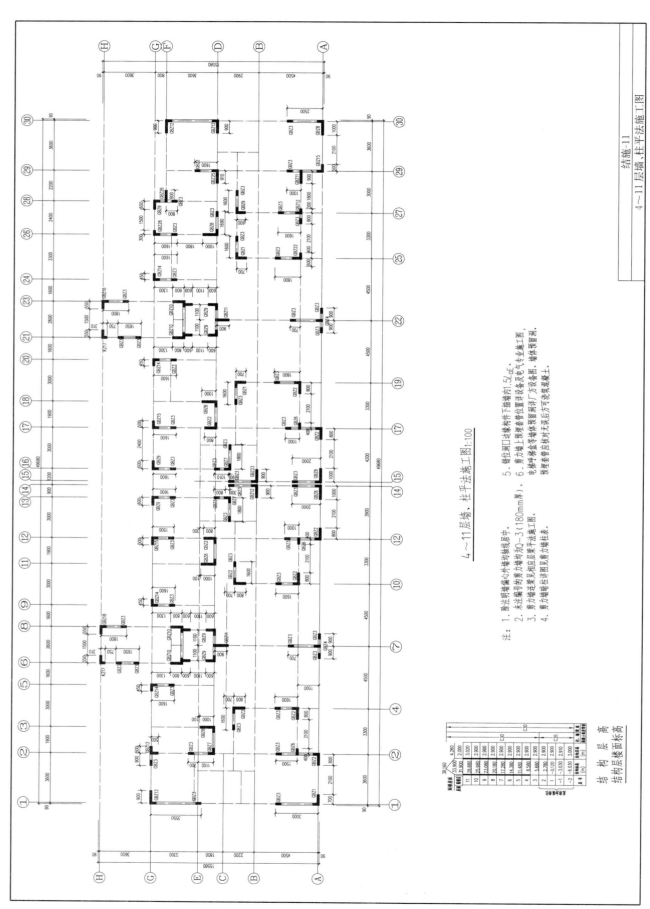

4～11层墙、柱平法施工图1:100

注：1. 除注明墙体中心墙对外墙均轴线居中。
2. 未注墙号的剪力墙均为Q-3（180mm厚）。
3. 剪力墙连梁见相应层梁平法施工图。
4. 剪力墙柱详图见剪力墙柱表。
5. 墙位洞口边缘构件下墙厚1.5dE。
6. 剪力墙上预留套管位置详设备及电气专业施工图，电梯开关、留洞样项留剖详详厂方安装图，墙体预留洞、预埋套管应核对无误后方可浇筑混凝土。

结 构 层 高
结构层楼面标高

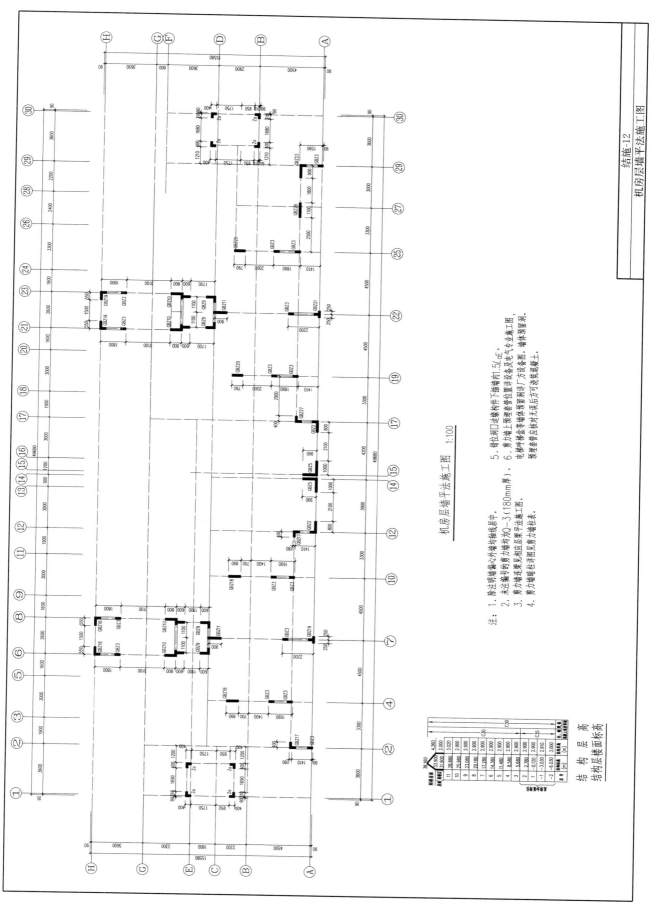

机房层墙平法施工图 1:100

注：1. 除注明墙体偏心外墙均居轴线中。
2. 未注墙号的剪力墙为Q−3(180mm厚)。
3. 剪力墙连梁见相应层剪力墙平法施工图。
4. 剪力墙暗柱详图见剪力墙柱表。
5. 锚位洞口过梁构件下插墙内1.5l_{aE}。
6. 剪力墙体等墙体预留套管位置详设备及电气专业布置图，
电梯井等墙体预留孔洞详详厂方设备图，墙体预留洞，
预埋套管应核对无误后方可浇混凝土。

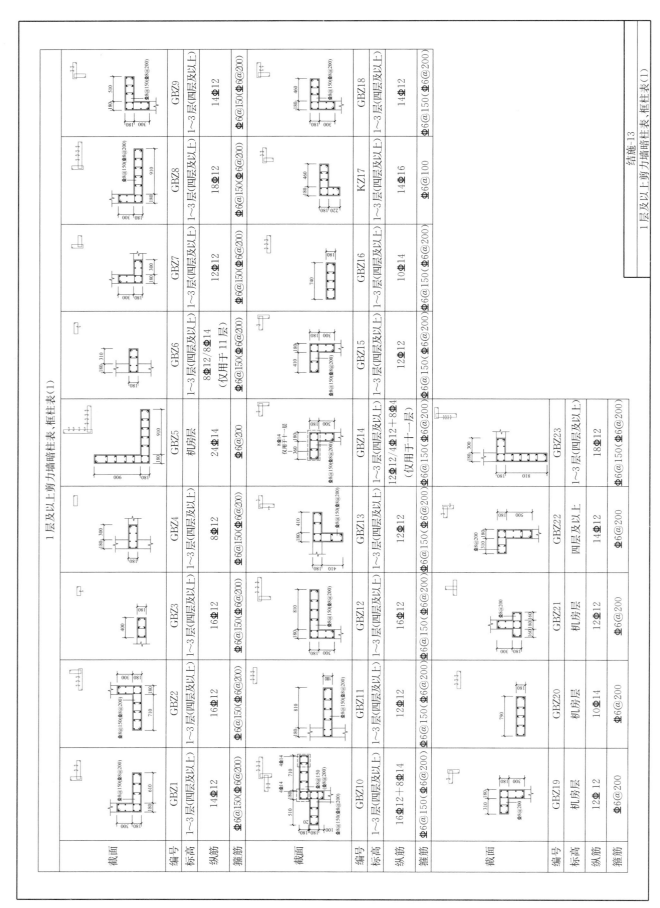

1层及以上剪力墙暗墙柱表、框柱表(1)

截面									
编号	GBZ1	GBZ2	GBZ3	GBZ4	GBZ5	GBZ6	GBZ7	GBZ8	GBZ9
标高	1~3层(四层及以上)	1~3层(四层及以上)	1~3层(四层及以上)	1~3层(四层及以上)	机房层	1~3层(四层及以上)	1~3层(四层及以上)	1~3层(四层及以上)	1~3层(四层及以上)
纵筋	14Φ12	16Φ12	16Φ12	8Φ12	24Φ14	8Φ12/8Φ14 (仅用于11层)	12Φ12	18Φ12	14Φ12
箍筋	Φ6@200	Φ6@150(Φ6@200)	Φ6@150(Φ6@200)	Φ6@150(Φ6@200)	Φ6@200	Φ6@150(Φ6@200)	Φ6@150(Φ6@200)	Φ6@150(Φ6@200)	Φ6@150(Φ6@200)
截面									
编号	GBZ10	GBZ11	GBZ12	GBZ13	GBZ14	GBZ15	GBZ16	KZ17	GBZ18
标高	1~3层(四层及以上)	1~3层(四层及以上)	1~3层(四层及以上)	1~3层(四层及以上)	1~3层(四层及以上)	1~3层(四层及以上)	1~3层(四层及以上)	1~3层(四层及以上)	1~3层(四层及以上)
纵筋	16Φ12+8Φ14	12Φ12	16Φ12	12Φ12	12Φ12/4Φ12+8Φ4 (仅用于十一层)	12Φ12	10Φ14	14Φ16	14Φ12
箍筋	Φ6@150(Φ6@200)	Φ6@150(Φ6@200)	Φ6@150(Φ6@200)	Φ6@150(Φ6@200)	Φ6@150(Φ6@200)	Φ6@150(Φ6@200)	Φ6@150(Φ6@200)	Φ6@100	Φ6@150(Φ6@200)
截面									
编号	GBZ19	GBZ20	GBZ21	GBZ22	GBZ23				
标高	机房层	机房层	机房层	四层及以上	1~3层(四层及以上)				
纵筋	12Φ12	10Φ14	12Φ12	14Φ12	18Φ12				
箍筋	Φ6@200	Φ6@200	Φ6@200	Φ6@200	Φ6@150(Φ6@200)				

结施-13

1层及以上剪力墙暗墙柱表、框柱表(1)

编号	GBZ25	GBZ26	GBZ27	GBZ28	GBZ29	YBZ1	YBZ2	YBZ3	YBZ4
截面									
标高	1~3层(四层及以上)	1~3层(四层及以上)	1~3层(四层及以上)	1~3层(四层及以上)	机房层	1~3层	1~3层	1~3层	1~3层
纵筋	16Φ12	12Φ12	12Φ12	10Φ12	14Φ14	10Φ14+6Φ12	18Φ4+10Φ12	6Φ14	8Φ14+4Φ12
箍筋	Φ6@150(Φ6@200)	Φ6@150(Φ6@200)	Φ6@150(Φ6@200)	Φ6@150(Φ6@200)	Φ6@200	Φ6@150	Φ6@150	Φ6@150	Φ6@150

编号	YBZ5	YBZ6	YBZ7	YBZ8	YBZ9	YBZ10	YBZ11	KZ1	Za
截面									
标高	1~3层	1~3层	1~3层	1~3层	1~3层	1~3层	1~3层	1层	机房层
纵筋	12Φ14+6Φ12	8Φ14+4Φ12	14Φ14+2Φ12	8Φ14+4Φ12	8Φ14	14Φ16	12Φ14+6Φ12	12Φ16	8Φ16
箍筋	Φ8@150	Φ8@150	Φ8@150	Φ8@150	Φ8@150	Φ8@150	Φ6@150	Φ8@100/100/200	Φ8@100

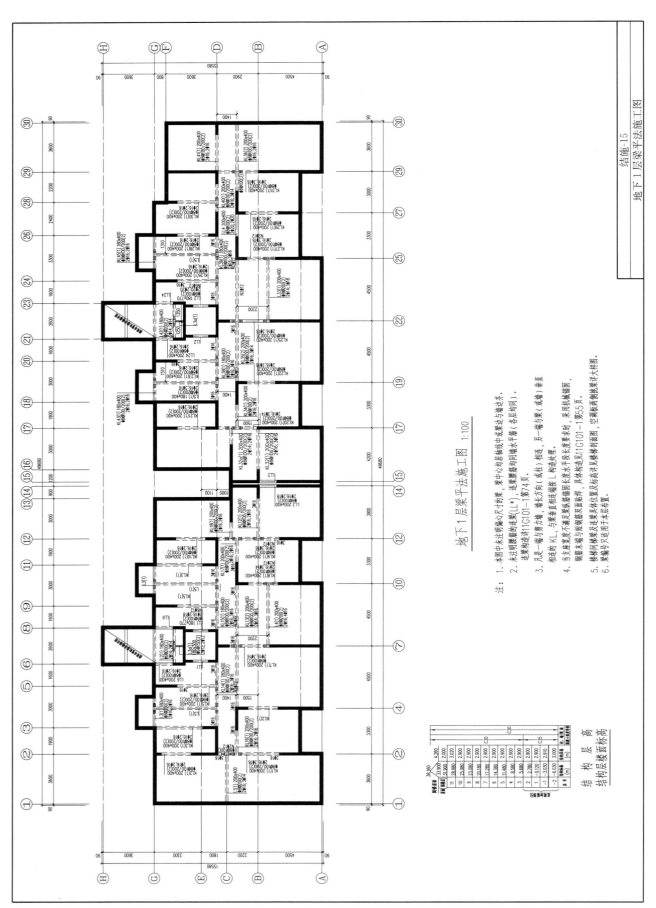

地下1层梁平法施工图 1:100

注： 1. 本图中未注明梁定位尺寸均按梁中心线与轴线中或梁边与墙边齐。
　　 2. 未注明腰筋的连梁（LL*），连梁腰筋均同暗柱水平箍（各层均同）。
　　 3. 凡是一端与剪力墙、墙水方向（或柱）相连，另一端与梁（或柱）垂直相连的KL，与梁垂直相连端按L构造处理。
　　 4. 当支座处宽不满足梁纵筋锚固长度水平段长度要求时，采用机械墙墙图钢筋锚固端双面贴焊。具体构造见11G101-1，第55页。
　　 5. 楼梯间楼板及连梁具体位置及标高详见楼梯剖面图，空调板及配筋详见板面配筋梁详大样图。
　　 6. 梁编号只适用于本层布置。

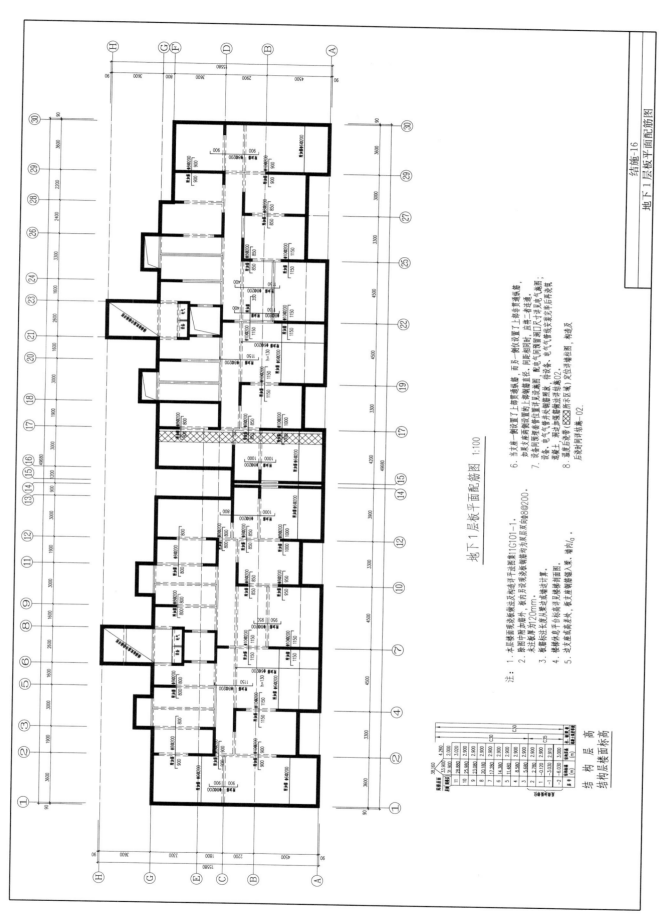

地下1层板平面配筋图 1:100

注：
1. 本层楼面现浇板选法及构造详法图集11G101-1。
2. 除图中附加钢外，板内只设现浇板钢筋均为双层双向8@200。
3. 未注明板边另为20mm。
4. 板筋标注长度从墙边或梁边进计算。
5. 楼梯休息平台标高详见楼梯剖面图。
6. 进支座或梁标高差时，板支座钢筋锚入梁、墙内l_a。

6. 当支座一侧设置了上部贯通纵筋，而另一侧设置了上部非贯通纵筋，应择一者连续，如果支座两侧设置的上部钢筋直径、同配筋相同时。
7. 设备间及电气管井位置详见设备图、给排水、电气图，电气管线支先完半后再浇筑混凝土，洞边加强筋详见结施-02。
8. 温度后浇带（区区）所示区域）定位详墙桂图，后浇时间详结施-02。

地下1层板平面配筋图

结 构 层 楼 面 标 高
结 构 层 高

层 号	标 高(m)	层高(m)	混凝土强度
屋面2	38.160		
塔层2	33.900	4.260	
11	31.900	2.000	
10	28.880	3.020	C30
9	25.980	2.900	
8	23.080	2.900	
7	20.180	2.900	
6	17.280	2.900	
5	14.380	2.900	
4	11.480	2.900	C30
3	5.680	2.900	
2	2.780	2.900	
1	-0.120	2.900	C35
-1	-3.030	2.910	
-2	-6.030		

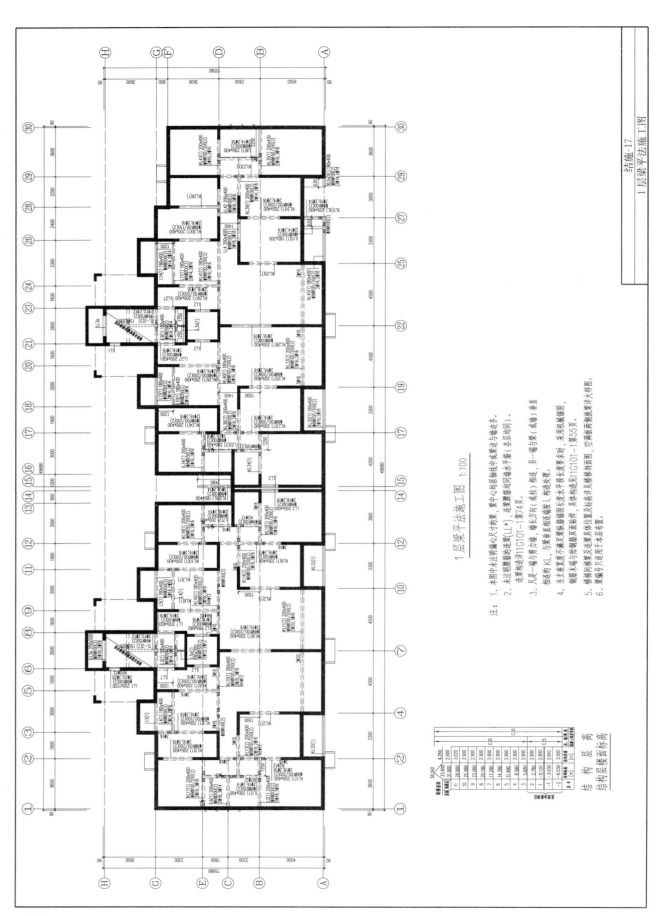

1层梁平法施工图 1:100

注： 1. 本图中未注明偏心尺寸的梁，梁中心均居轴线中或梁边与墙边齐。

2. 未注明腰筋的连梁（LL*），连梁腹板均同墙水平筋（各层均同）。
连梁构造详11G101—1第74页。

3. 凡是一端与剪力墙、墙长方向（或柱）相连，另一端与梁相连
（或柱）时，柱时一端与梁竖直（或墙）垂直
柱相连的KL，与梁垂直相连接L构造处理。
锚固末端与钢筋数及直锚固长度水平段长度要求时，采用机械锚固，
锚固值见本图或面层详面图，具体构造见11G101—1第55页。

4. 当支座宽度不满足梁纵向钢筋水平段长度要求时，采用机械锚固，

5. 楼梯间梁及连连梁详见标准详楼梯详面图，空调板两侧板见梁详大样图。

6. 本图号只适用于本层布置。

结 构 层 高
结构层楼面标高

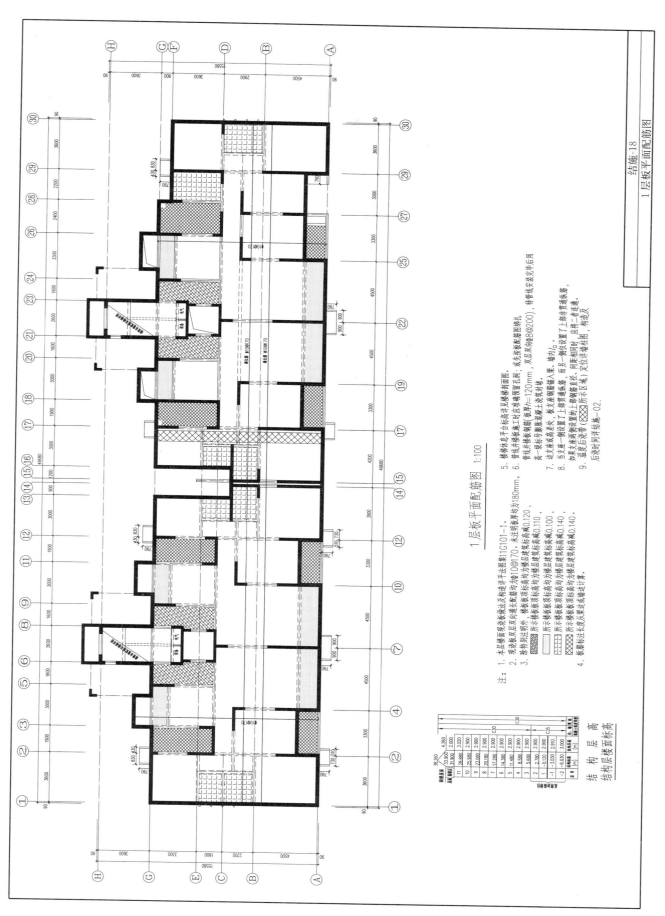

1层板平面配筋图 1:100

注：
1. 本层现浇板做法及构造详见图集11G101-1。
2. 现浇板双层双向通长钢筋均为Φ10@170。未注明板厚均为180mm。
3. 除特别注明外，楼板板顶标高均为本层建筑标高减0.120，所示楼板板顶标高均为本层建筑标高减0.110，所示楼板板顶标高均为本层建筑标高减0.100，所示楼板板顶标高均为本层建筑标高减0.140，所示楼板板顶标高均为本层建筑标高减0.140。
4. 板筋标注长度从墙边起算。

5. 楼梯休息平台标高见楼梯剖面图。
6. 楼板未做板底钢筋（板厚＝120mm，或先做板底留斜孔，待管线安装完毕后用），双层双向均为Φ8@200，样管线安装完毕后用。
7. 凡支座两侧板顶有高差处，板支座底钢筋放入、取小值板，墙内lₐ。
8. 凡连接楼板顶的上部贯通纵筋，而另一侧板设置了上部非贯通纵筋，应将一者连通。
9. 温度后浇带（区域）所示区域，定位详墙柱图，构造及后浇时详结施-02。

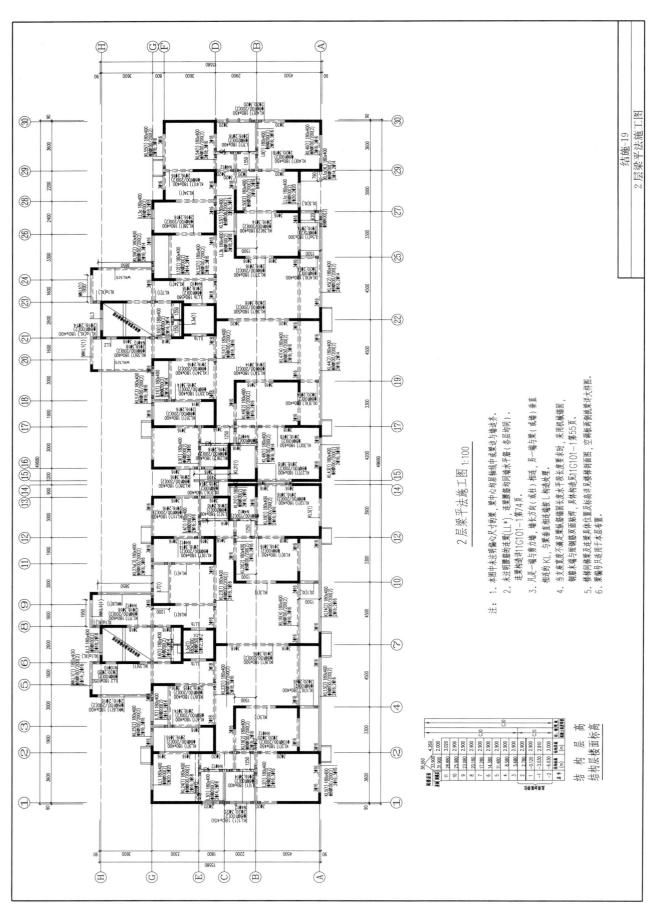

2 层梁平法施工图 1:100

注： 1. 本图中未注明跨公尺寸均梁，梁中心均层轴线中梁的边与柱边齐。

2. 未注明腰筋的连梁（LL*），连梁腰筋同墙水平筋（各层均同）。连梁构造详11G101-1,第74页。

3. 凡是一端与剪力墙（或墙）相连，另一端与梁（或墙）垂直相接的KL，与梁垂直相接端按L构造处理。

4. 当支座宽度不满足梁纵筋锚固长度水平段长度要求时，采用机械锚固，钢筋末端与短钢筋搭面贴焊，具体构造见11G101-1第55页。

5. 楼梯间梁及连梁梁身位置及标高详见楼梯剖面图，空调板两侧梁详大样图。

6. 梁编号只适用于本层楼面。

结 构 层 楼 面 标 高

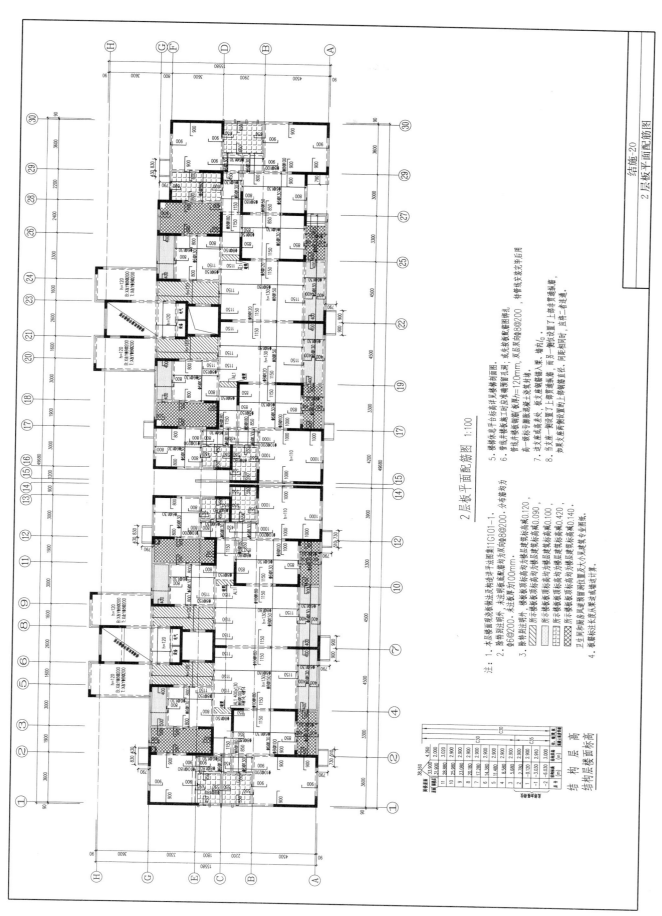

2层板平面配筋图 1:100

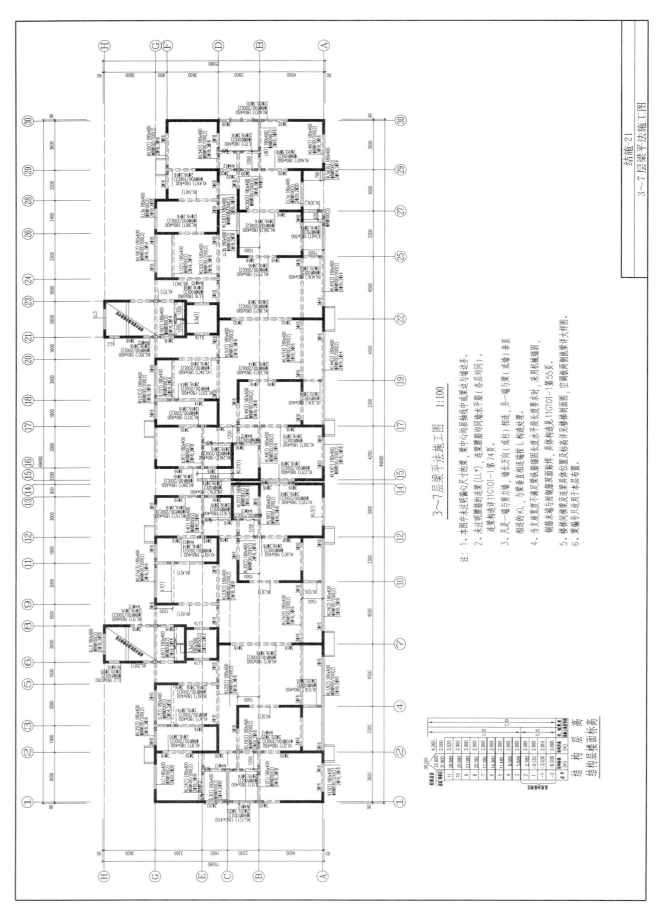

3～7层梁平法施工图 1:100

注：1. 本图中未注明偏心的梁，梁中心均居轴线中或梁边与墙边齐。

2. 未注明腰筋的连梁（LL*），连梁腰筋同墙体水平筋（各层均同）。

3. 凡见一端与剪力墙、墙长方向（或柱）相连，另一端与梁（或柱）垂直相连的KL，与梁垂直相连端按L构造处理。

4. 当支座处大于梁净跨长度时，梁标注位置及标高见楼梯详图，空调板两侧梁详大样图。

5. 楼梯间梁及连梁具体位置及标高详见楼梯剖面图，空调梁两侧梁详大样图。

6. 梁编号只适用于本层布置。

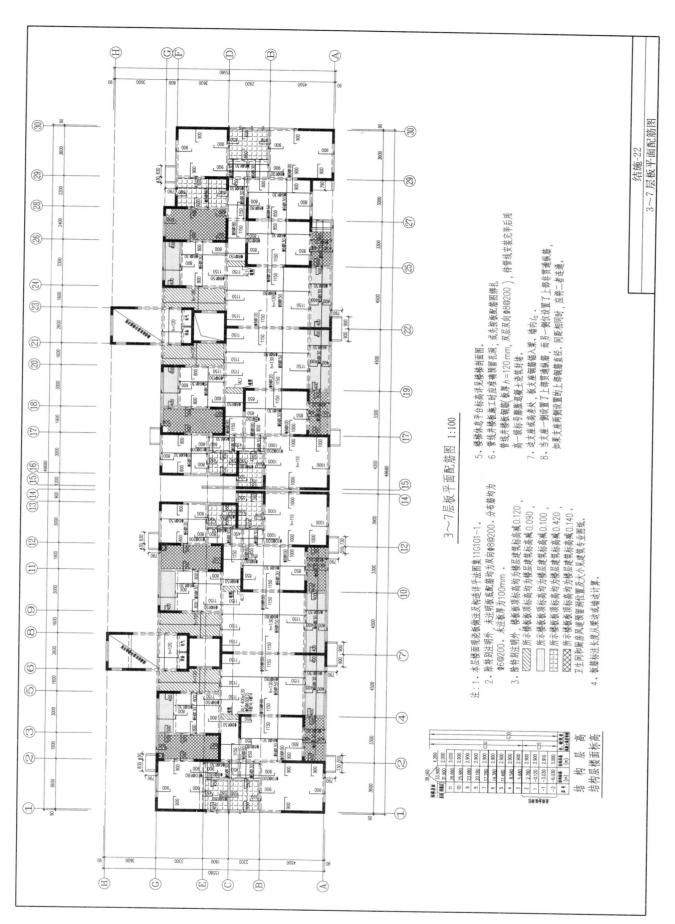

3～7层板平面配筋图 1:100

注：1、本层楼面现浇板做法及构造详平法构造详图面图。

2、除特别注明外，注明板底配筋均为双向 Φ8@200。分布筋均为
Φ6@200。未注板厚均为100mm。

3、除特别注明外，楼板顶标高均为楼层建筑标高减0.120，
所示楼板顶标高均为楼层建筑标高减0.090，
所示楼板顶标高均为楼层建筑标高减0.100，
所示楼板顶标高均为楼层建筑标高减0.420，
所示楼板顶标高均为楼层建筑标高减0.140。

4、板筋标注长度从梁边或墙边进行计算。

5、楼梯休息平台与标高同详见楼梯详图。

6、管线井楼板施工时应准确预留引洞，或先按板配筋留扎，
待管线双向Φ8@200），待楼线表先半后用
管线双向楼层混凝土浇筑找平。

7、进支座或高差大，板支座钢筋锚入梁、墙肉lₐ。

8、当支座两侧设置了贯通通纵筋，而另一侧仅设置了上部通通纵筋，
如果支座两侧设置的上部钢筋直径，同配筋时应相同时，应将一者连通。

构 造 层 楼 面 面 标 高				
屋面	38.160			
顶层	33.900	4.260	2.000	
11	31.900	3.020		
10	28.880	2.900		C30
9	25.980	2.900		
8	23.080	2.900		
7	20.180	2.900		
6	17.280	2.900		
5	14.380	2.900		C30
4	11.480	2.900		
3	8.580	2.900		
2	5.680	2.780		C35
1	-0.120	-3.000	2.900	
-1	-3.000		3.000	
-2	-6.030			

结 构 层 楼 面 面 标 高

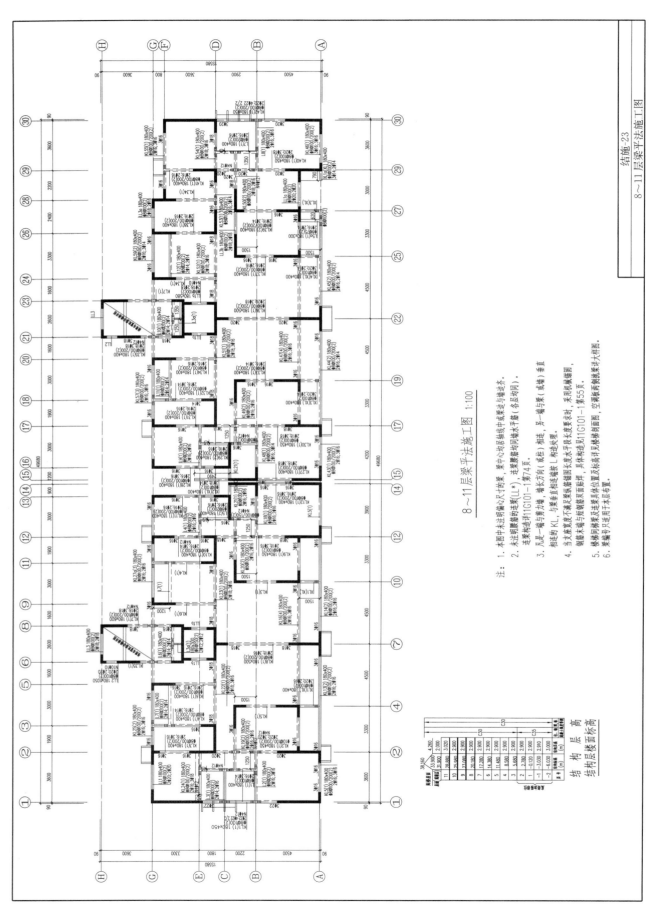

8~11层梁平法施工图 1:100

注： 1. 本图中未注明偏心尺寸的梁，梁中心均与柱中线中轴或与墙边齐。
     2. 未注明腰筋的连梁（LL*），连梁腰筋同阳墙水平筋（各层均同）。
     3. 凡是一端为剪力墙，墙长方向（或柱、柱），另一端与梁（或墙）垂直相交的KL，与梁垂直相连端按L构造处理。
     4. 当支座两不满灵梁纵筋断面长度水平段长度要求时，采用机械锚固，钢筋末端与短钢筋双面焊接详见1G101-1第55页。
     5. 楼梯同梁及连接具体位置及标高详见楼梯剖面图，空梯板两侧按梁详大样图。
     6. 梁编号只适用于本层布置。

结 构 层 楼 面 标 高
结 构 层 高

292

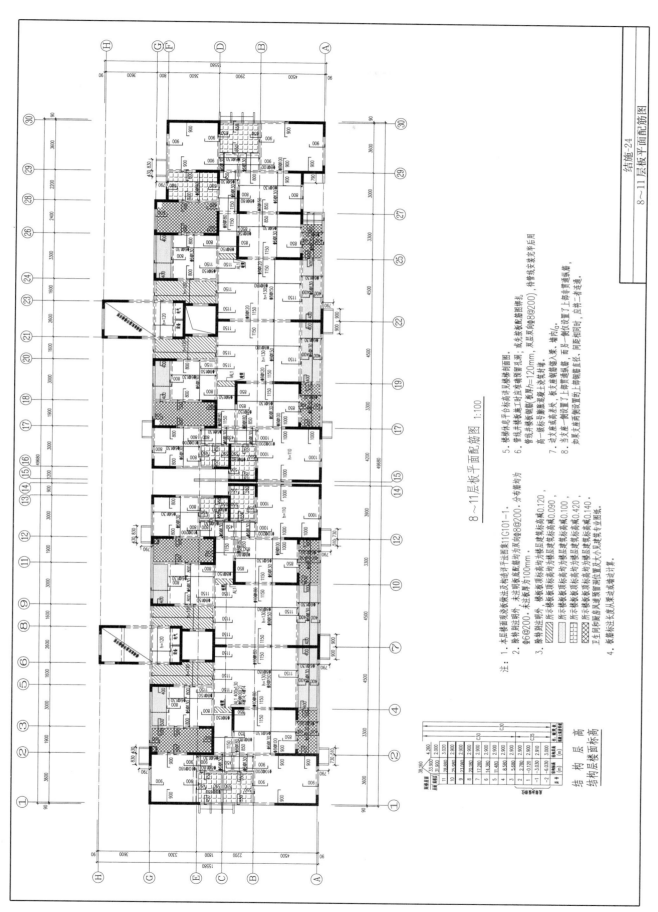

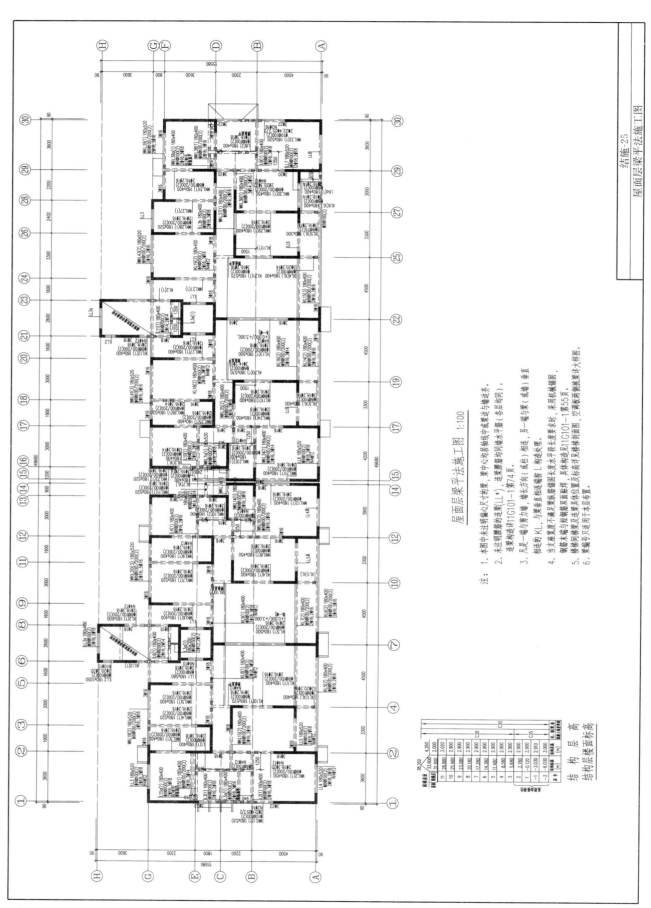

屋面层梁平法施工图 1:100

注: 1. 本图中未注明梁中心定位尺寸的梁，梁中心均居居轴线中或墙边与梁边齐。
2. 未注明腰筋的连梁(LL*)，连梁腰筋均同墙水平筋(各层均同)。
3. 层一端与剪力墙(墙支方向)或(相垂)相连，另一端与梁(或墙垂直)相连的 KL，与梁垂直相接墙按 L 构造处理。
4. 当梁端不满足直锚长度要求时，采用机械锚固，具体构造见11G101-1～3，第55页。
楼梯间梁及其它未标高位置及梁标高见具体相应剖面图，空调板两侧详框梁详大样图。
5. 楼梯间梁及具体位置及楼梯布置见相应楼梯剖面图，第74页。
6. 梁编号只适用于本层布置。

结 构 层 楼 面 标 高
结 构 层 高

294

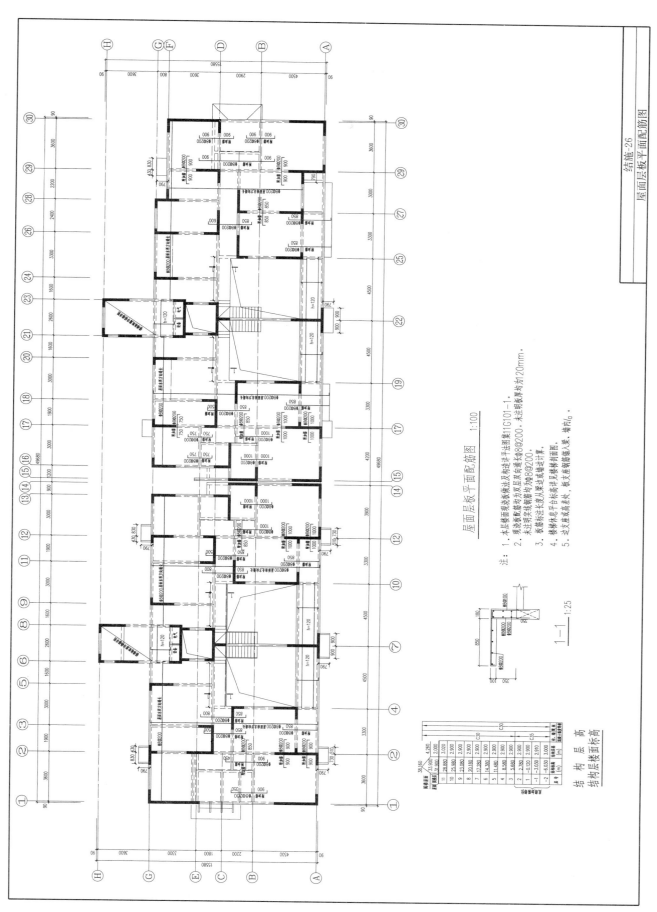

屋面层板平面配筋图 1:100

注：1. 本层楼面现浇板做法及构造详见平法图集11G101-1。
2. 现浇板配筋均为双层双向通长Φ8@200，未注明板厚均为20mm。
未注明现线板钢筋均为Φ8@200。
3. 板带注长及从梁边或墙边计算。
4. 楼梯休息平台标高详见楼梯剖面图。
5. 边支座及梁面高差表，板支座锚端入表。墙内l_a。

1—1 1:25

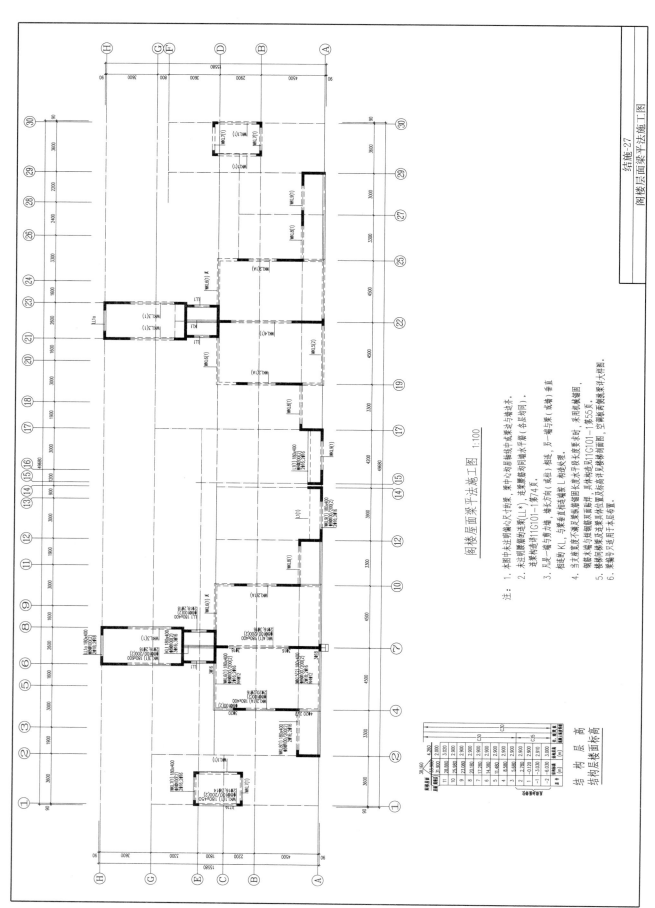

阁楼层面梁平法施工图 1:100

注： 1. 本图中未注明梁心为定位中线梁，梁中心均居轴线中或梁边与墙边齐。

2. 未注明腰筋的连梁（LL*）连梁腰筋均同墙水平筋（各层均同）。连梁构造详1G101-1第74页。

3. 凡是一端与剪力墙，与墙平行方向，墙（或柱）相连，另一端与梁（或墙）垂直相连的KL，与垂直相接端做L构造处理。

4. 当支座宽度及不满足受锚固直段长度水平段长度要求时，未用机械锚固，钢筋末端及短钢筋双层锚固见本图纸面，具体构造见1G101-1第55页。

5. 楼间间梁及连梁具体位置及标高见楼梯剖面图，空调板面侧梁梁详大样图。

6. 梁编号尺寸选用于本层布置。

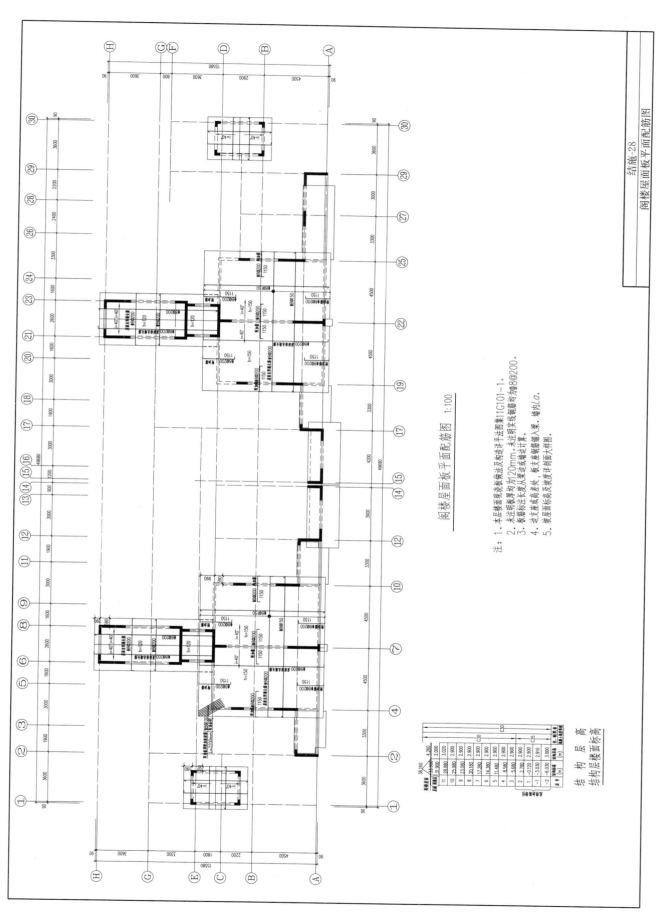

阁楼层面板平面配筋图 1:100

注: 1. 本层楼面现浇板做法及构造详平法图集11G101-1。
2. 未注明板厚均为20mm, 未注明梁边线或墙均为8@200。
3. 板筋标注长度以梁边线或钢筋为墙边计算。
4. 边支座高差处, 板支座钢筋锚入宽。墙内La。
5. 板屋面标高及坡度详剖面大详图。

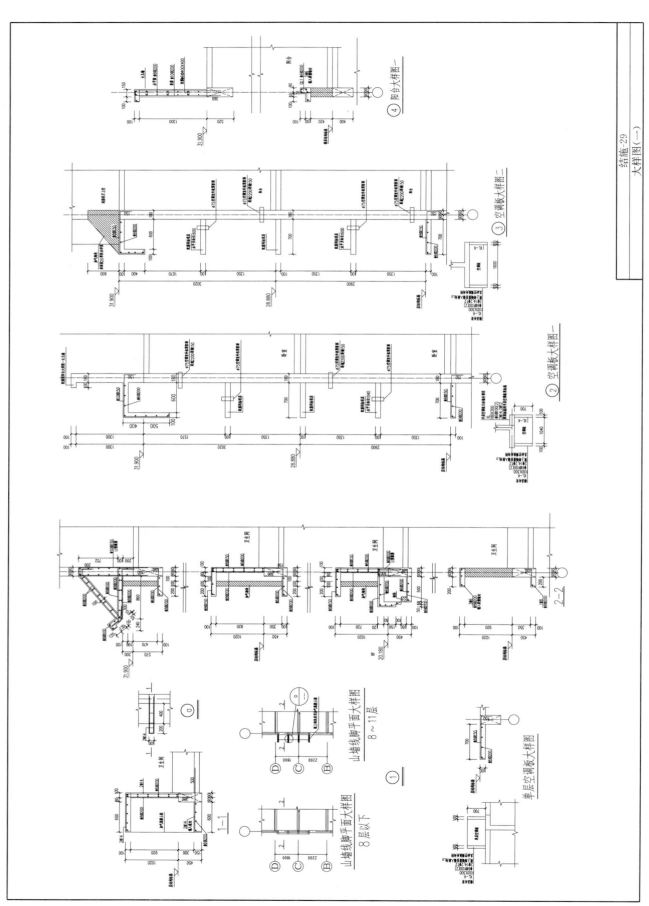

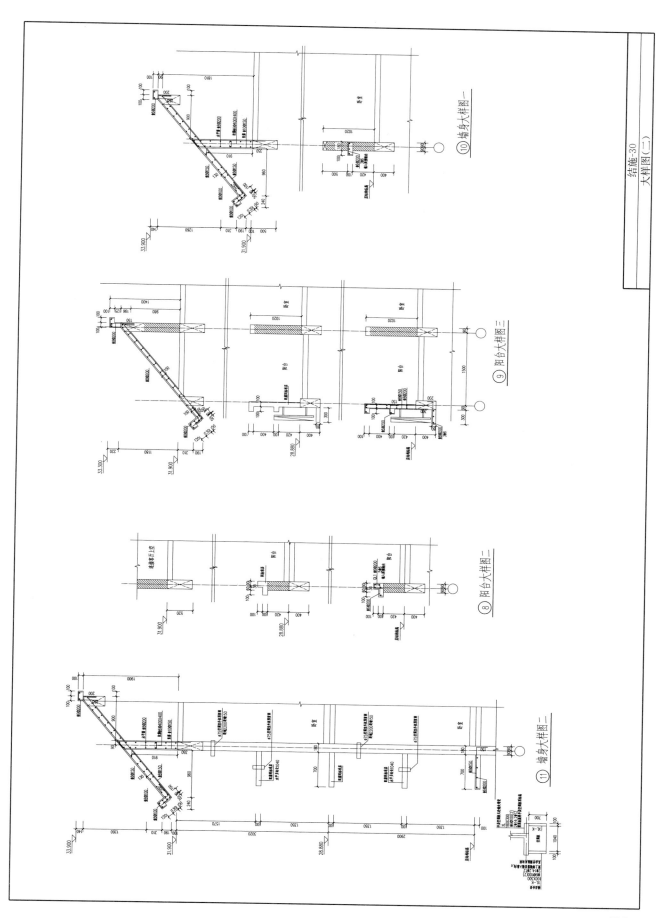

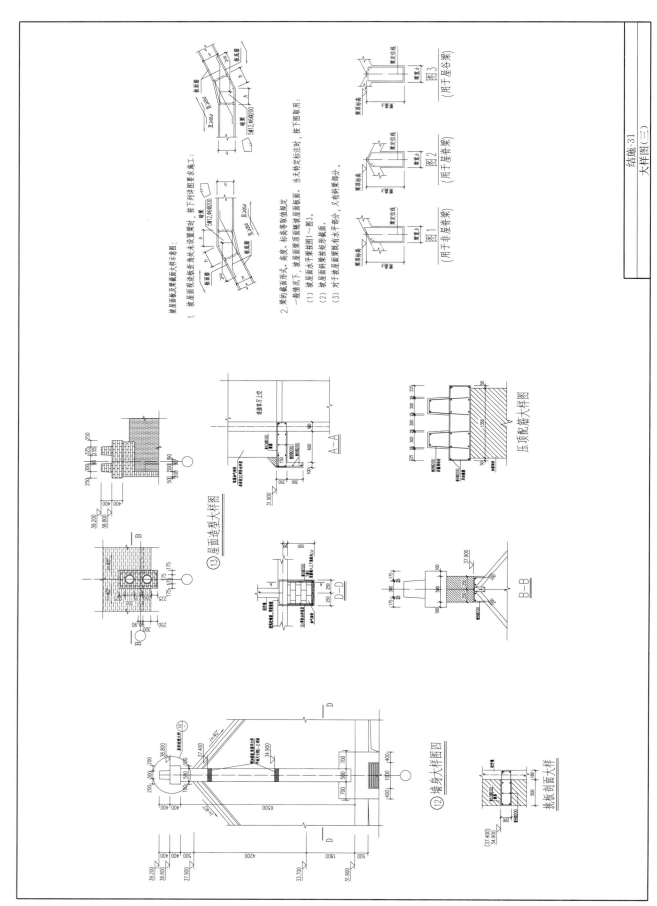

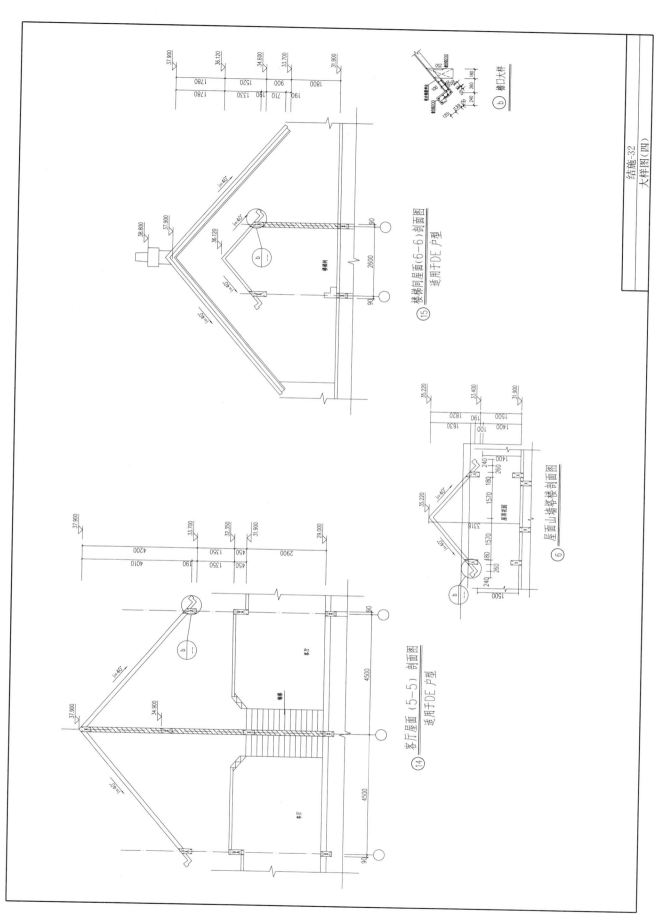

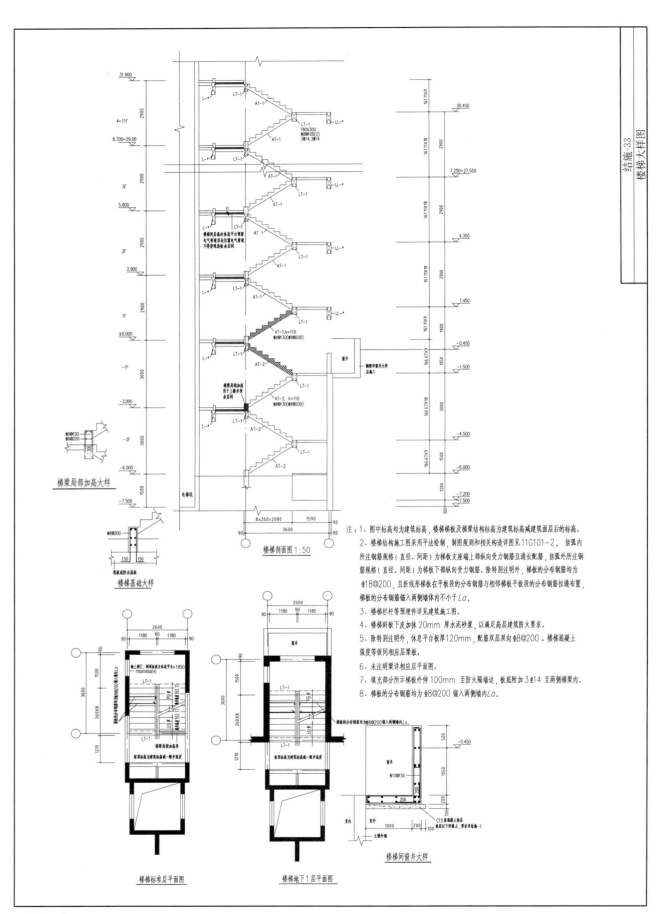

注：1、图中标高均为建筑标高，楼梯梯板及梯梁结构标高为建筑标高减建筑面层后的标高。
2、楼梯结构施工图采用平法绘制，制图规则和相关构造详图见11G101-2。括弧内所注钢筋规格（直径、间距）为梯板支座端上部纵向受力钢筋且通长配筋，括弧外所注钢筋规格（直径、间距）为梯板下部纵向受力钢筋。除特别注明外，梯板的分布钢筋均为⊕18@200，且折线形梯板在平板段的分布钢筋与相邻梯板平板段的分布钢筋拉通布置，梯板的分布钢筋锚入两侧墙体内不小于La。
3、楼梯栏杆等预埋件详见建筑施工图。
4、楼梯斜板下皮加抹20mm厚水泥砂浆，以满足高层建筑防火要求。
5、除特别注明外，休息平台板厚120mm，配筋双层双向⊕8@200。楼梯混凝土强度等级同相应层梁板。
6、未注明梁详相应平面图。
7、填充部分所示梯板外伸100mm 至防火隔墙边，板底附加3⊕14至两侧梯梁内。
8、梯板的分布钢筋均为⊕8@200 锚入两侧墙内La。

楼梯剖面图1:50

梯梁局部加高大样

楼梯基础大样

楼梯标准层平面图

楼梯地下1层平面图

楼梯间窗井大样

8 框剪高层住宅工程标准图集

目录见表 8-1。

序号	图集号	图集名称	页码	名称
29	L13J4-1	常用门窗	6	推拉全玻门立面图
30			78	平开夹板门立面图
31			79	平开夹板百叶门立面图
32	L13J4-2	专用门窗	3	GFM01、MFM01 选用图（一）
33	L13J5-1	屋面排水系统	A9	卷材、涂膜防水屋面、女儿墙详图
34			A10	卷材、涂膜防水屋面节点详图（一）
35			A11	卷材、涂膜防水屋面节点详图（二）
36			A13	防水屋面变形缝
37			A14	防水屋面出入口
38			E2	UPVC 雨水管
39			E3	屋面排水构件组合
40			E5	镀锌钢板雨水管详图
41			E6	管底出水口
42			E7	UPVC 雨水管零件（一）
43	L13J5-2	坡屋面	K4	块瓦屋面檐口
44	L13J8	楼梯	021	扶手栏杆高度与防攀爬和防攀滑
45			34	木扶手金属花式栏杆（二）
46			68	楼梯踏步水泥防滑条（一）
47			69	楼梯踏步水泥防滑条（二）
48			71	预埋件
49			74	钢梯（一）—1
50			75	钢梯（一）—2
51			78	钢梯预埋件及踏步板
52	L13J9-1	室外工程	103	多步台阶（二）
53			116	窗井支架
54			117	窗井支架铁件 H,J,K
55	L13J12	无障碍设施	21	坡道栏杆扶手（一）
56			25	坡道地面做法（一）
57	L13G7	钢筋混凝土过梁	36	100mm 厚蒸压加气混凝土砌块填充墙过梁选用表
58			38	200mm 厚蒸压加气混凝土砌块填充墙过梁选用表
59			81	TGLA10061～TGLA10242 尺寸、材料表
60			83	TGLA20061～TGLA20242 尺寸、材料表
61	12G614-1	砌体填充墙结构构造	16	填充墙顶部拉结做法

下篇　论统筹 e 算

绪　　论

统筹法（Overall Planning Method）最先是由我国著名数学家华罗庚教授提出的。简单的说，就是统筹计划将错综复杂的工作进行合理安排。在工程量计算领域，统筹法同样有着广阔的发挥空间。早在1973年，华罗庚教授的小分队就在沈阳进行了应用计算机编制建筑工程预算的初步尝试，并提出了统筹法计算工程量的设想。从1974年起，原国家建委建筑科学研究院经济研究所计算机应用小组曾先后与北京、天津、济南、西安等地的建工局、建委合作，进行了应用电子计算机编制工程预算的试验研究工作，并在山东济南和国内其他城市推广应用。

统筹法算量已推广了40多年，基本上没有发展。如大学教材中对统筹法算量的介绍仍然是"统筹程序、合理安排、利用基数、连续计算、一次算出、多次应用、结合实际、灵活机动"32个字的基本要点。

当今，对统筹法的研究，旨在将统筹法与电算表格算量相结合，打破算量信息孤岛，将其基本要点扩充为思想、关联、功能三个方面共8条原则64个字：

1. 规范算式，校核基数

基数由三线一面扩展为三线三面，形成一闭合体系，且必须进行校核，利用校核后的基数，一次算出，多次应用。

为了规范工程量计算式，便于交流，团队从采集数据顺序、基本约定、应用技巧、简化算式四个方面制定了11条数据采集规程来规范数据的录入。通过教学实践证明，使用以上11条数据采集规程，可以基本上做到使每人所录入的数据顺序一致而不必在图纸上做任何记号，这样就可以做到基数计算式的统一。此方法将为制定国家统一的工程量计算规范打下基础。

2. 统筹计算，清正简约

清正简约指的是所有计算公式均清晰的在计算书正文中以简约方式展现出来，便于核对和公开工程量计算式。核对时只看计算书而不需要计算机，也不需要在录入原始数据时用到的辅助计算图表。

3. 资源丰富，实时查询

原版清单计价规范、定额数据、计算规则、定额说明、综合解释、补充定额均及时更新，不断充实，以便供用户实时查询。

4. 数据算式，均可调用

应用该团队自创的二维序号变量技术，使计算书中所有计算结果和计算式、费用表中的计算，均可以二维变量的形式调用。

5. 重复内容，调用模板

可调用整个工程数据、做法清单/定额模板、清单/定额工程量或计算式以及建筑做法挂接定额模板等，能自动积累以上模板，供交流和新工程调用，可减少预算员的重复劳动，确保工程量清单的完整性。

6. 相同数据，自动带出

定额量与清单量相同或辅助计算表中与上行同列数据相同的数据以及定额中所包含的主材名称和数量均自动带出，以尽量节省原始数据的录入。

7. 图表结合，辅助计算

辅助计算表均配有图形，可选择填表录入数据或按图示位置录入后导入表中，通过录入原始数据，自动计算工程量，并列出计算式转入工程量计算书中。

8. 图算结果，兼容导入

统筹 e 算本着海纳百川的原则，尽量与其他软件兼容。目前，统筹 e 算可以导入斯维尔图算、广联达图算结果。对于其他软件成果，也可以先转换为 excel 表格数据后再导入。

统筹 e 算项目是通过长期的实践积累开发出来的一个实用项目，目前设计的必备表格有：门窗过梁表、基数表、构件表、项目模板、钢筋汇总表、工程量计算书、计价相关报表。该项目针对每一表格都设计了样式、用法，表格简单清晰、不繁琐、所见即所得、计算式透明、便于核对，符合造价员手算习惯。能够帮助预算员摆脱手算并且使工程量计算工作准确、高效。

自 2008 年起，经过 6 年的研究发展，该项目已经初具成效，出版了《建筑及装饰工程计量计价技术导则》、《建筑与装饰计量计价导则实训教程》、《统筹 e 算实训教程》、《工程量清单招标控制价实例教程》等 6 本大学及预算员教材用书，在住建部核心刊物上先后发表了 20 余篇论文，与山东各大高校均有良好的合作关系。目前，统筹 e 算项目已经引起广泛地支持和响应，未来，统筹 e 算将有更加无限广阔的发展前景。

从 2009~2017 年开始在中国建设报、中国建设信息杂志、工程造价管理杂志上发表的有关统筹 e 算的文章及论文 25 篇，涉及作者 21 人。本书选择了 5 篇便于读者了解国内对这方面的研究成果。在此仅向作者付出的辛勤劳动表示衷心的感谢。

编　者

2017 年 8 月

弘扬工程造价工匠精神

王在生　殷耀静　郝婧文

（青岛英特软件有限公司）

【摘要】工程造价的工匠精神可以用 12 个字来诠释：讲科学、守诚信、做智者、用统筹。本文论述了讲科学的 4 点含义：统一、校核、方法、工具；提出了在工程计量中如何做到守诚信：算 1 遍与算 10 遍 1 个样；如何做智者：将复杂的事简单化；以及如何实现统筹法电算工程量与 BIM 算量的互相验证。

【关键词】科学；诚信；智者；统筹

一、引言

现在大学中的工程造价教材仍停留在讲授手算阶段，而且并没有与 BIM 计量相结合来进行过验证 10 个人算 10 个样，1 人算 10 遍也是 10 个样被视为很正常现象；凭经验一口价的现象仍然大量存在；过去一份预算 10 页到顶，现在 50 页都打不住的浪费现象比比皆是；这些现状与李总理提到的工匠精神相差甚远。何谓工程造价工匠精神？应从哪些方面来弘扬工程造价工匠精神？这是我们每一个造价人应当认真思考并去实践的问题。

二、讲科学

现在的教科书上，仍然在提倡 10 个人算 10 个样的小学生算法。

例如，一般教材上介绍了多种工程量计算顺序：按施工顺序列项计算；按计价规则或定额的顺序计算；按顺时针方向计算；按"先横后竖、先上后下、先左后右"计算；按构件的分类和编号顺序计算；按"先独立后整体、先结构后建筑"计算。这 6 种顺序，只是将每人的计算方法进行罗列，其结果是 10 个人算 10 个样，一个人算 10 遍也是 10 个样。

再如：关于计算式的列法，如计算一个 L 形的场地平整工程量，算量教材上介绍的两种方法是：

方法 1：大扣小方法计算式 51 个符号：

$$S=(21+0.15\times2)\times(15+0.15\times2)-(6-0.15+0.15)\times(6-0.15+0.15)=289.89$$

方法 2：面积相加方法计算式 48 个符号：

$$S=(15+0.15\times2)\times(15+0.15\times2)+(6-0.15+0.15)\times(9+0.15\times2)=289.89$$

老预算员常用的方法是（大扣小结合心算）：$S=21.3\times15.3-6\times6=289.89$，该方法只用了 13 个字符。

算量教材上教的就是 10 个人算 10 个样的方法，怎么能要求教出来的学生达到 10 个人算 1 个样的科学效果呢，这就是我们将"学科学"改为"讲科学"的原因。

如何使计量计价成为一门科学，以下四点是必不可少的。

1. 改 10 个人算 10 个样为 10 个人算 1 个样

多年来工程造价界流传着这样几句话：工程计量宜粗不宜细；10 个人算 10 个样。现在有不少人会用各种图形算量软件画图、套清单定额、计算工程量。问他结果对不对时，却回答说："这是软件算的，自己没关注过对不对。"问软件公司的人员定额问题时，却回答说："我是学计算机的，你问我定额干什么。"

2. 计算结果要校核

科学要经过验证。也就是说计算结果要经过校对这一关。但是我们现在的大学教材中就没有"校核"这个提法。以传统的统筹法为例：要计算三线一面，即外墙长、外墙中、内墙净长和外围面积。如果其中一个数算错了怎么办，是不是一错到底。

《微电脑用于编制预算》一书中提出了将房间净面积列为基数和基数校核的概念，即：

基数校核公式： $S_i - S_{0i} - \sum(L_{ij} \times B_{ij}) \approx 0$

式中 L_{ij}——各类墙体长度（外墙中，内墙净长）；

B_{ij}——各类墙体宽度；

S_{0i}——各层房间净面积；

S_i——各层外围面积。

3. 计算方法要先进

现在的计量计价教材中都是小学生算法，连提取公因式和合并同类项等最基本的运算方法都没有，计算式机械罗列如同流水账，这是编书的作者未考虑到呢，还是学生接受不了呢。现在普遍采用的电算（图形算量）并没有与手算的结果结合，算量比赛中要分手算和电算，实际上在大学里，用 CAD 电算是个别选手的事，并不是全体学生都能参加的。

4. 计算工具要像设计人员甩图版那样甩掉笔和纸，完全用电脑计算

BIM 计量已经是发展趋势之一，但是 BIM 的准确性如何验证，大学教材中应以电算为主，掌握原始计算原理，知道对错；BIM 算量为副，BIM 算量就是掌握方法，学会应用。应当用 BIM 技术来校对统筹法电算工程量（以下简称为统筹 e 算）的结果，这才是真正的工匠精神。

三、守诚信的三个档次

一般做事（以工程计量为例）有三个标准：

（1）做出——给别人做（混事）占时 20%，这是目前工程计量的现状。

曾遇到过这样一种状况：一个刚毕业的大学生，零基础学习造价，用算量软件画完一栋楼，并由软件分析出量，就算完成任务了。接下来的工作由老预算员凭工作经验套上清单、定额，按经验改改个别工程量就可以交差，这是"做出"一类的典型代表。

（2）做对——凭良心做正确占时 50%（通过自己验证或另一种算法来保证正确），目前到了结算时，才有人这样去做。

（3）做好——占时 30%，完整、规范、简约、美观、大方，目前还没有人对"工程计量"提出这样的要求（1 个人算 10 个样被视为正常现象）。

如果以"做好"为守诚信的标准，算 1 遍与算 10 遍是 1 个样，就不会产生此问题了。所以守诚信的标准不应只是做出或做对，而应当是做好。应当是高标准、严要求。

四、做智者——天下难事必做于易、天下大事必做于细

本文将用 5 个简单例子来说明智者与学者做法的区别。

1. 对定额名称处理

一般软件的做法是让不懂造价的计算机人员根据定额本的多级标题罗列（学者名称）；而智者名称是根据造价人员的实践经验，抓住要点进行简化描述（表 1）。

定额名称描述对比表

表 1

定额编号	智者名称	学者名称
1-1-11	拉铲挖自卸汽车运普通土 1km 内	拉铲挖掘机挖土方,自卸汽车运土方,运距 1km 以内,普通土,单独土石方

2. 对定额强度等级换算的处理

一般软件采用的学者描述方法是：在定额号后面加上原配比编号和新配比编号，自动形成换算名称（名称 30 个字符）。有软件采用的智者描述方法是：直接用带小数的定额号调用（名称为 14 个字符）

（表2）。

强度等级换算对比表 表2

类别	定额编号	项目名称
学者描述	4-2-5G81037,G81039	C204 现浇混凝土有梁式带形基础换为 C304 现浇混凝土碎石＜40mm
智者描述	4-2-5.39	C304 现浇混凝土有梁式带形基础

3. 对定额说明换算的处理

例如：定额说明中提到，垫层定额按地面垫层编制，若为条形基础垫层时，人工、机械分别乘以系数1.05。一般软件采用的学者表示方法是：在定额号后面加"hs"表示换算，软件自动弹出人机对话窗口，选择输入换算内容，自动形成换算名称（名称44个字符）。有软件采用的智者表示方法是：将定额中的说明做成换算定额，与原定额号一样直接调用，这样既省去了软件编程的处理，又避免了人机会话的麻烦（名称为15个字符）（表3）。

定额名称换算表示 表3

学者表示	2-1-13hs	C154 现浇混凝土碎石＜40mm/C154 现浇无筋混凝土垫层（条基）（人工×1.05,机械×1.05）
智者表示	2-1-13-1	C154 现浇无筋混凝土垫层（条基）

4. 对清单名称与特征描述的处理

清单名称与特征描述的两种方法见表4。

清单名称与特征描述的两种方法 表4

项目编码	学者名称		智者名称
	项目名称	项目特征描述	项目名称
010402001001	矩形柱	1. 柱高度：7.60m 2. 柱截面尺寸：300mm×400mm 3. 混凝土强度等级：C25 4. 混凝土拌合料要求：现场集中搅拌制作	矩形柱；C25

5. BIM 技术应当与统筹 e 算相结合，互相验证计算结果

现在的图算软件都在向 BIM 发展。BIM 计算结果的正确性和完整性必须经过验证，起码要经过多个案例的验证。图算软件计算式的表示方法都太烦琐，普遍的是加不必要的汉字注释（表5）；有的按中线计算需要扣减（美其名曰自动扣减功能，但无计算式）等。

计算式描述的两种方法 表5

软件名	工程量	计算式	字符数
图算软件	1.68	0.3{截面宽}×0.5{截面净高}×4.9{跨长}{1跨} +0.3{截面宽}×0.5{截面净高}×4{跨长}{2跨} +0.3{截面宽}×0.54{截面净高}×2.1{跨长}{3跨}	92
统筹 e 算	1.68	(2.1×0.54+8.9×0.5)×0.3	19

笔者认为：BIM 的计算式要参照表5统筹 e 算的列式方法，这样做有利于工程量的核对。

6. 关于清单列项

一个挖土方按基础编号等与价格无关的内容列出了12项清单，每项清单均套2项相同的定额。这也是一类既不讲效率又不讲节约的典型，应当引起重视。

五、用统筹——将 100 个计算式化为 2 个计算式的方法

传统统筹法32字定义：统筹程序、合理安排、一次算出、多次应用、利用基数、连续计算、结合实际、灵活机动。这种传统的定义经过了40年也没有发展。而统筹 e 算16字定义：电算基数、一算多

用、统一顺序、校核结果。相对来讲就要简单的多。

（1）电算是对传统手算统筹法的更新，电算实现了由算数到代数的转变。基数的应用是提取公因式、简化计算式，便于校对。

（2）一算多用——唯有电算才能实现其功能；图算应用统筹法，其计算结果的输出将事半功倍。

（3）统一顺序——根据统筹程序合理安排来设定工程量计算顺序，统一计算方法。

（4）校核结果——这是必要的工作。过去的教材里不讲校核是一个重大的缺失。

六、工匠精神的推广应用

《建筑与装饰工程计量计价技术导则》一书是规范指导工程计量计价的重要参考文献，也是我国2013 工程量清单计价规范和工程量技术规范的补充。该导则偏重于用统筹法原理和电算方法来解决整体工程的计算流程和计算方法问题，并力求规范有序，很有意义。

本导则提出了"统筹 e 算为主、图算为辅、两算结合、相互验证"，确保计算准确和完整（不漏项）的计量方法和要求，提出了统一计量、计价方法，规范计量、计价流程，公开六大计算表格的有关内容，并遵循准确、完整、精简、低碳原则和遵循闭合原则对计算结果进行校核等一系列措施来避免重复劳动，使计算结果一传到底，彻底打破了算量信息孤岛。可以设想，如果在大学教材中写入该导则的内容，则将对毕业的学生直接适应工程实践有重要的促进作用。

七、结束语

笔者认为，工匠精神之一是将事做对、做好。先做到自己做 10 遍 1 个样，再进一步让大家都按一个标准去做，做到 10 个人算 1 个样，这才是讲科学、守诚信的精神。工匠精神之二是做智者。智者是将复杂的事做简单。不能盲从于潮流，要有改革精神。工匠精神之三是用统筹。发扬统筹法计算工程量的传统，改手算工程量为电算工程量。

【参考文献】

[1]　王在生. 微电脑用于编制预算［M］. 北京：中国建筑工业出版社，1990.

[2]　肖明和，简红，关永冰. 建筑工程计量与计价［M］. 北京：北京大学出版社，2013.

[3]　本书编写组. 建筑工程造价员培训教材［M］. 北京：中国建材工业出版社，2013.

[4]　王在生，吴春雷. 建筑与装饰工程计量计价技术导则［M］. 北京：中国建筑工业出版社，2014.

[5]　殷耀静，郝婧文，郑冀东. 论工程造价中的浪费与官僚主义［D］. 北京：中国建设信息，2014.

[6]　殷耀静，吴春雷. 建筑与装饰工程计量计价技术导则实训案例与统筹 e 算［M］. 北京：中国建筑工业出版社，2016.

论"建筑与装饰工程计量计价技术导则"

王在生　殷耀静　吴春雷

（青岛英特软件有限公司）

【摘要】本文介绍了《建筑与装饰工程计量计价技术导则》一书的核心思想和主要内容；结合我国计价改革 11 年来存在的 10 大问题，提出了解决方案。社会上存在的陋习很难改变，改革应从学校开始，从教材入手，不但教学生如何去"做"；而且要教学生如何能"做对"，要证明自己做的正确和完整；进一步再教学生如何去"做好"，达到规范、简约的要求。

【关键词】技术导则；公开算式；校核结果；电算基数；一算多用

《建筑与装饰工程计量计价技术导则》（以下简称导则）一书，已由中国建筑工业出版社出版。以下是摘自中国建设工程造价管理协会秘书长吴佐民为本书写序言的部分。

作为计价"导则"，应是指导工程计量计价的方法与规则。"导则"虽然尚未成为国家或行业标准，但它仍是规范指导工程计量计价的重要参考文献，也可以说是我国 2013 工程量清单计价规范和工程量计算规范的补充，其以专著形式发布在我国工程造价领域尚属首例。该导则偏重于用统筹法原理和电算方法来解决整体工程的计算流程和计算方法问题，并力求规范有序，很有意义。

回顾我国工程计价体制改革已经走过了 11 个年头。目前存在的问题：一是工程量清单计价模式的制度和规范建设还有待深入；二是工程量清单计价模式的推广还需加大力度；三是配套的大学教材和规范辅导材料还跟不上发展要求。相当一部分工程计价工作还停留在简单的计算机辅助计算或手工计算阶段，与社会上广泛应用的图算方法严重脱节，致使大学生出校门后不能立即上手工作。本导则提出了"统筹 e 算"为主、图算为辅、两算结合、相互验证，确保计算准确和完整（不漏项）的计量方法和要求，提出了统一计量、计价方法，规范计量、计价流程，公开六大计算表格的有关内容，并遵循准确、完整、精简、低碳原则和闭合原则对计算结果进行校核等一系列措施来避免重复劳动，使计算成果一传到底，彻底打破了算量信息孤岛。可以设想：如果在大学教材中写入该导则的内容，则毕业的学生直接适应工程实践将有重要的促进作用。

吴秘书长的序言对导则作出了很高的评价，措辞恰当、中肯地提出了三个存在问题，应引起有关领导和学者、专家以及全社会造价人员的重视。

一般做事（以工程计量为例）有三个标准：

（1）做出——给别人做（混事）占时 20%，这是目前工程计量的现状。

（2）做对——凭良心做正确占时 80%（通过自己验证或另一种算法来保证正确），只有到了结算时，才有人这样去做。

（3）做好——完整、规范、简约、美观、大方，目前还没有人对"工程计量"提出这样的要求。

"导则"助您把计量工作"做好"！

下面本文就有关"导则"的三个问题，分别进行论述。

一、统筹 e 算概论

1. 由统筹法计量到统筹 e 算

（1）"统筹 e 算"简言之就是用电算方法来实现统筹法计算工程量。

（2）统筹法计量 32 个字的基本要点："统筹程序、合理安排、利用基数、连续计算、一次算出、多次应用、结合实际、灵活机动"。其中：统筹程序、合理安排、结合实际、灵活机动属于统筹法本身的概念，不专指计量；利用基数、连续计算中的"基数"是个重要概念，至于是否连续计算则不十分必要；"一次算出、多次应用"这8个字可以简化为"一算多用"。故统筹法计量的32字要点可以简化为"基数"和"一算多用"6个字继承下来。

（3）"公开算式"和"校核结果"是统筹e算对传统统筹法计量的重要补充。

二、统筹 e 算的要点

1. 公开算式

公开算式是对全过程计量来说最大的统筹，可以彻底打破计量信息孤岛。具体包括以下四点：

（1）公开算式可以有效防止工程量的造假行为，可以提高造价员的业务水平。

（2）图形算量应改进计算书的输出，使其简约；应将图算仅作为一种校核工程量的手段，提倡统筹e算为主、图算为辅、相互验证、确保正确完整。

（3）投标时不需要计算工程量，不存在时间不允许的问题。

（4）上级有关文件应当强调公开算式的必要性。

2. 校核结果

所谓"校核"，就是在计量时，至少要算两遍。有效的校核是用两种方法计算而得出结果一致。譬如：校核基数的闭合法；用图算结果来证明表算的正确以及按原方法重复计算一遍。

大学教材中有关工程量计算不应停留在讲授如何"做"的阶段，而应当讲授如何"做对和做好"的问题。计量中的所谓"对"，是要经过"校核"来自己证明其结果是正确的；所谓"好"则是要做到简约和方法统一。

将"校核结果"列为统筹e算的16字要点之二，是为了在大学教材中补上这一重要内容。从学生开始养成将一件事情应该去"做对"的习惯，教授学生如何去"做好"的方法。

3. 电算基数

传统的统筹法计量用手算来实现，指的是三线一面。在应用时只能抄用数值，而不能使用变量调用，数值可能抄错，且数值改动后不能像变量那样做相应改动。而变量的调用，只能在电算时才能实现，故称为电算基数。基数分为三类：

（1）三线三面基数——用新三线三面代替原三线一面基数，目的是用闭合原理来校核基数的正确。

（2）基础基数——用于基础的垫层长度与基础长度以及其他需要调用的基本数据。

（3）构件基数——为了应用提取公因式和合并同类项的代数原理，将断面相同构件的长度（高度、面积）计算出来作为构件基数应用，达到便于校核与化简计算式的效果。

4. 一算多用

在手算时采用"一算多用"有两大弊端：一是只能照抄数据，有可能抄错；二是前面数据改后，调用时还要再抄一次。电算采用的是完善的一算多用，即变量调用，用字母代替数据不用抄，也不用担心前面数据改动后不会联动。

变量分两大类：一种是用固定字母表示的变量（用于基数、门窗、过梁等）；另一种我们称做"二维序号变量"，序号变量用打头的字母 D 和 H 表，后面带行号表示如下：

D_m——第 m 项工程量值；

$D_{m, n}$——第 m 项中第 n 行的中间结果值；

H_n——本项中第 n 行的中间结果值。

三、计量计价技术导则

1. 总则

总则共7条，分别就编制依据、适用范围、指导思想、编制原则、使用要求等内容进行了说明。以下4点具有创新和指导意义。

（1）导则的指导思想是统筹安排、科学合理、方法统一、成果完整。

（2）计量计价工作应遵循准确、完整、精简、低碳的原则。

（3）工程计量应遵循闭合原则，对计算结果进行校核。

（4）导则要求：统一计量、计价方法；规范计量、计价流程；公开计算表格。

2. 导则一般规定

导则在一般规定中提出了以下8点具体的方法和工作流程。

（1）工程计量的方法和要求：统筹e算为主、图算为辅、两算结合、相互验证，确保计算准确和完整（不漏项）。

（2）工程计量应提供计算依据，应遵循提取公因式、合并同类项和应用变量的代数原理以及公开计算式的原则，公开六大表。

（3）在熟悉施工图过程中应进行碰撞检查，做出计量备忘录。

（4）工程量清单和招标控制价宜由同一单位、同时编制。

（5）工程量清单和招标控制价中的项目特征描述宜采用简约式；定额名称应统一；宜采用换算库和统一换算方法来代替人机会话式的定额换算。

（6）宜采用统一法计算综合单价分析表。

（7）在招投标过程中宜采用全费用计价表作为纸面文档，其他计价表格均提供电子文档（必要时提供打开该文档的软件）以利于环保和低碳。

（8）计量、计价工作流程如图1所示。

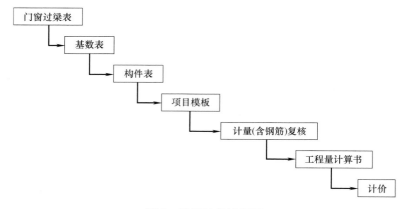

图1　计量计价流程图

3. 导则应用于甲方造价人员

作为甲方造价人员，应当先学习和积累，先做学生，把作业交给老师（投标人）审查，再做先生来审查乙方的结算。具体工作如下：

（1）积累一批项目模板，将每个类型的工程都套那些清单，挂接那些定额，分别整理出来，解决工程项目的完整性（不漏项）问题。

（2）要自己计算工程量，做出招标控制价，公开综合单价分析表，并欢迎各投标单位对招标控制价进行质疑，不断提高自己编制招标控制价的水平。

（3）向中标单位公开工程量计算书（包括六大表），以便施工单位根据具体施工变更情况及时调整，按进度进行结算，将发生的问题随时解决，避免工程竣工后再整理资料，造成扯皮现象，以便在规定时间内完成结算工作。

（4）如果自己没有人员和能力完成以上工作，需要聘用咨询单位时，也应指导他们按以上流程进行工作。

4. 导则应用于招投标

招标文件中建设单位一般要求：

314

"投标单位对设计图纸、工程量清单的列项、数量仔细核对，应该充分了解施工现场情况和招标人要求。总报价应包含施工图中所有包干（除甩项）内容；投标单位若对文件和工程量清单有疑义应随答疑以书面形式向招标人提出，否则视为认可工程量清单内容"。

此内容与 2013 清单计价规范的强制性规定相悖。

按量价分离的原则，工程量清单的准确性和完整性由招标人承担，投标人对工程量清单没有核实的义务，更没有修改的权利。与投标人有关的是价格，而不是量。

甲方用合同来避免自己承担工程量准确性和完整性的责任，历来如此，是一种霸权行为。应当抵制！

招标单位按导则要求提供六大表，是解决问题的有效措施。

四、解决计价改革十大问题

1. 编写教材让在校学生成为熟练预算员

一个工程造价管理科班毕业的，对这个造价还是有所了解的大学生，出了校门后在造价咨询公司上过半年多的班，然后辞职到施工单位干了几个月，总结出三点：识图、算量、套价，才知道了如何成为一个合格的造价员（以上论述摘自筑龙网的帖子）。

最近看到一份职业学院的新教学计划，将计量计价导则课程安排了三个学期，第 3 学期每周 8 学时，第 4 学期每周 10 学时，第 5 学期每周 12 学时。这与某大学一共才安排 40～80 学时的计量课时相差甚远。在学校里做足了功课，就不用到社会上再学了。

解决此问题的关键应从制定教学计划入手，将导则列入大学课程。

要有学计量的硕士和博士出来教大学生这门课程，培养这方面的科班讲师，而不是至今有的大学仍请社会上的预算员来给大学生上课或大学毕业后再进社会上业余的培训班来学预算的怪现象。

2. 解决工程计量彻底电算化的问题

当代的电脑已经普及到儿童。但大学的计量教材仍在讲算数（用笔和纸来计算的手算方法），《2013 建设工程计价计量规范辅导》一书中也全是讲解的手算方法。

电算离不开软件的支持。一种代替手算的电算方法是统筹 e 算，它是采用统筹法原理用电算来实现计量的应用软件。它是用代数原理（变量、提取公因式、合并同类项等）来实现统筹法中的基数和一次算出多次应用的基本理念。

有人说图形算量是大势所趋，但现在的图算软件（例如：广联达、斯维尔、鲁班等）是一种过渡，只能解决房屋建筑和安装的图纸算量，其他专业尚未涉及；再者，将来 BIM 实现由设计图纸自动出量后将被自动淘汰。鲁班图算软件免费，完全投入 BIM 的开发研制就是一个例证。

图算与统筹 e 算互补才是工程计量完全的电算化。希望全国的造价软件公司投入统筹 e 算软件的研究，全面解决工程计量电算化的问题。

3. 正确认识清单计价与定额计价的区别

工程量清单计价与定额计价仅仅是在表现形式、计价方法上有区别，所以有人说："清单只不过是披了马夹的定额而已。"当今，国家允许清单计价与定额计价并存，其原因就是两者的计算结果是一致的。

定额是从苏联学来的，定额是个好东西，现在不少国家都有定额，不能因为英美国家没有，我国就应当取消，或者说将来要取消。

从 2008 清单计价规范开始提出了招标控制价的概念，这就巩固了定额的地位。清单是无价的，因为它没有人材机组成。清单必须同定额结合起来才能实现计价功能。定额包含七要素：编号、名称、单位、工作内容、计算规则及解释、人材机组成和消耗量。清单包括前五个要素，而没有人材机组成和消耗量。

企业定额不宜改变定额的前六个要素，只可以改动消耗量。企业定额必须在国家定额的基础上修改消耗量，否则将无法进行交流。因为招标控制价是按国家定额编制的，如果另搞一套去投标，必然会有单价过高而被废标的可能。

既然清单计价模式可以代替定额计价模式，那么后者就没有存在的必要了。

取消定额计价模式，就不会再有人出来议论清单计价与定额计价的区别了。

4. 投标人不需要计算工程量

量价分离可以说是计价模式改革的一个主要目标，在 2003 清单宣贯时，原建设部领导的讲话就强调不让所有投标人按同一图纸做计算工程量的重复劳动；2008 及 2013 清单计价规范中都以强制性条文的形式规定"工程量清单必须作为招标文件的组成部分，其准确性和完整性应由招标人负责"。量的责任由甲方承担，乙方仅部分承担价的责任，这就是量价分离的真谛。

所以，工程量清单投标报价时需不需要计算工程量的问题，是不学习清单计价规范所致。当然，此情况非常普遍。原因是不执行清单计价规范所致。

有人说："根据清单计价规范规定投标单位是不需要再计算工程量了，但不计算的话，还是不放心啊。"如果是总价合同，你不放心，有道理。现在提出应采用单价合同，工程量多退少补，按实计算，有何不放心啊？

所以说量价分离与单价合同相辅相成。总价合同就不能算是量价分离。

招投标是我国基本建设程序的第四步，前三步（开工准备、设计图纸、报送上级审查）没有完成就急于开工（俗称三边工程），进行招投标的例子很多。执行总价合同是无法进行的，但执行单价合同，按招标方的工程量清单和招标控制价即可进行招标。

认真执行"工程量清单的正确性和完整性由招标人负责"这一强制性规定，就不存在"投标人要不要计算工程量"的问题。

5. 招标控制价是对单价控制而不是控制总价

应明确招标控制价是对单价的控制而不是总价。这样做才符合量价分离和规范中明确规定应采用单价合同的精神；才能将清单计价用于三边工程的招投标；才能有效防止不平衡报价行为；才有条件让投标人对招标人恶意压价的行为进行投诉。

不平衡报价在国内外均属于被防止的恶意竞争行为。它的目的是损害招标方和其他竞争者的利益，也有可能被发现而废标，损害了自己，故不应提倡；不应在教材中前面讲乙方不平衡报价的伎俩（造假），后面又讲甲方如何应对（反造假），2013 规范强调了应采用单价合同，又执行了招标控制价的政策，高于招标控制价的废标。这就判了不平衡报价的死刑！

退一步说，对总价控制是没有标准衡量的，也就无法进行投诉。曾经问过几个地区的定额管理部门，他们均没有接到过投诉，原因是大部分地区的招投标活动仍采用总价控制，而无法投诉。

明文规定要量价分离，应采用单价合同，实际在招投标活动中仍按量价合一，按总价来评标。这是由于利益在驱动，触及利益比触及灵魂还难啊！但不能因难而退却。

明确招标控制价是对单价控制，是打击造假行为的有效措施。

6. 全费价应立即执行

我们提出的全费价模式，并不是改变现行计价规范的表格。而只是增加一个全费价表格作为纸面文档，对其他计价表格要求作为计算草稿以电子表格方式提供。这样一来，全费价的模式完全可以立即实行，在招投标时就可以节省大量纸张。它不同于完全电子招标，这样做利于评委发现问题后，可打开电子文档进行查阅。纸面文档必须与电子文档的结果一致，既可防止造假，又利于低碳和环保。

2013 年 11 月 19 日中价协在顺德召开的"工程计价模式改革与发展"研讨会上，许多专家都提出了立即执行全费价的建议，在网上也是得到了绝大多数网民的支持。因不可竞争费需要单列以及不符合国情的所谓理由，并不成立。以时间问题为借口来拒绝执行已经不能再重复了，全费价应立即实行。

7. 问答式的清单项目特征描述应立即改为简化式

2013 规范辅导中正式提出了项目特征描述的问答式和简化式两种方法。从 2003 规范发布十几年以来，问答式描述占据了主导地位，甚至新版的规范辅导中，前面讲了简化的许多优点，但后面的实例都不执行谢洪学所讲的简化模式，究其原因如下：

（1）正如谢洪学所讲，是由于应用软件造成的。

（2）教条主义在作怪，宣贯及大学教材只知生搬硬套，不知道节约和低碳。

执行简化式，所有的教材和软件都要改，不是小事。但比起为全世界的低碳和国家的节能政策作出贡献的大事来比，只能是小事了。

所有的大学教材和软件都应立即将问答式描述改为简化式。

8. 定额名称应允许简化

一般软件的定额库大多是由没有造价工作实践的计算机人员建立，依据定额本的名称进行大小标题的罗列和叠加。

例如：山东省 2003 消耗量定额 1-1-13 的名称原来是：

"拉铲挖掘机挖土方，自卸汽车运土方，运距 1km 以内，普通土，单独土石方"，以上名称用了 30 个汉字和字符，现在山东省工程造价标准信息网已简化为下面 15 个字：

"拉铲挖自卸汽车运普通土 1km 内"。

但有人说，除山东外，在其他省市都不允许这样改的情况令人不解。

为什么要鼓励建立企业定额，为什么 2013 规范辅导中允许对项目名称用特征进行替换（例如：可以用插座来代替小电器），而不许对定额名称进行简化？

我们期望着主管部门的一把手能够开拓进取、二把手能够出谋献策，则此问题将会迎刃而解。

9. 换算项目和名称应实现定额化

一般软件常用的定额换算方法是采用人机对话来实现。

这样做对软件开发者来说，每一省的定额不同，处理方法不同，需要写进代码中，这是第一不便；对用户来说，要回答询问，进行人机会话，这是第二不便。

如果对定额换算采用以下方法处理，既不需要根据每个省的定额来改写代码，又不需要人机会话，就如同定额号的录入方法一样，用数字来表示定额换算，岂不更好！

这样做就需要在定额库之外再加一个定额换算库，一劳永逸地把一切定额规定的换算都放进去。山东省是允许这样做的，听说其他省不允许。

换算名称定额化应当成为衡量一个造价软件是否专业和好用的标准。

希望各种造价软件都能为此而更新自己的产品。

10. 应用项目模板可以使清单计价更简单

人们的两个行动理由是"追求快乐，逃离痛苦"。实行清单计价，如果人们感到清单计价不如定额计价方便，就不会自觉去执行。

工程量计算分两个工序：一个是算量；一个是挂接清单、定额。同类工程（譬如：框架结构办公楼）所挂接的清单、定额是雷同的，是可以做成模板供别人调用的，这就避免了重复劳动。但工程量必须分别按图纸来计算，只有这部分才是创造性劳动。这个模板就是项目清单/定额表，它由项目具体做法和套用那些清单、定额两部分组成。

一个地区的造价主管部门若能根据本地区已有工程结算资料做出一批模板放入软件中来供大家调用，这将是一个创举，它将开拓工程造价专业的标准化进程，它将会像平法设计那样产生巨大的社会效益，减轻造价员的重复劳动，有效解决工程量清单的完整性（不漏项）问题。

目前部分图形算量软件宣传的自动套清单和定额的功能并不如介绍中那样完美，各类构件手工参与调整的工作量较大，均需通过人机对话来解决。一个是整体解决，好比是一种档案方式（集装箱式）；一个是分项解决，好比是字典模式（个人作坊）。项目模板好比是拉抽屉，调档案，在前人的成果基础上（不漏项）进行调整（力求正确）。

所以，目前部分图形算量软件中自动套清单和定额的功能可以完全取消，软件可以不考虑如何挂接清单和定额的问题，只算出实物量来，而使得算量软件在全国通用。每个地区都有自己的项目模板，导入模板后，再把工程量调入即可。

由项目模板来替代软件自动套清单、定额，是一个创新。有人说，这样一来，套价不就很容易吗？很对。但愿这一创新，能像设计领域的"平法"那样，在全国很快普及开来。

推广应用项目模板可以使清单计价更简单。

五、结束语

统筹法计算工程量在我国已推行了近40年，目前大学教材上介绍的仍是32字要点，基本上没有发展。期望导则的出版能逐步改变这一现状，将工程计量、计价形成一门介于管理科学和工程科学的边缘学科，能吸引广大学者和教授投入到这一新学科的工作和研究中去。不应偏重于去研究合同、索赔，不应再研究不平衡报价和企业定额等，研究统筹法计量还是大有作为的。

论项目模板的应用

殷耀静[1]　仇勇军[2]　郑芸[3]

（1. 青岛英特软件有限公司；2. 青岛习远工程造价咨询有限公司；3. 日照兴业房地产开发有限公司）

【摘要】本文以某加油站泵房工程为例，通过某咨询单位一份考试题的答案，来分析国内工程造价业内定额计价模式和清单计价模式并列的现状，并提出将逐项由软件带出定额和问答式的项目特征描述，定额换算为采用调入整体项目模板来避免重复劳动，使清单计价比定额计价更容易、更方便，从而让定额计价模式自动退出历史舞台。

【关键词】定额计价；清单计价；项目模板

一、关于清单计价与定额计价模式的区别

原建设部令第 107 号文（2001 年 11 月 5 日颁布）第 5 条规定：施工图预算、招标标底和投标报价由成本（直接费、间接费）、利润和税金构成。在编制时可以采用如下两种办法：

工料单价法：分部分项工程量中单价为直接费。其中，直接费以人工、材料、机械的消耗量及其相应价格确定，间接费、利润、税金等按照相关规定另行计算。

综合单价法：分部分项工程量中单价为全费单价。在全费用单价中综合包含了完成分部分项工程所发生的直接费、间接费、利润、税金等相关费用。

有人把定额计价归为工料单价法，清单计价归为综合单价法，笔者认为是不正确的。

定额计价采用的是各省颁布的定额编号及五要素（包含名称、单位、工作内容、计算规则、综合解释）和对应的单价及其人材机组成和消耗量，定额计价也可以采用综合单价法。

清单计价采用的是全国统一的清单编码，它也包含五要素，但缺少相应的单价及其人材机组成和消耗量，故必须用定额来组价。清单计价的好处其一是全国统一，其二是定额的综合。

有人称清单是披着统一马甲的定额。有人主张取消清单计价而采用全国统一定额计价，是不可取的，这是因为我国地域辽阔，建筑做法、材料要求等各地均有差别；再者就是做不到综合和简约。

我国推广清单计价已经 10 年了，开始有的专家、教授提出取消定额的建议未被主管部门采纳，并一再指出外国人说：定额是个好东西，在他们国家内办不到。本文提出的取消定额模式计价与取消定额完全是两回事，因为清单是靠定额来组价的，尤其是招标控制价的编制，更加明确了定额和政府指导价的作用。

两套计价模式并列的原因是人们认为清单计价繁杂，项目特征描述不统一，不如定额简单，因此对非国有资产投资项目，允许不采用清单计价。

本文将通过实例来说明：如果应用项目模板可以把清单计价（表2）变得比定额计价（表1）在准确性和完整性的质量方面有所提高以及操作上还要简单的话，大家就都愿意实行清单计价了。

二、定额计价模式案例

现在，人们都离不开软件，定额大都是算量软件自动带出的，对于带出的定额是否正确和完整，一般不去考虑。对于清单项目，也可自动带出，但要靠软件逐项提出项目特征的问题来回答（2013 规范辅导教材上称为问答式），故对项目特征的描述可以用五花八门来形容。于是在新员工培训中，回避了清单，只涉及定额部分。

以下实例取自某咨询单位一份对新员工培训考试题的答案。

定额每个 0.5 分,共 27 分(凡涉及图集部分的定额均不在本次考察范围内);
钢筋按楼层每个构件 1 分,共 25 分;工程量 48 分

序号	定额号	名　　称	单位
1	1-4-2	机械场地平整	10m²
2	1-4-3	竣工清理	10m³
3	1-2-11h	人工挖沟槽普通土深＞2m(2.00 倍)	10m³
4	1-3-12	挖掘机挖槽坑普通土	10m³
5	1-4-4	基底钎探	10 眼
6	1-4-17	钎探灌砂	10 眼
7	1-4-13	沟槽、地坑|机械夯填土	10m³
8	3-1-1h	M10 砂浆/砖基础	10m³
9	2-1-13hs	C154 现浇混凝土碎石＜40/C154 现浇无筋混凝土垫层(条基)(人工×1.05,机械×1.05[商品混凝土])	10m³
10	4-2-4hs	C304 现浇混凝土碎石＜40mm/现浇混凝土无梁式带型基础	10m³
11	10-4-49	水泥砂浆 1：2/混凝土基础垫层木模板	10m²
12	10-4-12	水泥砂浆 1：2/无梁混凝土带形基胶合板模钢支撑	10m²
13	4-2-14hs	C304 现浇混凝土碎石＜40/现浇混凝土设备基础	10m³
14	4-2-15hs	C352 现浇混凝土碎石＜20/现浇混凝土二次灌浆	10m³
15	4-2-26hs	C253 现浇混凝土碎石＜31.5/C303 现浇混凝土碎石＜31.5/现浇圈梁	10m³
16	10-4-127	水泥砂浆 1：2/圈梁胶合板模板木支撑	10m²
17	3-3-3h	M7.5 混浆/烧结粉煤灰轻质砖墙 240mm	10m³
18	4-2-27hs	C253 现浇混凝土碎石＜31.5/C303 现浇混凝土碎石＜31.5/现浇过梁	10m³
19	10-4-116	水泥砂浆 1：2/过梁组合钢模板木支撑	10m²
20	4-2-49hs	C302 现浇混凝土碎石＜20/现浇雨篷	10m²
21	4-2-65hs	C302 现浇混凝土碎石＜20/现浇阳台、雨篷每±10mm(2.00 倍)	10m³
22	4-2-38hs	C302 现浇混凝土碎石＜20/现浇平板	10m³
23	10-4-172	水泥砂浆 1：2/平板胶合板模板钢支撑	10m²
24	4-2-24hs	C302 现浇混凝土碎石＜21/现浇单梁连续梁	10m³
25	10-4-114	水泥砂浆 1：2/单梁连续梁胶合板模板钢支撑	10m²
26	4-2-20s	水泥砂浆 1：2/C253 现浇混凝土碎石＜31.5/现浇构造柱	10m³
27	10-4-100	构造柱复合木模板钢支撑	10m²
28	4-2-58hs	C302 现浇混凝土碎石＜20/现浇压顶	10m³
29	4-2-57s	C202 现浇混凝土碎石＜20/现浇台阶	10m³
30	8-7-49hs	3：7 灰土/素水泥浆/水泥砂浆 1：2.5/C202 现浇混凝土碎石＜20/混凝土散水 3：7 灰土垫层	10m²
31	6-4-9	塑料水落管Φ100	10m
32	6-4-10	塑料水斗	10 个
33	6-4-25	塑料落水口	10 个
34	7-5-1	篦式钢平台制作	t
35	10-3-255	钢梯(板式、篦式、直梯)	t
36	9-1-1	素水泥浆/水泥砂浆 1：3/1：3 砂浆混凝土硬基层上找平层 20mm	10m²
37	6-3-15h	水泥珍珠岩 1：8/混凝土板上现浇水泥珍珠岩	10m³
38	10-4-313	竹(胶)板模板制作　梁	10m²

序号	定额号	名　称	单位
39	10-4-315	竹(胶)板模板制作　板	10m²
40	10-4-312	竹(胶)板模板制作　构造柱	10m²
41	10-4-310	竹(胶)板模板制作　基础	10m²
42	9-5-23	素水泥浆/水泥砂浆1：2/窗台板水泥砂浆花岗岩面层	10m²
43	3-5-6	砂浆用砂过筛	10m²
44	10-1-103	外脚手架(6m以内)钢管架 双排	10m²
45	10-1-27	满堂钢管脚手架	10m²
46	4-1-3	现浇构件圆钢筋Φ8	t
47	4-1-52	现浇构件箍筋Φ6.5	t
48	4-1-53	现浇构件箍筋Φ8	t
49	4-1-98	砌体加固筋焊接Φ6.5内	t
50	4-1-104	HRB400级钢Φ8	t
51	4-1-105	HRB400级钢Φ10	t
52	4-1-106	HRB400级钢Φ12	t
53	4-1-107	HRB400级钢Φ14	t
54	4-1-111	HRB400级钢Φ22	t

按题目要求：凡涉及图集部分的定额均不在本次考察范围内，故表1仅提供定额54项。

问题1：其中明显错套和漏套定额多项，例如：挖掘机挖普通土应考虑挖掘机和推土机的大型机械进场费用；图纸要求用灰土回填，而不是一般夯填土；半地下室外墙按计算规则应算入砖墙，按±0.000以下用M10砂浆砌筑，不应算入基础内。

问题2：牵扯18项定额换算，均需要人机对话来实现。

（1）3项h，表示换算。

（2）1项s，表示采用商品混凝土。

（3）14项hs，表示换算和采用商品混凝土。

三、清单计价模式案例

我们根据2013清单工程量计算规范和山东省2003消耗量定额计算规则，结合图纸要求，对本案例制作了项目模板（表2），其中含清单项目52项，包含定额106项，共158项。

项目清单定额表　　　　　　　　　　　　　　　　　　　表2

序号	项目名称	工作内容	编号	清单/定额名称
1	平整场地	平整场地	010101001	平整场地
			1-4-2	机械场地平整
2	挖基础土方	1. 大开挖(普通土0.5m，以下为坚土)	010101004	挖基坑土方；一、二类土
		2. 基底钎探(灌砂)	1-3-9	挖掘机挖普通土
		3. 基底夯实	010101003	挖基坑土方；三类土
			1-3-10	挖掘机挖坚土
			1-2-3-2	人工挖机械剩余5％坚土深2m内
			1-4-4-1	基底钎探(灌砂)
			1-4-6	机械原土夯实
			011705001	大型机械设备进出场及安拆
			10-5-4	75kW履带推土机场外运输
			10-5-6	1m³内履带液压单斗挖掘机运输费

序号	项目名称	工作内容	编号	清单/定额名称
3	带形基础	1. C15 混凝土垫层	010501001	垫层;带形基础垫层 C15
		2. C30 条基	2-1-13-1'	C154 商品混凝土无筋混凝土垫层(条形基础)
			10-4-49	混凝土基础垫层木模板
			010501002	带形基础;C30
			4-2-4.39	C304 商品混凝土无梁式带型基础
			10-4-12'	无梁混凝土带形基胶合板模木支撑[扣胶合板]
			10-4-310	基础竹胶板模板制作
4	设备基础	1. C15 混凝土垫层	010501001	垫层;设备基础垫层 C15
		2. C30 设备基础	2-1-13-2'	C154 商混凝土无筋混凝土垫层(独立基础)
			10-4-49	混凝土基础垫层木模板
			010501006	设备基础;C30
			4-2-14.39'	C304 商品混凝土设备基础
			4-2-15.39'	C304 商品混凝土二次灌浆
			10-4-61'	5m³ 内设备基础胶合板模钢支撑[扣胶合板]
			10-4-310	基础竹胶板模板制作
5	集水坑槽	1. C15 集水坑槽	010507003	地沟;集水沟槽,C15
			4-2-59.19'	C152 商品混凝土小型池槽
			10-4-214	小型池槽木模板木支撑(外形体积)
6	砖基础	1. M10 砂浆粉煤灰砖墙 240	010401001	砖基础;M10 砂浆
		2. 20 厚防潮层 1:2 砂浆加 5% 防水粉	3-1-1.09	M10 砂浆砖基础
			6-2-5	基础防水砂浆防潮层 20
7	基础圈梁	1. C25 基础圈梁	010503004	圈梁;基础圈梁 C25
			4-2-26.28'	C253 商品混凝土圈梁
			10-4-127'	圈梁胶合板模板木支撑[扣胶合板]
			10-4-310	基础竹胶板模板制作
8	回填	1. 槽坑 3:7 灰土回填(就地取土)	010103001	回填方;3:7 灰土
		2. 余土外运 10km	1-4-12-2	槽坑人工夯填 3:7 灰土(就地取土)
			1-4-13-2	槽坑机械夯填 3:7 灰土(就地取土)
			010103002	余土外运 10km
			1-3-45	装载机装土方
			1-3-57	自卸汽车运土方 1km 内
			1-3-58 * 9	自卸汽车运土方增运 1km×9
9	构造柱	1. C25 构造柱	010502002	构造柱;C25
			4-2-20'	C253 商品混凝土构造柱
			10-4-89'	矩形柱胶合板模板木支撑[扣胶合板]
			10-4-312	构造柱竹胶板模板制作
10	过梁	1. C25 现浇过梁	010503005	过梁;C25
			4-2-27.28'	C253 商品混凝土过梁
			10-4-118'	过梁胶合板模板木支撑
			10-4-313	梁竹胶板模板制作

序号	项目名称	工作内容	编号	清单/定额名称
11	圈梁	1. C25 圈梁	010503004	圈梁;C25
			4-2-26.28'	C253 商品混凝土圈梁
			10-4-127'	圈梁胶合板模板木支撑[扣胶合板]
			10-4-310	基础竹胶板模板制作
12	压顶	1. C25 压顶	010507005	压顶;C25
			4-2-58.2'	C252 商品混凝土压顶
			10-4-213	扶手、压顶木模板木支撑
13	砌体	1. M10 砂浆粉煤灰砖墙 240,±0.000 以下	010401003	实心砖墙;M10 砂浆粉煤灰砖墙 240
		2. M7.5 混浆粉煤灰砖墙 240,>±0.000	3-3-3.09	M10 砂浆烧结粉煤灰轻质砖墙 240
			010401003	实心砖墙;M7.5 混浆粉煤灰砖墙 240
			3-3-3.04	M7.5 混浆烧结粉煤灰轻质砖墙 240
			011701002	外脚手架
			10-1-103	双排外钢管脚手架 6m 内
14	有梁板	1. C30 有梁板	010505001	有梁板;C30
			4-2-36.2'	C302 商品混凝土有梁板
			10-4-160'	有梁板胶合板模板钢支撑[扣胶合板]
			10-4-315	板竹胶板模板制作
			10-4-176	板钢支撑高>3.6m 每增 3m
15	雨篷	1. C25 雨篷	010505008	雨篷;C25
			4-2-49.21'	C252 商品混凝土雨篷
			4-2-65.21 * 2'	C252 商品混凝土阳台、雨篷每+10×2
			10-4-203	直形悬挑板阳台雨篷木模板木支撑
16	屋 15 水泥砂浆平屋面	1. 25 厚 1:2.5 水泥砂浆抹平压光 1m×1m 分格,密封胶嵌缝	011101006	屋面面层 25mm 厚 1:2.5 水泥砂浆及 20mm 厚 1:3 水泥砂浆找平
		2. 隔离层(干铺玻纤布)一道	6-2-3	水泥砂浆二次抹压防水层 20
		3. 防水:3 厚高聚物改性沥青防水卷材	9-1-3-2	1:2.5 砂浆找平层±5
		4. 刷基层处理剂一道	9-1-1	1:3 砂浆硬基层上找平层 20
		5. 20 厚 1:3 水泥砂浆找平	010902001	屋面卷材防水;改性沥青防水卷材 2 道,基层处理剂
		6. 保温层:硬质聚氨酯泡沫板	6-2-34	平面一层高强 APP 改性沥青卷材
		7. 防水:3 厚高聚物改性沥青防水涂料	9-1-178	地面耐碱纤维网格布
		8. 刷基层处理剂一道	6-2-34	平面一层高强 APP 改性沥青卷材
		9. 20 厚 1:3 水泥砂浆找平	011001001	保温隔热屋面;聚氨酯泡沫板,现浇水泥珍珠岩 1:8 找坡
		10. 40 厚(最薄处)1:8(重量比)水泥珍珠岩找坡层 2%	6-3-42	混凝土板上干铺聚氨酯泡沫板 100
		11. 钢筋混凝土屋面板	9-1-2	1:3 砂浆填充料上找平层 20
			6-3-15-1	混凝土板上现浇水泥珍珠岩 1:8

序号	项目名称	工作内容	编号	清单/定额名称
17	屋面排水	1. 塑料落水管	010902004	屋面排水管；塑料水落管Φ100
		2. 铸铁弯头落水口	6-4-9	塑料水落管Φ100
		3. 塑料水斗	6-4-22	铸铁弯头落水口(含算子板)
			6-4-10	塑料水斗
18	HPB300级钢筋	1. 砌体加固筋Φ6	010515001	现浇构件钢筋；HPB300级钢
		2. 现浇钢筋Φ6	4-1-2	现浇构件圆钢筋Φ6.5
		3. 箍筋	4-1-3	现浇构件圆钢筋Φ8
			4-1-53	现浇构件箍筋Φ8
			4-1-98	砌体加固筋Φ6.5内
19	HRB400级钢筋	1. 现浇钢筋	010515001	现浇构件钢筋；HRB400级钢
			4-1-104	现浇构件螺纹钢筋 HRB400级Φ8
			4-1-105	现浇构件螺纹钢筋 HRB400级Φ10
			4-1-106	现浇构件螺纹钢筋 HRB400级Φ12
			4-1-107	现浇构件螺纹钢筋 HRB400级Φ14
			4-1-111	现浇构件螺纹钢筋 HRB400级Φ22
20	混凝土散水散1	1.60厚C20混凝土随打随抹，上撒1：1水泥细砂压实抹光	010507001	散水；混凝土散水
		2.150厚3：7灰土	8-7-51′	C20细石商品混凝土散水3：7灰土垫层
		3. 素土夯实	10-4-49	混凝土基础垫层木模板
21	混凝土台阶 L03J004-1/11	1. 素土夯实	010507004	台阶；C15垫层，C20台阶
		2.100厚C15混凝土垫层	1-4-6	机械原土夯实
		3.C20混凝土台阶	2-1-13′	C154商品混凝土无筋混凝土垫层
		4. 防滑地砖台阶抹面(装饰)	4-2-57′	C202商品混凝土台阶
			10-4-205	台阶木模板木支撑
22	竣工清理	1. 竣工清理	01B001	竣工清理
			1-4-3	竣工清理
23	塑钢门	1. 塑钢门	010802001	塑钢门
			5-6-1	塑料平开门安装
24	塑钢窗	1. 成品塑钢窗带纱扇	010807001	塑钢窗；带纱扇
			5-6-3	塑料窗带纱扇安装
25	窗台板	1. 花岗石窗台	010809004	石材窗台板；花岗石窗台
			9-5-23	窗台板水泥砂浆花岗岩面层
26	地6细石混凝土防潮地面	1.40厚C20细石混凝土，表面撒1：1水泥砂子随打随抹光	011101003	细石混凝土地面；40厚C20
		2.1厚合成高分子防水涂料	9-1-26	C20细石混凝土地面40
		3. 刷基层处理剂一道	9-1-1	1：3砂浆硬基层上找平层20
		4.20厚1：3水泥砂浆抹平	010501001	垫层；地面垫层C15
		5. 素水泥一道	2-1-13	C154现浇无筋混凝土垫层
		6.60厚C15混凝土垫层	010404001	垫层；地面3：7灰土垫层
		7.300厚3：7灰土夯实	2-1-1	3：7灰土垫层

序号	项目名称	工作内容	编号	清单/定额名称
26	地6细石混凝土防潮地面	8. 素土夯实,压实系数大于等于0.9	010904002	地面涂膜防水;1厚合成高分子防水涂料,基层处理剂
			6-2-93	1.5厚LM高分子涂料防水层
			9-4-243	防水界面处理剂涂敷
27	踢4面砖踢脚(砖墙)	1.5~10厚面砖,用3~5厚1:1水泥砂浆或建筑胶粘剂粘贴,白水泥浆(或彩色水泥浆)擦缝	011105003	块料踢脚线;面砖踢脚
		2.6厚1:2.5水泥砂浆压实抹光	9-1-86	水泥砂浆彩釉砖踢脚板
		3.9厚1:3水泥砂浆打底扫毛		
		4.砖墙		
28	棚4混合砂浆涂料顶棚	1. 现浇钢筋混凝土楼板	011301001	天棚抹灰;混浆天棚抹灰
		2. 素水泥浆一道	9-3-5	混凝土面顶棚混合砂浆找平
		3.7厚1:0.5:3水泥石灰膏砂浆打底	011701006	满堂脚手架
		4. 扫毛或划出纹道	10-1-27	满堂钢管脚手架
		5. 7厚1:0.5:2.5水泥石灰砂浆找平	011407002	天棚喷刷涂料;刷乳胶漆二遍
		6. 内墙涂料	9-4-151	室内顶棚刷乳胶漆二遍
29	内墙4混合砂浆抹面内墙(砖墙)	1. 内墙涂料	011201001	墙面一般抹灰;内墙4
		2.7厚1:0.3:2.5水泥石灰膏砂浆压实赶光	9-2-31	砖墙面墙裙混合砂浆14+6
		3.7厚1:0.3:3水泥石灰膏砂浆找平扫毛	9-2-108	1:1:6混合砂浆装饰抹灰±1
		4.7厚1:1:6水泥石灰膏砂浆打底扫毛或划出纹道	9-4-152	室内墙柱光面刷乳胶漆二遍
		5. 砖墙		
30	外墙9涂料外墙(砖墙)	1. 外墙涂料	011201001	墙面一般抹灰;外墙9
		2.8厚1:2.5水泥砂浆找平	9-2-20	砖墙面墙裙水泥砂浆14+6
		3.10厚1:3水泥砂浆打底扫毛或划出纹道	9-2-54＊-2	1:3水泥砂浆一般抹灰层-1×2
		4. 砖墙	011203001	零星项目一般抹灰;外墙9
			9-2-25	零星项目水泥砂浆14+6
			011407001	墙面喷刷涂料;外墙涂料
			9-4-184	抹灰外墙面丙烯酸涂料(一底二涂)
31	混凝土台阶抹面 L03J004-1/11	1. 防滑地砖台阶抹面	011107002	块料台阶面;防滑地砖台阶抹面
			9-1-80	1:2.5砂浆10彩釉砖楼地面800内
32	地砖抹面 L03J004-1/11	1. 防滑地砖	011102003	块料楼地面;彩釉砖
		2.C15混凝土垫层80	9-1-80	1:2.5砂浆10彩釉砖楼地面800内
		3.3:7灰土垫层150	010501001	垫层;地面垫层C15
			2-1-13'	C154商品混凝土无筋混凝土垫层
			010404001	垫层;地面3:7灰土垫层
			2-1-1-3	3:7灰土垫层(就地取土)

序号	项目名称	工作内容	编号	清单/定额名称
33	栏杆 L03J004-2	1. 钢管栏杆	011503001	金属扶手、栏杆；L03J004-2
			9-5-206	钢管扶手型钢栏杆
			011405001	栏杆油漆； 调和漆二遍
			9-4-117	调和漆二遍 金属构件

四、结束语

通过表 1 与表 2 的对比，可以得出以下结论：

（1）对换算的处理，表 2 采用了换算模板（换算定额），不需要人机对话，既方便了操作，又加强了软件在全国的通用性，还节省了设置人机会话窗口的代码，降低了软件开发成本。

如表 1 中的 6-3-15h，水泥珍珠岩 1∶8 混凝土板上现浇水泥珍珠岩，定额为 1∶10，换算为 1∶8。

在表 2 中为 6-3-15-1，混凝土板上现浇水泥珍珠岩 1∶8。

（2）对项目的处理，采用了项目模板，有以下 3 点显著的效益：

1）可以保证项目的完整性（由 54～106 项定额）和正确性（可以在此基础上不断修正和积累）。

2）可以简化清单项目特征描述，避免重复劳动，让造价人员只做创造性工作。

3）彻底解决清单计价难的问题，有利于清单计价模式的普及，有利于提高造价文件的编制质量。

综上所述，解决了换算的处理方式和采用了项目模板，可以大幅度简化清单计价的操作，有助于摆脱定额计价的模式，全面实行清单计价模式。

本文发表于《中国建设信息》2013 年 6 月下总第 531 期

统筹 e 算在工程造价中的应用

殷耀静

（青岛英特软件有限公司）

【摘要】"统筹 e 算"是根据 20 世纪 70 年代的统筹法算量理论发展为 8 条原则和 11 条规程用于工程量计算方法和计算式的统一；用表格和图形相结合的方法来彻底摆脱手工算量；用序号变量技术实现一算多用；用科学化、规范化、标准化和模板化的要求来实现让造价人员摆脱重复劳动，只做创造性工作；它对我国工程计价领域的算量、计价和招投标活动提出了创新的精简和低碳原则，并用实例验证了它的可行性。

【关键词】统筹 e 算；序号变量；项目清单/定额模板

本文通过一个基础挖土方案例全面介绍了"统筹 e 算"的理论和实践。

【例】用统筹 e 算按图 1、图 2 计算挖土方工程量并做出招标控制价。

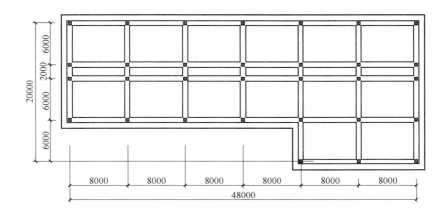

图 1 基础平面图

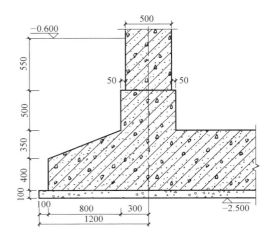

说明：

1. 图示尺寸单位为毫米；

2. 室内地坪为±0.000，设计室外地坪为−0.0600m；

3. 地质报告为竖土；余土外运 1km；

4. 基坑挖完后应钎深，由设计人员验坑后方可继续施工。

图 2 基础大样图

一、统筹 e 算算量步骤

1. 调入或做出项目清单/定额表

项目清单/定额表见表1。

项目清单/定额头   表 1

工程名称：满堂基础（土方）

序号	项目名称	工作内容	编号	清单/定额名称
		基础		
1	平整场地	平整场地	010101001	平整场地
			1-4-2	机械场地平整
			10-5-4	75kW 履带推土机场外运输
2	挖土方 外运 1km	1. 挖基础土方（坚土）1.9m	010101003	挖基础土方；坚土 1.9m，外运 1km
		2. 钎探	1-3-15	挖掘机挖坚土自卸汽车运 1km 内
		3. 土方外运 1km	1-2-3-2	人工挖机械剩余 5% 坚土深 2m 内
			1-4-4-1	基底钎探（灌砂）
			1-4-6	机械原土夯实
			10-5-6	1m³ 内履带液压单斗挖掘机运输费

说明：

（1）对清单的项目特征采用简约的描述；一项挖基础土方清单需要多项定额来组价。

（2）10-5-4 和 10-5-6 的定额属于措施项目中的大型机械进场费用，统筹 e 算在套价时自动列入措施项目，其他算量软件处理方法不同。

（3）统筹 e 算不采用国内软件通用的人机会话方式，因为那样做会浪费用户的时间和加大软件的开发成本。统筹 e 算采用的换算方法是用换算号直接调出换算定额。例如：

原定额 1-2-3 的名称是人工挖坚土深 2m 内，换算定额 1-2-3-2 改为人工挖机械剩余 5% 坚土深 2m 内。

原定额 1-4-4 的名称是基底钎探，1-4-17 的名称是钎探灌砂，换算定额 1-4-4-1 改为基底钎探（灌砂）。

2. 用辅助计算表填写数据计算挖土方

辅助计算表见表2。

辅助计算表   表 2

工程名称：满堂基础（土方）

基础分部

C1:

说明	坑长（D）	坑宽	加宽	垫层厚	工作面	坑深	放坡	数量	挖坑	垫层	模板	钎探
方坑	50.4	22.4	0.2	0.1	0.1	1.9	0.2	1	2247.19	112.90	14.56	1129
扣减	−32	6		0.1		1.9		1	−364.80	−19.20		−192
									1882.39	93.70	14.56	937

图表结合录入数据如图3所示。

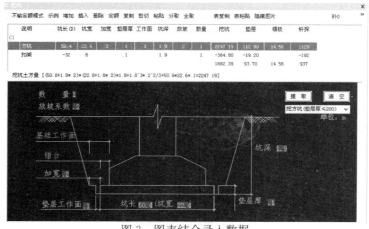

图 3　图表结合录入数据

328

说明：

（1）C 表是挖坑表，放坡系数为 0.2，放坡高度不包括垫层厚度，垫层工作面和混凝土基础工作面分列，先按混凝土基础工作面要求挖到垫层上皮，再按垫层工作面挖至垫层底面；钎探的面积按垫层面积计算（按每平方米 1 个取整），而不是按挖坑底面积来计算。

（2）本表可计算挖坑、垫层、模板和钎探 4 项工程量。本案例只用挖坑和钎探 2 项，可采用点取的方式直接调入清单/定额界面。

3. 清单/定额工程量计算书的形成

在清单/定额界面内计算基数 S、W；将项目清单/定额表调入基础分部；然后调整计算书表，见表 3。

清单/定额工程量计算书

工程名称：满堂基础（土方）　　　　　　　　　　　　　　　　　　　　　　　　　　　　　　表 3

序号		编号/部位	项目名称/计算式		工程量
			基数计算式		基数名
1		外围面积	$48.5 \times 20.5 - 32 \times 6$	802.25	S
2		外墙长	$2 \times (48.5 + 20.5)$	138	W
			基础分部		
1	1	010101001001	平整场地	m²	802.25
			S		
2		1-4-2	机械场地平整	m²	1094.25
			S+2W+16		
3		10-5-4	75kW 履带推土机场外运输	台次	1.00
4	2	010101003001	挖基础土方：坚土 1.9m，外运 1km	m³	1780.22
	1	基底	$50.4 \times 22.4 - 32 \times 6 = 936.96$		
	2		$H1 \times 1.9$	1780.224	
5		1-3-15	挖掘机挖坚土自卸汽车运 1km 内	m³	1788.27
	1	方坑	$(50.8 + 1.8 \times 0.2) \times (22.8 + 1.8 \times 0.2) \times 1.8 + 1.8^3 \times 0.2^2$		
			$/3 + 50.6 \times 22.6 \times 0.1 = 2247.192$		
	2	扣减	$-32 \times 6 \times 1.9 = -364.8$		
	3		Σ	1882.392	
	4	人工挖土	$-H3 \times 0.05$	-94.12	
6		1-2-3-2	人工挖机械剩余 5% 坚土深 2m 内	m³	94.12
			-D5.4		
7		1-4-4-1	基底钎探（灌砂）	眼	937.00
		方坑	1129-192		
8		1-4-6	机械原土夯实	m²	936.96
			D4.1		
9		10-5-6	1m³ 内履带液压单斗挖掘机运输费	台次	1.00

说明：

（1）基数表定义了 2 个变量 S、W 用于计算场地平整的清单和定额工程量。

（2）第 5.1、5.2 项和第 7 项的计算式取自表 2。

（3）本表 4.2 项和 5.4 项采用了序号变量 H1 和 H3；第 6、8 项的 D5.4、D4.1 采用了二维序号变量。

二、清单计价

1. 编制说明

（1）本案例按山东省计价规则编制，采用济南市 2012.4 信息价，人工单价 55 元。

（2）本工程类别为Ⅲ类，管理费率 5%，利润率 3.1%，以 2011 年省价直接费为计费基础。

（3）其他各项费率按工程造价管理机构现行规定计算。采用济南市规定，即：工程排污费 0.26，住房公积金 0.2，危险作业意外伤害保险 0.15。

（4）暂列金额按分部分项工程量清单费的 10% 计取。

（5）凡合价一律按元取整。

2. 生成清单计价表格

进入套价生成清单全费报价单（表 4）、综合单价成本分析表（表 5）和工料机汇总价格表（表 6）。

工程名称：满堂基础（土方）

序号	项目编码	项目名称	单位	工程量	全费单价(元)	合价(元)	专业工程
1	010101001001	平整场地	m²	802.25	0.90	722	
2	010101003001	挖基础土方；坚土 1.9m，外运 1km	m³	1780.22	25.25	44951	
3	CS1.4	大型机械设备进出场及安拆费	项			10108	
4		暂列金额				4466	
		合　计				60247	

综合单价成本分析表　　　　　　　　　　　表5

工程名称：满堂基础（土方）

序号	项目编码定额编号	项目名称	单位	工程量	综合单价成本分析(元)			
					人工费	材料费	机械费	计费基础
1	010101001001	平整场地	m²	802.25	0.08		0.66	0.73
	1-4-2	机械场地平整	10m²	109.425	0.08		0.66	0.73
2	010101003001	挖基础土方；坚土 1.9m，外运 1km	m³	1780.22	6.65	0.14	13.98	20.50
	1-3-15	挖掘机挖坚土自卸汽车运 1km 内	10m³	178.827	0.50	0.08	13.90	14.43
	1-2-3-2	人工挖机械剩余 5%坚土深 2m 内	10m³	9.412	2.53			2.44
	1-4-4-1	基底钎探（灌砂）	十眼	93.70	3.36	0.06		3.30
	1-4-6	机械原土夯实	10m²	93.696	0.26		0.08	0.33
3	CS1.4	大型机械设备进出场及安拆	项	1	990.00	635.90	6884.26	8351.78
	10-5-4	75kW 履带推土机场外运输	台次	1	330.00	366.00	3151.03	3775.34
	10-5-6	1m³ 内履带液压单斗挖掘机运输费	台次	1	660.00	269.90	3733.23	4576.44

工料机汇总价格表　　　　　　　　　　　表6

工程名称：满堂基础（土方）

序号	工料机编码	名称、规格、型号	单位	数量	单价(元)	合价(元)	备注
1	1	综合工日(土建)	工日	234.385	55.00	12891	
2	1557	钢钎φ22～φ25	kg	4.31	4.41	19	
3	3076	枕木	m³	0.16	2080.00	333	
4	5168	黄砂(粗砂)	m³	0.75	84.00	63	
5	7117	橡胶板δ10	m²	0.78	123.21	96	
6	14929	镀锌铁丝 8 号	kg	10.00	12.60	126	
7	26104	草袋	条	20.00	4.05	81	
8	26371	水	m³	24.458	6.23	152	
9	29035	架线费	次	0.70	450.00	315	
10	29053	回程费占人材机费	%	1670.36	1.00	1670	
11	51002	履带式推土机 75kW	台班	5.843	802.10	4687	
12	51003	履带式推土机 90kW 内	台班	0.50	945.48	473	
13	51044	履带式单斗挖掘机(液压)1t	台班	6.222	1153.44	7177	
14	51070	电动夯实机 20～62N·m	台班	5.247	27.39	144	
15	53025	汽车式起重机 5t	台班	2.00	465.52	931	
16	54018	自卸汽车 8t	台班	21.459	628.46	13486	

序号	工料机编码	名称、规格、型号	单位	数量	单价(元)	合价(元)	备注
17	54028	平板拖车组 40t	台班	2.00	1443.36	2887	
18	54038	洒水车 4000L	台班	1.073	468.54	503	
19		合计				46034	
20		其中:人工费合计				12891	
21		材料费合计				2540	
22		机械费合计				30603	

三、统筹 e 算的创新

（1）"统筹 e 算"的 8 条原则和规范计算式的 11 条规程，用工程实例进行了验证，在大学内进行教学，使学生们的计算式统一，实现工程量计算的科学化、规范化、标准化和模板化的要求，得到了国内专家的肯定。

例如：表 1 中第 4 行计算式是按照统筹 e 算的数据采集规程，采用的原则是先数轴后字母轴、大扣小和 L，B，H 顺序。一般图算软件的计算式：

32.000＜长度＞×16.200＜宽度＞＋22.200＜长度＞×18.200＜宽度＞(51字符)。

将两种计算式的字符长度进行比较，后者是前者的 3.6 倍。由此可以看出，若都采用计算规程，不但大家列式统一，而且可大幅度节省资源。

（2）应用统筹法原理，采用序号变量技术，将图形算量和表格算量相结合，提高了计算工程量的准确性和工作效率，可将现在允许的误差率由 3％～5％降为 1％以内，被鉴定为达到国内领先水平。

（3）采用全费价报表，算量和计价一体，可立即得出全费造价，有利于招投标和结算。

（4）对定额换算采用直接调用换算库中的换算定额号解决，来代替用"换"或"H"这种人机对话的传统模式，这样做不但使定额换算标准化，而且一劳永逸，大幅度节省用户上机时间。

（5）推广单位工程的项目清单/定额模板，让造价员只做创造性工作，对套清单和定额的重复工作，采用整个工程模板调用，有效解决招标控制价项目完整（不漏项）和新手套清单、定额难的问题。

（6）严格按计算规则保留小数和采用合价取整，节省表格中的数据，使表格更加美观和简化。

（7）简化项目特征描述，只对其价值特性进行描述，倡导低碳原则。

（8）清单与定额同步算量，表格计算结果转化为统一格式的计算书。可公开工程量计算书，一传到底，避免重复劳动。

（9）统一法计算综合单价成本分析表，来代替正算和反算。

（10）统筹 e 算实现的是让造价员做算量的主人，把算量的主动权掌握在自己手里，而不是让造价员做软件的奴隶，只会操作而不知其计算原理。统筹 e 算不排除图算，而是把图算当成重要的校核手段。

本文发表于《中国建设信息》2012 年 6 月下总第 507 期

论算量软件的自动套项

连玲玲　郝婧文

（青岛英特软件有限公司）

【摘要】本文对国内部分图形算量软件宣传的自动套清单和定额的功能提出了质疑，强调了造价专业知识的重要性，提出让造价人员只做创造性劳动，推广应用做法清单/定额表模板，来保证工程量清单的完整性，提高造价人员的工作效率。

【关键词】自动套项；统筹e算；做法清单/定额表

如今造价界，造价师们对造价软件的要求越来越高，不再仅仅局限于手动一项项的套清单/定额项，而是要求软件能够自动带出所需的清单/定额。于是，做法模板就在这种情况下应运而生了。目前软件市场上存在两类模板：统筹e算软件首创的整体工程模板【做法清单/定额表】和其他图形算量软件的单构件模板。

最近，有部分软件销售人员在推销软件的时候宣传自己的软件能够根据构件自动带出清单/定额项。下面笔者就以一个简单的挖基础土方为例，详细说明这两类软件在挖土方套项上的处理。例子工程图纸如图1、图2所示。

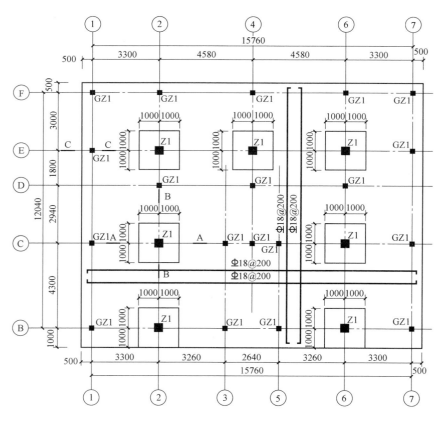

图1　基础平面图

图形算量软件在创建构件时，可以给构件挂接清单/定额，图3~图6为两款图形算量软件自动带出的挖基础土方的清单/定额项。

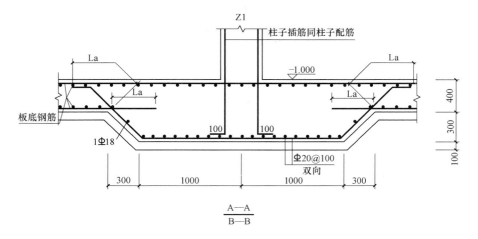

图 2 基础大样图

注：室外地坪－0.300，垫层厚 100，土方外运 10km。

图 3 大开挖土方套项（软件 1）

图 4 基坑土方套项（软件 1）

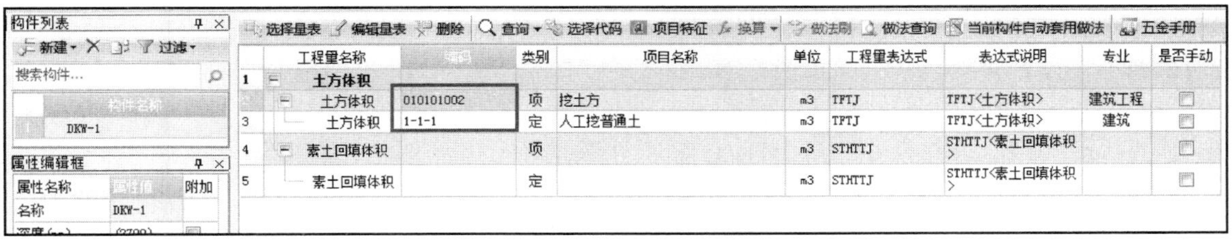

图 5 大开挖土方套项（软件 2）

图 6　基坑土方套项（软件 2）

从图 3～图 6 所述两款软件的自动套项来分析：

（1）软件 1 中大开挖自动带出的定额"1-2-10"，其定额名称为"人工挖沟槽普通土深 2m 内"，既然是大开挖，那么显然不能套用人工挖土。

（2）软件 1 中基坑土方没有自动套用的定额项。

（3）软件 2 大开挖自动带出的定额"1-1-1"，其定额名称为"人工挖普通土"，此定额属于单独土石方定额项目，该定额项目仅适用于自然地坪与设计室外地坪之间，且挖方或填方工程量大于 5000m³ 的土石方工程，本项目属于自然地坪下的开挖，套用此定额显然是不合适的。

下面再来看一下统筹 e 算软件的处理。与上述两款软件不同，统筹 e 算软件没有自动套项功能，而是在软件中集成了大量专业的【做法清单/定额】模板。表 1 为统筹 e 算软件做法清单/定额表中关于挖基础土方的清单/定额项目。

做法清单定额表（统筹 e 算软件）　　　　　　　　　　　　　　　　　　　　表 1

序号	做法名称	做法说明	编号	清单/定额名称
1	基础土方	1. 挖地坑（坚土）2m 内	010101003	挖基础土方；坚土，2m 内，外运 10km
		2. 土方外运 10km	1-3-15	挖掘机挖坚土自卸汽车运 1km 内
		3. 钎探	1-2-3-2	人工挖机械剩余 5% 坚土深 2m 内
			1-3-45	装载机装土方
			1-3-57	自卸汽车运土方 1km 内
			1-3-58×9	自卸汽车运土方增运 1km×9
			1-4-6	机械原土夯实
			1-4-4-1	基底钎探（灌砂）
			10-5-6	1m³ 内履带液压单斗挖掘机运输费

对表 1 套项分析：

（1）一项挖基础土方清单需要 8 项定额来组价。

1）按一般现场要求，大开挖采用机械挖土（含 1km 内运土），套 1-3-15。

2）按定额规定"机械挖土方，其挖土方总量的 95% 执行机械土方项目，其余为人工挖土。人工挖土执行相应项目时乘以系数 2"，套用 1-2-3-2；人工挖土定额的工作内容中包含了挖土、装土，未包括运土，但在定额解释中又提到："机械（机动翻斗车等）运土，装土另套装车相应子目。人工挖土子目中的装土用工，均不扣除"，所以要再套 1-3-45 装载机装土方和 1-3-57（1km 运距）；土方外运 10km，上面只考虑了 1km 运距，故需增运 9km，套 1-3-58×9。

3）1-3-15 和 1-2-3-2 定额工作内容不含基底夯实，故增加基底夯实 1-4-6。

4）基底钎探是基础开挖达到设计标高后的一项必不可少的工作，探钎拔出后应灌砂堵眼，套 1-4-4-1 基底钎探（灌砂）。

5）采用机械开挖，挖掘机的运输费用亦应考虑在内，套用 10-5-6。

（2）10-5-6 的定额属于措施项目中的大型机械进场费，在套价时自动列入措施项目。

（3）本案例涉及 3 项定额换算 1-2-3-2、1-3-58×9 和 1-4-4-1，统筹 e 算不采用国内软件通用的人机会话方式，而是依据定额说明、综合解释及定额脚注，将换算内容做成换算库，一劳永逸。

从以上两类软件的对比分析可知：目前部分图形算量软件宣传的自动套清单和定额的功能并不如介绍中那样完美，各类构件手工参与调整的工作量较大。通过这么一个小例子，我们看到，本来需要套 8 项定额来完成的内容，结果只套了 1～2 项错误的定额，这样做容易给人以误导，这样的"自动"并不能满足工作中的需要，更达不到宣传中的效果。因此笔者提倡使用统筹 e 算软件的【做法清单/定额表】功能，选择适用的模板。

看目前造价软件市场，图形算量虽然在出量方面比较便捷，宣传外行也可以快速入门，但是其在专业套项方面的情况确实令资深造价员们担心，其准确性和完整性能否得到保障，应当引起重视。目前的这种情况下，作为造价员，不可完全依赖图算。在目前国内对工程量计算图快不图准（一般 3%～5% 的误差即为合格）的情况下，我们可以用图形算量软件计算部分实物量，加快出量时间，然后在统筹 e 算软件中调用【做法清单/定额】模板，将模板中的清单/定额与图形算量软件计算的实物量和其他零星实物量进行组合。这种组合模式，不仅可以省时、省力，加快编制招标控制价的速度。将来 BIM 实现图纸带出工程量、统筹 e 算的普及、工程量计算规范的出台以及工程量计算书一传到底政策的实施后，可以把工程量计算的误差控制在 1% 以内。再者，根据"08 规范"，工程量清单的准确性和完整性由招标方负责，投标方没有核实的义务，更没有修改的权力，故推广做法清单/定额表模板是编好招标控制价，保证其完整性的关键，作为投资方应充分认识到这一点。

本文发表于《中国建设信息》2012 年 3 月下总第 501 期

参 考 文 献

［1］ 山东省建设厅. 山东省建筑工程消耗量定额［M］. 北京：中国计划出版社，2016.

［2］ 中华人民共和国国家标准. GB 50500—2013 建设工程工程量清单计价规范［S］. 北京：中国计划出版社，2013.

［3］ 中华人民共和国国家标准. GB 50854—2013 房屋建筑与装饰工程工程量计算规范［S］. 北京：中国计划出版社，2013.

［4］ 山东省标准定额站. 2017 年山东省建筑消耗量定额价目表，2017.

［5］ 张淑芬等. 造价员——专业技能入门与精通［M］. 北京：机械工业出版社，2013.

［6］ 本书编写组. 建筑工程造价员培训教材［M］. 北京：中国建材工业出版社，2013.

［7］ 规范编制组. 2013 建设工程计价计量规范辅导［M］. 北京：中国计划出版社，2013.

［8］ 肖明和，简红，关永冰. 建筑工程计量与计价［M］. 北京：北京大学出版社，2013.

［9］ 王在生，赵春红，张友全. 建筑与装饰工程计量计价导则实训教程［M］. 济南：山东科学技术出版社，2014.

［10］ 王在生，吴春雷. 建筑与装饰工程计量计价技术导则［M］. 北京：中国建筑工业出版社，2014.

［11］ 张建平. 建筑工程计量与计价［M］. 北京：机械工业出版社，2015.